国 家 出 版 基 金 资 助 项 目
“十四五”时期国家重点出版物出版专项规划项目
“双一流”建设精品出版工程

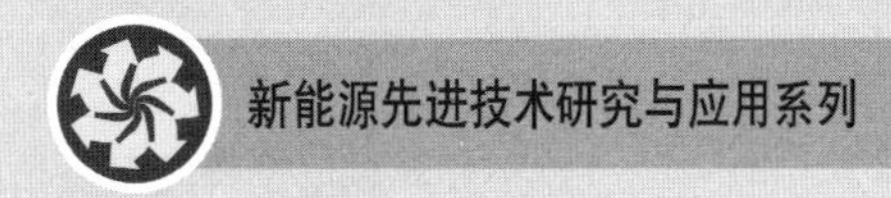

储能型风电机组惯性响应控制技术

Inertia Response Control Technology of Energy Storage Wind Turbine Generator

孙东阳 吕正恺 赵 克 孙 力 著

哈爾濱工業大學出版社
HARBIN INSTITUTE OF TECHNOLOGY PRESS

内 容 简 介

本书针对风电系统并网过程中频率惯性响应和谐波抑制相关技术进行了介绍。首先在风电系统中加入储能环节以增强其惯性响应能力，通过对电网运行频率的检测、对惯性响应下系统能量的协调控制实现风电系统参与并网运行中频率变化的功率调节。其次在电流源型与电压源型并网方式下，研究控制系统抑制并网运行中的谐波措施。本书以理论分析、数学仿真和模拟实验相结合，对相关问题进行了综合研究。

本书可作为新型电力系统方向相关专业的研究生专业课教材，所介绍的相关技术内容可供电气工程领域中从事新能源发电与并网技术方向研究工作的教师和研究生参考，同时可为从事风力发电设备研发和现场运行技术支持工作的科研人员提供分析方法和设计思路。

图书在版编目(CIP)数据

储能型风电机组惯性响应控制技术/孙东阳等著.
—哈尔滨:哈尔滨工业大学出版社,2023.11
(新能源先进技术研究与应用系列)
ISBN 978-7-5603-9825-9

Ⅰ.①储… Ⅱ.①孙… Ⅲ.①风力发电机—发电机组—控制系统—研究 Ⅳ.①TM315

中国版本图书馆 CIP 数据核字(2021)第 226192 号

策划编辑 王桂芝 陈雪巍
责任编辑 马毓聪 薛 力
出版发行 哈尔滨工业大学出版社
社 址 哈尔滨市南岗区复华四道街 10 号 邮编 150006
传 真 0451-86414749
网 址 http://hitpress.hit.edu.cn
印 刷 辽宁新华印务有限公司
开 本 720 mm×1 000 mm 1/16 印张 18.5 字数 353 千字
版 次 2023 年 11 月第 1 版 2023 年 11 月第 1 次印刷
书 号 ISBN 978-7-5603-9825-9
定 价 108.00 元

国家出版基金资助项目

新能源先进技术研究与应用系列

编审委员会

总　序

能源是人类社会生存发展的重要物质基础，攸关国计民生和国家安全。当前，随着世界能源格局深刻调整，新一轮能源革命蓬勃兴起，应对全球气候变化刻不容缓。作为世界能源消费大国，牢固树立和贯彻落实创新、协调、绿色、开放、共享的发展理念，遵循能源发展“四个革命、一个合作”战略思想，推动能源生产和利用方式发生重大变革，建设清洁低碳、安全高效的现代能源体系，是我国能源发展的重大使命。

由于煤、石油、天然气等常规能源储量有限，且其利用过程会带来气候变化和环境污染，因此以可再生和绿色清洁为特质的新能源和核能越来越受到重视，成为满足人类社会可持续发展需求的重要能源选择。特别是在“双碳”目标下，构建清洁、低碳、安全、高效的能源体系，加快实施可再生能源替代行动，积极构建以新能源为主体的新型电力系统，是推进能源革命，实现碳达峰、碳中和目标的重要途径。

“新能源先进技术研究与应用系列”图书立足新时代我国能源转型发展的核心战略目标，涉及新能源利用系统中的“源、网、荷、储”等方面：

(1)在新能源的“源”侧，围绕新能源的开发和能量转换，介绍了二氧化碳的能源化利用，太阳能高温热化学合成燃料技术，海域天然气水合物渗流特性，生物质燃料的化学烟，能源微藻的光谱辐射特性及应用，以及先进核能系统热控技术、核动力直流蒸汽发生器中的汽液两相流动与传热等。

(2)在新能源的"网"侧,围绕新能源电力的输送,介绍了大容量新能源变流器并联控制技术,面向新能源应用的交直流微电网运行与优化控制技术,能量成型控制及滑模控制理论在新能源系统中的应用,面向新能源发电的高频隔离变流技术等。

(3)在新能源的"荷"侧,围绕新能源电力的使用,介绍了燃料电池电催化剂的电催化原理、设计与制备,Z 源变换器及其在新能源汽车领域中的应用,容性能量转移型高压大容量电平变换器,新能源供电系统中高增益电力变换器理论及其应用技术等。此外,还介绍了特色小镇建设中的新能源规划与应用等。

(4)在新能源的"储"侧,针对风能、太阳能等可再生能源固有的随机性、间歇性、波动性等特性,围绕新能源电力的存储,介绍了大型抽水蓄能机组水力的不稳定性,锂离子电池状态的监测和状态估计,以及储能型风电机组惯性响应控制技术等。

该系列图书是哈尔滨工业大学等高校多年来在太阳能、风能、水能、生物质能、核能、储能、智慧电网等方向最新研究成果及先进技术的凝练。其研究瞄准技术前沿,立足实际应用,具有前瞻性和引领性,可为新能源的理论研究和高效利用提供理论及实践指导。

相信本系列图书的出版,将对我国新能源领域研发人才的培养和新能源技术的快速发展起到积极的推动作用。

2022 年 1 月

前　言

随着全球气候变暖及环境污染日趋严重，传统的发电系统尤其是火力发电系统在应用上受到越来越多的限制，而经济社会发展对电能的需求日益增加又是一个经济发展中亟待解决的问题。因此，在提高发电量满足社会需求的过程中，如何调整一次能源的选择，控制石油、煤炭等矿物类一次能源的比例，增加对风能、太阳能、生物质能、地热能、海洋能和对环境影响小的水能等可再生清洁能源的利用，对于改善能源结构、保护生态环境、维持气候稳定，实现人类经济社会可持续发展并保持良好的生存条件具有重要的意义。

随着可再生能源发电量在电网总发电量中占比的增加，风力发电、光伏发电等新能源发电容量提高决定了“源、网、荷”形态的改变。特别是在新能源发电领域中，需要通过深入研究，提升新能源发电系统参与电力平滑、能量与功率平衡、调频调压的能力，以支撑电力系统动态稳定为目的，提出新的技术措施和相应的配套机制，改进和提升新能源发电系统并网后惯性响应和阻尼控制能力，使之具备接近或优于传统发电系统的并网适配性，保证电网系统安全稳定运行，并为负荷提供高质量的电能，这是提升新能源发电系统性能的关键技术。为了实现这一目标，首先需要在理论层面上弄清新能源发电系统和传统发电系统之间的运行原理差异，以及这些差异在电网运行中对稳态电能质量和系统动态稳定的影响，在此基础上，进一步改进和完善新能源发电系统的架构与控制策略。作者考虑到风力发电是具有广阔前景的新能源发电方式，结合所在课题组围绕着风力发电系统、超级电容储能系统等的科研项目，归纳和总结了融入储能技术的风力发电系统的研究成果，以此为基础撰写了本书。

长期以来，在风力发电技术和装置的发展过程中，永磁直驱式风电系统和双馈风电系统为主要风电系统类型。作者在风电系统的研究中，采用超级电容储能技术解决了两种风电系统并网运行时瞬态能量增量缺失问题，通过风电机组与超级电容储能结合实现了并网运行时参与电网的惯性响应、调频和谐波抑制。

作者通过在风力发电系统的两大主力类型——永磁直驱式风电系统和双馈风电系统中加入储能单元，针对并网运行中的参与电网调频和谐波抑制的实现机理开展了深入的研究工作，并取得了一些成果。

本书的第 1 章概括地介绍了风电系统发展现状，特别是关于风电机组参与电网调频技术和风电机组输出谐波抑制技术；第 2 章重点介绍了典型风电系统建模方法与功率流分析，其中主要以 SCESS－DFIG 系统和 DD_PMSG 系统为例；第 3 章有针对性地介绍了惯性响应中 SCESS－DFIG 系统的频率检测及直流母线电压波动抑制，并将电网频率和频率变化率信号作为后续惯性响应控制的依据；第 4 章介绍了变风速扰动下的 SCESS－DFIG 系统电网频率惯性响应控制策略，具体由风能与超级电容储能协调为电网提供调频功率；第 5 章重点介绍了 DD_PMSG 系统中基于直流侧电容提供调频功率的控制方法，具体由直流侧电容储能为电网提供调频功率；第 6 章介绍了 DD_PMSG 系统电流源模式端口滤波网络谐振阻尼与低频谐波抑制，具体由 WMS VFAD 和 POHMR－type RC 方法分别实现了对端口网络谐振频率处谐波和低频谐波的抑制；第 7 章介绍了 DD_PMSG系统电压源模式强非线性负载条件下低频谐波抑制，具体由附加 SHGC 的改进型 POHMR－type RC 和 SFPC 方法分别实现了常规采样频率和低采样频率下对强非线性负载下低频谐波的抑制。

在本书的撰写计划制订、内容整理和书稿形成过程中，博士研究生孟子贺、丁越同学付出了大量的精力，为本书的出版做出了贡献。同时感谢孙立志、吴凤江两位教授在作者进行博士研究期间给予的指导。

由于作者水平有限，书中难免存在疏漏及不足，敬请读者批评指正。

作　者

2023 年 9 月

目 录

第1章

绪　论

本章阐述了风电作为可再生能源之一，具备逐步成为电力生产中的支撑电源的特征和优势；明确指出了在风电所占比例较大的高风电渗透率电网中，风电大量并入带来的一些频率稳定性和电压稳定性问题；针对风电技术上的复杂性和装置上的多样性，介绍了两大主流风电系统——永磁直驱式风电系统和双馈风电系统；在风电机组参与电网频率惯性响应技术方面，介绍了风电机组参与电网调频的作用和要求、复杂电网下的频率检测技术发展现状，以及风电机组参与电网调频典型技术发展现状；在风电机组输出谐波抑制技术发展现状方面，介绍了风电机组参与谐波抑制的作用和要求、输出端口网络谐振阻尼方法发展现状，以及电流源和电压源模式输出低频谐波抑制技术发展现状。

1.1 可再生能源与风力发电

在全球气候变暖和环境污染日趋严重的压力下，传统的发电系统在应用上受到越来越多的限制，而经济发展对电能的需求日益增加又是一个必须解决的问题。因此，在提高发电量满足社会需求的过程中，如何调整一次能源的使用，控制石油、煤炭等矿物类一次能源所占比例，增加对风能、太阳能、生物质能、地热能、海洋能和对环境影响小的水能等可再生清洁能源的利用，对于改善能源结构、保护生态环境、维持气候稳定，实现人类经济社会可持续发展具有重要的意义。

风电作为最具有前景的可再生能源之一，正在逐步成为电力生产中的支撑电源。提高风电系统的发电效率，增强惯性响应和阻尼作用及并网稳定性等技术受到了越来越多研发机构和应用领域的高度重视。推进风电产业发展，提高风电发电量占电网总发电量的比例，已被纳入国际社会缓解能源危机的战略规划。我国政府计划二氧化碳排放力争于2030年之前达到峰值，努力争取2060年前实现碳中和；到2030年可再生能源消费比重达到25%左右；风电和太阳能发电总装机容量达到12亿kW。以风电为主的可再生能源发电之所以有这样迅猛的发展趋势，重要原因是风电与传统火电相比，具有以下特点。

(1)建设成本低，收益高。风电一般规模较小，不像传统火电需要大规模建设发电厂、变电站和配电站等，因此建设及安装成本相对更低，即相较于扩建火电，风电能以较低的成本满足负荷增长的需求。

(2)输配电便利。与传统火电的集中式发电相比，风电可以在位置上距离用户更近，便于为邻近本地负载供电，以及传递符合要求的电能至电网。当为较偏远的电网末梢地带独立供电时，用风电代替传统火电可以大幅度减小输电线路长度及输配电损耗。

(3)清洁环保。与传统火电不同，风电在发电过程中不排放污染物且噪声较小，同时由于输电线路相对较短，衍生的电磁辐射相较于传统火电的集中式发电而言也大幅减少。风电与外部自然环境的兼容性更好，这增强了其核心竞争力。

(4)可靠性、安全性高。由于在风电场中各台风电机组彼此均为独立运行，因此几乎不会存在所有的风电机组同时出现故障的可能，有效保证了用户的持续用电，所以风电具有可靠性、安全性高的优点。

尽管风电系统具有诸多优点，但是在当前阶段，也必须看到风电系统的性能还不够完善，其优点尚未得到充分发挥。这是因为，在风电系统的研发中，还有一些问题尚未得到彻底解决。如在高风电渗透率区域电网中，存在着以下稳定性问题需要研究解决。

(1)风电的弱调频能力影响电力系统频率稳定性。

风电的弱调频能力影响电力系统频率稳定性是一个非常重要的问题。其主要原因为：发电机转速与电网频率变化没有直接相关性，导致当电力系统由于“源－网－荷”不平衡特别是电网故障发生频率突变时，风电无法为电网提供调频功率，风电的弱调频能力将严重威胁电力系统的频率稳定性。

(2)风电的输出谐波影响电力系统电压稳定性。

风电的输出谐波是一个非常重要的指标，其主要来源包括以下两点：一是网侧低频谐波干扰在输出电压、电流中感应出的谐波；二是高阶无源滤波网络谐振产生的谐波。抑制这些谐波可以使系统实现其功能，同时保证电力系统的电压稳定性，因此在高风电渗透率区域电网中，一定要保证风电系统尽可能少地输出谐波。

本书为了提高风电渗透率较高区域电网的频率稳定性及电压稳定性，针对风电接入电力系统后涉及的调频与谐波抑制关键技术开展深入分析研究，研究对象包括永磁直驱式风电系统和双馈风电系统两种风电系统。本书同时兼顾解决一些理论及工程实际问题，对于推进新能源发电技术的进步具有一定的理论参考意义及实际应用价值。

1.2 风电系统发展概述

1.2.1 风力机类型

目前风力机按结构主要有水平轴和垂直轴两种类型。

垂直轴风力机转轴垂直放置，其叶片绕轴旋转，能从任意方向获取风能，因而可不依赖于风向发电运行。其缺点是无自启动能力，功率和效率比水平轴风力机低，实际应用较少。

水平轴结构是风力机当前最常见、最成熟的应用方案，适用功率从十几千瓦到几兆瓦不等。由于转速越高发电机体积越小，因此风力机常采用两叶片或三叶片的高速风轮形式，其中三叶片风轮在机械和空气动力学上更具优势。水平轴风电机组主要有桨叶、变桨距调节机构、增速齿轮箱、发电机、电力电子功率变换器、控制柜、变压器、输电线、偏航系统、防缠绕系统及制动系统等重要功能部件。

1.2.2 恒速恒频与变速恒频的风力发电技术

根据发电机的运行特征和控制技术，风力发电的发电方式可分为恒速恒频(CSCF)和变速恒频(VSCF)两种。

1. CSCF 风力发电

CSCF 风电系统起源于 20 世纪 80 年代至 90 年代初期，其结构与控制简单，性能可靠，容量从几十千瓦到接近兆瓦。CSCF 风电系统大多采用定桨距控制，极少数采用变桨距控制，这是因为变桨距控制下齿轮箱易磨损、输出功率不稳定。

CSCF 风电系统中主要使用三相异步发电机，并常在发电机定子与电网连接处并接无功补偿电容器组，其电容量一般以补偿发电机空载时吸收的无功功率为目的进行考虑。此外，异步发电机由于也能工作在电动机状态下，因此具有启动功能，有利于风力发电机组的启动。

定桨距风力机的转速基本恒定，风速变化时会因风能利用系数 C_p 偏离最佳值而运行在低效状态下，为此，需要改变风力机的运行控制方式，以实现最大风能追踪运行、提高整个风电系统的运行效率。随着电力电子技术、计算机控制技术、风电控制技术的进步，大容量风电机组实现最大风能追踪运行成为可能，这就是近 20 年来发展起来的 VSCF 风力发电技术的基本出发点。

2. VSCF 风力发电

风能利用系数 C_p 反映了风力机吸收风能的效率，是一个与风速、风轮转速和桨距角均有关系的量。当这些因素改变时，C_p 的值会发生变化，风力机的运行工况特别是效率将发生变化。风能是一种具有随机性、间接性及不稳定性等特征的可再生能源，传统的 CSCF 发电方式风力机只有固定运行在某一转速下才可获得最高运行效率，风速改变时就会偏离最佳转速而导致运行效率下降，不仅会浪费风力资源，还会增大风力机的磨损。若采用 VSCF 发电方式，则可按照捕获最大风能的要求，在风速变化的情况下实时地调节风力机转速，使之始终运行在与风速对应的最佳转速上，优化风力机的运行条件，提高风电机组的发电效率。采用 VSCF 发电方式还可使风电机组与电网系统之间实现良好的柔性连接关系，比采用传统的 CSCF 发电方式更易实现并网操作及稳定运行。VSCF 发电方式的诸多优点受到了人们的广泛关注，已被广泛应用到大型风电机组，特别是兆瓦级以上的大容量风电机组中。

目前，应用较为广泛的 VSCF 风电系统主要分为永磁直驱式风电系统和双馈风电系统。

永磁直驱式风电系统的典型结构如图 1.1 所示。这种结构可避免由齿轮箱引起的机械损耗和机械故障，发电机转速低，采用多极永磁同步发电机(PMSG)，其外形尺寸较常规高速同步发电机加上齿轮箱的机组尺寸更大、质量更重。

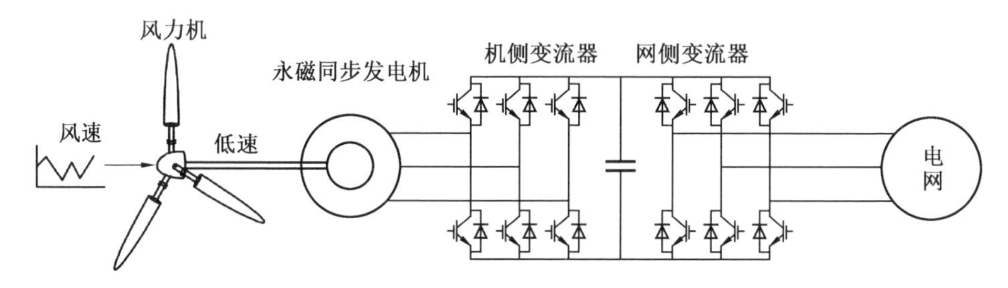

图 1.1　永磁直驱式风电系统的典型结构

图 1.1 中，机侧变流器与 PMSG 的定子相连，通过调节定子电流实现电机控制，网侧变流器用于控制直流母线电压，并将全功率电能馈入电网，实现有功和无功的解耦控制。在网侧变流器与电网之间通常有滤波结构，用于抑制变流器引起的谐波电流。

双馈风电系统的典型结构如图 1.2 所示。其采用双馈感应发电机(DFIG)，定子直接连接电网，转子通过转子侧变流器实现交流励磁，电功率可以通过定子、网侧变流器双通道与电网实现交换。转子侧变流器和网侧变流器常采用三相两电平电压型脉冲宽度调制(PWM)变换器(或其改进的串、并联)结构。

图 1.2 中，为了确保 VSCF 运行，当风速变化、发电机转速做相应变化时，控制转子励磁电流的频率，确保定子输出频率恒定。根据电机学的原理，若要实现稳定的机电能量转换，发电机定子、转子旋转磁场必须保持相对静止，即要求转子旋转磁场相对空间的转速(即转子转速与转子旋转磁场相对于转子的转速之和或差)等于定子旋转磁场的转速。当发电机转速低于同步转速时，发电机处于

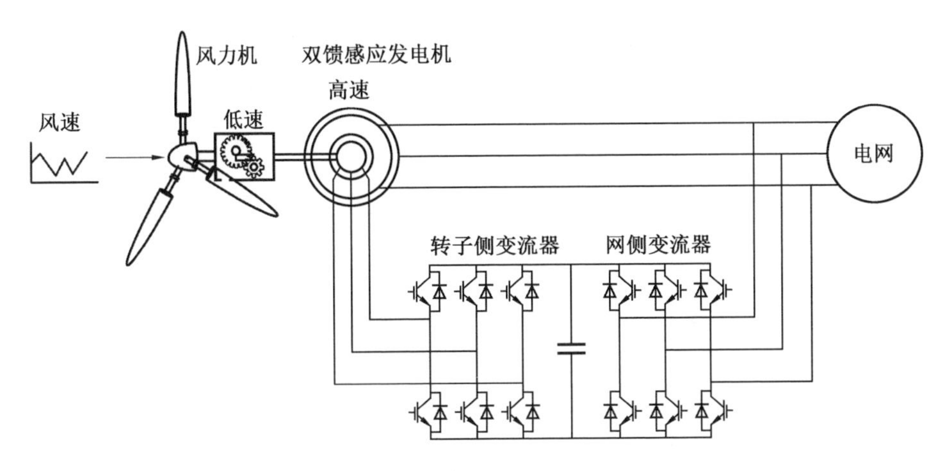

图 1.2　双馈风电系统的典型结构

亚同步运行状态，转子励磁电流产生的旋转磁场方向与转子转速方向相同，发电机转子通过网侧变流器从电网输入转差功率；当发电机转速高于同步转速时，发电机处于超同步运行状态，转子励磁电流产生的旋转磁场方向与转子转速方向相反，发电机转子通过网侧变流器向电网输出转差功率；当发电机转速等于同步转速时，发电机处于同步运行状态，电网与转子绕组之间无功率交换，转子侧变流器向转子提供直流励磁。

1.3　风电机组参与电网调频的要求及技术发展

1.3.1　风电机组参与电网调频的作用和要求

为了保证高风电渗透率区域电网的频率稳定性，风电系统被期望具有参与电网调频能力，如传统火电机组的惯性响应能力。因此，各大电网权威机构制定了不同条件下风电场参与电网调频的期望指标要求，希望风电场具备参与电网调频的能力。

国外对于风电机组参与电网调频能力从多个角度给出了不同要求，国外对风电场参与电网调频规定如图 1.3 所示。这些规定都期望风电机组具备类似传统同步发电机组参与电网调频的能力，从而提高电网的频率稳定性。

我国相关部门也将风电场参与电网调频的技术要求纳入了国家标准中，国家标准 GB/T 19963—2011《风电场接入电力系统技术规定》要求风电场参与电

网调频调峰等动作，即满足 DL/T 1040—2007《电网运行准则》要求，并对电网频率变化下风电场的响应特性提出了如图 1.4 所示的要求。

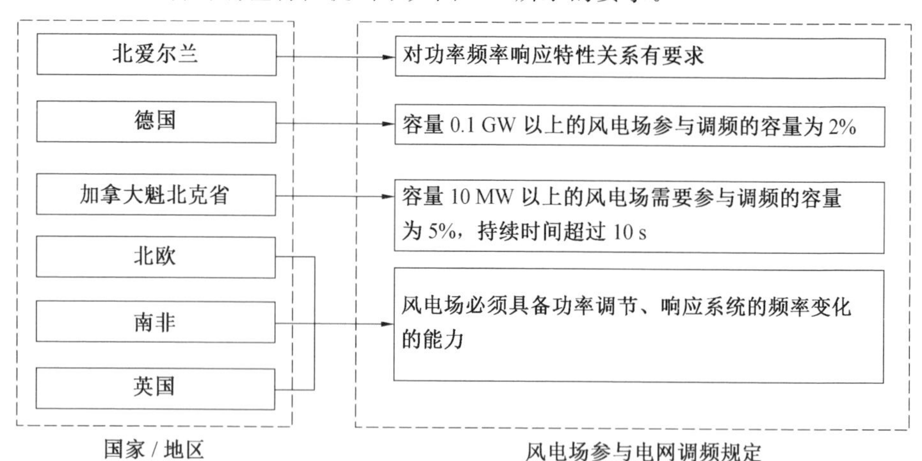

图 1.3　国外对风电场参与电网调频规定

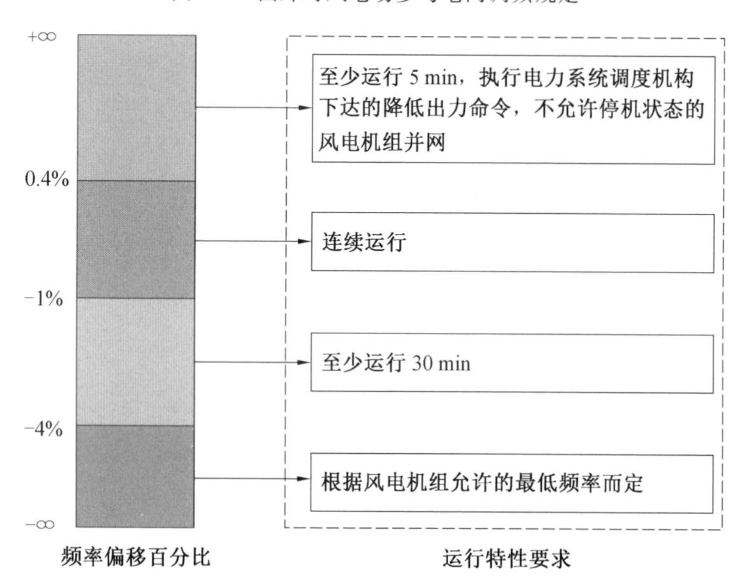

图 1.4　我国对风电场接入电力系统技术规定要点

综合分析以上国内外权威部门对风电场参与电网调频的一系列技术规定可知：各国均希望风电机组并网后其输出瞬时功率可以针对电网频率波动建立有效的响应机制，结合电网频率变化来调整自身瞬时功率输出，进而抑制电网频率偏离额定值，从而提高高风电渗透率区域电网频率稳定性。

为了使风电机组具备参与电网调频的能力，可以考虑从风电系统变流器的控制方法优化方面入手，将电网频率或其相关量的偏移值引入变流器的控制系统中。当电网频率发生瞬时突变时，依据频率偏移值的大小调节功率控制环节改变向电网输出的有功功率，从而缓解电网中“源－网－荷”不平衡，提高电网的频率稳定性，这种对控制系统进行优化的方法一般被称为调频控制技术。此外，风电场参与电网调频时需要对电网频率信息进行精确的检测，避免由于频率检测环节精度低引发调频控制误动作问题，提高系统的稳定性。

1.3.2 复杂电网条件下的频率检测技术发展现状

频率检测环节是追踪电网基频正序信号的幅值、频率及相角等信息的负反馈控制模块，是保障风电机组在非理想电网条件下稳定性及参与电网调频的关键环节。由于传统电网频率检测环节对电网信息的估计结果极容易受电网电压中的三相不平衡、谐波分量、直流偏置等非理想因素的影响导致精确性下降，影响风电系统参与电网调频的效果，因此开展适用于复杂电网条件下的频率检测方法研究可以增强风电机组的并网稳定性，同时还可以进一步提升其参与电网调频的精度，对保障电力系统频率稳定性具有重要的意义。

一般来说，频率检测环节的结构分为开环型和闭环型两种。开环型频率检测环节的主要缺点是同步精度低、抗干扰性差且响应速度慢；闭环型频率检测环节相对应用范围更广。应用于风电机组的电网频率检测环节需要具备以下特点。

(1)同步精度高。电网频率检测环节的同步精度对于后级风电机组参与电网调频控制器的运行效果具有重要的影响，对电网频率及相位等信息的高估计精度可以避免风电机组参与电网调频时出现调频功率上的过补偿或者欠补偿问题，从而“恰到好处”地参与电网调频。

(2)对三相不平衡、谐波分量、直流偏置有良好适应性。为了保证高同步精度，频率检测环节内部结构中常常需要具备滤除这几类非理想扰动的滤波环节，从而尽可能减少这些扰动对估计结果的干扰。然而，实现这一目的常常需要以牺牲部分动态性能为代价。

(3)结构精简。系统 CPU 通常运行内存有限，在运行任务较多的风电系统中，CPU 的内存需要同时接收并处理来自风力机、发电机变流器等各部分的重要状态量，并依据这些状态量运行数字控制算法及实时故障保护机制，因此频率检测环节作为控制算法的重要组成部分，其计算量被期望占用尽量少的 CPU 内存，同时其结构与设计尽量简单实用。

为了提升频率检测环节的性能，增强其实用性，大量文献从不同角度对频率检测方法的改进优化展开了深入研究，并获得了显著成效。下面将对近期国内外在频率检测优化方面的研究进行分类总结。

(1)通过电压空间矢量傅里叶变换提升精度、减小计算量的优化方法。谢门喜提出了一种基于电压空间矢量傅里叶变换的频率检测技术，该方法通过迭代递归算法降低了计算量，同时通过对非递归结果进行分时计算，提高了该同步方法的稳定性。然而，该方法需要在周期性扰动抑制性能和瞬态响应性能两方面指标之间进行折中考虑。同时，在实际电网中，由于频率波动或者简谐波分量受栅栏效应的影响，该方法的实用性也会降低。这些都限制了该方法的推广应用。

(2)基于同步旋转坐标系的检测精度提升方法。采用同步旋转坐标系锁相环(SRF－PLL)是提升频率检测环节精度的可行方法之一，该方法不但实现简单，而且在理想电网条件下具有比过零检测开环型同步环节更高的精度和速度。其主要思路是对输入静止坐标系下 a、b、c 三相电压进行坐标变换转化，为同步旋转坐标系下的 d、q 两相电压形式，并对 q 轴进行 PI(比例积分)调节使其逼近 0，从而实现对频率相位的精确检测。然而，当电网电压存在不平衡及高次谐波分量时，其锁定的相位也将包含不平衡及高次谐波分量，导致检测精度大幅下降。为了增强此类方法对于非理想电网的适应性，一些文献在该传统 SRF－PLL 结构基础上进行了进一步优化，其主要思路一般分为两类：第一类是通过扩展同步旋转坐标系来增强频率检测环节对不平衡条件的适应性，Rodriguez 提出了双解耦同步旋转坐标系锁相环(DDSRF－PLL)，该方法通过正序及负序解耦网络分别对正序分量及负序分量进行提取，从而可以规避不平衡条件引入的负序分量对正序分量估计结果的影响。然而，由于同时引入了两个旋转方向相反的同步旋转坐标系，这种方法不可避免地增大了频率检测环节的复杂度和计算量，而且该方法仍然对输入信号中的高次谐波分量较为敏感，会导致输出信号仍然受谐波干扰影响。第二类是在传统 SRF－PLL 结构中附加前置滤波器或环路滤波器。附加前置滤波器主要是为了对输入信号进行预处理。Rodriguez 提出采用双二阶广义积分器作为前置滤波器，增强了对电网不平衡条件的适应性。我国有学者选择复矢量滤波器作为前置滤波器，这类方法通常需要在谐波抑制性能及瞬态响应性能之间做出折中考虑。常见前置滤波器还包括延迟抵消滤波器(DSC)等。附加环路滤波器的目的是对同步旋转坐标系下的 q 轴分量进行相应处理，部分学者尝试在环路中加入一个或多个带阻滤波器，针对对应次谐波进行衰减，使最终相位检测值仅受基频正序信号影响。有学者在环路中引入了滑动平均滤波器(MAF)，这种方法同样需要在谐波抑制性能及瞬态响应性能之间

做出折中考虑。克伦普纳(Klempner)尝试在环路中引入重复控制器，增强了频率检测环节的抗扰能力。西班牙部分学者建议在环路中附加超前补偿器来进一步增强抗干扰能力。

(3)基于静止坐标系的检测精度提升方法。采用基于静止坐标系的增强型锁相环(EPLL)也是一种提升频率检测精度的方法，其主要思路立足于频率检测环节的物理意义，于静止坐标系下在已存在的频率估计环基础上附加一个幅值估计环，从而估计出电网基频电压的幅值、相位、频率信息。基于该方法的频率检测环节的主要优点是算法简单、对随机噪声适应性好。为了进一步降低该方法的计算量，哈尔滨工业大学吴凤江从减少输入量的角度提出了一种基于 αβ 静止坐标系的 EPLL。该方法不但继承了三相 EPLL 的优点，而且大幅降低了计算量。另一方面，为了保证此类方法在复杂电网条件下估计的精准度，一些学者在该结构基础上进行了进一步优化。也有学者在基本 EPLL 结构基础上附加了窗函数滤波器，从而提升了谐波和不平衡电网条件下 EPLL 的同步精度。还有学者提出在基本 EPLL 结构的输入侧附加积分环节，从而提升了电网电压存在直流偏置时 EPLL 的同步精度。

根据对频率检测技术发展现状的分析，可以发现通过相对简单的优化方法改进现有频率检测环节在复杂电网条件下的精确性成了频率检测环节发展的一个趋势，对于保证风电机组参与电网调频的安全平稳实现具有重要意义。

1.3.3 风电机组参与电网调频典型技术发展现状

当风电系统参与电网调频时，需要从控制器角度入手建立风电系统输出功率与电网频率变化之间的响应机制，使其能够像常规火电机组一样具备惯性响应能力。目前可实现这一机制的控制方法按能量来源的不同大体分为三类：附加转子动能控制、附加预留容量控制和风储并行控制。风电机组参与电网调频方法分类如图1.5所示。

1.附加转子动能控制发展现状

(1)虚拟惯性控制。最大功率控制下的风电机组未建立针对电网频率变化的响应机制，J. Morren 因此提出了虚拟惯性控制的概念，利用改进风电系统的控制特性，使频率变化与风电机组功率给定建立联系，从而将转子中的部分动能调度参与电网调频，附加虚拟惯性控制后的控制结构图如图 1.6 所示。

周天沛提出在双馈风电系统中将虚拟惯性控制与自适应模糊控制相结合参与电网频率惯性响应，结果表明该方法可以大幅改善电压跌落，并增强风电机组参与电网调频的能力。付媛提出了一种适用于变风速条件的永磁直驱式风电机

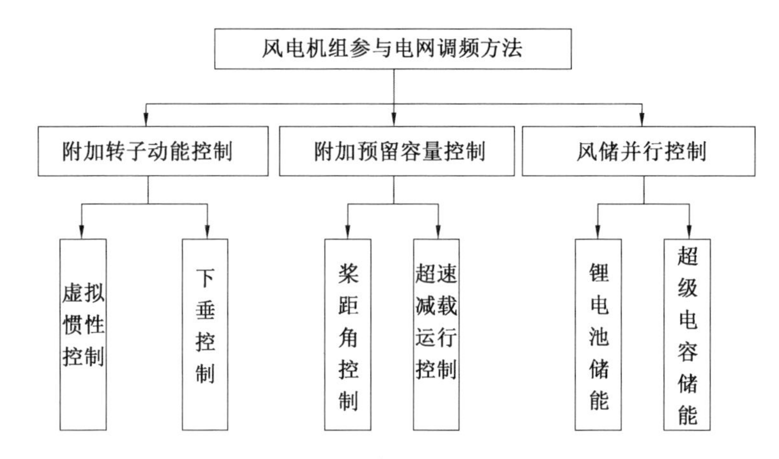

图 1.5　风电机组参与电网调频方法分类

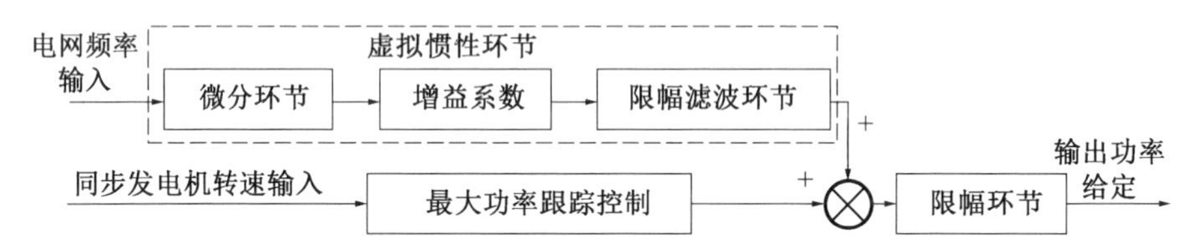

图 1.6　附加虚拟惯性控制后的控制结构图

组频率一转速协调控制方法，该方法可以大幅增强系统的惯性，改善电网频率波动范围，并削弱风电机组的转矩突变。王爽等和程雪坤等对附加虚拟惯性控制风电系统的功角暂态稳定性进行了分析，为了消除传统虚拟惯性控制对功角暂态稳定性的消极影响，进一步提出了基于暂态能量的变虚拟惯性控制策略，从而提高了系统的暂态稳定性。虽然系统附加虚拟惯性控制后系统惯性得到了增强，但是当电网频率恢复时，风电机组切换回最大功率跟踪模式，此时转子转速增加进而存储部分能量，极易导致电网频率产生二次跌落，因此这种虚拟惯性控制只能为电网提供较短时间内的频率支撑。

(2)下垂控制。下垂控制的主体思路是通过实时计算电网频率偏差，将正比于该偏差的一个功率给定与风电机组最大功率控制输出给定进行叠加，从而实时根据电网频率变化调整风电机组输出的有功功率。图 1.7 和图 1.8 所示分别为下垂控制的基本表述和附加下垂控制后的机侧变流器控制策略。国外学者提出了考虑风速变化的下垂系数实时调节方法，不但减弱了风速变化时输入功率变化对电网的冲击，而且增加了风电机组参与电网调频的瞬态响应速度。有学者提出了变下垂控制策略，结合不同风速条件对下垂系数进行了分层设计，从而优化了其参与电网调频的能力。还有学者针对基于工频下垂控制的并网型储能系统的惯性与阻尼特性进行了深入分析，研究结果表明：下垂控制环节的主要功能是实现储能系统惯性与阻尼，对下垂系数及功率PI控制器进行适当设计可改善惯性与阻尼性能。

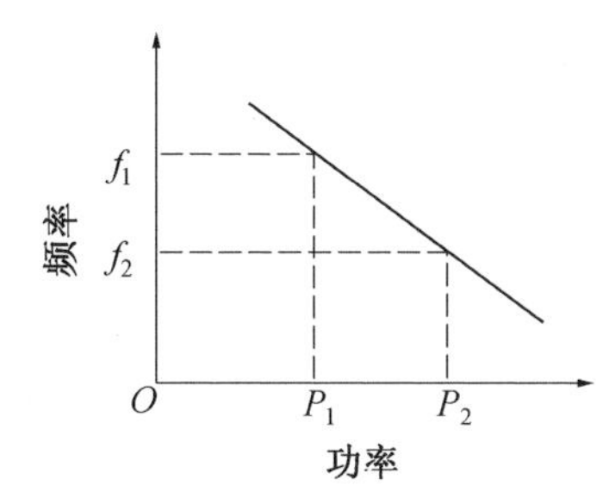

图1.7 下垂控制的基本表述

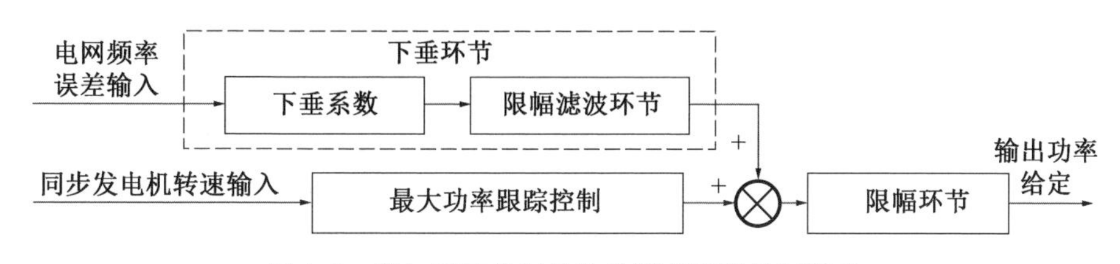

图1.8 附加下垂控制后的机侧变流器控制策略

2. 附加预留容量控制发展现状

(1)桨距角控制。通过桨距角控制实现风电系统参与电网调频的思路为：在输入风能恒定且存在一定富余时，通过增大桨距角实现风力机减载运行，从而使风电系统以降额状态运行；当电网出现频率突降时，通过缩小桨距角增加风电系统捕获的风能功率，使风电系统输出功率增加，参与系统惯性响应。但是，由于改变桨距角控制需要触发机械部件，因此桨距角具备较大惯性而且控制响应较慢，同时该方法对风速剧烈变化的适应性较差。

(2)超速减载运行控制。由于最大功率控制曲线有先上升后下降的特性，理论上可以通过提高或降低风电机组的转速来增加风电系统的有功输出，考虑到减小转速会直接威胁系统的稳定性，所以超速减载运行控制得到了更加广泛的应用。与通过改变桨距角实现减载运行的方法不同，超速减载运行控制主要面向低风速或中风速区，从而大幅降低叶片受磨损的程度，但这种方法会降低风电系统的发电效率，影响风电场的收益。

3. 风储并行控制发展现状

除了附加转子动能控制及附加预留容量控制之外，有学者考虑在风电系统中安装储能设备参与电网调频，从而优化风电系统参与电网调频的能力。所引入的储能设备一般包括锂电池储能及超级电容储能等。

(1)锂电池储能。其最大的优点为能量密度高,然而其缺点也同样明显:首先,自身结构和材料的特性导致循环寿命短,仅能维持几千次;其次,功率密度低,充放电速度慢,且充放电特性对外界温度极为敏感;最后,电池材料污染性强,废旧电池难以回收利用。

(2)超级电容储能。与锂电池储能不同,超级电容储能优点更为明显:首先,自身物理储能的本质保证循环寿命较长,高达上百万次以上;其次,功率密度高,充放电速度快,且可在−40～70 ℃的环境下正常充放电;最后,电极材料污染小。

哈尔滨工业大学王帅和段建东等将超级电容储能应用于缓解冲击性负载对微燃机发电系统的瞬时冲击并取得了显著效果;受此启发,本书作者将超级电容储能应用于双馈风电系统辅助电网调频,同时还实现了对风力机侧输入风速变化影响的有效平抑。将风电机组与储能相结合参与电网调频,可以有效继承二者的优势,但主要缺点是需要从全局角度出发进行设计,控制方法较为复杂。

根据对风电系统参与电网调频技术发展现状的分析,可以发现:附加预留容量控制会导致系统效率降低,还会影响风力机寿命。风储并行控制会大幅增加系统的软件和硬件成本。附加转子动能控制仍然存在一些问题,需要进一步研究完善。风储并行控制相对具有控制效果良好、灵活性强等优点,可以满足大功率场合对算法简单实用性的要求,而且这种方法仍然存在较大的提升空间。通过相对简单的优化方法改进现有风电系统的虚拟惯性控制以提升其参与电网调频的能力成了改善风电系统并网性能的一个途径,对于保证电力系统的频率稳定性具有重要意义。

1.4 风电机组输出谐波抑制技术发展现状

1.4.1 风电机组参与谐波抑制的作用和要求

随着风电渗透率的逐步增加,风电机组的发电量在电网总发电量中所占比例显著提升。考虑到谐波对电力系统电压稳定性的危害,人们期望风电机组自身具备输出谐波抑制能力,使其向电力系统中尽可能少地注入谐波,进而保证大规模风电机组并网后电力系统仍然保持较好的电压稳定性。

国内外相关机构针对风电机组注入电网的谐波含量制定了一系列标准与规范,对风电机组电流源模式下的输出电流谐波及电压源模式下的输出电压谐波进行了详细的限定。

针对运行于电流源模式下的风电机组，IEEE Std 1547.2—2008、Q/GDW 480—2010《分布式电源接入电网技术规定》、GB/T 19963－2011《风电场接入电力系统技术规定》和 Q/GDW 392－2009《风电场接入电网技术规定》等规定对风电机组输出电流的谐波分布及含量给出了明确限制，具体要求见表 1.1。

表 1.1 风电机组电流源模式下的输出电流谐波要求

THD（谐波含量）	偶次谐波区间及上限	奇次谐波区间及上限	直流分量	功率因数
低于 5%	[2,10],1% [12,16],0.5% [18,22],0.38% [24,34],0.15% [34,+∞],0.75‰	[3,9],4% [11,15],2% [17,21],1.5% [23,33],0.6% [33,+∞],0.3%	低于 5‰	不低于 0.85

而对于运行于电压源模式下的风电机组，则要求其输出电压满足 GB/T 14549－93《电能质量　公用电网谐波》具体要求，见表 1.2。

表 1.2 风电机组电压源模式下的输出电压谐波要求

电网标称电压/kV	THD/%	各次 THD 限值/%	
		奇次	偶次
0.38	5	4	2
6 10	4	3.2	1.6
35 66	3	2.4	1.2
110	2	1.6	0.8

综合分析以上国内外相关部门对风电系统接入电网后输出谐波的一系列技术规定可知，国内外均寄希望于风电机组在电流源模式下可以不受电网母线电压谐波的影响而保持输出电流为纯基频正弦，在电压源模式下可以不受电网非线性负载电流谐波的影响而保持输出电压为纯基频正弦，由此保证风电机组并网后电力系统仍然具备较好的电压稳定性。

可以通过对风电系统变流器的优化设计抑制风电机组输出谐波，通常对于

11次以下谐波抑制效果明显，称为低频谐波抑制技术。此外，风电机组输出端口网络包含LCL型滤波网络时，系统还需要阻尼网络中潜在的谐振风险，这种方法一般称为输出端口网络谐振阻尼方法。本节接下来将对输出端口网络谐振阻尼方法及电流源和电压源模式下输出低频谐波抑制技术的发展现状进行分析。

需要说明的是：当风电系统的网侧变流器采用三相全桥拓扑时，可以将其等效为三个单相全桥逆变器；当风电系统的网侧变流器采用三相半桥拓扑时，利用坐标变换原理可将其等效为两个单相逆变装置。因此，对三相网侧变流器的输出端口网络谐振阻尼及电压和电流谐波抑制控制器的研究，可以简化成对单相逆变装置的研究。

1.4.2 输出端口网络谐振阻尼方法发展现状

输出端口网络产生谐振对发电机组和电力系统有较大危害，一般可采用谐振阻尼技术削弱谐振阻尼的影响，具体分为无源和有源谐振阻尼方法。

1. 无源谐振阻尼方法发展现状

在现有LCL型输出端口网络结构中附加阻尼电阻可以有效阻尼输出端口网络引入的谐振峰，常见的无源谐振阻尼方法包括逆变器侧电感 L_1 串联电阻、网侧电感 L_2 串联电阻、逆变器侧电感 L_1 并联电阻、网侧电感 L_2 并联电阻、滤波电容 C_f 串联电阻、滤波电容 C_f 并联电阻，如图1.9所示。

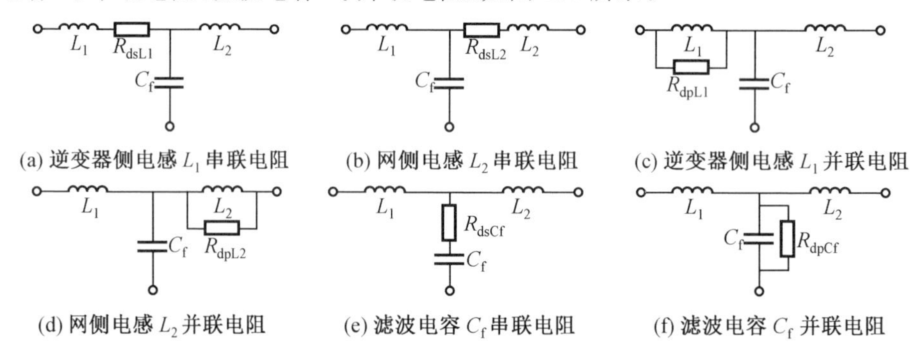

图1.9　常见的无源谐振阻尼方法

图1.9(a)所示方法会削弱输出端口网络的低频段幅值，但对高频段幅频特性几乎没有影响。图1.9(b)所示方法的传递函数（简称传函）与逆变器侧电感 L_1 串联电阻方法类似，因此其对输出端口网络幅频特性的影响也与逆变器侧电感 L_1 串联电阻方法相近。图1.9(c)所示方法会增强输出端口网络的高频段幅频特性，但对低频段幅频特性几乎没有影响。图1.9(d)所示方法与逆变器侧电

感 L_1 并联电阻方法类似，因此其对输出端口网络幅频特性的影响也与逆变器侧电感 L_1 并联电阻方法相近。图1.9(e)所示方法会削弱输出端口网络的高频段衰减特性，但对低频段幅频特性几乎没有影响。图1.9(f)所示方法不但可以衰减谐振峰，而且几乎不影响其他频段的幅频特性。然而，这种方法的功率损耗远大于滤波电容 C_f 串联电阻方法。因此，在实际应用场合中，滤波电容 C_f 串联电阻的无源谐振阻尼方法应用更广泛。

2. 有源谐振阻尼方法发展现状

由前文分析可知，加入阻尼电阻可以通过修正控制对象的传函有效阻尼输出端口网络在谐振频率处的幅值，类似的方法还有附加虚拟电阻的有源谐振阻尼方法。一般来说，常见的有源谐振阻尼方法包括以下几种。

(1)基于附加滤波器的有源谐振阻尼方法。这种方法通过在控制器输出处引入与之串联的滤波器 $G_{FIL}(s)$ 达到抑制输出端口网络谐振峰的目的，如图1.10所示。图1.10中 $v_{col}(s)$ 为输入量。一般被引入的滤波器类型包括陷波器(BRF)、低通滤波器(LPF)等。

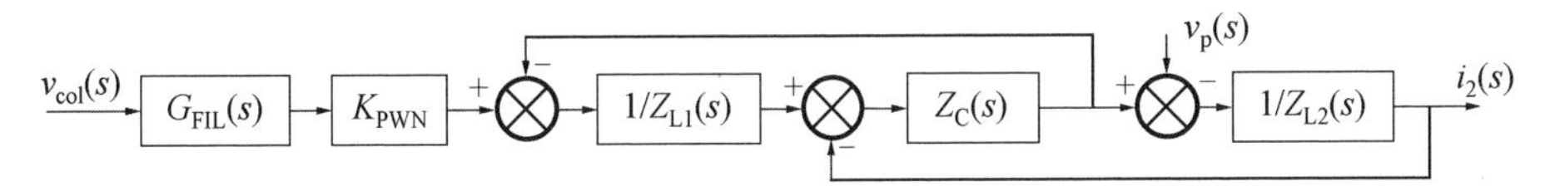

图1.10 基于附加滤波器的有源谐振阻尼方法

当控制系统引入BRF型有源谐振阻尼时，系统在前向通道上获得了一个在谐振频率处的陷波尖峰来与原有谐振峰进行相互抵消，从而改变系统的阻尼特性，然而，陷波器阶数的增加也会大幅增加控制系统的计算量。另外，采用BRF型有源谐振阻尼方法要求已知精确的输出端口网络参数，然而这些参数会随着外界环境因素的变化逐渐出现偏移，导致BRF提供的零点与输出端口网络自身的欠阻尼极点不再匹配，最终可能使该方法丧失阻尼效果。虽然通过在线辨识输出端口网络参数可以增强BRF型有源谐振阻尼方法对输出端口网络参数变化的适应性，但引入在线辨识不但需要额外的测量装置，而且可能会恶化输出电能品质。LPF型有源谐振阻尼方法通过修正相频特性穿越 $-180°$ 的位置也具有一定的阻尼谐振峰功能。

(2)基于附加特定状态反馈的有源谐振阻尼方法。这种方法通过对控制框图进行等效变换得到利用特定状态量反馈构造虚拟电阻实现阻尼谐振峰功能。由前文分析可知，滤波电容并联电阻的无源谐振阻尼方法具有最优的阻尼效果。可以与该方法效果等效的基于附加特定状态反馈的有源谐振阻尼方法有三种，分别是滤波电容电压一阶微分反馈，滤波电容电流比例反馈，以及并网电流二阶微分反馈。理论上这三种方法阻尼效果相同，然而微分环节对高频信号具有放大作用，而且在数字控制中仅能近似实现，这样会使最终的有源谐振阻尼效果受到影响。国内外大量学者针对上述方案的阻尼特性展开了一系列深度剖析，除此之外，还有一些学者试图另辟蹊径通过引入其他典型状态量反馈来抑制 LCL 型滤波网络的谐振风险，如对于电压、电流的特定多状态并行反馈法，其对于系统状态量具有较高的采样精度需求，因此必须额外引入高精度传感器。为了减少高精度传感器的使用，有学者采用状态观测器对特定状态量进行估计。一位学者提出了对滤波电容相关状态量的估算方法，然而这类方法对控制系统的模型精度具有较高要求，同时可能降低系统瞬态响应速度。

为了适应对算法简单实用性的要求，通过相对简单的优化方法提升现有谐振阻尼方法的效率及稳定性成了谐振阻尼技术发展的一个趋势，对于保证风电机组接入电力系统后的电压稳定性具有重要作用。

1.4.3 电流源和电压源模式下输出低频谐波抑制技术发展现状

无论风电机组网侧变流器运行于电流源还是电压源模式下，抑制风电机组输出谐波的一个难点即消除各种非线性因素引入的低频谐波。对于电流源模式，其体现为电网电压中存在的低频谐波会在输出端口网络的电感中感应出相应频次的谐波电流，影响电流源模式下风电机组输出电流的品质；对于电压源模式，其体现为整流负载等非线性负载注入的谐波电流会在输出端口网络的电感中感应出相应频次的谐波电压，影响电压源模式下风电机组输出电压的品质。另外，当风电系统对过载能力有较高要求时，风电机组变流器必须在死区较大的条件下运行，这同样会造成电流源模式下风电机组输出电流的严重低频谐波畸变和电压源模式下风电机组输出电压的严重低频谐波畸变。虽然部分学者针对死区问题提出了补偿方法，但是补偿效果有限且实现较为复杂。鉴于低频谐波对风电机组输出电压、电流的污染，学者们提出了各种各样的低频谐波抑制方法，包括多谐振控制、前馈式阻抗重塑控制和重复控制。

(1)多谐振控制。这种控制方法基于内模原理，将包含低频谐波信号的内模谐振环节植入控制前向通道，最终使这些低频谐波信号可以被无静差追踪。国外学者针对多谐振控制器的特点、参数设计、具体实现展开了深入分析。随着谐振环节的增加，多谐振控制器理论上实现无静差的频段也越宽，但是，在数字控制系统中，由于控制器的具体实现需要对连续域传函进行基于采样时间的离散化操作，因此多谐振控制器对高次谐波的抑制能力很大程度上取决于采样频率的高低，采样频率越高，系统可以抑制的最高谐波次数越高。而对于大功率场合，为了减小逆变器的开关损耗，常常要求逆变器工作在较低的开关频率下，由于采样频率一般要求是开关频率的2倍，因此多谐振控制器在大功率低采样频率下的性能相对受到削弱。另外，当多谐振控制器中包含较多谐振环节时，各个谐振环节的设计还需要结合稳态波形品质及动态性能等多方面的指标要求。

(2)前馈式阻抗重塑控制。根据前面介绍，电流源模式下风电机组的输出电流中的低频谐波成分主要来自电网谐波电压，因此引入电网电压前馈可以改善电流源模式的稳态特性；电压源模式下风电机组的输出电压中的低频谐波成分主要来自负载谐波电流，因此引入负载电流前馈可以改善电压源模式的稳态特性。曾庆荣等提出了适用于L型滤波器的并网逆变器前馈方法。针对LCL型并网逆变器，考虑到电网电压比例前馈不能彻底抵消电网电压谐波在滤波器阻抗上的感应作用，仅能消除较低频次的谐波，阮新波提出了两种基于电网电压的改进型前馈方案，分别应用于单相和三相逆变器。这两种方案对电网电压的前馈函数进行了优化改进，改进后前馈函数具体由三个分量(比例环节、一阶微分环节和二阶微分环节)组成，保证逆变器输出电流对电网电压谐波的抗性可以延伸到更高次的谐波。也有部分学者将这种前馈方法与全状态反馈方法相结合。然而，在实际系统中，微分环节会放大高频噪声，此外，理想的微分环节难以实现，离散化的近似微分环节会引入较大的误差，这会降低这种改进型前馈方案的性能。考虑到这一点，高军等提出了改进型前馈的观测器实现方法。对于电压源模式，薛明雨尝试通过负载电流前馈来重塑孤岛逆变器的输出谐波阻抗并取得了显著效果，附加负载电流前馈后，孤岛逆变器输出电压几乎不受谐波电流的影响，最终大幅提高了为非线性负载供电的孤岛逆变器的输出电压品质。

(3)重复控制。重复控制由T. Lous在20世纪80年代提出，这种控制方法与多谐振控制相似，同样基于内模原理。但是，与多谐振控制相比，重复控制理论上包含了无穷多个谐波信号的内模谐振环节，因此理论上可以对所有次谐波实现无静差追踪，所以特别适合用于增强系统对谐波扰动的抗性。鉴于重复控制优良的追踪性能及抗干扰性，其在可再生能源发电、不间断电源(UPS)、有源滤波器等场合获得了大范围实际应用。

除了较好的追踪性能外，低频谐波抑制方法还被期望具有较高的瞬态响应速度。然而，由于重复控制相当于引入了一个时间常数较大的延迟环节，重复控制与比例控制等瞬时反馈控制方法相比，动态性能较差。为了兼顾稳态特性和动态特性，常常需要将重复控制与其他具有较快瞬态响应速度的反馈控制方法相结合，构造稳态和动态性能可以有效互补的复合型重复控制方法。典型的复合型重复控制方法为PI加重复控制方法。高军尝试采用并联型PID加重复控制方法来优化逆变器的输出电压波形及瞬态响应速度，取得了较好的优化效果。除了与传统PID方法进行复合之外，还有学者尝试将重复控制与其他控制方法相结合，如无差拍控制、预测控制、滑模控制、前馈控制、神经网络、模糊控制等。

除了基于重复控制的复合控制方法，优化重复控制器相位补偿器结构作为一个研究热点也得到了学者们的广泛关注，研究这种优化方法主要是为了解决传统重复控制的相位补偿器在大功率低采样频率下容易导致过补偿或者欠补偿，最终降低谐波抑制性能及稳定性的问题。立足于此，部分学者将拉格朗日插值逼近法应用在了分数阶相位补偿方法的实现上。还有部分学者提出了一种最优开关型相位补偿器，主体思路是以一定的调制策略使控制通路在两个整数阶相位补偿器之间切换，从而实现高精度的分数阶相位补偿方法。虽然这些研究均成功实现了高精度的分数阶相位补偿效果，但是均大幅增加了系统的计算量及算法的复杂程度。为了适应对算法简单实用性的要求，通过相对简单的优化方法改进现有重复控制的功能特性成了重复控制发展的一个趋势，对于保证风电机组接入电力系统后电压稳定性具有重要作用。

第2章

典型风电系统建模方法与功率流分析

本章以储能型双馈感应发电机(SCESS—DFIG)系统和直驱式永磁同步发电机(DD_PMSG)系统为研究对象,深入研究了其在电网中“源—网—荷”不平衡、本地非线性负载及复杂电网条件下的典型特征和系统控制优化方法。对 SCESS—DFIG 系统模型及调频功率流进行了分析,阐述了系统在各种工况下功率流的变化情况,并通过所建立的系统动态数学模型对系统的运行特性进行了描述。对 DD_PMSG 系统模型及调频功率流进行了分析,具体涉及调频功率流分析、DD_PMSG 系统 SISO 动态模型、基于序阻抗的 SISO 动态模型参数整定方法。

2.1 引　言

本章以 SCESS－DFIG 系统和 DD_PMSG 系统为研究对象，深入研究其在电网中“源－网－荷”不平衡、本地非线性负载及复杂电网条件下的典型特征和系统控制优化方法。

首先对 SCESS－DFIG 系统进行研究。SCESS－DFIG 系统以双馈感应发电机系统这一常规的风能－电能转换装置为基础，加入了超级电容储能装置，旨在提升惯性响应能力，同时也对风速扰动带来的系统输出功率波动起到一定的抑制作用，SCESS－DFIG 系统的结构如图 2.1 所示。为了便于分析研究 SCESS－DFIG 系统在“源”“荷”扰动工况下的运行特性及优化控制策略，本章将建立描述 SCESS－DFIG 系统动态特性的数学模型。在数学模型的建立中，考虑到 SCESS－DFIG 系统的基本架构由发电和储能两个环节组成，即在双馈感应发电机双 PWM 变流器的直流母线上通过 DC－DC 变换器构成了超级电容储能与转子间的功率流通路，本章的 SCESS－DFIG 系统模型包括双馈感应发电机、转子侧电压型 PWM 变流器(RSC)、网侧电压型 PWM 变流器(GSC)、DC－DC 变换器、超级电容储能单元的数学模型，并将以上环节相互连接起来，构成 SCEES－DFIG 系统的动态数学模型。本章结合 SCESS－DFIG 系统架构，分析系统在各种工况下功率流的变化情况，并通过所建立的系统动态数学模型进行数学模拟，对系统内瞬时功率可调方法与调节范围、运行工况与功率流走向的对应关系进行深入研究。

接着对 DD_PMSG 系统进行研究。本章分析了 DD_PMSG 系统的架构及其在不同调频状态下的暂态功率流；在此基础上进一步建立了描述 DD_PMSG 系统的 SISO 动态模型，具体包括 PMSG 及机侧变流器统一动态模型，以及网侧变流器动态模型。通过谐波线性化方法建立了 DD_PMSG 系统序阻抗模型，并用该模型整定了 SISO 动态模型的参数，从而提高其阻抗分析精度。DD_PMSG 系

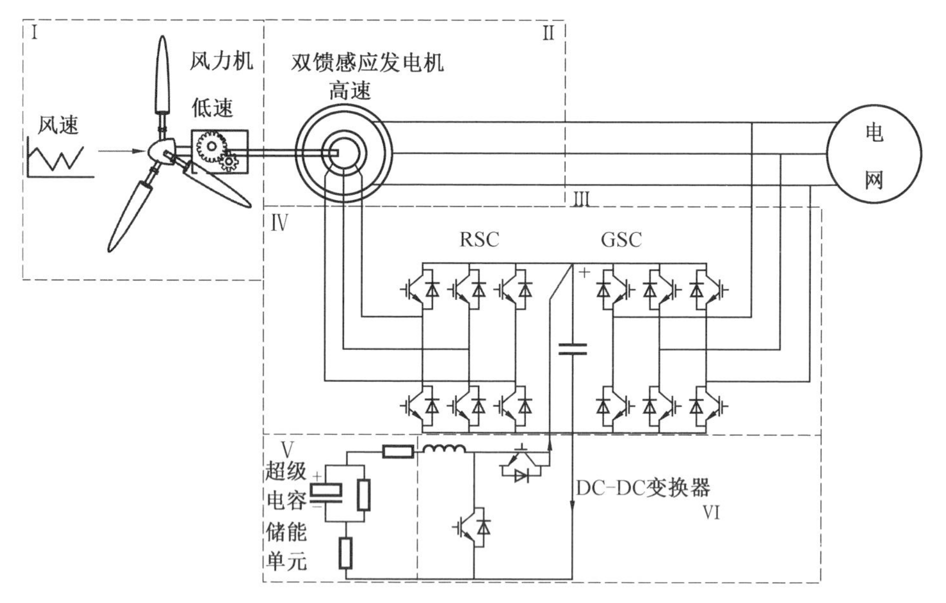

图 2.1　SCESS－DFIG 系统的结构

统的结构如图 2.2 所示，图中网侧变流器采用三相逆变器，可选择的拓扑结构一般有两种，即三相半桥拓扑和三相全桥拓扑。三相半桥拓扑应用比较广泛，但是对三相不平衡条件适应性较差。三相全桥拓扑相较于三相半桥拓扑而言，增加了功率开关管数目，并额外引入了工频隔离变压器，因而对网侧变流器的体积及成本提出了更高要求，但是对于输出侧三相不平衡条件具有更加优良的适应性。在图 2.2 中，V_k、D_k(k=7～12)分别为三相半桥拓扑的开关管及其对应的续流二极管，V_k、D_k(k=13～16)分别为 a 相全桥拓扑的开关管及其对应的续流二极管，L_1、L_2、C_f 分别为两种拓扑输出侧 LCL 型滤波网络中的逆变器侧电感、网侧电感和滤波电容，T_a 为全桥拓扑输出侧工频隔离变压器，i_{LDC} 为网侧变流器直流侧电流。注意到，这两种拓扑的输出端口网络均采用了 LCL 型滤波网络，用于抑制开关次谐波，但是其自身的三阶特性使得输出电流存在谐振放大的危险，严重威胁 DD_PMSG 系统的安全稳定运行。

2.2　SCESS－DFIG 系统模型及调频功率流分析

对于 SCESS－DFIG 系统，本节主要对风力机的数学模型(包括风力机模型和传动轴模型)、DFIG 的数学模型、DFIG 网侧变流器的动态数学模型及其控制、

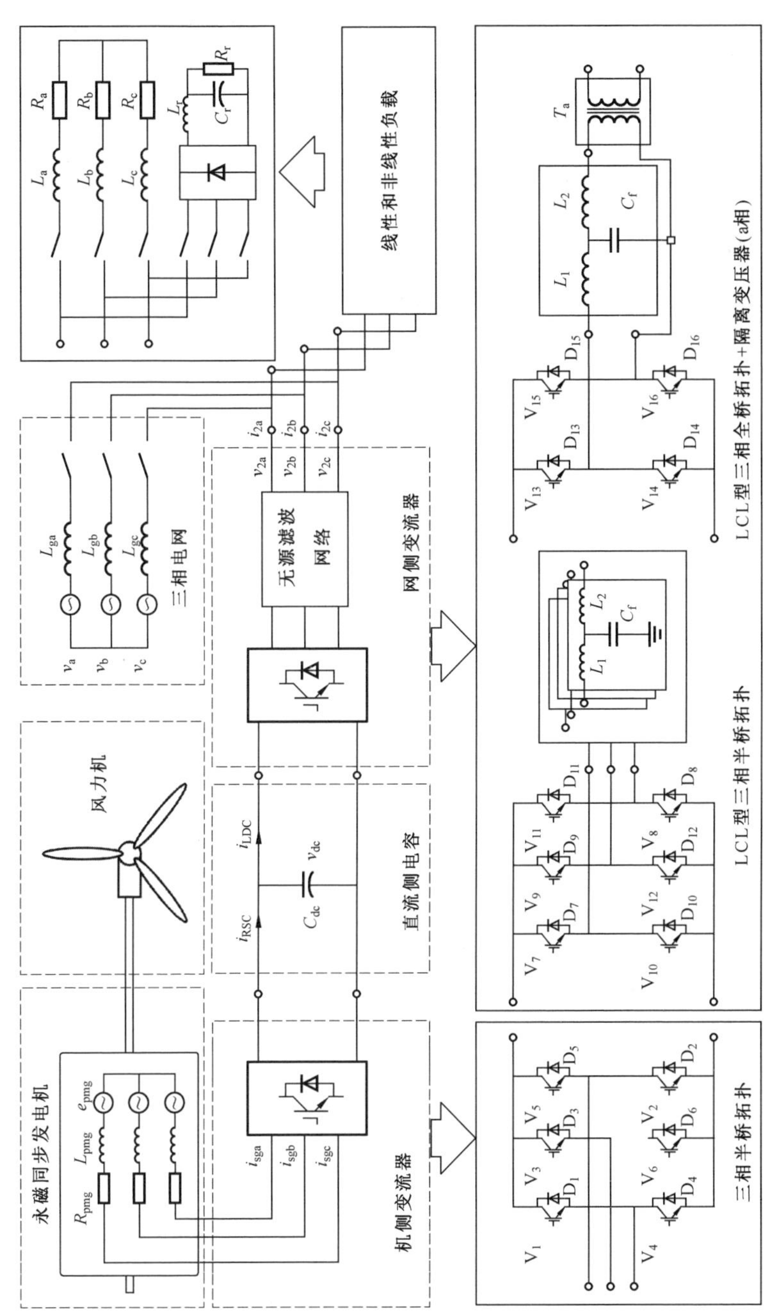

图2.2 DD_PMSG系统的结构

DFIG 转子侧变流器的动态数学模型及其控制、SCESS 的动态数学模型进行详细讲解，并在此基础上建立 SCESS－DFIG 系统的动态功率流模型，分别对其在超同步运行和次同步运行状态下的动态功率流进行分析讨论。

2.2.1 风力机的数学模型

1. 风力机模型

在 SCESS－DFIG 系统中，风力机捕获风能，带动后级 DFIG 转动。风力机输出机械功率 P_{wm} 的表达式为

$$P_{wm}=\begin{cases}0.5C_p(\beta,\lambda)\rho_a\pi R_a^2V_{wind}^2, & V_{si}<V_{wind}<V_{rating}\\ P_{rating}, & V_{rating}<V_{wind}<V_{so}\\ 0, & 其他\end{cases}\tag{2.1}$$

式中，$C_p(\beta,\lambda)$ 为描述风能转化为机械能效率的系数；ρ_a、R_a、V_{wind}、V_{rating}、P_{rating} 分别为空气密度、风力机叶片半径、实时风速、额定风速、风力机额定运行功率；V_{si} 为最小风速；V_{so} 为临界风速；β、λ 分别为桨距角和叶尖速比。

λ 的表达式为

$$\lambda=\frac{R_a\omega_w}{V_{wind}}\tag{2.2}$$

式中，ω_w 为叶片转速。

$C_p(\beta,\lambda)$ 为关于桨距角 β 及叶尖速比 λ 的二元函数，其表达式为

$$\begin{cases}C_p(\alpha_0,\lambda)=\varphi_1\left(\dfrac{\varphi_2}{\lambda_{wti}}-\varphi_3\alpha_0-\varphi_4\right)e^{-\frac{\varphi_5}{\lambda_{wti}}}+\varphi_6\lambda\\ \dfrac{1}{\lambda_{wti}}=\dfrac{1}{\lambda_0+\varphi_7\alpha_0}-\dfrac{\varphi_7}{\alpha_0^3+1}\end{cases}\tag{2.3}$$

式中，α_0 为计算 C_p 过程中的中间变量；φ_2，φ_3，φ_4，φ_5，φ_6，φ_7 与风力机的类型及尺寸有关，根据不同的风力机类型而异；λ_{wti} 为计算 C_p 过程中的中间变量。

式(2.1)还可以整理为

$$\begin{cases}P_{wm}=\delta\omega_w^3\\ T_{wm}=\delta\omega_w^2\end{cases}\tag{2.4}$$

式中，T_{wm} 为风力机输出机械转矩；δ 表达式为

$$\delta=\frac{0.5C_{p\_max}\rho_w\pi R_w^5}{\lambda_{opt}^3}\tag{2.5}$$

其中，λ_{opt} 为最优叶尖速比；C_{p_max} 为 $C_p(\beta,\lambda)$ 的最大值；ρ_w 为风密度；R_w 为桨叶半径。

图 2.3 描述了最大功率控制下风力机输出功率 P 与转速 ω_w 之间关系，最大功率控制下风电系统大体运行状态包括最大功率跟踪区、恒转速区及恒功率区。风电系统在具体运行时将结合风速情况调节运行区间以保证系统的安全稳定运行。

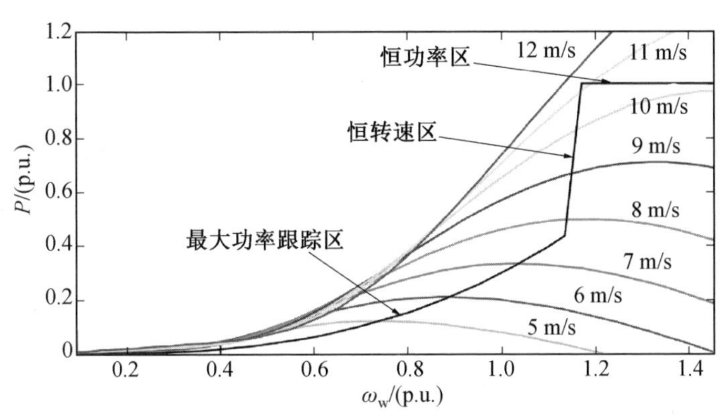

图 2.3　最大功率控制下风力机输出功率与转速之间关系

2. 传动轴模型

SCESS－DFIG 系统机械部分模型如图 2.4 所示。风电系统的传动轴包括风力机的低速传动轴和发电机的高速传动轴，为了简化建模过程，可以把高速传动轴折算到低速传动轴侧，从而得到传动轴系的集中质量块等效模型。其数学模型如式(2.6) 所示。

$$\begin{cases} J\dfrac{\mathrm{d}\Omega_t}{\mathrm{d}t}=T_t \\ J=J_t+\dfrac{J_g}{G^2} \\ T_t=T-T_g-f\Omega_t \\ f=f_t+\dfrac{f_g}{G^2} \end{cases} \tag{2.6}$$

式中，T_t 为作用在等效传动轴上的总机械力矩；J_t、J_g 分别为风力机和发电机的转动惯量；G 为齿轮箱的变速比；T_g 为齿轮箱输出转矩；f 为等效阻尼系数；f_t、f_g 分别为低速和高速传动轴的阻尼系数；t 为运行时间；T 为风力机的机械转矩；Ω_t 为传动轴转速。

2.2.2　DFIG 的数学模型

双馈感应发电机的基本结构及等效电路如图 2.5 所示。在图 2.5(a) 中，双馈感应发电机定子和转子三相对称绕组按照逆时针排列，其中定子三相绕组及转子三相绕组分别采用 A、B、C 和 a、b、c 表示，绕组互差 120°。转子旋转电角速度为 ω_m，转子 a 相轴线与定子 A 相轴线间夹角为 θ_m。

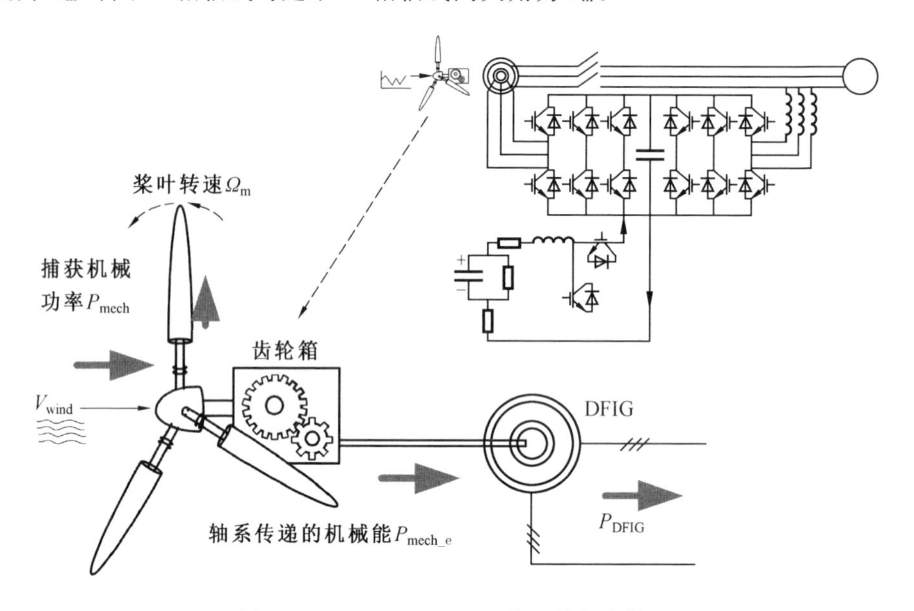

图 2.4　SCESS－DFIG 系统机械部分模型

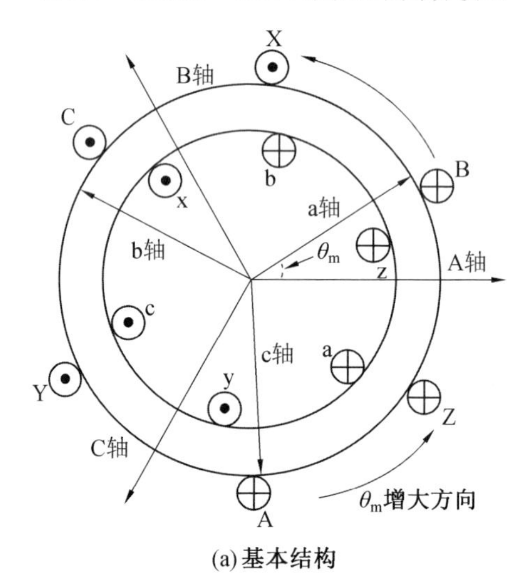

(a) 基本结构

图 2.5　双馈感应发电机的基本结构及等效电路

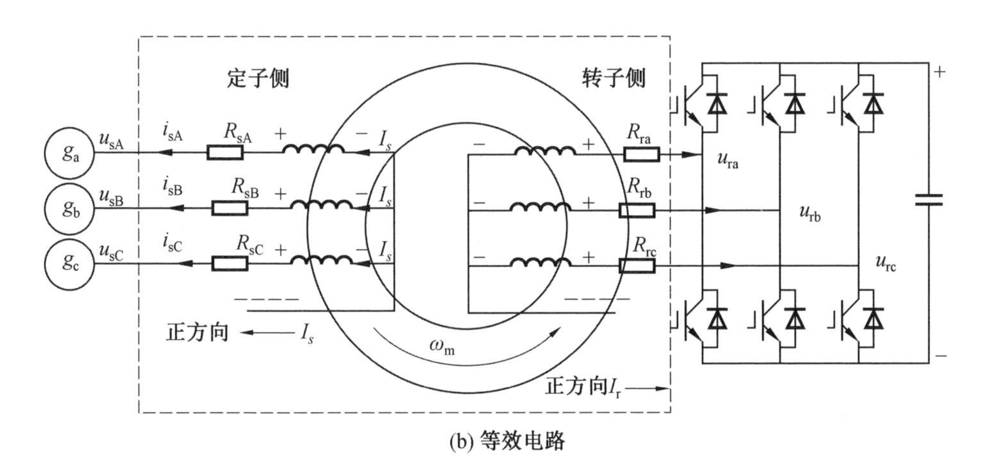

(b) 等效电路

续图 2.5

本书对于双馈感应发电机的研究中，其定子与转子均采用发电机惯例，电流流入电网为正，如图 2.5(b) 所示。此处定、转子两侧同时采用发电机惯例是为了更好地协调风电系统与超级电容储能之间的功率关系，方便观察功率流动方向。在研究双馈感应发电机动态数学模型时，假设不计及定、转子绕组磁路饱和，磁滞及涡流损耗忽略不计，忽略温度、频率变化对绕组电阻的影响。

基于双馈感应发电机模型，其电压方程与磁链方程为

$$\begin{cases} \boldsymbol{U} = -\boldsymbol{RI} + \dfrac{\mathrm{d}\boldsymbol{\psi}}{\mathrm{d}t} \\ \boldsymbol{\psi} = -\boldsymbol{LI} \end{cases} \tag{2.7}$$

式中，$\boldsymbol{U}$ 为定子和转子绕组端电压矩阵，$\boldsymbol{U}=[U_{sA}, U_{sB}, U_{sC}, U_{ra}, U_{rb}, U_{rc}]^T$；$\boldsymbol{I}$ 为定子和转子绕组中电流矩阵，$\boldsymbol{I}=[I_{sA}, I_{sB}, I_{sC}, I_{ra}, I_{rb}, I_{rc}]^T$；$\boldsymbol{\psi}$ 为定子和转子绕组中磁链矩阵，$\boldsymbol{\psi}=[\psi_{sA}, \psi_{sB}, \psi_{sC}, \psi_{ra}, \psi_{rB}, \psi_{rC}]^T$；$\boldsymbol{R}$ 为定子和转子绕组电阻矩阵，$\boldsymbol{R}=\mathrm{diag}[R_{sA}, R_{sB}, R_{sC}, R_{ra}, R_{rb}, R_{rc}]$；$\boldsymbol{L}$ 为定子和转子绕组电感矩阵，$\boldsymbol{L}=\begin{bmatrix} \boldsymbol{L}_s & \boldsymbol{L}_{sr} \\ \boldsymbol{L}_{sr}^T & \boldsymbol{L}_r \end{bmatrix}$；下标 s 代表定子，下标 r 代表转子。

定子电感、定转子耦合电感及转子电感 $\boldsymbol{L}_s$、$\boldsymbol{L}_{sr}$、$\boldsymbol{L}_r$ 可以写成式(2.8) 的形式，其中，M_s 为定子绕组相间互感；M_r 为转子绕组相间互感；M_{sr} 为定子和转子绕组间互感，$M_{sr}=2M_s=2M_r$；L_{ss} 为定子绕组自感，$L_{ss}=M_{sr}+L_{s\sigma}$；$L_{s\sigma}$ 为定子绕组漏感；L_{rr} 为转子绕组自感，$L_{rr}=M_{sr}+L_{r\sigma}$；$L_{r\sigma}$ 为转子绕组漏感。

$$\boldsymbol{L}_s = \begin{bmatrix} L_{ss} & -M_s & -M_s \\ -M_s & L_{ss} & -M_s \\ -M_s & -M_s & L_{ss} \end{bmatrix}, \quad \boldsymbol{L}_r = \begin{bmatrix} L_{rr} & -M_r & -M_r \\ -M_r & L_{rr} & -M_r \\ -M_r & -M_r & L_{rr} \end{bmatrix}$$

$$
\boldsymbol{L}_{\mathrm{sr}}=\begin{bmatrix} M_{\mathrm{sr}}\cos\theta_{\mathrm{m}} & M_{\mathrm{sr}}\cos(\theta_{\mathrm{m}}-2/3\pi) & M_{\mathrm{sr}}\cos(\theta_{\mathrm{m}}+2/3\pi) \\ M_{\mathrm{sr}}\cos(\theta_{\mathrm{m}}+2/3\pi) & M_{\mathrm{sr}}\cos\theta_{\mathrm{m}} & M_{\mathrm{sr}}\cos(\theta_{\mathrm{m}}-2/3\pi) \\ M_{\mathrm{sr}}\cos(\theta_{\mathrm{m}}-2/3\pi) & M_{\mathrm{sr}}\cos(\theta_{\mathrm{m}}+2/3\pi) & M_{\mathrm{sr}}\cos\theta_{\mathrm{m}} \end{bmatrix} \tag{2.8}
$$

在三相静止坐标系下，定、转子电压方程写成矢量形式有

$$
\begin{cases} \boldsymbol{u}_{\mathrm{s}}=-\left(R_{\mathrm{s}}\boldsymbol{i}_{\mathrm{s}}+\dfrac{\mathrm{d}\boldsymbol{\psi}_{\mathrm{s}}}{\mathrm{d}t}\right) \\ \boldsymbol{u}_{\mathrm{r}}=-\left(R_{\mathrm{r}}\boldsymbol{i}_{\mathrm{r}}+\dfrac{\mathrm{d}\boldsymbol{\psi}_{\mathrm{r}}}{\mathrm{d}t}-\mathrm{j}\omega_{\mathrm{m}}\boldsymbol{\psi}_{\mathrm{r}}\right) \end{cases} \tag{2.9}
$$

式中，R_{s} 为定子电阻；R_{r} 为转子电阻；$\boldsymbol{\psi}_{\mathrm{s}}$、$\boldsymbol{\psi}_{\mathrm{r}}$ 分别为定子、转子空间磁链矢量，且 $\boldsymbol{\psi}_{\mathrm{s}}=\psi_{\mathrm{sd}}+\mathrm{j}\psi_{\mathrm{sq}}$，$\boldsymbol{\psi}_{\mathrm{r}}=\psi_{\mathrm{rd}}+\mathrm{j}\psi_{\mathrm{rq}}$；$\boldsymbol{u}_{\mathrm{s}}$、$\boldsymbol{u}_{\mathrm{r}}$ 分别为定子、转子绕组端电压矢量，且 $\boldsymbol{u}_{\mathrm{s}}=u_{\mathrm{sd}}+\mathrm{j}u_{\mathrm{sq}}$，$\boldsymbol{u}_{\mathrm{r}}=u_{\mathrm{rd}}+\mathrm{j}u_{\mathrm{rq}}$；$\boldsymbol{i}_{\mathrm{s}}$、$\boldsymbol{i}_{\mathrm{r}}$ 分别为定子、转子绕组电流矢量，且 $\boldsymbol{i}_{\mathrm{s}}=i_{\mathrm{sd}}+\mathrm{j}i_{\mathrm{sq}}$，$\boldsymbol{i}_{\mathrm{r}}=i_{\mathrm{rd}}+\mathrm{j}i_{\mathrm{rq}}$。

磁链方程写成矢量形式为

$$
\begin{cases} \boldsymbol{\psi}_{\mathrm{s}}=-(\boldsymbol{L}_{\mathrm{s}}\boldsymbol{i}_{\mathrm{s}}+L_{\mathrm{m}}\boldsymbol{i}_{\mathrm{r}}) \\ \boldsymbol{\psi}_{\mathrm{r}}=-(L_{\mathrm{m}}\boldsymbol{i}_{\mathrm{s}}+\boldsymbol{L}_{\mathrm{r}}\boldsymbol{i}_{\mathrm{r}}) \end{cases} \tag{2.10}
$$

式中，L_{m} 为互感。

根据机电能量转换原理，结合式(2.10)，可以得到双馈感应发电机的电磁转矩表达式为

$$
T_{\mathrm{e}}=-0.5p\boldsymbol{I}^{\mathrm{T}}\frac{\partial L}{\partial\theta_{\mathrm{r}}}\boldsymbol{I} \tag{2.11}
$$

式中，T_{e} 为电磁转矩；p 为极对数；L 为电感；θ_{r} 为转子角度；$\boldsymbol{I}$ 为电流矢量。

双馈感应发电机的运动方程为

$$
T_{\mathrm{m}}=T_{\mathrm{e}}+\frac{J}{p}\frac{\mathrm{d}\omega_{\mathrm{m}}}{\mathrm{d}t}+\frac{k_{\mathrm{F}}}{p}\omega_{\mathrm{m}}+\frac{k_{\theta}}{p}\frac{\mathrm{d}\omega_{\mathrm{m}}}{\mathrm{d}t} \tag{2.12}
$$

式中，T_{m} 为输入机械转矩；J 为发电机转动惯量；k_{F} 为阻尼系数；k_{θ} 为扭转弹性转矩系数。

由式(2.7)～(2.12)可以看出，双馈感应发电机在三相静止坐标系中的数学模型具有高阶、多变量、非线性、时变及强耦合等特点。虽然模型参数物理意义明确，并且建模的准确度较高，但是直接利用该模型进行电机控制十分困难。因此，要通过坐标变换对三相静止坐标系数学模型加以改造，得到同步转速下两相 dq 旋转坐标系下的双馈感应发电机本体数学模型。

对电压方程进行 Clark 及 Park 变换（等幅值变换），可得 dq 旋转坐标系下双馈感应发电机的电压方程：

$$\begin{cases}u_{sd}=-i_{sd}R_s-\omega_s\psi_{sq}+\dfrac{d\psi_{sd}}{dt}\\u_{sq}=-i_{sq}R_s+\omega_s\psi_{sd}+\dfrac{d\psi_{sq}}{dt}\\u_{rd}=-i_{rd}R_s-(\omega_s-\omega_m)\psi_{rq}+\dfrac{d\psi_{rd}}{dt}\\u_{rq}=-i_{rq}R_s+(\omega_s-\omega_m)\psi_{rd}+\dfrac{d\psi_{rq}}{dt}\end{cases}\tag{2.13}$$

式中，ω_s 为 dq 旋转坐标系的电角速度；u_{sd}、u_{sq}、i_{sd}、i_{sq} 为 dq 旋转坐标系下定子电压、电流分量；u_{rd}、u_{rq}、i_{rd}、i_{rq} 为 dq 旋转坐标系下转子电压、电流分量；ψ_{sd}、ψ_{sq}、ψ_{rd}、ψ_{rq} 为 dq 旋转坐标系下定子、转子磁链分量。

由此得到双馈感应发电机在 dq 旋转坐标系下的 T 形等效电路，如图 2.6(a) 所示。为了便于分析与应用，将定子侧的漏感 $L_{s\sigma}$ 折算至转子侧，$L_\sigma=L_{s\sigma}+L_{r\sigma}$，$L_s=L_m$，$L_R=L_m+L_\sigma$，得到 Γ 形等效电路，如图 2.6(b) 所示。下文中下标为 R 的量为转化为 Γ 形等效电路后的分量。

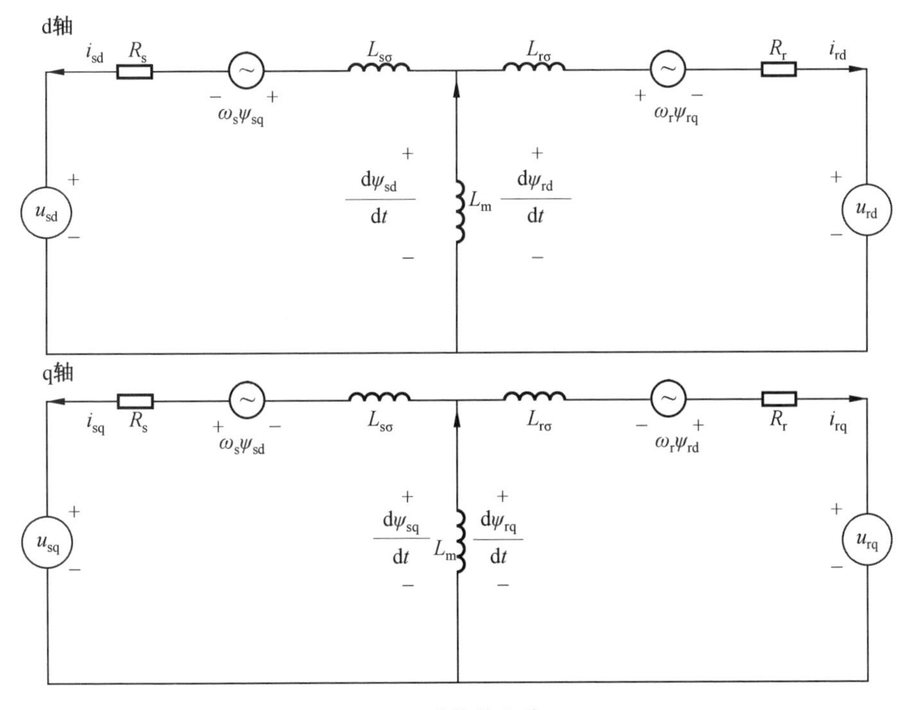

(a) T 形等效电路

图 2.6　T 形及 Γ 形等效电路下同步转速旋转坐标系中的双馈感应发电机的 dq 模型

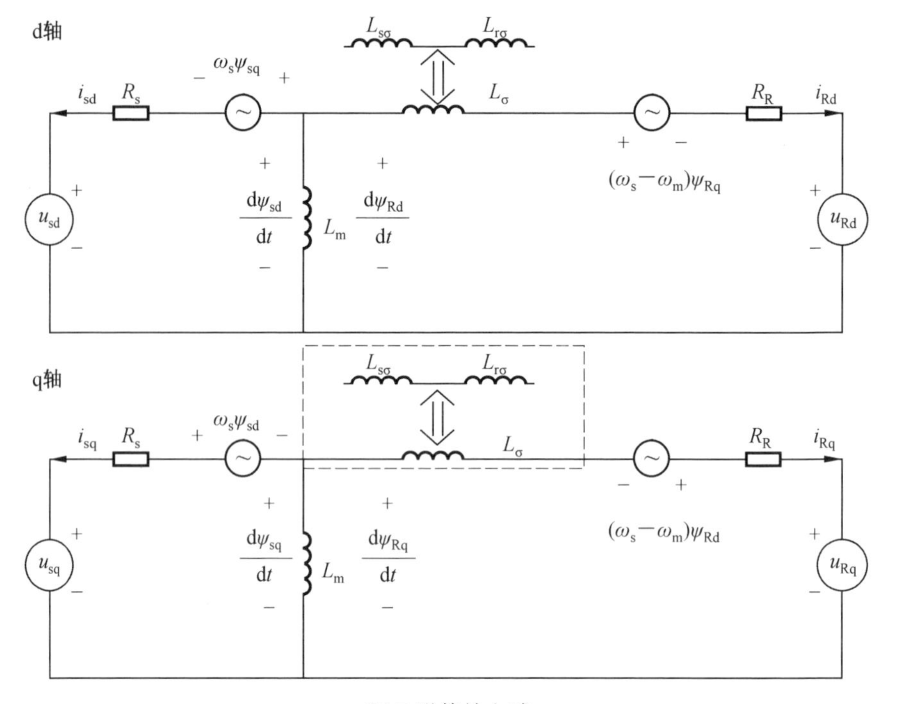

(b)Γ形等效电路

续图 2.6

将式(2.13)中定子、转子磁链分量用定转子电流表示,可得

$$\begin{cases}\boldsymbol{\psi}_s=-\boldsymbol{L}_s(\boldsymbol{i}_s+\boldsymbol{i}_r)=-L_m(\boldsymbol{i}_s+\boldsymbol{i}_r)=-L_m i_m \\ \boldsymbol{\psi}_r=-(L_m\boldsymbol{i}_s+L_R\boldsymbol{i}_r)=-L_m(\boldsymbol{i}_s+\boldsymbol{i}_r)-L_\sigma\boldsymbol{i}_r=L_m i_m-L_\sigma\boldsymbol{i}_r\end{cases} \tag{2.14}$$

式中,i_m 为主磁通电流。

整理后定子、转子磁链的表达式为

$$\begin{cases}\boldsymbol{\psi}_s=-L_m i_m \\ \boldsymbol{\psi}_r=-(L_m\boldsymbol{i}_s+L_R\boldsymbol{i}_r)=-L_m i_m-\sigma L_R\boldsymbol{i}_r\end{cases} \tag{2.15}$$

式中,$\sigma=1-\dfrac{L_m}{L_R}$ 为双馈感应发电机的漏感系数。

由式(2.13)得简化后的矢量形式为

$$\begin{cases}\boldsymbol{u}_s=-\left(R_s\boldsymbol{i}_s+L_m\dfrac{di_m}{dt}+j\omega_s\boldsymbol{\psi}_s\right) \\ \boldsymbol{u}_r=-\left(R_r\boldsymbol{i}_r+\sigma L_R\dfrac{d\boldsymbol{i}_r}{dt}+L_m\dfrac{di_m}{dt}+j\omega_r\boldsymbol{\psi}_r\right)\end{cases} \tag{2.16}$$

式中,ω_r 为转子电角速度。

在稳态的情况下可忽略主磁场电流的微分量，可将式(2.16)进一步简化为

$$\begin{cases}\boldsymbol{u}_{\mathrm{s}}=-(R_{\mathrm{s}}\boldsymbol{i}_{\mathrm{s}}+\mathrm{j}\omega_{\mathrm{s}}\boldsymbol{\psi}_{\mathrm{s}})\\ \boldsymbol{u}_{\mathrm{r}}=-\left(R_{\mathrm{r}}\boldsymbol{i}_{\mathrm{r}}+\sigma L_{\mathrm{R}}\dfrac{\mathrm{d}\boldsymbol{i}_{\mathrm{r}}}{\mathrm{d}t}+\mathrm{j}\omega_{\mathrm{r}}\boldsymbol{\psi}_{\mathrm{r}}\right)\end{cases}\tag{2.17}$$

式(2.17)为双馈感应发电机 RSC 控制策略设计的基础，从该式中不难发现通过直接控制转子绕组上的电流即可控制转子电压。

如图 2.6 所示，将图 2.6(a)中 dq 旋转坐标系下的 T 形等效电路转化为图 2.6(b)中的 Γ 形等效电路，可以将式(2.13)改写为 Γ 形等效电路中双馈感应发电机的电压方程：

$$\begin{cases}u_{\mathrm{sd}}=-i_{\mathrm{sd}}R_{\mathrm{s}}-\omega_{\mathrm{s}}\psi_{\mathrm{sq}}+\dfrac{\mathrm{d}\psi_{\mathrm{sd}}}{\mathrm{d}t}\\ u_{\mathrm{sq}}=-i_{\mathrm{sq}}R_{\mathrm{s}}+\omega_{\mathrm{s}}\psi_{\mathrm{sd}}+\dfrac{\mathrm{d}\psi_{\mathrm{sq}}}{\mathrm{d}t}\\ u_{\mathrm{Rd}}=-i_{\mathrm{Rd}}R_{\mathrm{s}}-(\omega_{\mathrm{s}}-\omega_{\mathrm{m}})\psi_{\mathrm{rq}}+\dfrac{\mathrm{d}\psi_{\mathrm{Rd}}}{\mathrm{d}t}\\ u_{\mathrm{Rq}}=-i_{\mathrm{Rq}}R_{\mathrm{s}}+(\omega_{\mathrm{s}}-\omega_{\mathrm{m}})\psi_{\mathrm{rd}}+\dfrac{\mathrm{d}\psi_{\mathrm{Rq}}}{\mathrm{d}t}\end{cases}\tag{2.18}$$

同理，磁链方程可以写为

$$\begin{cases}\psi_{\mathrm{sd}}=-L_{\mathrm{m}}(i_{\mathrm{sd}}+i_{\mathrm{Rd}})\\ \psi_{\mathrm{sq}}=-L_{\mathrm{m}}(i_{\mathrm{sq}}+i_{\mathrm{Rq}})\\ \psi_{\mathrm{Rd}}=-L_{\mathrm{m}}i_{\mathrm{sd}}-(L_{\sigma}+L_{\mathrm{m}})i_{\mathrm{Rd}}=-L_{\mathrm{m}}i_{\mathrm{sd}}-L_{\mathrm{R}}i_{\mathrm{Rd}}\\ \psi_{\mathrm{Rq}}=-L_{\mathrm{m}}i_{\mathrm{sq}}-(L_{\sigma}+L_{\mathrm{m}})i_{\mathrm{Rq}}=-L_{\mathrm{m}}i_{\mathrm{sq}}-L_{\mathrm{R}}i_{\mathrm{Rq}}\end{cases}\tag{2.19}$$

其中，Γ 形等效电路与 T 形等效电路之间变量关系为

$$\begin{cases}u_{\mathrm{Rd}}=k_{\mathrm{s}}u_{\mathrm{rd}}\\ u_{\mathrm{Rq}}=k_{\mathrm{s}}u_{\mathrm{rq}}\end{cases},\begin{cases}i_{\mathrm{Rd}}=i_{\mathrm{rd}}/k_{\mathrm{s}}\\ i_{\mathrm{Rq}}=i_{\mathrm{rq}}/k_{\mathrm{s}}\end{cases},\begin{cases}\psi_{\mathrm{Rd}}=k_{\mathrm{s}}\psi_{\mathrm{rd}}\\ \psi_{\mathrm{Rq}}=k_{\mathrm{s}}\psi_{\mathrm{rq}}\end{cases},\begin{cases}R_{\mathrm{R}}=k_{\mathrm{s}}^{2}R_{\mathrm{R}}\\ L_{\sigma}=k_{\mathrm{s}}L_{\mathrm{s}\sigma}+k_{\mathrm{s}}^{2}L_{\mathrm{r}\sigma}\\ L_{\mathrm{M}}=k_{\mathrm{s}}L_{\mathrm{m}}\end{cases}\tag{2.20}$$

式中，k_{s} 为 T 形等效电路与 Γ 形等效电路变换参数，$k_{\mathrm{s}}=(L_{\mathrm{s}\sigma}+L_{\mathrm{m}})/L_{\mathrm{m}}$。

双馈感应发电机在 Γ 形等效电路的电磁转矩表达式为

$$T_{\mathrm{e}}=p(\psi_{\mathrm{sd}}i_{\mathrm{sq}}-\psi_{\mathrm{sq}}i_{\mathrm{sd}})\tag{2.21}$$

双馈感应发电机的运动方程在同步转速旋转坐标系与在静止二相坐标系下相同，如式(2.12)所示。

2.2.3　DFIG 网侧变流器的动态数学模型及其控制

双馈风电系统的 GSC 是维持直流母线电压稳定的关键环节，在讨论 GSC 的

动态数学模型之前，有必要明确其控制目标：① 为配合双馈感应发电机运行特性，GSC 要具备功率双向流动的能力。②GSC 通过滤波电感连接至电网，其运行特性会直接影响电网的电能质量。GSC 输入电流应呈正弦且运行在单位功率因数下，此时对电网产生的谐波及无功影响最小。③ 风速波动或 DC－DC 变换器大功率工作时会导致直流母线电压波动，而直流母线电压波动会使得 GSC 控制性能降低，因此对于 GSC 的设计是双馈感应发电机中的重要环节。

1. GSC 的数学模型

双馈风电系统的 GSC 实际上就是一个电压型的 PWM 变流器。本书定义变流器输出功率为正、吸收功率为负。GSC 的拓扑结构如图 2.7 所示，其中 R_a、R_b、R_c、L_a、L_b、L_c 为进线电抗器的等效电阻和电感；C 为直流母线电压支撑电容；u_{ga}、u_{gb}、u_{gc} 为电网三相相电压幅值；u_{gsc_a}、u_{gsc_b}、u_{gsc_c} 为 GSC 输入端口电压；i_{ga}、i_{gb}、i_{gc} 为 GSC 由电网流出的三相电流幅值；u_{dc} 为直流母线电压；i_{dc} 为 GSC 整流后流入支撑电容 C 的直流电流；i_{load} 为支撑电容流入 RSC 的负载电流；负载是由 RSC 等效而来的一个时变非线性负载。

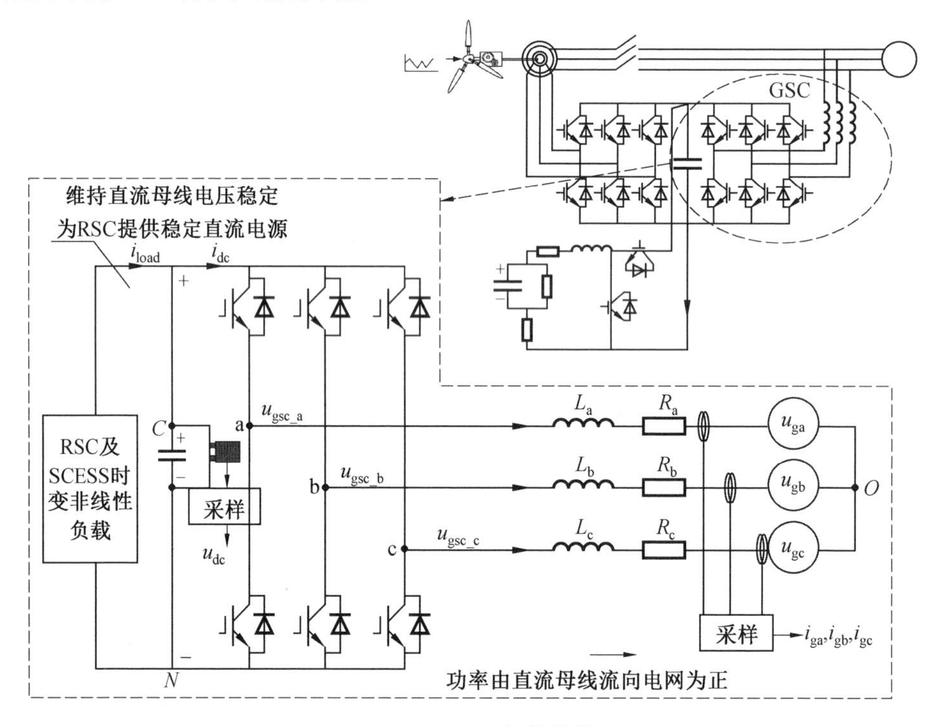

图 2.7　GSC 的拓扑结构

假设一个独立桥臂上两个绝缘栅双极型晶体管(IGBT) 开关函数 $S_k(k=\mathrm{a},\mathrm{b},\mathrm{c})$ 上桥臂导通、下桥臂关断时为1,反之则为0。根据基尔霍夫电压定律可以得到静止坐标系下的数学模型:

$$\begin{cases} L\dfrac{\mathrm{d}i_{\mathrm{ga}}}{\mathrm{d}t}+R_{\mathrm{a}}i_{\mathrm{ga}}=(u_{\mathrm{aN}}+u_{\mathrm{NO}})-u_{\mathrm{ga}} \\ L\dfrac{\mathrm{d}i_{\mathrm{gb}}}{\mathrm{d}t}+R_{\mathrm{b}}i_{\mathrm{gb}}=(u_{\mathrm{bN}}+u_{\mathrm{NO}})-u_{\mathrm{gb}} \\ L\dfrac{\mathrm{d}i_{\mathrm{gc}}}{\mathrm{d}t}+R_{\mathrm{c}}i_{\mathrm{gc}}=(u_{\mathrm{cN}}+u_{\mathrm{NO}})-u_{\mathrm{gc}} \\ C\dfrac{\mathrm{d}u_{\mathrm{dc}}}{\mathrm{d}t}=i_{\mathrm{load}}-i_{\mathrm{dc}} \end{cases} \tag{2.22}$$

式中,L 为等效电感。并且,$u_{\mathrm{aN}}=S_{\mathrm{a}}u_{\mathrm{dc}}$,$u_{\mathrm{bN}}=S_{\mathrm{b}}u_{\mathrm{dc}}$,$u_{\mathrm{cN}}=S_{\mathrm{c}}u_{\mathrm{dc}}$。在理想三相对称无中性线系统中可以得到以下关系:

$$u_{\mathrm{NO}}=-\frac{u_{\mathrm{dc}}}{3}\sum_{k=\mathrm{a},\mathrm{b},\mathrm{c}}S_k \tag{2.23}$$

将式(2.23) 代入式(2.22) 后经过整理可以得到三相静止坐标系下电压方程:

$$\begin{cases} u_{\mathrm{ga}}=u_{\mathrm{gsc\_a}}-\left(Ri_{\mathrm{ga}}+L\dfrac{\mathrm{d}i_{\mathrm{ga}}}{\mathrm{d}t}\right) \\ u_{\mathrm{gb}}=u_{\mathrm{gsc\_b}}-\left(Ri_{\mathrm{gb}}+L\dfrac{\mathrm{d}i_{\mathrm{gb}}}{\mathrm{d}t}\right) \\ u_{\mathrm{gc}}=u_{\mathrm{gsc\_c}}-\left(Ri_{\mathrm{gc}}+L\dfrac{\mathrm{d}i_{\mathrm{gc}}}{\mathrm{d}t}\right) \\ C\dfrac{\mathrm{d}u_{\mathrm{dc}}}{\mathrm{d}t}=i_{\mathrm{load}}-(S_{\mathrm{a}}i_{\mathrm{ga}}+S_{\mathrm{b}}i_{\mathrm{gb}}+S_{\mathrm{c}}i_{\mathrm{gc}}) \end{cases} \tag{2.24}$$

式中,R 为线路电阻。

式(2.24) 通过 Clark 及 Park 变换可得到 dq 旋转坐标系下 GSC 的数学模型:

$$\begin{cases} u_{\mathrm{gd}}=u_{\mathrm{gsc\_d}}-\left(Ri_{\mathrm{gd}}+L\dfrac{\mathrm{d}i_{\mathrm{gd}}}{\mathrm{d}t}-\omega_{\mathrm{g}}Li_{\mathrm{gq}}\right) \\ u_{\mathrm{gq}}=u_{\mathrm{gsc\_q}}-\left(Ri_{\mathrm{gq}}+L\dfrac{\mathrm{d}i_{\mathrm{gq}}}{\mathrm{d}t}+\omega_{\mathrm{g}}Li_{\mathrm{gd}}\right) \\ C\dfrac{\mathrm{d}u_{\mathrm{dc}}}{\mathrm{d}t}=i_{\mathrm{load}}-\dfrac{3}{2}(S_{\mathrm{d}}i_{\mathrm{gd}}+S_{\mathrm{q}}i_{\mathrm{gq}}) \end{cases} \tag{2.25}$$

式中,u_{gd}、u_{gq}、$u_{\mathrm{gsc\_d}}$、$u_{\mathrm{gsc\_q}}$ 为电网输出电压 d、q 轴分量;i_{gd}、i_{gq} 为电网输出电流 d、q 轴分量;S_{d}、S_{q} 为开关函数的 d、q 轴分量;ω_{g} 为电网电压电角速度。

2. GSC 的控制

关于 GSC 本书采用电网电压定向,因此可简化相关数学模型,即将电网电压矢量定于 d 轴，进而认为 $u_{gd}=u_g$，u_g 为电网电压值，而 $u_{gq}=0$。

于是式(2.25) 可简化为

$$\begin{cases} u_{gsc\_d}=\left(Ri_{gd}+L\dfrac{di_{gd}}{dt}\right)+u_{gd}-\omega_g Li_{gq} \\ u_{gsc\_q}=\left(Ri_{gq}+L\dfrac{di_{gq}}{dt}\right)+\omega_g Li_{gd} \\ C\dfrac{du_{dc}}{dt}=i_{load}-\dfrac{3}{2}(S_d i_{gd}+S_q i_{gq}) \end{cases} \tag{2.26}$$

直流母线电压的波动主要是由于负载变化速度超过了 GSC 的响应速度，并且功率差越大、时间差越大直流母线电压变化越大，对此将在下一章深入研究。在电网电压定向条件下，不计及开关及电感损耗，交直流侧有功功率平衡关系为

$$P_g=\frac{3}{2}u_{gd}i_{gd}=u_{dc}i_{load}=P_{load} \tag{2.27}$$

式中，P_g 为网侧变流器功率；P_{load} 为网侧变流器负载。

对 GSC 接入线性负载进行仿真，负载功率与 GSC 功率对比如图 2.8(a) 所示。当直流母线两侧功率不平衡时，直流母线电压会出现波动，如图 2.8(b) 所示，因此采用功率前馈补偿消除影响至关重要。

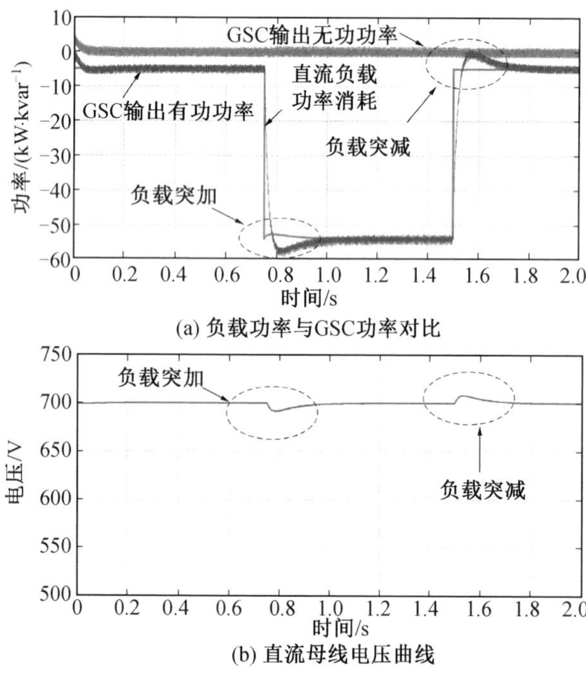

(a) 负载功率与GSC功率对比

(b) 直流母线电压曲线

图 2.8　直流母线电压波动的物理本质

在 GSC 的控制中，通过在 GSC 的内环加入负载侧功率前馈补偿环节，可以有效提高系统直流环节的动态响应能力，由此能够得到如图 2.9 所示的 GSC 控制框图。

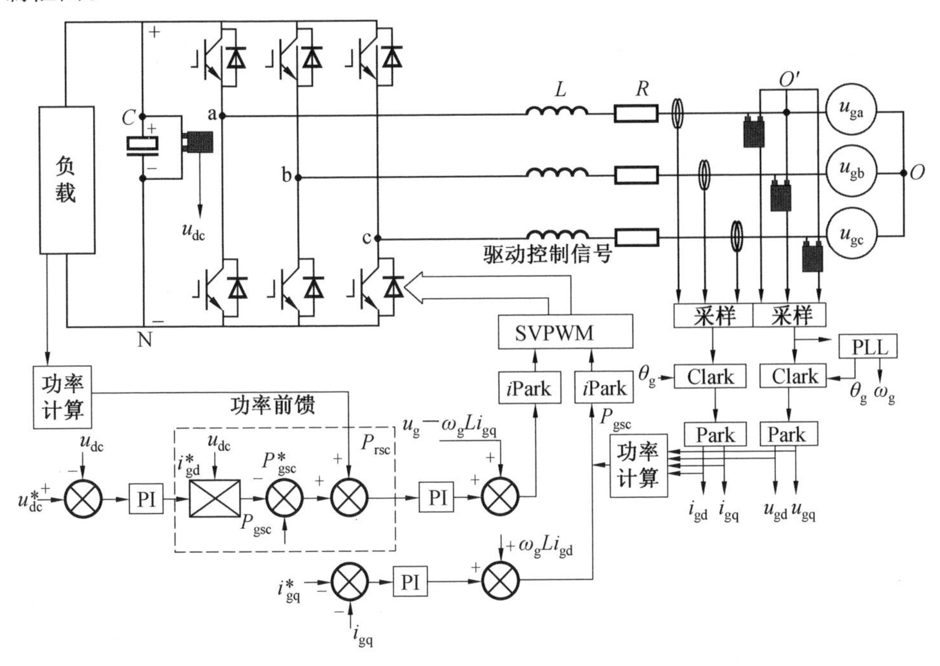

图 2.9　具有负载侧功率前馈补偿环节的 GSC 控制框图

图 2.10 所示为独立控制的 GSC 与具有功率前馈补偿的 GSC 的直流母线电压及整流控制器功率对比。GSC 直流母线初始电压为 1 500 V，处于轻载状态。在0.1 s 时加入电阻负载，不难发现具有功率前馈补偿时直流母线电压跌落幅度小，恢复速度快。这是由于，如图 2.10(b) 所示，具有采用功率前馈补偿的整流控制器功率响应速度比独立控制的整流控制器快，这使得直流母线电压可以更好地稳定。由图 2.10 可见功率前馈补偿在一定程度上能够减弱直流母线的波动，但并不能完全解决负载扰动时造成的直流母线电压波动问题。因此，在 GSC 控制策略中，不但要考虑实时功率的平衡，也要注意动态响应过程中储能元件的能量变化。对 GSC 采用功率前馈控制，即利用负载功率及电感电容能量变化实现 GSC 电流环前馈补偿。

2.2.4　DFIG 转子侧变流器的动态数学模型及其控制

双馈风电系统的控制主要是DFIG的功率控制，这是通过其RSC来实现的。

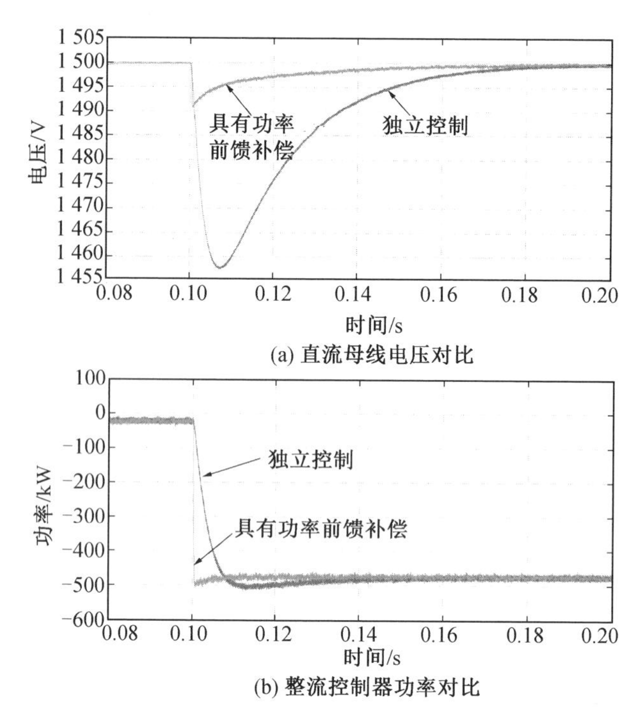

(a) 直流母线电压对比

(b) 整流控制器功率对比

图 2.10　独立控制的 GSC 与具有功率前馈补偿的 GSC 的直流母线电压及整流控制器功率对比

双馈风电系统的主要运行目标有两个：其一是变速恒频前提下实现最大风能追踪，关键是DFIG转速或者输出有功功率的控制；其二是DFIG输出无功功率的控制，以保证所并电网的运行稳定性。由于DFIG输出有功和无功功率与转子的d、q轴电流分量密切相关，RSC的控制目标就是实现对转子d、q轴电流分量的有效控制，其控制策略应以RSC及DFIG数学模型为基础来进行设计。

1. RSC的数学模型

本章在前面的分析中，已经建立了同步转速旋转dq坐标系中矢量形式的DFIG电压方程和磁链方程，并据此导出了矢量形式的DFIG的T型和Γ形等效电路，如图2.6所示。根据式(2.26)可得到同步转速旋转dq坐标系中，当电网电压矢量定向于d轴时的网侧变流器的数学模型，将其写为矢量形式：

$$\begin{cases} \boldsymbol{U}_{\mathrm{g}} = R_{\mathrm{g}}\boldsymbol{I}_{\mathrm{g}} + L_{\mathrm{g}}\dfrac{\mathrm{d}\boldsymbol{I}_{\mathrm{g}}}{\mathrm{d}t} + \mathrm{j}\omega_{\mathrm{g}}L_{\mathrm{g}}\boldsymbol{I}_{\mathrm{g}} + U_{\mathrm{gsc}} \\ C\dfrac{\mathrm{d}U_{\mathrm{dc}}}{\mathrm{d}t} = \dfrac{P_{\mathrm{r}}}{U_{\mathrm{dc}}} - \dfrac{P_{\mathrm{g}}}{U_{\mathrm{dc}}} = i_{\mathrm{load}} - \dfrac{P_{\mathrm{g}}}{U_{\mathrm{dc}}} \end{cases} \tag{2.28}$$

式中，$\boldsymbol{U}_{g}=u_{gd}+ju_{gq}$ 为电网电压矢量，在并网型双馈风电系统中通常有 $\boldsymbol{U}_{g}=\boldsymbol{U}_{s}$；$\boldsymbol{I}_{g}$ 为网侧变流器输入电流矢量，且 $\boldsymbol{I}_{g}=i_{gd}+ji_{gq}$；$P_{g}$、$P_{r}$ 分别为GSC、RSC的输入功率。

根据式(2.28)可得网侧、转子侧变流器的矢量形式等效电路。网侧、转子侧变流器与DFIG两等效电路相结合，就可进行转子侧变流器或双馈风电系统的运行控制研究。

2. RSC 的控制

本节对RSC的控制建立在双馈感应发电机数学模型的基础之上，RSC控制目标主要是对双馈感应发电机定子功率进行控制，而此控制实质上是通过控制转子中的电流实现的。然而，转子电流转化为d、q轴分量后，相互间具有耦合关系，造成定子功率间也会有有功及无功耦合。因此，需要通过解耦达到有功、无功功率独立控制的目的。

RSC采用电网电压定向，由式(2.17)可得

$$\boldsymbol{u}_{s}=-(R_{s}\boldsymbol{i}_{s}+j\omega_{g}\boldsymbol{\psi}_{s})\approx-j\omega_{g}\boldsymbol{\psi}_{s} \tag{2.29}$$

采用电网电压定向矢量控制，此时电压与磁链之间存在如下关系：

$$\begin{cases}u_{gd}=u_{sd}=|U_{s}|\approx-\omega_{g}\psi_{sq}\approx\omega_{g}\psi_{sq}\\u_{gq}=u_{sq}=0\approx\omega_{g}\psi_{sd}\end{cases} \tag{2.30}$$

由式(2.18)有

$$\begin{cases}u_{Rd}=-R_{r}i_{Rd}-\sigma L_{R}\dfrac{di_{Rd}}{dt}+\omega_{r}\psi_{Rq}\\u_{Rq}=-R_{r}i_{Rq}-\sigma L_{R}\dfrac{di_{Rq}}{dt}-\omega_{r}\psi_{Rd}\end{cases} \tag{2.31}$$

转子磁链 ψ_{R} 可表示为

$$\begin{cases}\psi_{Rd}=-\sigma L_{R}i_{Rd}\\\psi_{Rq}=-\dfrac{1}{\omega_{g}}U_{s}-\sigma L_{R}i_{Rd}\end{cases} \tag{2.32}$$

式中，U_{s} 为定子电压矢量的幅值。

将式(2.32)代入式(2.31)可得

$$\begin{cases}u_{Rd}=-\left(R_{r}i_{Rd}+\sigma L_{R}\dfrac{di_{Rd}}{dt}\right)+\omega_{r}\left(\dfrac{1}{\omega_{g}}U_{s}+\sigma L_{R}i_{Rq}\right)\\u_{Rq}=-\left(R_{r}i_{Rq}+\sigma L_{R}\dfrac{di_{Rq}}{dt}\right)-\omega_{r}\sigma L_{R}i_{Rd}\end{cases} \tag{2.33}$$

由式(2.33)不难发现，通过数学模型推导，可以写出转子d、q轴电流分量与转子电压间的关系，进而可以将耦合量独立表示出来。本书为实现最大功率跟

踪(MPPT)控制在电流环的基础上增加了功率控制环,由此可以得到 RSC 的控制框图,如图2.11 所示。

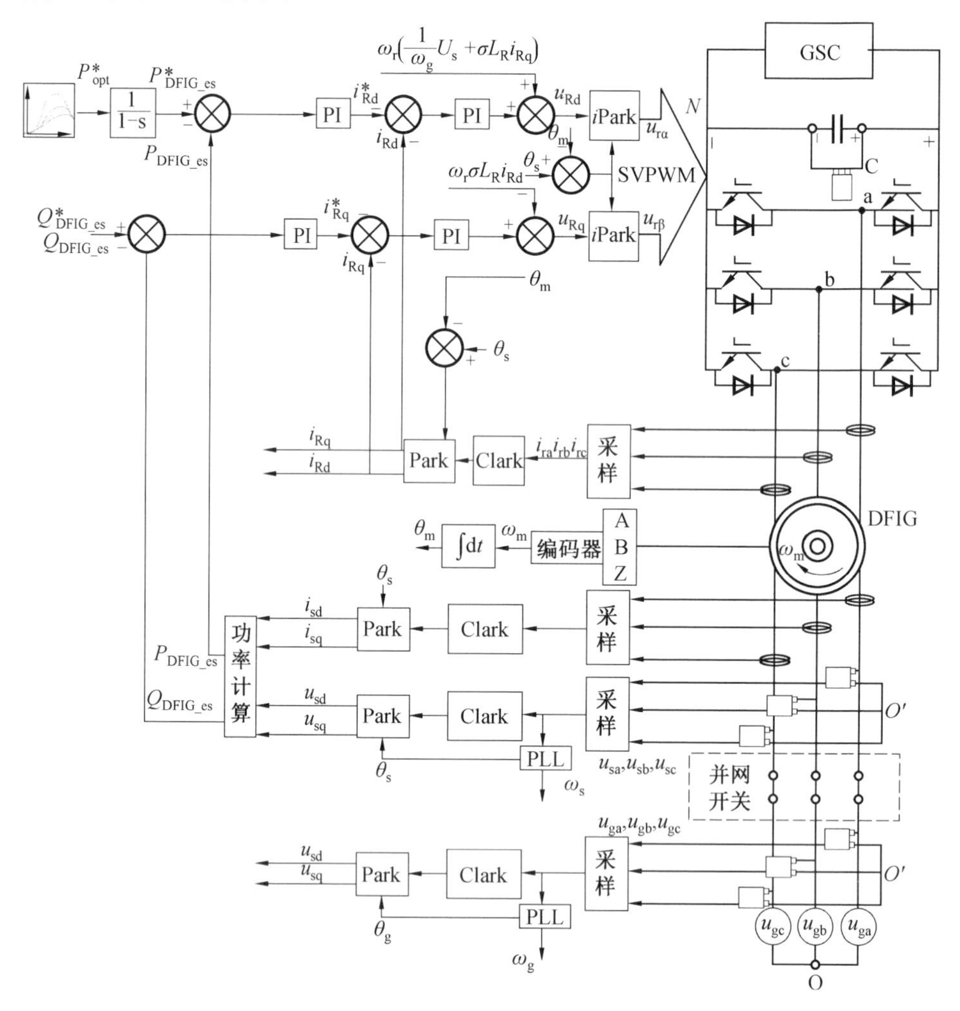

图 2.11　RSC 的控制框图

3. RSC 的仿真分析

本书通过建立双馈感应发电机及 RSC 的仿真模型对其控制策略进行验证。仿真所采用的模型参数见表 2.1。采用的双馈感应发电机为二对极电机,额定转速为 1 500 r/min,仿真发电机运行于次同步转速状态下。图 2.12 所示为次同步转速下电网电角速度、转子转速电角速度及转子电流电角速度对比。次同步转速下转子转速电角速度低于电网电角速度,因此转子电流电角速度大于 0。

表 2.1　仿真中双馈感应发电机模型参数

参数	数值	参数	数值
额定功率	2.5 MW	极对数 p	2
定子电压	690 V	电机转动惯量 J	5.0×10^{6} kg·m²
额定转速	1 500 r/min	转速变化	±30%
额定频率	50 Hz	直流侧电压 U_{dc}	1 500 V
定子电阻 R_s	3.09 mΩ	进线电感 L_g	0.01 mH
定子漏感 $L_{s\sigma}$	0.053 mH	互感 L_m	5.892 mH
转子电阻 R_r	2.32 mΩ	直流母线电容 C	5 000 μF
转子漏感 $L_{r\sigma}$	0.191 mH	电机漏磁系数 σ	0.024 18

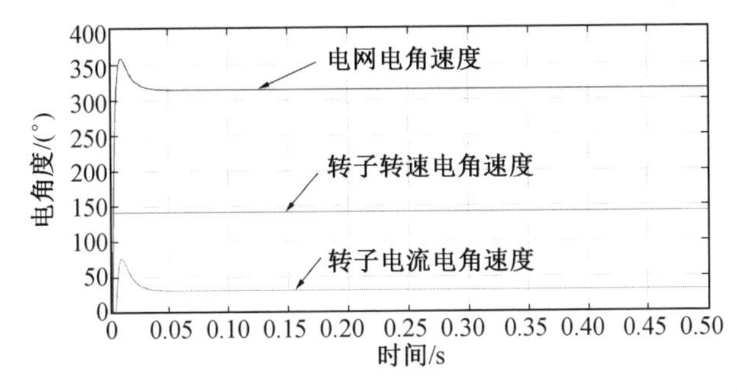

图 2.12　次同步转速下电网电角速度、转子转速电角速度、转子电流电角速度对比

将双馈感应发电机转子转速设置为 1 350 r/min，使其运行于次同步转速下，为验证有功功率和无功功率由转子 d、q 轴电流分量解耦控制的性能，给定不同的有功、无功功率指令得到相关仿真波形，如图 2.13 所示。

图 2.13 中对 A 相转子电流与 B 相转子电流进行了对比，不难发现在次同步转速工况下，转子电流呈负序(与电流定向有关)，A 相电流滞后于 B 相电流。图 2.14 为次同步转速下双馈感应发电机功率曲线，定子输出功率响应速率快，具有双闭环的控制模型输出功率曲线平稳。结合图 2.13 与图 2.14 可以发现，通过 RSC 的电流矢量控制可以将双馈感应发电机定子有功功率 P_{DFIG_es} 和无功功率 Q_{DFIG_es} 解耦，且控制取得良好效果。

图 2.15(a) 所示为仿真起始阶段双馈感应发电机转速为 1 350 r/min，在 0.25 s 时突变为 1 500 r/min，在 0.3 s 时变化为 1 650 r/min。这个过程中定子输出功率设定为 1.0 MW。三相转子电流波形如图 2.15(b) 所示，仿真初始阶段

电流保持负序且频率为 5 Hz，0.25 s 时转速达到额定转速后，电流频率开始变化接近于 0 Hz，0.3 s 时转子转速提升为 1 650 r/min，转子电流频率变化为 5 Hz。由此可见，转速突变下，转子电流响应速度快，可以满足发电机要求。

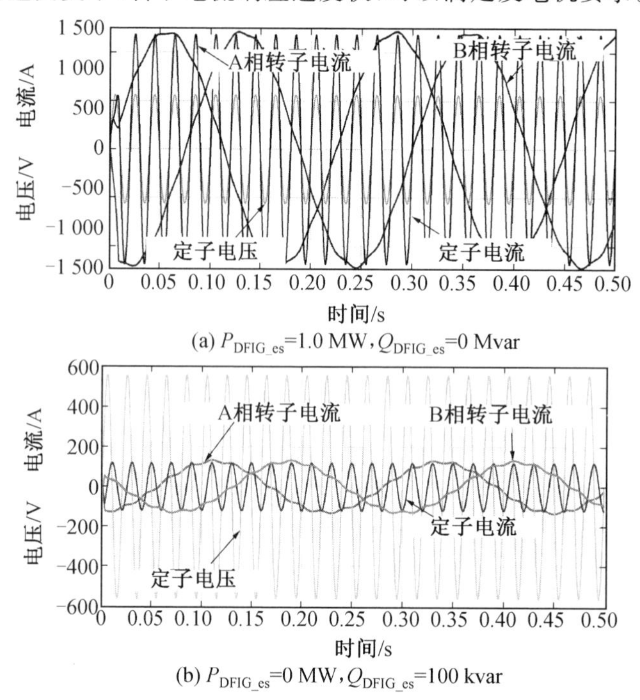

(a) P_{DFIG_es}=1.0 MW，Q_{DFIG_es}=0 Mvar

(b) P_{DFIG_es}=0 MW，Q_{DFIG_es}=100 kvar

图 2.13　次同步转速下不同功率给定下 A、B 相转子电流与定子电压、电流波形

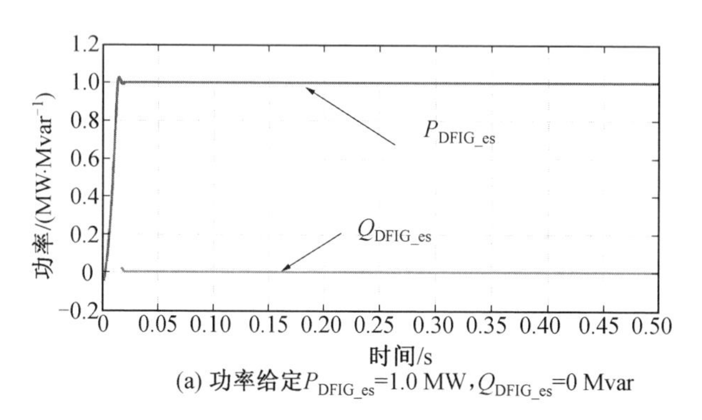

(a) 功率给定 P_{DFIG_es}=1.0 MW，Q_{DFIG_es}=0 Mvar

图 2.14　次同步转速下双馈感应发电机功率曲线

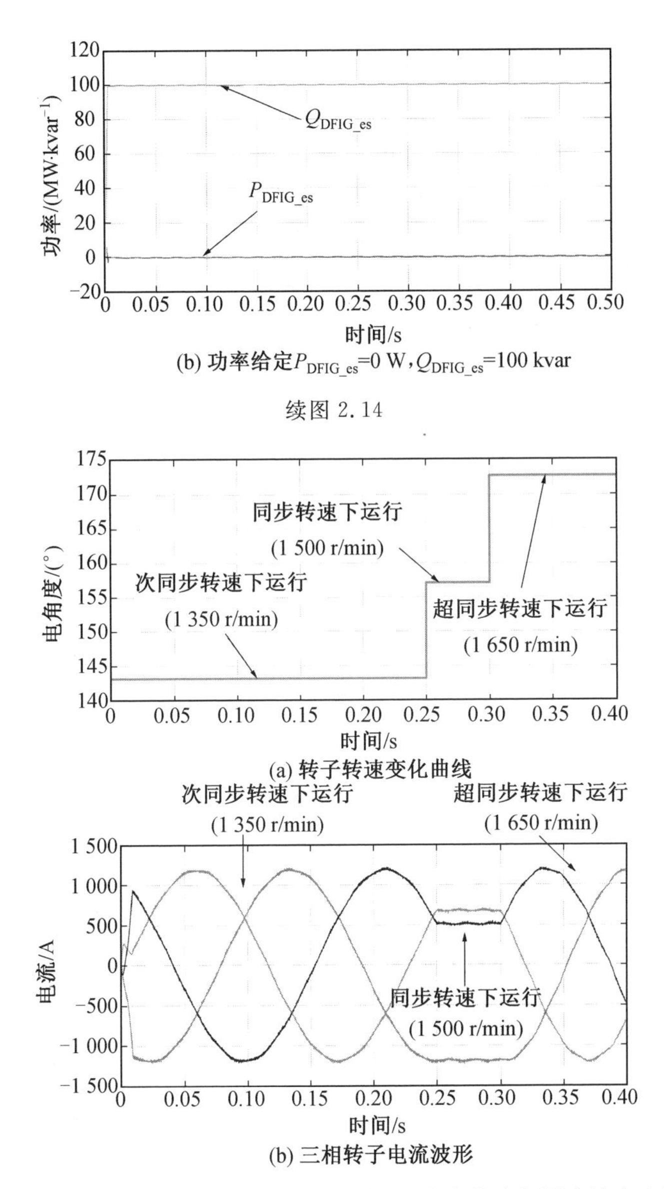

(b) 功率给定 P_{DFIG_es}=0 W，Q_{DFIG_es}=100 kvar

续图 2.14

(a) 转子转速变化曲线

(b) 三相转子电流波形

图 2.15　双馈感应发电机由次同步转速逐渐变化为超同步转速过程中转子转速变化曲线与三相转子电流波形

2.2.5　SCESS 的动态数学模型

SCESS－DFIG 系统与传统的双馈风电系统的差别主要在于 RSC 和 GSC 间

的直流母线上连接了超级电容储能单元及 DC－DC 变换器，本节将对超级电容储能单元与 DC－DC 变换器分别进行动态数学模型分析。

1. 超级电容储能单元的数学模型

相较于锂电池，超级电容具有充放电效率高、循环寿命长、工作温度范围宽等优点。假设超级电容的容量不会衰减。超级电容单体模型如图 2.16(a) 所示，其由串联电阻和电容元件构成。可以直接地看出，串联电阻由阳极电阻、电解质电阻、阴极电阻组成，其中 R_{a_e} 为阳极电阻，R_i 为电解质电阻，R_{k_e} 为阴极电阻。电容元件由双电层电容的阳极和阴极组成。串联电阻和电容元件的组成分别如式(2.34) 和式(2.35) 所示。

$$R_{cs\_m} = R_{a\_e} + R_i + R_{k\_e} \tag{2.34}$$

$$\frac{1}{C_{cell}} = \frac{1}{C_{a\_u}} + \frac{1}{C_{k\_u}} \tag{2.35}$$

式中，C_{cell} 为超级电容单体电容；C_{a_u} 为阳极电容；C_{k_u} 为阴极电容。

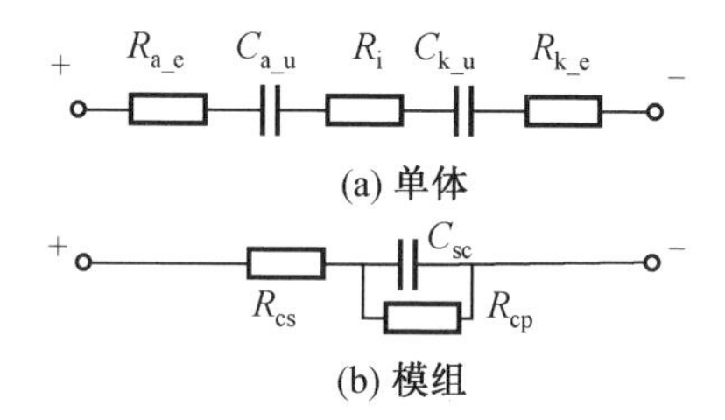

图 2.16 超级电容单体、模组模型

考虑到长时间使用超级电容漏电的情况，一般在单体模型建立时在 C_{cell} 上并联一个 R_{cp_m} 作为超级电容单体漏电阻。图 2.16(b) 所示为超级电容单体通过串并联的方式组成的超级电容模组。假设整个超级电容模组由 N_{sc} 个模块串联、M_{sc} 个模块并联组成，则下列关系式成立：

$$\begin{cases} C_{sc} = M_{sc}C_{cell}/N_{sc} \\ R_{cs} = N_{sc}R_{cs\_m}/M_{sc} \\ R_{cp} = N_{sc}R_{cp\_m}/M_{sc} \\ U_{sc} = N_{sc}U_{sc\_m} \end{cases} \tag{2.36}$$

式中，C_{sc} 为超级电容模组电容；R_{cs} 为超级电容模组串联电阻；R_{cp} 为超级电容模组并联电阻；U_{sc} 为超级电容模组的开路电压；U_{sc_m} 为超级电容单体的开路电压。

2. DC－DC 变换器的数学模型及电流纹波抑制

DC－DC 变换器的低压侧与超级电容储能单元相连接，其高压侧与双馈感应

发电机 RSC 与 GSC 间的直流母线相连。由于 GSC 维持了直流接口电压的稳定，因此直流母线可以视为恒压源。图 2.17 所示为超级电容与直流母线电容之间的 DC－DC 变换器拓扑结构，其采用多重移相电感并联。DC－DC 变换器的工作模式可分为四种，其中模式一与模式二属于 Boost 模式（超级电容放电），模式三与模式四属于 Buck 模式（超级电容充电），其拓扑结构如图 2.18 所示。

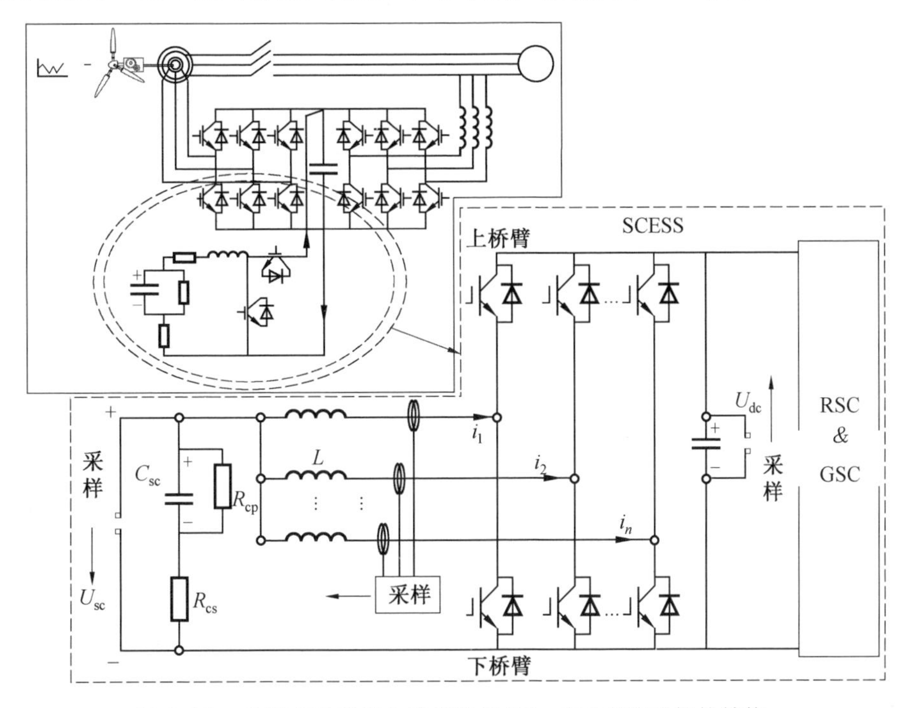

图 2.17　采用多重移相电感并联的 DC－DC 变换器拓扑结构

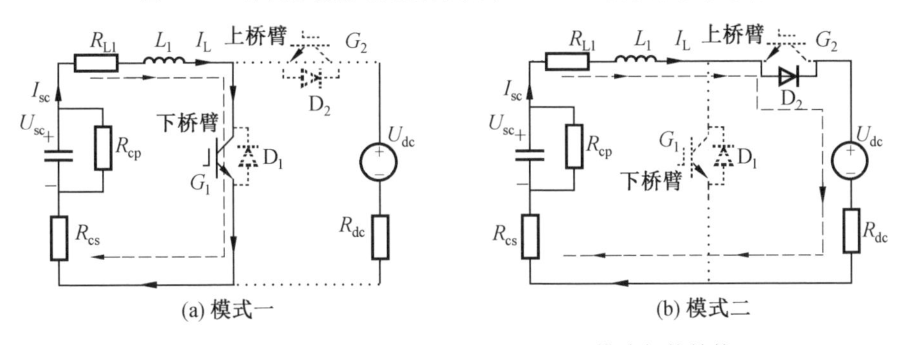

图 2.18　DC－DC 变换器 Boost 及 Buck 模式拓扑结构

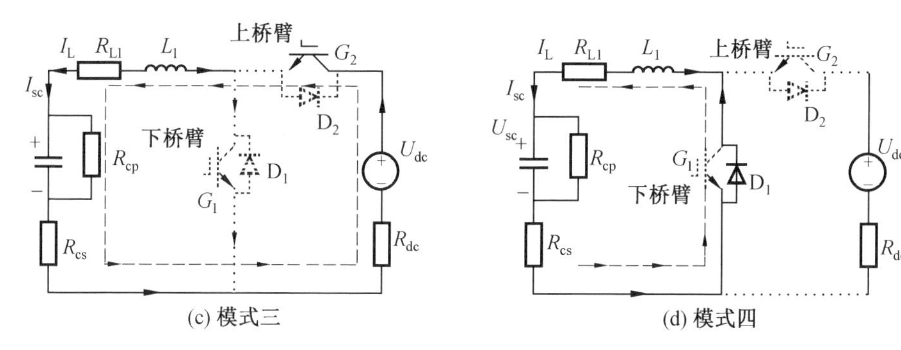

续图 2.18

当DC－DC变换器运行于Boost模式下，占空比$D>1-\frac{U_{sc}}{U_{dc}}$时，$I_L$正向流动（能量传递方向为超级电容至直流母线，超级电容释放能量）；当DC－DC变换器运行于Buck模式下，$D<1-\frac{U_{sc}}{U_{dc}}$时，$I_L$反向流动（能量传递方向为直流母线至超级电容，超级电容吸收能量）。因此，超级电容储能单元端电压和双馈感应发电机RSC直流接口电压一定时，通过调节开关管占空比可准确控制电感电流的大小及方向，进而精确控制充放电总功率。

（1）DC－DC变换器的多重移相纹波抑制方法。

如图2.17所示，本书中的DC－DC变换器采用多重移相并联拓扑结构，目的是对电流进行均流，同时进行纹波抑制。本节采用了多重移相控制对每一重电感进行独立的PWM控制，每一重占空比移相角度为$360°/n$。同时假设双向DC－DC变换器工作于电流连续导通模式下，且运行于双向模式下。根据前文所述，流进超级电容电流方向为负，因此电感中流过的电流值小于0，在下桥臂断开时对$L_1,L_2,\cdots,L_n$分别有

$$\begin{cases}L_1\dfrac{\mathrm{d}i_{L1}}{\mathrm{d}t}=U_{L1}=U_{sc}-U_{dc}\\L_2\dfrac{\mathrm{d}i_{L2}}{\mathrm{d}t}=U_{L2}=U_{sc}-U_{dc}\\\vdots\\L_n\dfrac{\mathrm{d}_{Ln}}{\mathrm{d}t}=U_{Ln}=U_{sc}-U_{dc}\end{cases}\tag{2.37}$$

当下桥臂导通时，对$L_1,L_2,\cdots,L_n$分别有

$$\begin{cases} L_1 \dfrac{\mathrm{d}i_{L1}}{\mathrm{d}t} = U_{L1} = U_{sc} \\ L_2 \dfrac{\mathrm{d}i_{L2}}{\mathrm{d}t} = U_{L2} = U_{sc} \\ \vdots \\ L_n \dfrac{\mathrm{d}i_{Ln}}{\mathrm{d}t} = U_{Ln} = U_{sc} \end{cases} \tag{2.38}$$

定义电感电流上升的速率为 k_{up}，电流下降的速率为 k_{down}，则

$$\begin{cases} k_{up} = \dfrac{U_{sc}}{L} \\ k_{down} = \dfrac{U_{sc} - U_{dc}}{L} \end{cases} \tag{2.39}$$

同时，占空比 D 与超级电容电压 U_{sc} 及直流母线电压 U_{dc} 之间的关系为

$$\frac{U_{sc}}{U_{dc}} = 1 - D \tag{2.40}$$

此处以 Boost 模式为例，在同相驱动模式下，i_{L1} 与其他$(n-1)$个并联电感桥臂完全同相，则总电流 i_L 的纹波峰峰值 Δi_{Ls} 为

$$\Delta i_{Ls} = \Delta i_{L1} + \Delta i_{L2} + \Delta i_{L3} + \cdots + \Delta i_{Ln} = nDk_{up}T \tag{2.41}$$

在移相控制下，以第一重电感 L_1 上电流 i_{L1} 在一个功率开关周期$[0,T]$的初始时刻为零点，建立电流与时间的关系图。初始时刻的 i_{L1} 为零(实际中 i_{L1} 的最小值要大于 0)，而其他重的起始时刻电流并不为零，同一开关周期中电感上的电流分别为图 2.19 中所示的 $i_{L1}, i_{L2}, \cdots, i_{Ln}$。

为了完全展示出 n 重电感间的电流关系，利用$[0,2T]$周期内的多相电感电流进行分析，$[0,T]$与$[T,2T]$内电感电流状态相同。值得说明的是，图 2.19 中，为了更直观地观察各重电流，将 Boost 模式下 7 重电感电流图改写为了 n 重。在研究过程中由于占空比 D 不同，写成数学表达式后，不同重电感上的电流瞬时电流变化率方向亦有可能不同。

此处假设有 n_{down} 重电感电流在起始阶段的斜率为 k_{down}，则起始阶段斜率为 k_{up} 的重数为 $n_{up} = n - n_{down}$，同时存在以下数学关系：

$$\begin{cases} (1-D)n - 1 = n_{down} \\ Dn + 1 = n_{up} \end{cases} \tag{2.42}$$

此时占空比满足 $1 - \dfrac{n_{down}+1}{n} \leqslant D \leqslant 1 - \dfrac{n_{down}}{n}$。假设 D 为 50%，即此时 $n_{down} = \dfrac{n}{2}$ 或者 $n_{down} = \dfrac{n-1}{2}$(根据 n 的奇偶性，n_{down} 取整数)。

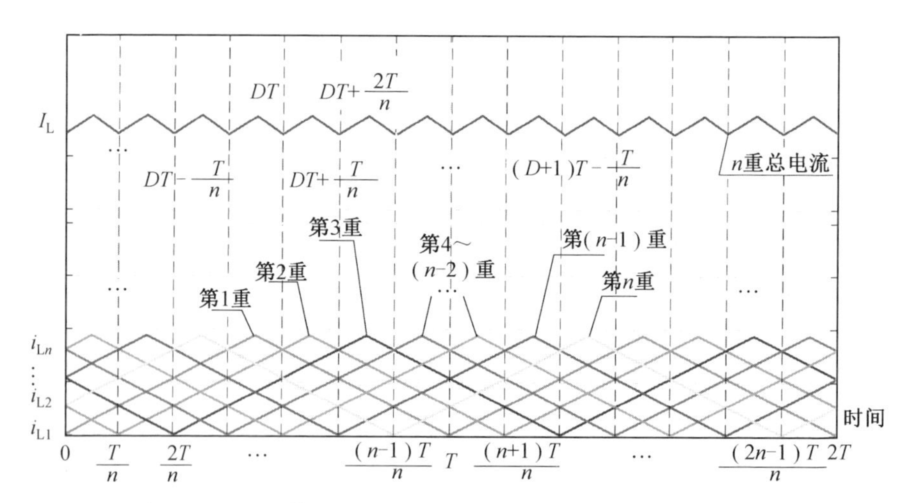

图 2.19　CCM 模式 Boost 模式下的多相电感电流与总电流波形

以下为第 1 重至第 n 重的瞬时电流状态。

第 1 重电感电流表达式：

$$\begin{cases} i_{L1} = k_{up} t, & t \in [0, DT) \\ i_{L1} = k_{down}(t - T), & t \in [DT, T] \end{cases} \tag{2.43}$$

第 2 重电感电流表达式：

$$\begin{cases} i_{L2} = k_{down}\left(t - \dfrac{T}{n}\right), & t \in \left[0, \dfrac{T}{n}\right) \\ i_{L2} = k_{up}\left(t - \dfrac{T}{n}\right), & t \in \left[\dfrac{T}{n}, DT + \dfrac{T}{n}\right) \\ i_{L2} = k_{down}\left[t - \dfrac{(n+1)T}{n}\right], & t \in \left[DT + \dfrac{T}{n}, T\right] \end{cases} \tag{2.44}$$

第 3 重电感电流表达式：

$$\begin{cases} i_{L3} = k_{down}\left(t - \dfrac{2T}{n}\right), & t \in \left[0, \dfrac{2T}{n}\right) \\ i_{L3} = k_{up}\left(t - \dfrac{2T}{n}\right), & t \in \left[\dfrac{2T}{n}, DT + \dfrac{2T}{n}\right) \\ i_{L3} = k_{down}\left[t - \dfrac{(n+2)T}{n}\right], & t \in \left[DT + \dfrac{2T}{n}, T\right] \end{cases} \tag{2.45}$$

第($n_{down}+1$) 重电感电流表达式：

$$\begin{cases} i_{\mathrm{L}(n_{\mathrm{down}}+1)} = k_{\mathrm{down}}\left(t - \dfrac{n_{\mathrm{down}}T}{n}\right), & t \in \left[0, \dfrac{n_{\mathrm{down}}T}{n}\right) \\ i_{\mathrm{L}(n_{\mathrm{down}}+1)} = k_{\mathrm{up}}\left(t - \dfrac{n_{\mathrm{down}}T}{n}\right), & t \in \left[\dfrac{n_{\mathrm{down}}T}{n}, DT + \dfrac{n_{\mathrm{down}}T}{n}\right) \\ i_{\mathrm{L}(n_{\mathrm{down}}+1)} = k_{\mathrm{down}}\left[t - \dfrac{(n + n_{\mathrm{down}})T}{n}\right], & t \in \left[DT + \dfrac{n_{\mathrm{down}}T}{n}, T\right] \end{cases} \tag{2.46}$$

第$(n_{\mathrm{down}}+2)$重电感电流表达式：

$$\begin{cases} i_{\mathrm{L}(n_{\mathrm{down}}+2)} = k_{\mathrm{up}}\left[t + \dfrac{(n_{\mathrm{up}}-1)T}{n}\right], & t \in \left[0, DT - \dfrac{(n_{\mathrm{up}}-1)T}{n}\right) \\ i_{\mathrm{L}(n_{\mathrm{down}}+2)} = k_{\mathrm{down}}\left[t - \dfrac{(n_{\mathrm{up}}-1)T}{n}\right], & t \in \left[DT - \dfrac{(n_{\mathrm{up}}-1)T}{n}, \dfrac{(n-n_{\mathrm{up}}+1)T}{n}\right) \\ i_{\mathrm{L}(n_{\mathrm{down}}+2)} = k_{\mathrm{up}}\left[t - \dfrac{(n-n_{\mathrm{up}}+1)T}{n}\right], & t \in \left[\dfrac{(n-n_{\mathrm{up}}+1)T}{n}, T\right] \end{cases} \tag{2.47}$$

第$(n_{\mathrm{down}}+3)$重电感电流表达式：

$$\begin{cases} i_{\mathrm{L}(n_{\mathrm{down}}+3)} = k_{\mathrm{up}}\left[t + \dfrac{(n_{\mathrm{up}}-2)T}{n}\right], & t \in \left[0, DT - \dfrac{(n_{\mathrm{up}}-2)T}{n}\right) \\ i_{\mathrm{L}(n_{\mathrm{down}}+3)} = k_{\mathrm{down}}\left[t - \dfrac{(n-n_{\mathrm{up}}+2)T}{n}\right], & t \in \left[DT - \dfrac{(n_{\mathrm{up}}-2)T}{n}, \dfrac{(n-n_{\mathrm{up}}+2)T}{n}\right) \\ i_{\mathrm{L}(n_{\mathrm{down}}+3)} = k_{\mathrm{up}}\left[t - \dfrac{(n-n_{\mathrm{up}}+2)T}{n}\right], & t \in \left[\dfrac{(n-n_{\mathrm{up}}+2)T}{n}, T\right] \end{cases} \tag{2.48}$$

第 n 重电感电流表达式：

$$\begin{cases} i_{\mathrm{L}n} = k_{\mathrm{up}}\left(t + \dfrac{T}{n}\right), & t \in \left[0, DT - \dfrac{T}{n}\right) \\ i_{\mathrm{L}n} = k_{\mathrm{down}}\left[t - \dfrac{(n-1)T}{n}\right], & t \in \left[DT - \dfrac{T}{n}, \dfrac{(n-1)T}{n}\right) \\ i_{\mathrm{L}n} = k_{\mathrm{up}}\left[t - \dfrac{(n-1)T}{n}\right], & t \in \left[\dfrac{(n-1)T}{n}, T\right] \end{cases} \tag{2.49}$$

根据基尔霍夫电流定律可得到 i_{L} 在一个开关周期内的表达式，进而可以推导得到其 n 个周期内的电流状态方程：

$$\begin{cases} i_{\mathrm{L}}=(n_{\mathrm{up}}k_{\mathrm{up}}+n_{\mathrm{down}}k_{\mathrm{down}})t+\dfrac{n_{\mathrm{up}}k_{\mathrm{up}}T}{2n}(n_{\mathrm{up}}-1)-\dfrac{k_{\mathrm{down}}n_{\mathrm{down}}T}{2n}(n_{\mathrm{down}}+1), \\ \quad t\in\left[0,DT-\dfrac{(n_{\mathrm{up}}-1)T}{n}\right) \\ i_{\mathrm{L}}=[(n_{\mathrm{up}}-1)k_{\mathrm{up}}+(n_{\mathrm{down}}+1)k_{\mathrm{down}}]t+\dfrac{k_{\mathrm{up}}(n_{\mathrm{up}}-1)(n_{\mathrm{up}}-2)T}{2n}- \\ \quad \dfrac{k_{\mathrm{down}}(n_{\mathrm{down}}+1)(n_{\mathrm{down}}+2)T}{2n},t\in\left[DT-\dfrac{(n_{\mathrm{up}}-1)T}{n},\dfrac{T}{n}\right) \\ \quad \vdots \\ i_{\mathrm{L}}=[(n_{\mathrm{up}}-1)k_{\mathrm{up}}+(n_{\mathrm{down}}+1)k_{\mathrm{down}}]t+\dfrac{k_{\mathrm{up}}(n_{\mathrm{up}}-1)(n_{\mathrm{up}}-4)T}{2n}- \\ \quad \dfrac{k_{\mathrm{down}}(n_{\mathrm{down}}+1)(n_{\mathrm{down}}+4)T}{2n},t\in\left[DT-\dfrac{(n_{\mathrm{up}}-2)T}{n},\dfrac{2T}{n}\right] \end{cases} \tag{2.50}$$

$$\begin{cases} \cdots\cdots \\ i_{\mathrm{L}}=(n_{\mathrm{up}}k_{\mathrm{up}}+n_{\mathrm{down}}k_{\mathrm{down}})t+\dfrac{n_{\mathrm{up}}k_{\mathrm{up}}T}{2n}(n_{\mathrm{up}}-2n+1)- \\ \quad \dfrac{k_{\mathrm{down}}n_{\mathrm{down}}T}{2n}(n_{\mathrm{down}}+2n-1),t\in\left[\dfrac{(n-1)T}{n},DT+\dfrac{n_{\mathrm{down}}T}{n}\right) \\ i_{\mathrm{L}}=[(n_{\mathrm{up}}-1)k_{\mathrm{up}}+(n_{\mathrm{down}}+1)k_{\mathrm{down}}]t+\dfrac{k_{\mathrm{up}}(n_{\mathrm{up}}-1)(n_{\mathrm{up}}-2n)T}{2n}- \\ \quad \dfrac{k_{\mathrm{down}}(n_{\mathrm{down}}+1)(n_{\mathrm{down}}+2n)T}{2n},t\in\left[DT+\dfrac{n_{\mathrm{down}}T}{n},T\right] \end{cases} \tag{2.51}$$

结合式(2.43)～(2.51)可以推导出DC－DC变换器在超级电容储能单元释放能量时，采用多重移相控制时电感上流过电流的总纹波峰峰值：

$$\Delta i_{\mathrm{Lm}}=(n_{\mathrm{up}}k_{\mathrm{up}}+n_{\mathrm{down}}k_{\mathrm{down}})\left[DT-\frac{(n_{\mathrm{up}}-1)T}{n}\right] \tag{2.52}$$

对比式(2.41)和式(2.52)可知，采用多重移相控制时 n 重DC－DC变换器总电流纹波峰峰值较采用同相控制时减少，纹波波动量为

$$\Delta i_{\mathrm{Lsm}}=\Delta i_{\mathrm{Ls}}-\Delta i_{\mathrm{Lm}}=n_{\mathrm{down}}DT(k_{\mathrm{up}}-k_{\mathrm{down}})+\frac{n_{\mathrm{up}}-1}{n}T(n_{\mathrm{up}}k_{\mathrm{up}}+n_{\mathrm{down}}k_{\mathrm{down}}) \tag{2.53}$$

纹波波动量的比较亦可以通过比例关系表示：

$$K_{sm}=\frac{\Delta i_{Lm}}{\Delta i_{Ls}}=\frac{(n_{up}k_{up}+n_{down}k_{down})\left[DT-\frac{(n_{up}-1)T}{n}\right]}{nk_{up}DT} \tag{2.54}$$

将式(2.39)、式(2.40) 及式(2.42) 代入式(2.54) 后可得

$$K_{sm}=\frac{\{(1-D)(Dn+1)-[(1-D)n-1]D\}[Dn-(Dn+1)+1]}{n^2D(1-D)} \tag{2.55}$$

通过式(2.54) 可以画出 DC－DC 变换器 Boost 模式下并联重数 n、占空比 D 与纹波比例系数 K_{sm} 之间的三维关系图，如图 2.20 所示。由图 2.20 可知，随着并联重数增加，纹波比例系数减小。存在无纹波量点$[nD-(nD+1)+1=0]$，n 越大无纹波量点亦越多。本书主要对于 Boost 模式下 n 重电感并联纹波量进行了分析，Buck 模式下 n 重电感并联纹波量分析方法与此类似，不再赘述推导方法。

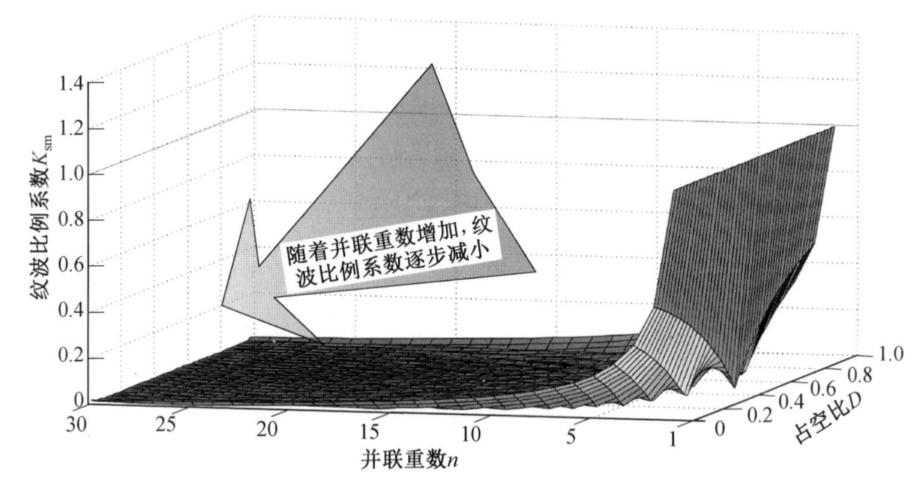

图 2.20　DC－DC 变换器 Boost 模式下 n、D 与 K_{sm} 之间的三维关系图

(2)DC－DC 变换器的多重均流控制策略。

双向 DC－DC 变换器采用多重移相控制时，其控制外环为超级电容的功率环，其本质等效于控制超级电容电流。实际中多相电感等效电阻和功率器件电气参数相互之间有所差异，会导致电感间的电流相互之间存在着差异。如果分别控制 $L_1,L_2,\cdots,L_n$ 的电流，就可以实现电感间均流。

图 2.21 为多重 DC－DC 变换器移相均流控制策略图，对 n 重电感的电流分别进行独立的 PI 控制。其采用功率外环、电流内环的控制结构，DC－DC 变换器

获得功率指令后通过电压采样转换为电流信号，将均分值作为每一重电感的电流指令。同时，将超级电容电压 U_{sc} 采样后与高压侧电压 U_{dc} 的比值前馈给控制内环 PI，可以增强控制的抗干扰性，提升整体控制性能。

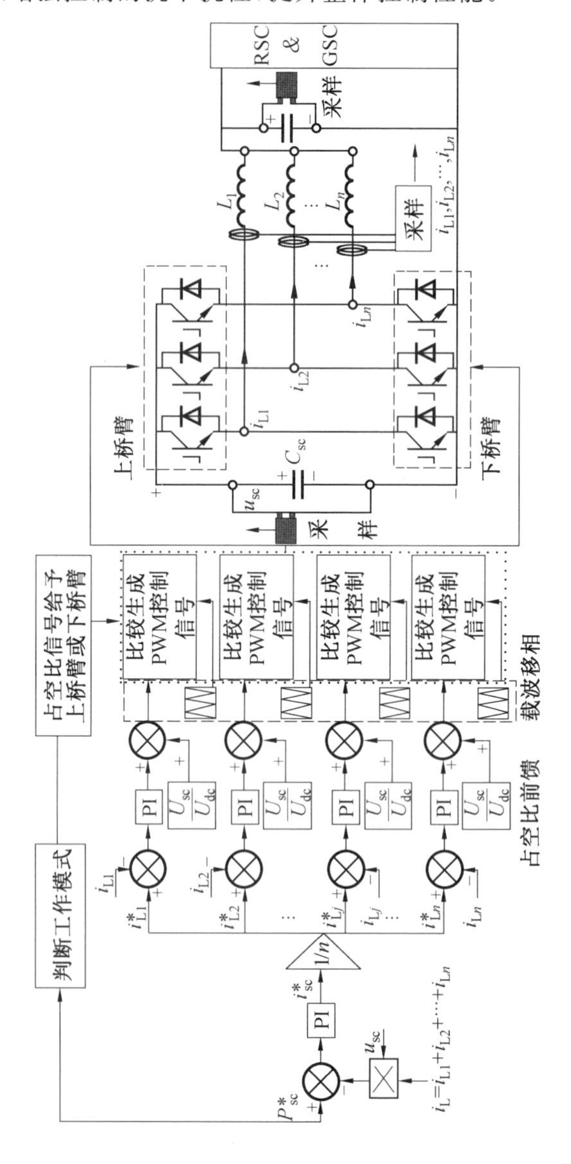

图2.21　多重DD—DC变换器移相均流控制策略图

2.3　SCESS－DFIG 系统与双馈感应发电机的功率流比较分析

DFIG 的运行控制主要是功率控制，特别是在最大风能追踪运行中实施的就是有功功率的有效控制，而无功功率的控制在确保电网电压稳定和满足系统无功功率需求时也是十分重要的，因此必须对 DFIG 的有功、无功功率关系做出细致的分析。

2.3.1　不同工况下 DFIG 系统的功率流关系

双馈感应发电机输出功率与其转速、风速相对应，在固定转速下其最优功率给定值是固定的。不同转速下双馈感应发电机功率给定值的计算公式为

$$P_{\mathrm{DFIG}}=\begin{cases}0, & 0\leqslant\omega_{\mathrm{m}}<\omega_1\\ k_{\mathrm{opt}}\dfrac{\omega_{\mathrm{m}}^3}{(Np)^3}, & \omega_{\mathrm{m\_min}}\leqslant\omega_{\mathrm{m}}<\omega_2\\ \dfrac{P_{\mathrm{DFIG\_N}}-k_{\mathrm{opt}}\dfrac{\omega_2^3}{(Np)^3}}{\omega_{\max}-\omega_2}(\omega_{\mathrm{m}}-\omega_{\max})+P_{\mathrm{DFIG\_N}}, & \omega_2\leqslant\omega_{\mathrm{m}}<\omega_3\\ P_{\mathrm{DFIG\_N}}, & \omega_3\leqslant\omega_{\mathrm{m}}\leqslant\omega_{\mathrm{m\_max}}\end{cases}$$

(2.56)

式中，k_{opt} 为最大功率跟踪曲线的比例系数；ω_1 为切入电角速度；ω_2 为进入转速恒定区时的电角速度；ω_3 为进入功率恒定区时的电角速度；$\omega_{\mathrm{m\_min}}$ 为 ω_{m} 的限幅值下限；$\omega_{\mathrm{m\_max}}$ 为 ω_{m} 的限幅值上限；$P_{\mathrm{DFIG\_N}}$ 为双馈感应发电机功率额定值；N 为齿轮比；p 为极对数；$\omega_{\max}$ 为最大电角速度。

双馈感应发电机功率流关系如图 2.22 和图 2.23 所示。

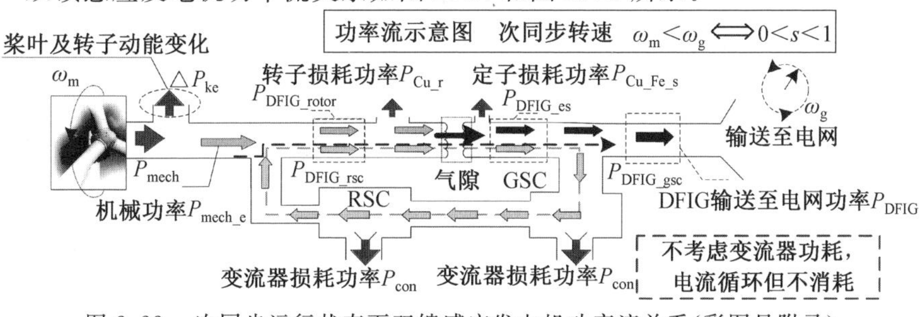

图 2.22　次同步运行状态下双馈感应发电机功率流关系(彩图见附录)

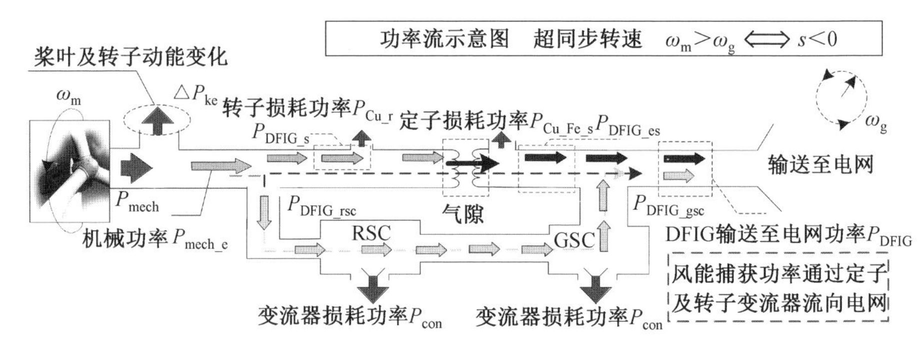

图 2.23　超同步运行状态下双馈感应发电机功率流关系(彩图见附录)

s为滑差。当$0<s<1$时($\omega_m<\omega_g$,ω_g为电网电角速度),双馈感应发电机处于次同步运行状态,其功率流关系如图 2.22 所示。GSC 从系统中吸收电功率为P_{DFIG_gsc},功率流至 RSC 后为双馈感应发电机提供交流励磁功率 P_{DFIG_rsc}。交流励磁功率 P_{DFIG_rsc} 与风力机输入发电机机械功率 P_{mech_e} 之和通过电磁转换流至双馈感应发电机定子端,定子输出功率为 P_{DFIG_es} 输送至电网,其中部分功率 P_{DFIG_gsc} 流入 GSC,如前文所述。实际系统瞬时输送至电网功率为 P_{DFIG}。图中 2.22 转子损耗功率为 P_{Cu_r},定子损耗功率为 $P_{Cu\_Fe\_s}$,变流器损耗功率为 P_{con}。

当 $s<0$ 时($\omega_m>\omega_g$),双馈感应发电机处于超同步运行状态,其功率流关系如图 2.23 所示。与次同步运行状态下相同,风力机输入发电机机械功率为 P_{mech_e} 通过 RSC 对双馈感应发电机转子励磁,使得机械能转化为电能。与次同步运行状态下不同,超同步运行状态下,机械功率 P_{mech_e} 分为两部分,一部分由定子输送至电网为 P_{DFIG_es},另一部分功率($P_{DFIG\_rsc}/P_{DFIG\_gsc}$)由转子侧变流器输送至电网,双馈感应发电机的GSC作为整流器保证直流母线稳定,因此 $P_{DFIG\_rsc}+P_{DFIG\_gsc}=0$。转子侧变流器功率流方向为由RSC流向GSC,实际系统瞬时输送至电网功率为 P_{DFIG}。

2.3.2　不同工况下 SCESS－DFIG 系统的功率流关系

不同工况下 SCESS－DFIG 系统的功率流关系如图 2.24 和图 2.25 所示。SCESS－DFIG 系统的机械功率捕获与双馈感应发电机相同。超级电容吐纳功率由GSC与电网进行能量交换。此时 SCESS－DFIG 系统的 RSC 与 GSC 不再保持功率平衡,GSC 的功率可以分解为两部分,其中一部分与转子励磁功率相等为 $P_{SCESS-DFIG\_gsc\_r}$,另一部分功率为 $P_{SCESS-DFIG\_gsc\_sc}$ 与超级电容吐纳功率 P_{sc} 相等。由此可见,增加了 SCESS 后,通过调节吐纳功率可以改变 SCESS－DFIG 系统瞬时输出功率 $P_{SCESS-DFIG}$。此时,SCESS－DFIG 系统无论是运行于次同步还是超同步

状态下，超级电容储能系统(SCESS)的功率控制可以通过 GSC 将超级电容能量与电网能量相互交换。通过图 2.25 不难发现，双馈感应发电机的瞬时功率流固定，只与其发电功率有关，而 SCESS－DFIG 系统的瞬时功率流不仅与其运行工况有关，还与 SCESS－DFIG 系统的功率指令有关，系统的瞬时输出功率不再是唯一的，这为其参与电网频率响应提供了可行基础。

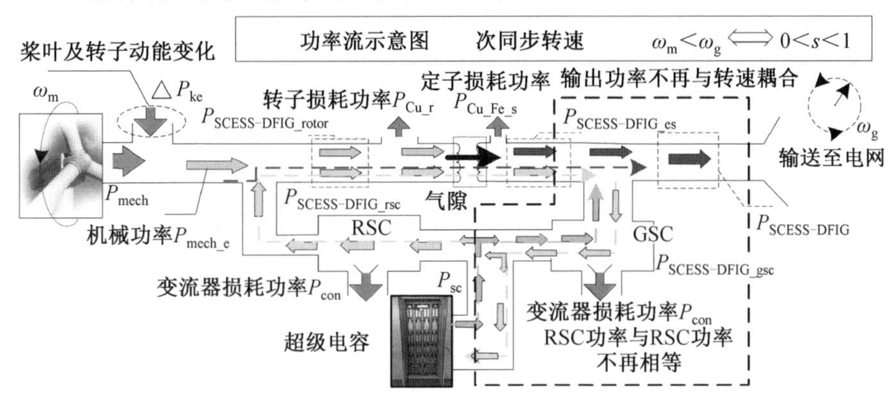

图 2.24　SCESS－DFIG 系统次同步运行功率流关系(彩图见附录)

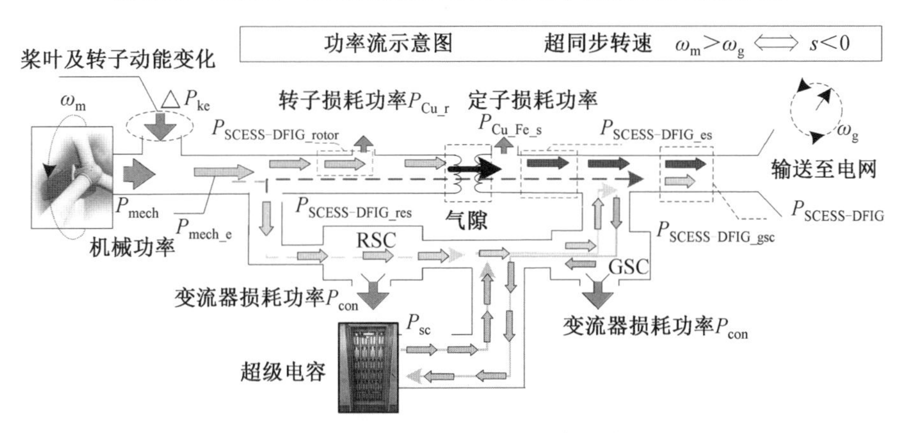

图 2.25　SCESS－DFIG 系统超同步运行功率流关系(彩图见附录)

SCESS－DFIG 系统的瞬时输出功率可改写为

$$P_{SCESS-DFIG}=P_{mech\_e}-P_{SCESS-DFIG\_rsc}-2P_{con}-P_{Cu\_r}-P_{Cu\_Fe\_s}+P_{SCESS-DFIG\_gsc\_r}+P_{SCESS-DFIG\_gsc\_sc} \tag{2.57}$$

考虑到 GSC 的短时超载系数 $K_{overload}$，SCESS－DFIG 系统输出功率范围为

$$K_1P_{DFIG}\leqslant P_{SCESS-DFIG}\leqslant K_2P_{DFIG} \tag{2.58}$$

式中，$K_1=\left(1+\dfrac{\omega_s-\omega_m}{\omega_s}-\left|\dfrac{\omega_s-\omega_{m\_min}}{\omega_s}\right|-|K_{overload}|\right)$ $K_2=\left(1+\dfrac{\omega_s-\omega_m}{\omega_s}+\right.$

$\left|\frac{\omega_{m\_max}-\omega_s}{\omega_s}\right|+|K_{overload}|\bigg)$。

图 2.26 所示为双馈感应发电机与 SCESS－DFIG 系统运行特性对比。双馈感应发电机在不同工作区中输出功率固定，而 SCESS－DFIG 系统的瞬时功率可以通过 SCESS 及 GSC 进行调节。

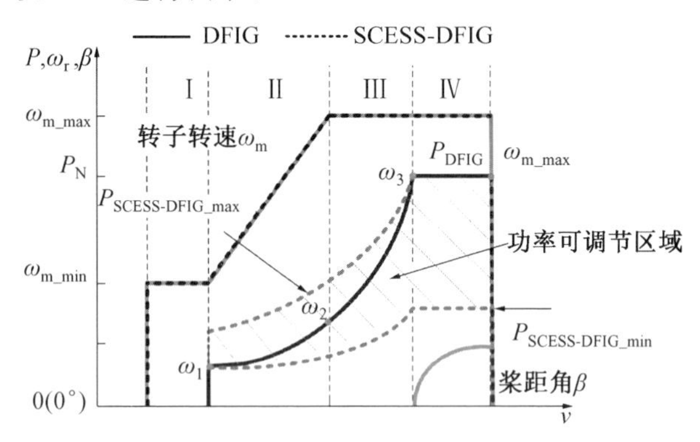

图 2.26　双馈感应发电机与 SCESS－DFIG 系统运行特性对比

发电系统的瞬时输出功率如图 2.26 中虚线所示，可以得到发电机瞬时输出有功参考指令 $P^*_{SCESS-DFIG}$ 取值范围为

$$
\begin{cases}
K_1 k_{opt}\dfrac{\omega_m^3}{(Np)^3}<P^*_{SCESS-DFIG}<K_2 k_{opt}\dfrac{\omega_m^3}{(Np)^3}, & \omega_1\leqslant\omega_m<\omega_2 \\
K_1\left[\dfrac{P_{DFIG\_N}-k_{opt}\dfrac{\omega_2^3}{(Np)^3}}{\omega_{m\_max}-\omega_2}(\omega_m-\omega_{m\_max})+P_{DFIG\_N}\right]<P^*_{SCESS-DFIG}< & \\
\quad K_2\left[\dfrac{P_{DFIG\_N}-k_{opt}\dfrac{\omega_2^3}{(Np)^3}}{\omega_{m\_max}-\omega_2}(\omega_m-\omega_{m\_max})+P_{DFIG\_N}\right], & \omega_2\leqslant\omega_m\leqslant\omega_3
\end{cases}
\tag{2.59}
$$

进而可得到 SCESS－DFIG 系统中超级电容吐纳功率 P_{sc} 范围：

$$
\begin{cases}
(1-K_1)k_{opt}\dfrac{\omega_m^3}{(Np)^3}<P_{sc}<(K_2-1)k_{opt}\dfrac{\omega_m^3}{(Np)^3}, \quad \omega_1\leqslant\omega_m<\omega_2 \\
(1-K_1)\left[\dfrac{P_{DFIG\_max}-k_{opt}\dfrac{\omega_2^3}{(Np)^3}}{\omega_{m\_max}-\omega_2}(\omega_m-\omega_{m\_max})+P_{DFIG\_max}\right]< \\
\quad P_{sc}<(K_2-1)\left[\dfrac{P_{DFIG\_max}-k_{opt}\dfrac{\omega_2^3}{(Np)^3}}{\omega_{m\_max}-\omega_2}(\omega_m-\omega_{m\_max})+P_{DFIG\_max}\right], \\
\omega_2\leqslant\omega_m\leqslant\omega_3
\end{cases}
\tag{2.60}
$$

式中，P_{DFIG_max} 为 P_{DFIG} 上限；

SCESS－DFIG 系统的瞬时可调节功率范围主要是由其 GSC 工作的剩余容量决定的，式(2.60)所示为系统整体的输出功率范围。一般 RSC 与 GSC 的容量为系统容量的 30％。当其运行于次同步状态下时，GSC 功率由电网流入系统，通过 SCESS－DFIG 系统控制不仅可以改变 GSC 瞬时功率，甚至可以使 GSC 功率由系统流向电网，调节能力大于双馈感应发电机容量的 30％，调节能力强。

2.3.3　SCESS－DFIG 系统与双馈感应发电机的仿真对比分析

本小节针对 SCESS－DFIG 系统与双馈感应发电机在相同风速曲线下进行了仿真对比。首先对双馈感应发电机进行仿真，其次对 SCESS－DFIG 系统进行仿真，但第二组仿真中设定 SCESS－DFIG 系统输出的总功率为 1 MW，DC－DC 变换器通过改变直流母线吐纳功率调节 SCESS－DFIG 系统的整体功率。本小节仿真所采用仿真参数见表 2.2。

表 2.2　三重 DC－DC 变换器参数

参数	数值	参数	数值
直流母线电压	15 00 V	超级电容电压	800 V
电感 L_1	5 mH	电感 L_2	5.35 mH
电感 L_3	5.58 mH	K_{p1_Boost}	10.4
K_{i1_Boost}	5.05	K_{p2_Boost}	10.2
K_{i2_Boost}	5.02	K_{p3_Boost}	10
K_{i3_Boost}	5	K_{p1_Buck}	9.7
K_{i1_Buck}	5.1	K_{p2_Buck}	9.85
K_{i2_Buck}	5.25	K_{p3_Buck}	10
K_{i3_Buck}	5.38	开关频率	4 kHz

SCESS－DFIG 系统与双馈感应发电机的仿真对比如图 2.27 所示，图 2.27(a)为两组仿真的风速曲线，可见，风速是实时波动的，波动幅度较大。图 2.27(b)为风力机捕获机械功率及其工作在 MPPT 工况下时双馈感应发电机的最优功率给定。如风力机数学模型中所述的一样，其捕获的机械功率与风速有关，是实时随机变化的，桨叶的惯性对风速捕获的机械功率有一定的滤波作用。

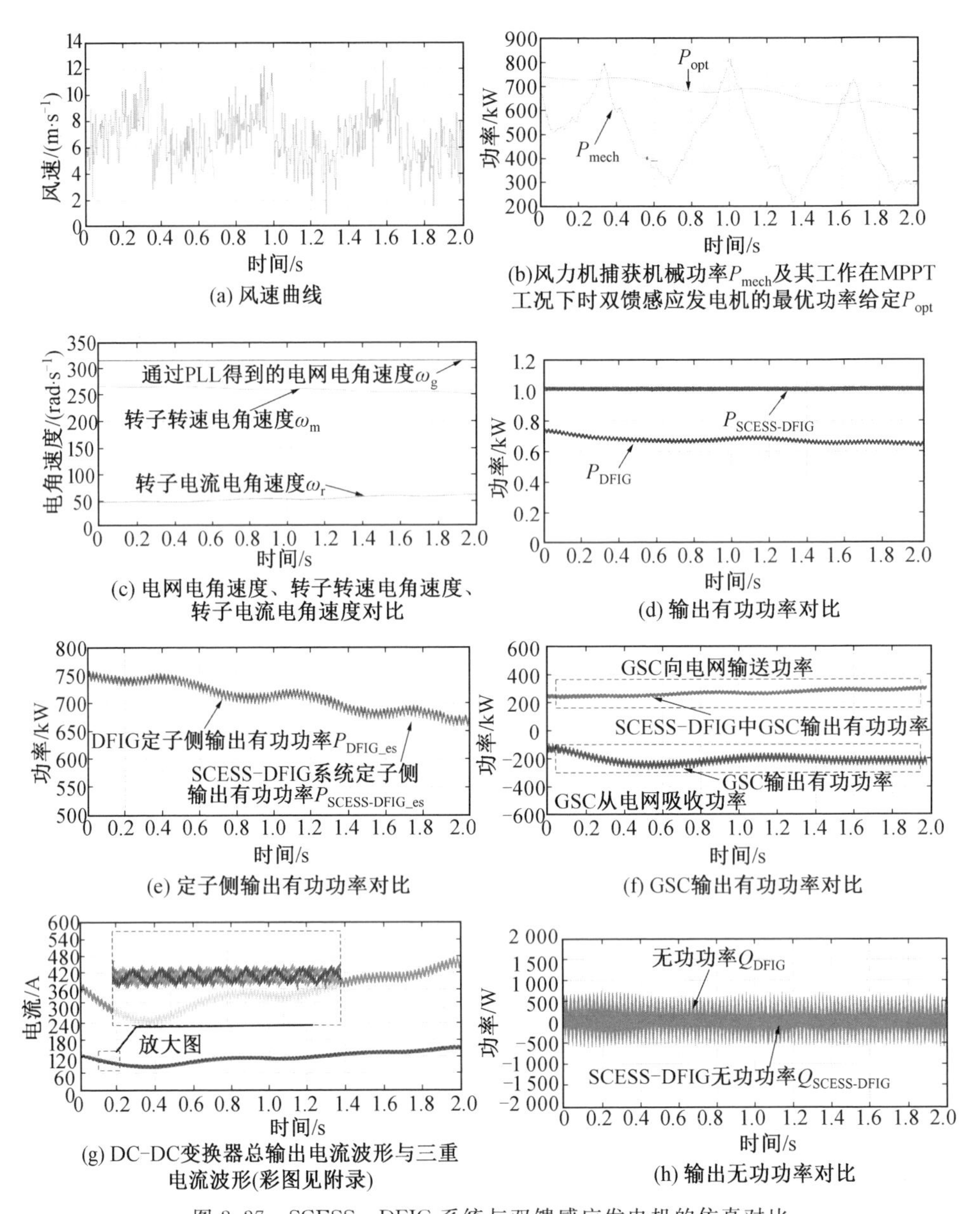

图 2.27 SCESS－DFIG 系统与双馈感应发电机的仿真对比

风力机的桨叶具有较大的转动惯量 J_{DFIG}，在风速变化时双馈感应发电机转子转速变化的频率、幅度与风速变化频率、幅度相比都低得多。图 2.27(b)中的仿真结果可以表明，双馈感应发电机的 MPPT 最优功率给定曲线与机械捕获功率相比要平滑得多。图 2.27(c)为两组仿真中，通过锁相得到的电网电角速度、

转子转速电角速度、转子电流电角速度对比。两组仿真中转子转速低于同步转速，发电机运行于次同步转速运行状态。图 2.27(d)为 SCESS－DFIG 系统输出有功功率 $P_{SCESS-DFIG}$ 与双馈感应发电机输出有功功率 P_{DFIG} 对比。通过对比可发现，SCESS－DFIG 系统输出有功功率为 1 MW，在输入“源”变化的情况下功率可控。图 2.27(e)为定子侧输出有功功率对比，由于两组仿真功率给定相同，其定子侧输出有功功率也相同。图 2.27(f)为 GSC 输出有功功率对比，由于双馈感应发电机运行于次同步转速下，GSC 瞬时功率为负，即电网能量流入 GSC。而 SCESS－DFIG 系统的 GSC 瞬时功率通过储能系统调节后为正，即能量由系统流入电网。图 2.27(g)为 DC－DC 变换器总输出电流波形与三重电流波形，在移相多重控制模式下，总电流纹波较小，各重的电流幅值一致。图 2.27(h)为输出无功功率对比，两组仿真输出无功功率一致接近于 0。由以上仿真结果可见，SCESS－DFIG 系统的拓扑结构可行，整体控制方案可以实现。

2.4　DD_PMSG 系统调频功率流分析及动态模型参数设计

2.4.1　DD_PMSG 系统调频功率流分析

图 2.28 是频率突变时 DD_PMSG 系统的暂态功率流图，其中图 2.28(a)描述频率突降、直流侧电容释放能量时的 DD_PMSG 系统暂态功率流，图 2.28(b)描述频率突增、直流侧电容吸收能量时的 DD_PMSG 系统暂态功率流。图 2.28 还详细地描述了各个能量变换阶段的可转化功率、损失功率与效率之间的对应关系。

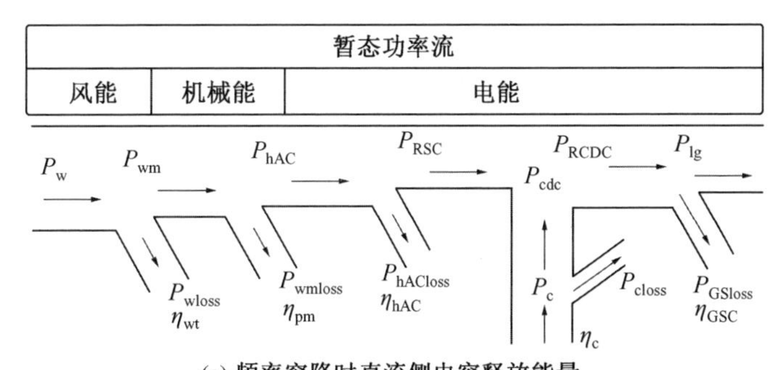

(a) 频率突降时直流侧电容释放能量

图 2.28　频率突变时 DD_PMSG 系统的暂态功率流图

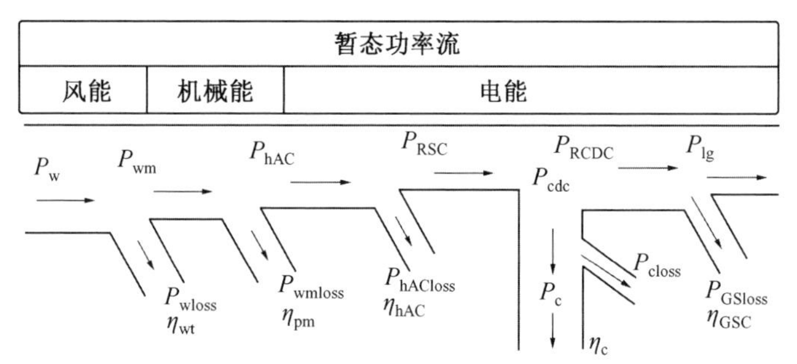

(b) 频率突增时直流侧电容吸收能量

续图 2.28

图 2.28 中，P_{w} 为外界输入风能，P_{wm} 为风力机输出的机械功率，P_{wloss} 为风力机将风能转换成机械能的损耗功率，η_{wt} 为风力机的能量变换效率。描述 P_{w}、P_{wm}、P_{wloss}、η_{wt} 之间数学关系的表达式为

$$\begin{cases} P_{w}=P_{wm}+P_{wloss} \\ \eta_{wt}=P_{wm}/P_{w} \end{cases} \tag{2.61}$$

类似的，对于 PMSG，风力机输出的机械功率 P_{wm} 为输入功率，P_{hAC} 为输出功率，P_{wmloss} 为从机械功率变换到输出功率的损耗功率，η_{pm} 为 PMSG 的能量变换效率。描述 P_{wm}、P_{hAC}、P_{wmloss}、η_{pm} 之间数学关系的表达式为

$$\begin{cases} P_{wm}=P_{hAC}+P_{wmloss} \\ \eta_{wt}=P_{hAC}/P_{wm} \end{cases} \tag{2.62}$$

对于机侧变流器，PMSG 输出功率 P_{hAC} 为输入功率，直流电功率 P_{RSC} 为输出功率，$P_{hACloss}$ 为从输入功率变换到输出直流电功率的损耗功率，η_{hAC} 为机侧变流器的能量变换效率。描述 P_{hAC}、P_{RSC}、$P_{hACloss}$、η_{hAC} 之间数学关系的表达式为

$$\begin{cases} P_{hAC}=P_{RSC}+P_{hACloss} \\ \eta_{hAC}=P_{RSC}/P_{hAC} \end{cases} \tag{2.63}$$

P_{cdc} 为直流侧电容实际参与电网调频的功率，P_{RCDC} 为网侧变流器输入的直流电功率。描述 P_{RSC}、P_{cdc}、P_{RCDC} 之间数学关系的表达式为

$$P_{RCDC}=P_{RSC}+P_{cdc} \tag{2.64}$$

定义直流侧电容释放能量时 $P_{cdc}>0$，吸收能量时 $P_{cdc}<0$，P_{c} 为直流侧电容输出功率，P_{closs} 为传输损耗，η_{c} 为传递效率，则当直流侧电容主动释放能量时，描述 P_{c}、P_{cdc}、P_{closs}、η_{c} 之间数学关系的表达式为

$$\begin{cases} P_{c}=P_{cdc}+P_{closs} \\ \eta_{c}=P_{cdc}/P_{c} \end{cases} \tag{2.65}$$

当直流侧电容主动吸收能量时，描述 P_c、P_{cdc}、P_{closs}、η_c 之间数学关系的表达式为

$$\begin{cases} P_{cdc} = P_c + P_{closs} \\ \eta_c = P_c / P_{cdc} \end{cases} \tag{2.66}$$

对于网侧变流器，机侧变流器和直流侧电容输出功率的总和 P_{RCDC} 为其输入功率，工频交流电功率 P_{lg} 为输出功率，P_{GSloss} 为从输入直流电功率变换到并网点功率的损耗功率，η_{GSC} 为网侧变流器的功率变换效率。描述 P_{RCDC}、P_{lg}、P_{GSloss}、η_{GSC} 之间数学关系的表达式为

$$\begin{cases} P_{RCDC} = P_{lg} + P_{GSloss} \\ \eta_{GSC} = P_{lg} / P_{RCDC} \end{cases} \tag{2.67}$$

本章将对各个能量变换环节的数学模型进行详细介绍。此外，本章将对直流侧电容储能参与电网调频的暂态功率流进行分析，此部分分析内容将为本书后续基于该能量参与电网调频的功率控制技术奠定基础。

2.4.2　DD_PMSG 系统 SISO 动态模型

永磁直驱式风电系统与双馈风电系统的网侧变流器（包括网侧变流器及其配套滤波器）具有相同的结构，本章主要建立永磁直驱式风电系统的数学模型。

1. PMSG 及机侧变流器统一动态模型

在 dq 坐标系下，PMSG 及机侧变流器统一模型为

$$\begin{cases} L_{pmg}\begin{bmatrix} p & -\omega_e \\ \omega_e & p \end{bmatrix}\begin{bmatrix} i_{sgd} \\ i_{sgq} \end{bmatrix} + R_{pmg}\begin{bmatrix} i_{sgd} \\ i_{sgq} \end{bmatrix} = -v_{dc}\begin{bmatrix} s_{sd} \\ s_{sq} \end{bmatrix} + \begin{bmatrix} 0 \\ \psi_0 \omega_e \end{bmatrix} \\ C_{dc} p v_{dc} = i_{RSC} - i_{LDC} \end{cases} \tag{2.68}$$

式中，$i_{sgj}(j=d、q)$ 为定子电流在 d、q 轴上的分量；$s_{sj}(j=d、q)$ 为 dq 坐标系的开关函数；p 为微分算子；ω_e 为转子电角速度；ψ_0 为转子磁链；L_{pmg} 为电机绕组等效电感；R_{pmg} 为电机绕组等效电阻；v_{dc} 为直流母线电压；c_{dc} 为直流电容；i_{LDC} 为直流负载电流；i_{RSC} 为机侧变流器直流侧输出电流，其表达式为

$$i_{RSC} = \frac{3}{2}\begin{bmatrix} i_{sgd} & i_{sgq} \end{bmatrix}\begin{bmatrix} s_{sd} \\ s_{sq} \end{bmatrix} \tag{2.69}$$

从风力机输出机械功率 P_{wm} 到 PMSG 输出功率 P_{hAC} 的变换过程中产生的损耗功率表达式为

$$P_{wmloss} = R_{loss}\omega_{rk}^2 \tag{2.70}$$

式中，ω_{rk} 为转子机械角速度；R_{loss} 为机械损耗系数。

PMSG 输出功率表达式为

$$P_{hAC} = 1.5 i_{sgq} p_{dn} \psi_0 \omega_{rk} \tag{2.71}$$

式中，p_{dn} 为发电机极对数。

当 P_{hAC} 经过机侧变流器变换为直流电功率 P_{RSC} 时，中间产生的损耗功率 P_{hACloss} 主要由铜损 P_{Culoss} 和整流损耗 P_{Rloss} 两部分组成，即其表达式为

$$P_{\mathrm{hACloss}}=P_{\mathrm{Culoss}}+P_{\mathrm{Rloss}} \tag{2.72}$$

式中，P_{Culoss}、P_{Rloss} 表达式分别为

$$P_{\mathrm{Culoss}}=1.5R_{\mathrm{pmg}}(i_{\mathrm{sgd}}^2+i_{\mathrm{sgq}}^2) \tag{2.73}$$

$$P_{\mathrm{Rloss}}=M_1(i_{\mathrm{sgd}}^2+i_{\mathrm{sgq}}^2)+M_2(i_{\mathrm{sgd}}+i_{\mathrm{sgq}}) \tag{2.74}$$

其中，M_1、M_2 为整流损耗的相关系数。

机侧变流器输出功率表达式为

$$P_{\mathrm{RSC}}=v_{\mathrm{dc}}i_{\mathrm{RSC}}\approx P_{\mathrm{hAC}}-P_{\mathrm{hACloss}} \tag{2.75}$$

2. 网侧变流器动态模型

(1) 三相半桥拓扑动态模型。

网侧变流器通常采用三相半桥拓扑且交流侧输出端口网络包含 LCL 型滤波网络，假设网侧变流器滤波网络参数三相对称，则其等效电路如图 2.29 所示，其中 $v_{1\mathrm{abc}}$、u_{cfabc}、v_{abc} 分别为网侧变流器端电压、电容电压、电网电压；$i_{1\mathrm{abc}}$、$i_{2\mathrm{abc}}$ 分别为网侧变流器侧电流、输出电流；L_1 为网侧变流器侧电感；L_{sum} 为网侧电感 L_2 与电网阻抗 L_{g} 叠加的等效电感；C_{f} 为滤波电容；R_{d} 为阻尼电阻。

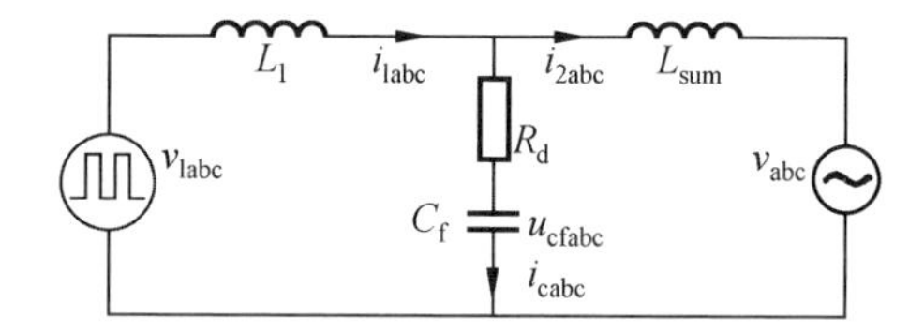

图 2.29　基于三相半桥拓扑的 LCL 型网侧变流器的等效电路

在 abc 坐标系下，根据基尔霍夫电压、电流定律，得到电压、电流方程为

$$\begin{cases} L_1\begin{bmatrix} p & 0 & 0 \\ 0 & p & 0 \\ 0 & 0 & p \end{bmatrix}\begin{bmatrix} i_{1\mathrm{a}} \\ i_{1\mathrm{b}} \\ i_{1\mathrm{c}} \end{bmatrix}=\begin{bmatrix} v_{1\mathrm{a}} \\ v_{1\mathrm{b}} \\ v_{1\mathrm{c}} \end{bmatrix}-R_{\mathrm{d}}\left[\begin{bmatrix} i_{1\mathrm{a}} \\ i_{1\mathrm{b}} \\ i_{1\mathrm{c}} \end{bmatrix}-\begin{bmatrix} i_{2\mathrm{a}} \\ i_{2\mathrm{b}} \\ i_{2\mathrm{c}} \end{bmatrix}\right]-\begin{bmatrix} u_{\mathrm{cfa}} \\ u_{\mathrm{cfb}} \\ u_{\mathrm{cfc}} \end{bmatrix} \\ L_{\mathrm{sum}}\begin{bmatrix} p & 0 & 0 \\ 0 & p & 0 \\ 0 & 0 & p \end{bmatrix}\begin{bmatrix} i_{2\mathrm{a}} \\ i_{2\mathrm{b}} \\ i_{2\mathrm{c}} \end{bmatrix}=\begin{bmatrix} u_{\mathrm{cfa}} \\ u_{\mathrm{cfb}} \\ u_{\mathrm{cfc}} \end{bmatrix}+R_{\mathrm{d}}\left[\begin{bmatrix} i_{1\mathrm{a}} \\ i_{1\mathrm{b}} \\ i_{1\mathrm{c}} \end{bmatrix}-\begin{bmatrix} i_{2\mathrm{a}} \\ i_{2\mathrm{b}} \\ i_{2\mathrm{c}} \end{bmatrix}\right]-\begin{bmatrix} v_{\mathrm{a}} \\ v_{\mathrm{b}} \\ v_{\mathrm{c}} \end{bmatrix} \\ \begin{bmatrix} i_{\mathrm{ca}} \\ i_{\mathrm{cb}} \\ i_{\mathrm{cc}} \end{bmatrix}=C_{\mathrm{f}}\begin{bmatrix} p & 0 & 0 \\ 0 & p & 0 \\ 0 & 0 & p \end{bmatrix}\begin{bmatrix} u_{\mathrm{cfa}} \\ u_{\mathrm{cfb}} \\ u_{\mathrm{cfc}} \end{bmatrix}=\begin{bmatrix} i_{1\mathrm{a}} \\ i_{1\mathrm{b}} \\ i_{1\mathrm{c}} \end{bmatrix}-\begin{bmatrix} i_{2\mathrm{a}} \\ i_{2\mathrm{b}} \\ i_{2\mathrm{c}} \end{bmatrix} \end{cases} \tag{2.76}$$

网侧变流器直流侧电流 i_{LDC} 表达式为

$$i_{LDC}=[i_{1a}\quad i_{1b}\quad i_{1c}][S_{ia}\quad S_{ib}\quad S_{ic}]^{T} \tag{2.77}$$

式中，$S_{ik}(k=a,b,c)$ 表示网侧变流器的开关函数。

对式(2.77) 进行坐标变换，得到 dq 坐标系下的时域电压、电流方程为

$$\begin{cases} L_1\begin{bmatrix} p & -\omega_1 \\ \omega_1 & p \end{bmatrix}\begin{bmatrix} i_{1d} \\ i_{1q} \end{bmatrix}=\begin{bmatrix} v_{1d} \\ v_{1q} \end{bmatrix}-R_d\left[\begin{bmatrix} i_{1d} \\ i_{1q} \end{bmatrix}-\begin{bmatrix} i_{2d} \\ i_{2q} \end{bmatrix}\right]-\begin{bmatrix} u_{Cfd} \\ u_{Cfq} \end{bmatrix} \\ L_{sum}\begin{bmatrix} p & -\omega_1 \\ \omega_1 & p \end{bmatrix}\begin{bmatrix} i_{2d} \\ i_{2q} \end{bmatrix}=\begin{bmatrix} u_{Cfd} \\ u_{Cfq} \end{bmatrix}+R_d\left[\begin{bmatrix} i_{1d} \\ i_{1q} \end{bmatrix}-\begin{bmatrix} i_{2d} \\ i_{2q} \end{bmatrix}\right]-\begin{bmatrix} v_d \\ v_q \end{bmatrix} \\ \begin{bmatrix} i_{Cfd} \\ i_{Cfq} \end{bmatrix}=C_f\begin{bmatrix} p & -\omega_1 \\ \omega_1 & p \end{bmatrix}\begin{bmatrix} u_{Cfd} \\ u_{Cfq} \end{bmatrix}=\begin{bmatrix} i_{1d} \\ i_{1q} \end{bmatrix}-\begin{bmatrix} i_{2d} \\ i_{2q} \end{bmatrix} \end{cases} \tag{2.78}$$

式中，ω_1 为基频角频率。

dq 坐标系下网侧变流器直流侧电流 i_{LDC} 表达式为

$$i_{LDC}=1.5[i_{1d}\quad i_{1q}][S_{id}\quad S_{iq}]^{T} \tag{2.79}$$

网侧变流器损耗功率表达式为

$$P_{GSloss}=M_1(i_{1d}^2+i_{1q}^2)+M_2(i_{1d}+i_{1q})+1.5R_d(i_{Cfd}^2+i_{Cfq}^2) \tag{2.80}$$

网侧变流器输出功率表达式为

$$P_{lg}=v_{dc}i_{LDC}-P_{GSloss} \tag{2.81}$$

将式(2.78) 从时域变换到 s 域，得到

$$\begin{cases} L_1\begin{bmatrix} s & -\omega_1 \\ \omega_1 & s \end{bmatrix}\begin{bmatrix} i_{1d}(s) \\ i_{1q}(s) \end{bmatrix}=\begin{bmatrix} v_{1d}(s) \\ v_{1q}(s) \end{bmatrix}-R_d\left[\begin{bmatrix} i_{1d}(s) \\ i_{1q}(s) \end{bmatrix}-\begin{bmatrix} i_{2d}(s) \\ i_{2q}(s) \end{bmatrix}\right]-\begin{bmatrix} u_{Cfd}(s) \\ u_{Cfq}(s) \end{bmatrix} \\ L_{sum}\begin{bmatrix} s & -\omega_1 \\ \omega_1 & s \end{bmatrix}\begin{bmatrix} i_{2d}(s) \\ i_{2q}(s) \end{bmatrix}=\begin{bmatrix} u_{Cfd}(s) \\ u_{Cfq}(s) \end{bmatrix}+R_d\left[\begin{bmatrix} i_{1d}(s) \\ i_{1q}(s) \end{bmatrix}-\begin{bmatrix} i_{2d}(s) \\ i_{2q}(s) \end{bmatrix}\right]-\begin{bmatrix} v_d(s) \\ v_q(s) \end{bmatrix} \\ \begin{bmatrix} i_{Cfd}(s) \\ i_{Cfq}(s) \end{bmatrix}=C_f\begin{bmatrix} s & -\omega_1 \\ \omega_1 & s \end{bmatrix}\begin{bmatrix} u_{Cfd}(s) \\ u_{Cfq}(s) \end{bmatrix}=\begin{bmatrix} i_{1d}(s) \\ i_{1q}(s) \end{bmatrix}-\begin{bmatrix} i_{2d}(s) \\ i_{2q}(s) \end{bmatrix} \end{cases} \tag{2.82}$$

在式(2.82) 基础上附加直流电压控制器 $G_{vpi}(s)$、dq 坐标系电流控制器 $G_{ipi}(s)$ 及 SRF－PLL $G_{pll}(s)$，并考虑控制延时 $G_{del}(s)$，则得到 dq 坐标系下无源阻尼型 LCL 型三相半桥式网侧变流器的 s 域模型，如图 2.30 所示。图 2.30 中，$G_{idv}(s)$ 为根据功率守恒得到的 d 轴电流与直流侧电压之间的传函，v_d、v_q 分别为电网电压在 d、q 轴的分量。I_{2d}、V_d、v_{in}、$\Delta\theta_{pll}$ 分别为 i_{2d} 的额定值、v_d 的额定值、锁相环(PLL) 输入电压、并网点电压相位与锁相环检测相位的差值。

图 2.30 所示模型采用无源阻尼抑制谐振峰值，当系统采用电容电压反馈有源阻尼(CCFAD) 方法抑制谐振峰值时，需要额外的传感器，但同时可以省去阻

尼电阻 R_d，即允许 $R_d=0$，代入式(2.82)后，得到此时系统 s 域电压、电流方程式，如式(2.83)所示。在式(2.83)基础上引入 CCFAD 并附加 $G_{vpi}(s)$、$G_{ipi}(s)$ 及 $G_{pll}(s)$，则可以进一步得到 dq 坐标系下 CCFAD 的 LCL 型三相半桥式网侧变流器的 s 域模型，如图 2.31 所示。图 2.31 中，k_{ci} 为电容电流反馈系数。

$$\begin{cases} L_1\begin{bmatrix} s & -\omega_1 \\ \omega_1 & s \end{bmatrix}\begin{bmatrix} i_{1d}(s) \\ i_{1q}(s) \end{bmatrix}=\begin{bmatrix} v_{1d}(s) \\ v_{1q}(s) \end{bmatrix}-\begin{bmatrix} u_{Cfd}(s) \\ u_{Cfq}(s) \end{bmatrix} \\ L_{sum}\begin{bmatrix} s & -\omega_1 \\ \omega_1 & s \end{bmatrix}\begin{bmatrix} i_{2d}(s) \\ i_{2q}(s) \end{bmatrix}=\begin{bmatrix} u_{Cfd}(s) \\ u_{Cfq}(s) \end{bmatrix}-\begin{bmatrix} v_d(s) \\ v_q(s) \end{bmatrix} \\ \begin{bmatrix} i_{Cfd}(s) \\ i_{Cfq}(s) \end{bmatrix}=C_f\begin{bmatrix} s & -\omega_1 \\ \omega_1 & s \end{bmatrix}\begin{bmatrix} u_{Cfd}(s) \\ u_{Cfq}(s) \end{bmatrix}=\begin{bmatrix} i_{1d}(s) \\ i_{1q}(s) \end{bmatrix}-\begin{bmatrix} i_{2d}(s) \\ i_{2q}(s) \end{bmatrix} \end{cases} \tag{2.83}$$

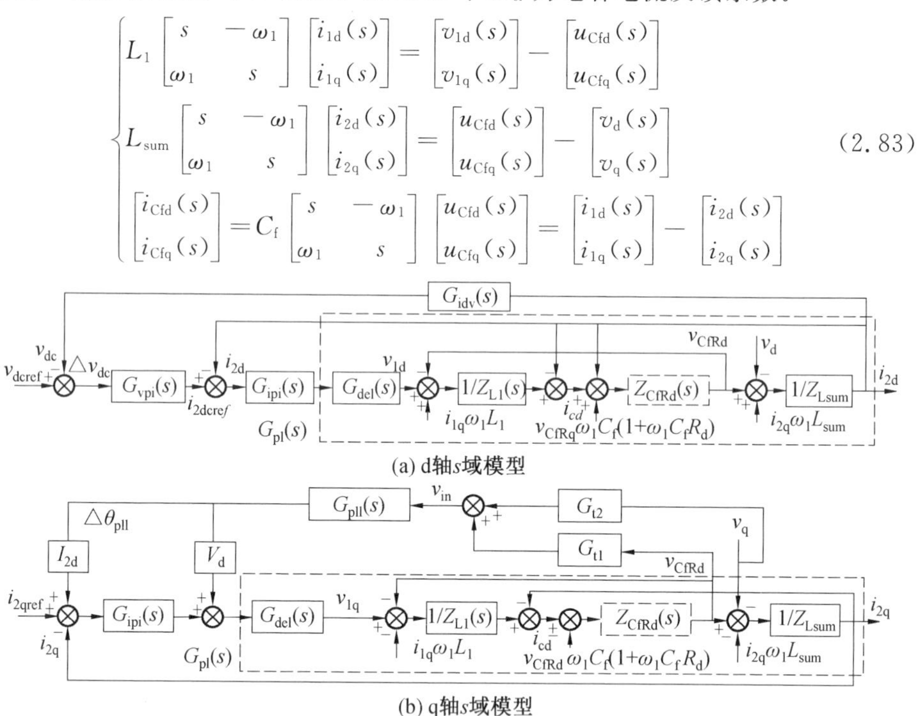

图 2.30　dq 坐标系下无源阻尼型 LCL 型三相半桥式网侧变流器的 s 域模型

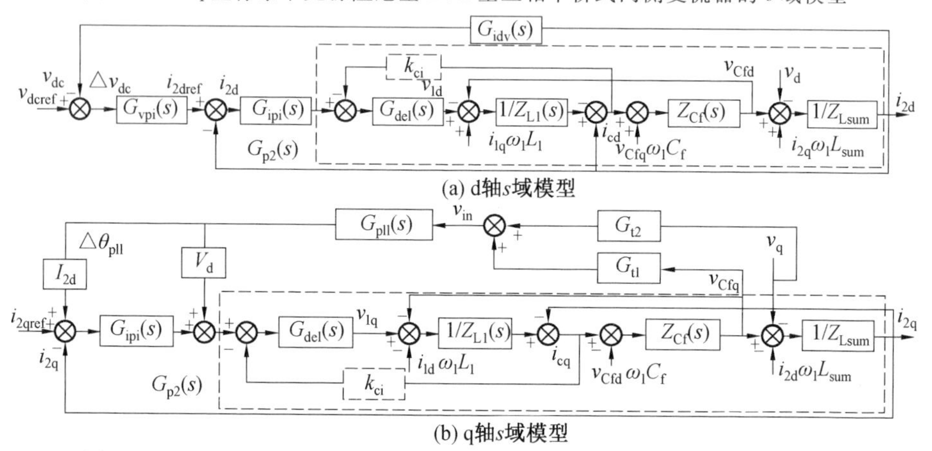

图 2.31　dq 坐标系下 CCFAD 的 LCL 型三相半桥式网侧变流器的 s 域模型

(2) 三相全桥拓扑功率及 s 域模型。

网侧变流器采用图 2.2 所示的三相全桥拓扑，当隔离变压器为理想变压器时，其等效电路如图 2.32 所示。

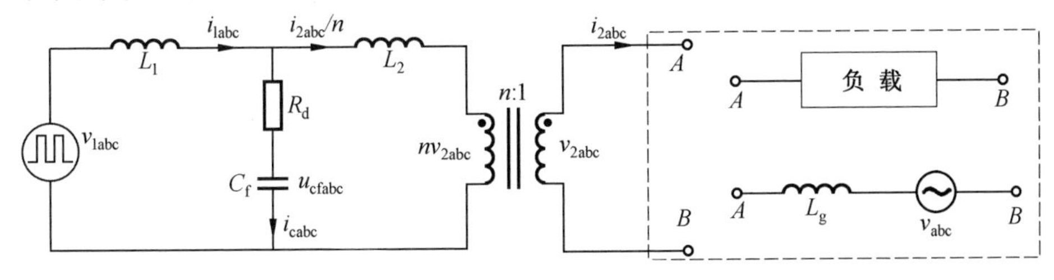

图 2.32　基于三相全桥拓扑的网侧变流器等效电路

由图 2.32 可知，在 abc 坐标系下网侧变流器电压、电流方程式为

$$
\left\{
\begin{aligned}
& L_1\begin{bmatrix} p & 0 & 0\\ 0 & p & 0\\ 0 & 0 & p\end{bmatrix}\begin{bmatrix} i_{1a}\\ i_{1b}\\ i_{1c}\end{bmatrix}=\begin{bmatrix} v_{1a}\\ v_{1b}\\ v_{1c}\end{bmatrix}-R_d\left[\begin{bmatrix} i_{1a}\\ i_{1b}\\ i_{1c}\end{bmatrix}-\frac{1}{n}\begin{bmatrix} i_{2a}\\ i_{2b}\\ i_{2c}\end{bmatrix}\right]-\begin{bmatrix} u_{cfa}\\ u_{cfb}\\ u_{cfc}\end{bmatrix}\\
& \frac{L_2}{n}\begin{bmatrix} p & 0 & 0\\ 0 & p & 0\\ 0 & 0 & p\end{bmatrix}\begin{bmatrix} i_{2a}\\ i_{2b}\\ i_{2c}\end{bmatrix}=\begin{bmatrix} u_{cfa}\\ u_{cfb}\\ u_{cfc}\end{bmatrix}+R_d\left[\begin{bmatrix} i_{1a}\\ i_{1b}\\ i_{1c}\end{bmatrix}-\frac{1}{n}\begin{bmatrix} i_{2a}\\ i_{2b}\\ i_{2c}\end{bmatrix}\right]-n\begin{bmatrix} v_{2a}\\ v_{2b}\\ v_{2c}\end{bmatrix}\\
& \begin{bmatrix} i_{ca}\\ i_{cb}\\ i_{cc}\end{bmatrix}=C_f\begin{bmatrix} p & 0 & 0\\ 0 & p & 0\\ 0 & 0 & p\end{bmatrix}\begin{bmatrix} u_{cfa}\\ u_{cfb}\\ u_{cfc}\end{bmatrix}=\begin{bmatrix} i_{1a}\\ i_{1b}\\ i_{1c}\end{bmatrix}-\frac{1}{n}\begin{bmatrix} i_{2a}\\ i_{2b}\\ i_{2c}\end{bmatrix}
\end{aligned}
\right. \tag{2.84}
$$

由式(2.76) 和式(2.84) 可知，若 $n=1$，则两种结构在 abc 坐标系下是等效的。为了保证系统的交流侧各相可以解耦运行，三相全桥变换器经常在abc坐标系下对三相分别进行独立控制。此时直流侧电流同样满足式(2.77)，因此损耗功率和输出功率同样可以依据式(2.80) 和式(2.81) 进行计算。将式(2.84) 变换到 s 域得到

$$
\left\{
\begin{aligned}
& L_1\begin{bmatrix} s & 0 & 0\\ 0 & s & 0\\ 0 & 0 & s\end{bmatrix}\begin{bmatrix} i_{1a}(s)\\ i_{1b}(s)\\ i_{1c}(s)\end{bmatrix}=\begin{bmatrix} v_{1a}(s)\\ v_{1b}(s)\\ v_{1c}(s)\end{bmatrix}-R_d\left[\begin{bmatrix} i_{1a}(s)\\ i_{1b}(s)\\ i_{1c}(s)\end{bmatrix}-\frac{1}{n}\begin{bmatrix} i_{2a}(s)\\ i_{2b}(s)\\ i_{2c}(s)\end{bmatrix}\right]-\begin{bmatrix} u_{cfa}(s)\\ u_{cfb}(s)\\ u_{cfc}(s)\end{bmatrix}\\
& \frac{L_2}{n}\begin{bmatrix} s & 0 & 0\\ 0 & s & 0\\ 0 & 0 & s\end{bmatrix}\begin{bmatrix} i_{2a}(s)\\ i_{2b}(s)\\ i_{2c}(s)\end{bmatrix}=\begin{bmatrix} u_{cfa}(s)\\ u_{cfb}(s)\\ u_{cfc}(s)\end{bmatrix}+R_d\left[\begin{bmatrix} i_{1a}(s)\\ i_{1b}(s)\\ i_{1c}(s)\end{bmatrix}-\frac{1}{n}\begin{bmatrix} i_{2a}(s)\\ i_{2b}(s)\\ i_{2c}(s)\end{bmatrix}\right]-n\begin{bmatrix} v_{2a}(s)\\ v_{2b}(s)\\ v_{2c}(s)\end{bmatrix}\\
& \begin{bmatrix} i_{ca}(s)\\ i_{cb}(s)\\ i_{cc}(s)\end{bmatrix}=C_f\begin{bmatrix} s & 0 & 0\\ 0 & s & 0\\ 0 & 0 & s\end{bmatrix}\begin{bmatrix} u_{cfa}(s)\\ u_{cfb}(s)\\ u_{cfc}(s)\end{bmatrix}=\begin{bmatrix} i_{1a}(s)\\ i_{1b}(s)\\ i_{1c}(s)\end{bmatrix}-\frac{1}{n}\begin{bmatrix} i_{2a}(s)\\ i_{2b}(s)\\ i_{2c}(s)\end{bmatrix}
\end{aligned}
\right. \tag{2.85}
$$

引入 CCFAD 后，$R_d=0$，此时系统 s 域电压、电流方程式为

$$\begin{cases} L_1\begin{bmatrix} s & 0 & 0 \\ 0 & s & 0 \\ 0 & 0 & s \end{bmatrix}\begin{bmatrix} i_{1a}(s) \\ i_{1b}(s) \\ i_{1c}(s) \end{bmatrix}=\begin{bmatrix} v_{1a}(s) \\ v_{1b}(s) \\ v_{1c}(s) \end{bmatrix}-\begin{bmatrix} u_{cfa}(s) \\ u_{cfb}(s) \\ u_{cfc}(s) \end{bmatrix} \\ \dfrac{L_2}{n}\begin{bmatrix} s & 0 & 0 \\ 0 & s & 0 \\ 0 & 0 & s \end{bmatrix}\begin{bmatrix} i_{2a}(s) \\ i_{2b}(s) \\ i_{2c}(s) \end{bmatrix}=\begin{bmatrix} u_{cfa}(s) \\ u_{cfb}(s) \\ u_{cfc}(s) \end{bmatrix}-n\begin{bmatrix} v_{2a}(s) \\ v_{2b}(s) \\ v_{2c}(s) \end{bmatrix} \\ \begin{bmatrix} i_{ca}(s) \\ i_{cb}(s) \\ i_{cc}(s) \end{bmatrix}=C_f\begin{bmatrix} s & 0 & 0 \\ 0 & s & 0 \\ 0 & 0 & s \end{bmatrix}\begin{bmatrix} u_{cfa}(s) \\ u_{cfb}(s) \\ u_{cfc}(s) \end{bmatrix}=\begin{bmatrix} i_{1a}(s) \\ i_{1b}(s) \\ i_{1c}(s) \end{bmatrix}-\dfrac{1}{n}\begin{bmatrix} i_{2a}(s) \\ i_{2b}(s) \\ i_{2c}(s) \end{bmatrix} \end{cases} \tag{2.86}$$

在式(2.85)和式(2.86)基础上，在电流源模式下考虑比例谐振控制器 $G_{QPR}(s)$、$G_{del}(s)$，则基于不同谐振阻尼方法的 LCL 型三相全桥式网侧变流器的单相 s 域模型如图 2.33 所示，图中 v_p 为并网点电压。

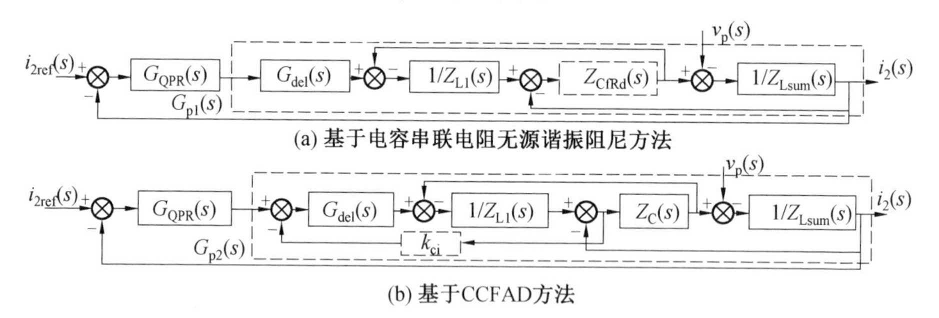

图 2.33　电流源模式下基于不同谐振阻尼方法的 LCL 型三相全桥式网侧变流器的单相 s 域模型

在式(2.85)和式(2.86)基础上，考虑电压源模式下，若网侧电感较小且采用输出电压闭环控制，LCL 型滤波网络近似等效为 LC 型滤波网络，此时考虑 $G_{QPR}(s)$、$G_{del}(s)$，则基于不同谐振阻尼方法的三相全桥式网侧变流器单相 s 域模型如图 2.34 所示。

图 2.33 和图 2.34 所示单相 s 域模型同样可以作为 LCL 型三相半桥式网侧变流器在 αβ 坐标系下的 s 域模型进行研究。

根据叠加定理，上述电流源模式下的单相 s 域模型均可以整理为

$$i_2(s)=G_{cl}(s)i_{2ref}(s)+\frac{v_p(s)}{Z_o(s)} \tag{2.87}$$

式中，$G_{cl}(s)$ 为电流源模式下网侧变流器的闭环传函；$Z_o(s)$ 为电流源模式下网侧

变流器谐波阻抗。则电流源模式下网侧变流器的诺顿等效电路如图 2.35 所示。

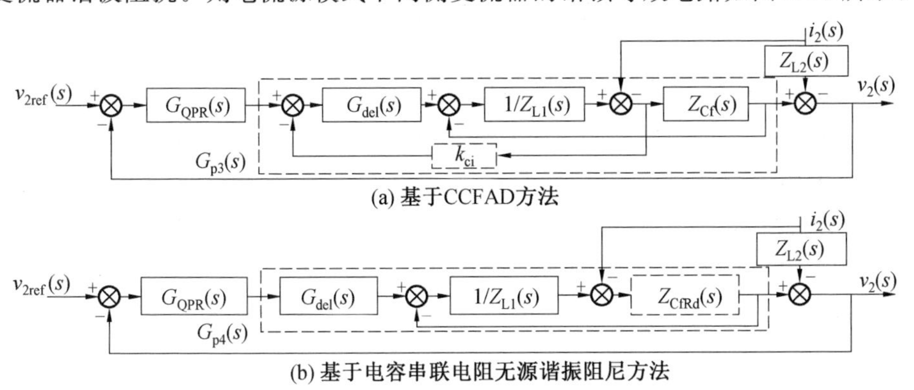

图 2.34 电压源模式下基于不同谐振阻尼方法的三相全桥式网侧变流器单相 s 域模型

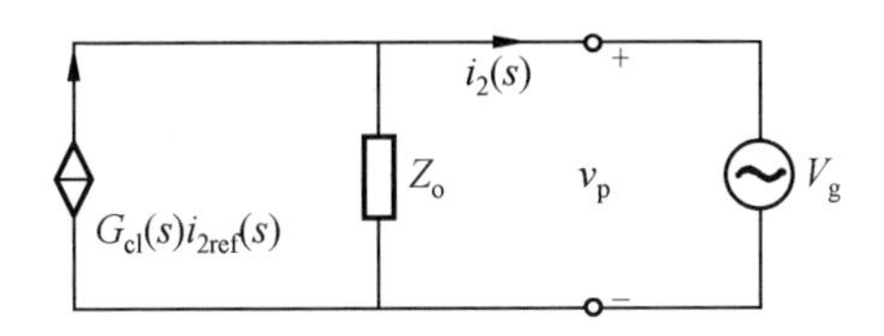

图 2.35 电流源模式下网侧变流器的诺顿等效电路

根据叠加定理，上述电压源模式下的单相 s 域模型均可以整理为

$$v_2(s)=G_{vcl}(s)v_{2ref}(s)+Z_{ov}(s)i_2(s) \tag{2.88}$$

式中，$G_{vcl}(s)$ 为电压源模式下网侧变流器的闭环传函；$Z_{ov}(s)$ 为电压源模式下忽略线路阻抗的网侧变流器谐波阻抗。则电压源模式下网侧变流器的戴维南等效电路如图 2.36 所示。

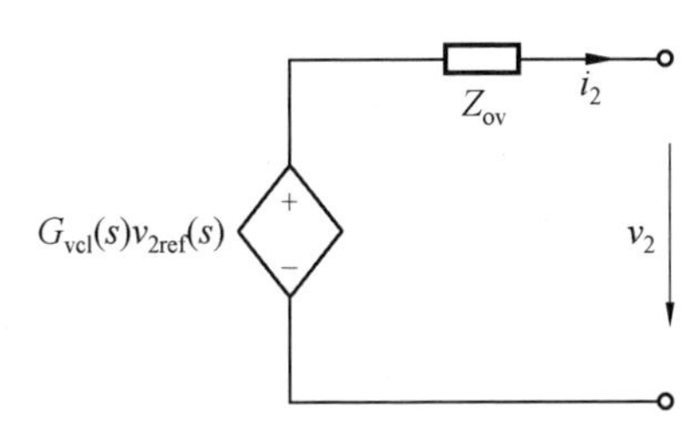

图 2.36 电压源模式下网侧变流器的戴维南等效电路

2.4.3 基于序阻抗的SISO动态模型参数整定方法

1.基于谐波线性化的系统序阻抗建模

SISO动态模型虽然得到了阻抗模型，但是没有考虑频率耦合特性，使基于该动态模型的阻抗分析在低频段存在较大误差。为克服这一缺点，提升该模型的阻抗分析精度，本小节引入谐波线性化方法对前文模型进行扩展，从而得到系统序阻抗数学模型，并详细分析影响频率耦合特性的系统参数，进而对SISO动态模型中相应参数进行整定，使基于SISO动态模型的阻抗分析具有更高的精度。

为简化分析，忽略机侧动态对网侧变流器的影响。现以a相为例对以下状态量进行拓展：

$$
\begin{cases}
\boldsymbol{i}_{1\mathrm{ahtf}}=[\cdots \quad i_{1\mathrm{a}(-1)} \quad i_{1\mathrm{a}(0)} \quad i_{1\mathrm{a}(+1)} \quad \cdots]^{\mathrm{T}} \\
\boldsymbol{i}_{2\mathrm{ahtf}}=[\cdots \quad i_{2\mathrm{a}(-1)} \quad i_{2\mathrm{a}(0)} \quad i_{2\mathrm{a}(+1)} \quad \cdots]^{\mathrm{T}} \\
\boldsymbol{i}_{\mathrm{cahtf}}=[\cdots \quad i_{\mathrm{ca}(-1)} \quad i_{\mathrm{ca}(0)} \quad i_{\mathrm{ca}(+1)} \quad \cdots]^{\mathrm{T}} \\
\boldsymbol{u}_{\mathrm{cfahtf}}=[\cdots \quad u_{\mathrm{cfa}(-1)} \quad u_{\mathrm{cfa}(0)} \quad u_{\mathrm{cfa}(+1)} \quad \cdots]^{\mathrm{T}} \\
\boldsymbol{v}_{1\mathrm{ahtf}}=[\cdots \quad v_{1\mathrm{a}(-1)} \quad v_{1\mathrm{a}(0)} \quad v_{1\mathrm{a}(+1)} \quad \cdots]^{\mathrm{T}} \\
\boldsymbol{v}_{\mathrm{ahtf}}=[\cdots \quad v_{\mathrm{a}(-1)} \quad v_{\mathrm{a}(0)} \quad v_{\mathrm{a}(+1)} \quad \cdots]^{\mathrm{T}}
\end{cases}
\tag{2.89}
$$

在图2.30中，若不考虑电网阻抗，系统电压、电流谐波传函为

$$
\begin{cases}
\boldsymbol{A}_{\mathrm{L1p}}\begin{bmatrix}\boldsymbol{i}_{1\mathrm{ahtf}}(s)\\ \boldsymbol{i}_{1\mathrm{bhtf}}(s)\\ \boldsymbol{i}_{1\mathrm{chtf}}(s)\end{bmatrix}=\begin{bmatrix}\boldsymbol{v}_{1\mathrm{ahtf}}(s)\\ \boldsymbol{v}_{1\mathrm{bhtf}}(s)\\ \boldsymbol{v}_{1\mathrm{chtf}}(s)\end{bmatrix}-\boldsymbol{A}_{\mathrm{Rd}}\begin{bmatrix}\boldsymbol{i}_{\mathrm{cahtf}}(s)\\ \boldsymbol{i}_{\mathrm{cbhtf}}(s)\\ \boldsymbol{i}_{\mathrm{cchtf}}(s)\end{bmatrix}-\begin{bmatrix}\boldsymbol{u}_{\mathrm{cfahtf}}(s)\\ \boldsymbol{u}_{\mathrm{cfbhtf}}(s)\\ \boldsymbol{u}_{\mathrm{cfchtf}}(s)\end{bmatrix} \\
\boldsymbol{A}_{\mathrm{L2p}}\begin{bmatrix}\boldsymbol{i}_{2\mathrm{ahtf}}(s)\\ \boldsymbol{i}_{2\mathrm{bhtf}}(s)\\ \boldsymbol{i}_{2\mathrm{chtf}}(s)\end{bmatrix}=\begin{bmatrix}\boldsymbol{u}_{\mathrm{cfahtf}}(s)\\ \boldsymbol{u}_{\mathrm{cfbhtf}}(s)\\ \boldsymbol{u}_{\mathrm{cfchtf}}(s)\end{bmatrix}+\boldsymbol{A}_{\mathrm{Rd}}\begin{bmatrix}\boldsymbol{i}_{\mathrm{cahtf}}(s)\\ \boldsymbol{i}_{\mathrm{cbhtf}}(s)\\ \boldsymbol{i}_{\mathrm{cchtf}}(s)\end{bmatrix}-\begin{bmatrix}\boldsymbol{v}_{\mathrm{ahtf}}(s)\\ \boldsymbol{v}_{\mathrm{bhtf}}(s)\\ \boldsymbol{v}_{\mathrm{chtf}}(s)\end{bmatrix} \\
\begin{bmatrix}\boldsymbol{i}_{\mathrm{cahtf}}(s)\\ \boldsymbol{i}_{\mathrm{cbhtf}}(s)\\ \boldsymbol{i}_{\mathrm{cchtf}}(s)\end{bmatrix}=\boldsymbol{A}_{\mathrm{Cfp}}\begin{bmatrix}\boldsymbol{u}_{\mathrm{cfahtf}}(s)\\ \boldsymbol{u}_{\mathrm{cfbhtf}}(s)\\ \boldsymbol{u}_{\mathrm{cfchtf}}(s)\end{bmatrix}=\begin{bmatrix}\boldsymbol{i}_{1\mathrm{ahtf}}(s)\\ \boldsymbol{i}_{1\mathrm{bhtf}}(s)\\ \boldsymbol{i}_{1\mathrm{chtf}}(s)\end{bmatrix}-\begin{bmatrix}\boldsymbol{i}_{2\mathrm{ahtf}}(s)\\ \boldsymbol{i}_{2\mathrm{bhtf}}(s)\\ \boldsymbol{i}_{2\mathrm{chtf}}(s)\end{bmatrix}
\end{cases}
\tag{2.90}
$$

式中，矩阵$\boldsymbol{A}_{\mathrm{L1p}}$、$\boldsymbol{A}_{\mathrm{L2p}}$、$\boldsymbol{A}_{\mathrm{Cfp}}$、$\boldsymbol{A}_{\mathrm{Rd}}$表达式为

$$\begin{cases} \boldsymbol{A}_{\mathrm{L1p}} = \begin{bmatrix} \boldsymbol{L}_{\mathrm{1ahtf}}(s) & 0 & 0 \\ 0 & \boldsymbol{L}_{\mathrm{1bhtf}}(s) & 0 \\ 0 & 0 & \boldsymbol{L}_{\mathrm{1chtf}}(s) \end{bmatrix} \\ \boldsymbol{A}_{\mathrm{L2p}} = \begin{bmatrix} \boldsymbol{L}_{\mathrm{2ahtf}}(s) & 0 & 0 \\ 0 & \boldsymbol{L}_{\mathrm{2bhtf}}(s) & 0 \\ 0 & 0 & \boldsymbol{L}_{\mathrm{2chtf}}(s) \end{bmatrix} \\ \boldsymbol{A}_{\mathrm{Cfp}} = \begin{bmatrix} \boldsymbol{C}_{\mathrm{fahtf}}(s) & 0 & 0 \\ 0 & \boldsymbol{C}_{\mathrm{fbhtf}}(s) & 0 \\ 0 & 0 & \boldsymbol{C}_{\mathrm{fchtf}}(s) \end{bmatrix}^{-1} \\ \boldsymbol{A}_{\mathrm{Rd}} = \begin{bmatrix} \boldsymbol{R}_{\mathrm{dahtf}}(s) & 0 & 0 \\ 0 & \boldsymbol{R}_{\mathrm{dbhtf}}(s) & 0 \\ 0 & 0 & \boldsymbol{R}_{\mathrm{dchtf}}(s) \end{bmatrix} \end{cases} \tag{2.91}$$

其中，以 a 相为例，端口网络的各参数谐波线性化传递矩阵表达式为

$$\begin{cases} \boldsymbol{L}_{\mathrm{1ahtf}}(s) = \mathrm{diag}[\cdots \quad L_{\mathrm{1a}}(s-\mathrm{j}\omega) \quad L_{\mathrm{1a}}(s) \quad L_{\mathrm{1a}}(s+\mathrm{j}\omega) \quad \cdots] \\ \boldsymbol{L}_{\mathrm{2ahtf}}(s) = \mathrm{diag}[\cdots \quad L_{\mathrm{2a}}(s-\mathrm{j}\omega) \quad L_{\mathrm{2a}}(s) \quad L_{\mathrm{2a}}(s+\mathrm{j}\omega) \quad \cdots] \\ \boldsymbol{C}_{\mathrm{fahtf}}(s) = \mathrm{diag}[\cdots \quad C_{\mathrm{fa}}(s-\mathrm{j}\omega) \quad C_{\mathrm{fa}}(s) \quad C_{\mathrm{fa}}(s+\mathrm{j}\omega) \quad \cdots] \\ \boldsymbol{R}_{\mathrm{dahtf}}(s) = \mathrm{diag}[\cdots \quad R_{\mathrm{da}}(s-\mathrm{j}\omega) \quad R_{\mathrm{da}}(s) \quad R_{\mathrm{da}}(s+\mathrm{j}\omega) \quad \cdots] \end{cases} \tag{2.92}$$

从 abc 静止坐标系变换到 dq 同步旋转坐标系的谐波传函矩阵表达式为

$$\boldsymbol{M}_{\mathrm{abc-dqhtf}} = \frac{2}{3}\begin{bmatrix} \boldsymbol{B}_{\mathrm{chtf}} \\ \boldsymbol{B}_{\mathrm{shtf}} \end{bmatrix} \tag{2.93}$$

式中，$\boldsymbol{B}_{\mathrm{chtf}}$、$\boldsymbol{B}_{\mathrm{shtf}}$ 表达式分别为

$$\boldsymbol{B}_{\mathrm{chtf}} = [\boldsymbol{B}_{\mathrm{cahtf}} \quad \boldsymbol{B}_{\mathrm{cbhtf}} \quad \boldsymbol{B}_{\mathrm{cchtf}}] \tag{2.94}$$

$$\boldsymbol{B}_{\mathrm{shtf}} = [\boldsymbol{B}_{\mathrm{sahtf}} \quad \boldsymbol{B}_{\mathrm{sbhtf}} \quad \boldsymbol{B}_{\mathrm{schtf}}] \tag{2.95}$$

其中，$\boldsymbol{B}_{\mathrm{cahtf}}$、$\boldsymbol{B}_{\mathrm{cbhtf}}$、$\boldsymbol{B}_{\mathrm{cchtf}}$ 表示三相余弦量的 Toeplitz 矩阵形式；$\boldsymbol{B}_{\mathrm{sahtf}}$、$\boldsymbol{B}_{\mathrm{sbhtf}}$、$\boldsymbol{B}_{\mathrm{schtf}}$ 表示三相正弦量的 Toeplitz 矩阵形式。如其中的 $\boldsymbol{B}_{\mathrm{cbhtf}}$、$\boldsymbol{B}_{\mathrm{sbhtf}}$ 表达式为

$$\boldsymbol{B}_{\mathrm{cbhtf}} = \frac{1}{2}\begin{bmatrix} & \delta & \\ \delta^{*} & & \delta \\ & \delta^{*} & \end{bmatrix} \tag{2.96}$$

$$\boldsymbol{B}_{\mathrm{sbhtf}} = \frac{1}{2}\begin{bmatrix} & \delta/\mathrm{j} & \\ \delta^{*}/\mathrm{j} & & \delta/\mathrm{j} \\ & \delta^{*}/\mathrm{j} & \end{bmatrix} \tag{2.97}$$

式中，$\delta=2/3\pi$。

类似的，得到从 dq 同步旋转坐标系变换到 abc 静止坐标系的谐波传递矩阵表达式为

$$\boldsymbol{M}_{\mathrm{dq-abchtf}}=\frac{2}{3}\begin{bmatrix}\boldsymbol{B}_{\mathrm{chtf}}\\ \boldsymbol{B}_{\mathrm{shtf}}\end{bmatrix}^{\mathrm{T}} \tag{2.98}$$

图 2.37 所示为锁相环的小信号模型，根据图 2.37 所示的模型，其 s 域的谐波传函为式(2.99)。

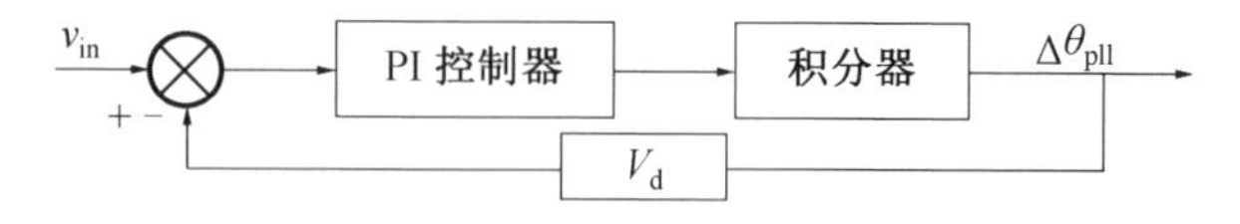

图 2.37 PLL 的小信号模型

$$\boldsymbol{v}_{\mathrm{in\,htf}}(s)=\boldsymbol{B}_{\mathrm{shtf}}\begin{bmatrix}v_{\mathrm{ahtf}}(s) & v_{\mathrm{bhtf}}(s) & v_{\mathrm{chtf}}(s)\end{bmatrix}^{\mathrm{T}}-\boldsymbol{V}_{\mathrm{dhtf}}(s)\Delta\theta_{\mathrm{pllhtf}}(s) \tag{2.99}$$

式中，$\Delta\theta_{\mathrm{pllhtf}}$ 为锁相环输出相角的小扰动变化量；$\boldsymbol{V}_{\mathrm{dhtf}}(s)$ 表达式为式(2.100)；$\boldsymbol{v}_{\mathrm{in\,htf}}(s)$ 表达式为式(2.101)。

$$\boldsymbol{V}_{\mathrm{dhtf}}(s)=\begin{bmatrix}V_{\mathrm{pd}} & & 0.5\,V_{\mathrm{nd}}\mathrm{e}^{-\mathrm{j}\varphi_n}\\ & V_{\mathrm{pd}} & \\ 0.5\,V_{\mathrm{nd}}\mathrm{e}^{\mathrm{j}\varphi_n} & & V_{\mathrm{pd}}\end{bmatrix} \tag{2.100}$$

$$\boldsymbol{v}_{\mathrm{in\,htf}}(s)=\begin{bmatrix}\cdots & v_{\mathrm{in}(-1)} & v_{\mathrm{in}(0)} & v_{\mathrm{in}(+1)} & \cdots\end{bmatrix}^{\mathrm{T}} \tag{2.101}$$

式中，V_{pd} 为正序分量；V_{nd} 为负序分量；φ_n 为初始相位角。

由锁相环传函得到 $\Delta\theta_{\mathrm{pllhtf}}(s)$ 与 $\boldsymbol{v}_{\mathrm{in\,htf}}(s)$ 的关系式为

$$\Delta\theta_{\mathrm{pllhtf}}(s)=\boldsymbol{G}_{\mathrm{pllhtf}}(s)\boldsymbol{v}_{\mathrm{in\,htf}}(s) \tag{2.102}$$

式中，$\boldsymbol{G}_{\mathrm{pllhtf}}(s)$ 表达式为

$$\boldsymbol{G}_{\mathrm{pllhtf}}(s)=\mathrm{diag}\left(\cdots\quad\frac{G_{\mathrm{PI}}(s-\mathrm{j}\omega)}{s-\mathrm{j}\omega}\quad\frac{G_{\mathrm{PI}}(s)}{s}\quad\frac{G_{\mathrm{PI}}(s+\mathrm{j}\omega)}{s+\mathrm{j}\omega}\quad\cdots\right) \tag{2.103}$$

将式(2.102)代入式(2.99)，则有

$$\Delta\theta_{\mathrm{pllhtf}}(s)=(\boldsymbol{I}+\boldsymbol{G}_{\mathrm{pllhtf}}(s)\boldsymbol{V}_{\mathrm{pdhtf}}(s))^{-1}\left(\boldsymbol{G}_{\mathrm{pllhtf}}(s)\boldsymbol{B}_{\mathrm{shtf}}\begin{bmatrix}\boldsymbol{v}_{\mathrm{ahtf}}(s)\\ \boldsymbol{v}_{\mathrm{bhtf}}(s)\\ \boldsymbol{v}_{\mathrm{chtf}}(s)\end{bmatrix}\right) \tag{2.104}$$

式中，$\boldsymbol{V}_{\mathrm{pdhtf}}(s)$ 为 V_{d} 正序分量的 Toeplitz 矩阵。

dq 同步旋转坐标系下送入电流控制器的反馈电流表达式为

$$\begin{bmatrix} \boldsymbol{i}_{2\mathrm{dhtf}}(s) \\ \boldsymbol{i}_{2\mathrm{qhtf}}(s) \end{bmatrix} = \begin{bmatrix} \boldsymbol{I}_{2\mathrm{dhtf}}(s) \\ \boldsymbol{I}_{2\mathrm{qhtf}}(s) \end{bmatrix} \Delta\theta_{\mathrm{pllhtf}}(s) + \begin{bmatrix} \boldsymbol{I} + \boldsymbol{G}_{\mathrm{vpihtf}}(s)\boldsymbol{G}_{\mathrm{idvhtf}}(s) & \\ & \boldsymbol{I} \end{bmatrix} \boldsymbol{M}_{\mathrm{abc-dqhtf}} \begin{bmatrix} \boldsymbol{i}_{2\mathrm{ahtf}}(s) \\ \boldsymbol{i}_{2\mathrm{bhtf}}(s) \\ \boldsymbol{i}_{2\mathrm{chtf}}(s) \end{bmatrix} \tag{2.105}$$

式中，$\boldsymbol{G}_{\mathrm{vpihtf}}(s)$、$\boldsymbol{G}_{\mathrm{idvhtf}}(s)$ 是直流电压控制器、输出电流到直流侧电压的谐波传函形式，二者表达式为

$$\boldsymbol{G}_{\mathrm{vpihtf}}(s) = \mathrm{diag}(\cdots \quad G_{\mathrm{vpi}}(s-\mathrm{j}\omega) \quad G_{\mathrm{vpi}}(s) \quad G_{\mathrm{vpi}}(s+\mathrm{j}\omega) \quad \cdots) \tag{2.106}$$

$$\boldsymbol{G}_{\mathrm{idvhtf}}(s) = \mathrm{diag}(\cdots \quad G_{\mathrm{idv}}(s-\mathrm{j}\omega) \quad G_{\mathrm{idv}}(s) \quad G_{\mathrm{idv}}(s+\mathrm{j}\omega) \quad \cdots) \tag{2.107}$$

dq 同步旋转坐标系下，电流控制器 $\boldsymbol{G}_{\mathrm{ipi}}(s)$、控制延时 $\boldsymbol{G}_{\mathrm{del}}(s)$ 的谐波传函形式可以表示为式(2.108) 和式(2.109)。若忽略开关动作，则控制器输出电压等于网侧变流器侧电压，在 dq 同步旋转坐标系下控制器输出电压表达式为式(2.110)。

$$\boldsymbol{G}_{\mathrm{ipihtf}}(s) = \mathrm{diag}(\cdots \quad G_{\mathrm{ipi}}(s-\mathrm{j}\omega) \quad G_{\mathrm{ipi}}(s) \quad G_{\mathrm{ipi}}(s+\mathrm{j}\omega) \quad \cdots) \tag{2.108}$$

$$\boldsymbol{G}_{\mathrm{delhtf}}(s) = \mathrm{diag}(\cdots \quad G_{\mathrm{del}}(s-\mathrm{j}\omega) \quad G_{\mathrm{del}}(s) \quad G_{\mathrm{del}}(s+\mathrm{j}\omega) \quad \cdots) \tag{2.109}$$

$$\begin{bmatrix} \boldsymbol{v}_{1\mathrm{ahtf}}(s) \\ \boldsymbol{v}_{1\mathrm{bhtf}}(s) \\ \boldsymbol{v}_{1\mathrm{chtf}}(s) \end{bmatrix} - \begin{bmatrix} \boldsymbol{V}_{1\mathrm{a0htf}}(s) \\ \boldsymbol{V}_{1\mathrm{b0htf}}(s) \\ \boldsymbol{V}_{1\mathrm{c0htf}}(s) \end{bmatrix} \Delta\theta_{\mathrm{pllhtf}}(s) = \boldsymbol{M}_{\mathrm{dq-abchtf}} \begin{bmatrix} \boldsymbol{v}_{1\mathrm{dhtf}}(s) \\ \boldsymbol{v}_{1\mathrm{qhtf}}(s) \end{bmatrix} \tag{2.110}$$

联立式(2.105) 和式(2.108) ～ (2.110) 得到三相输出电流与网侧变流器侧电压之间关系式为

$$\begin{bmatrix} \boldsymbol{v}_{1\mathrm{ahtf}}(s) \\ \boldsymbol{v}_{1\mathrm{bhtf}}(s) \\ \boldsymbol{v}_{1\mathrm{chtf}}(s) \end{bmatrix} = \left(\boldsymbol{B}_{\mathrm{t1}} \Delta\theta_{\mathrm{pllhtf}}(s) - \boldsymbol{B}_{\mathrm{t2}} \begin{bmatrix} \boldsymbol{i}_{2\mathrm{ahtf}}(s) \\ \boldsymbol{i}_{2\mathrm{bhtf}}(s) \\ \boldsymbol{i}_{2\mathrm{chtf}}(s) \end{bmatrix} \right) \tag{2.111}$$

式中，$\boldsymbol{B}_{\mathrm{t1}}$、$\boldsymbol{B}_{\mathrm{t2}}$ 表达式为

$$\begin{cases} \boldsymbol{B}_{\mathrm{t1}} = \begin{bmatrix} \boldsymbol{V}_{1\mathrm{a0htf}}(s) \\ \boldsymbol{V}_{1\mathrm{b0htf}}(s) \\ \boldsymbol{V}_{1\mathrm{c0htf}}(s) \end{bmatrix} - \boldsymbol{M}_{\mathrm{dq-abchtf}} \begin{bmatrix} \boldsymbol{G}_{\mathrm{ipihtf}}\boldsymbol{G}_{\mathrm{delhtf}}\boldsymbol{I}_{2\mathrm{dhtf}}(s) \\ \boldsymbol{G}_{\mathrm{ipihtf}}\boldsymbol{G}_{\mathrm{delhtf}}\boldsymbol{I}_{2\mathrm{qhtf}}(s) \end{bmatrix} \\ \boldsymbol{B}_{\mathrm{t2}} = \boldsymbol{M}_{\mathrm{dq-abchtf}} \begin{bmatrix} \boldsymbol{G}_{\mathrm{ipihtf}}\boldsymbol{G}_{\mathrm{delhtf}}(I + \boldsymbol{G}_{\mathrm{vpihtf}}(s)\boldsymbol{G}_{\mathrm{idvhtf}}(s)) & \\ & \boldsymbol{G}_{\mathrm{ipihtf}}\boldsymbol{G}_{\mathrm{delhtf}} \end{bmatrix} \boldsymbol{M}_{\mathrm{abc-dqhtf}} \end{cases} \tag{2.112}$$

输出电压 $\boldsymbol{v}_{1\mathrm{htf}}(s)$、电网电压 $\boldsymbol{v}_{\mathrm{htf}}(s)$ 及输出电流 $\boldsymbol{i}_{2\mathrm{htf}}(s)$ 的关系式为

$$\begin{bmatrix} v_{1\mathrm{ahtf}}(s) \\ v_{1\mathrm{bhtf}}(s) \\ v_{1\mathrm{chtf}}(s) \end{bmatrix} = \left(\begin{bmatrix} G_{\mathrm{zahtf}}(s) & & \\ & G_{\mathrm{zbhtf}}(s) & \\ & & G_{\mathrm{zchtf}}(s) \end{bmatrix} \begin{bmatrix} i_{2\mathrm{ahtf}}(s) \\ i_{2\mathrm{bhtf}}(s) \\ i_{2\mathrm{chtf}}(s) \end{bmatrix} + \begin{bmatrix} G_{\mathrm{yahtf}}(s) & & \\ & G_{\mathrm{ybhtf}}(s) & \\ & & G_{\mathrm{ychtf}}(s) \end{bmatrix} \begin{bmatrix} v_{\mathrm{ahtf}}(s) \\ v_{\mathrm{bhtf}}(s) \\ v_{\mathrm{chtf}}(s) \end{bmatrix} \right) \quad (2.113)$$

把式(2.104)和式(2.113)代入式(2.111),得到三相谐波导纳表达式为

$$Y_{\mathrm{gschtf}}(s) = \left[\left(\begin{bmatrix} G_{\mathrm{zahtf}}(s) & & \\ & G_{\mathrm{zbhtf}}(s) & \\ & & G_{\mathrm{zchtf}}(s) \end{bmatrix} + B_{\mathrm{c1}} \right)^{-1} \cdot \left(B_{\mathrm{c2}} - \begin{bmatrix} G_{\mathrm{yahtf}}(s) & & \\ & G_{\mathrm{ybhtf}}(s) & \\ & & G_{\mathrm{ychtf}}(s) \end{bmatrix} \right) \right] \quad (2.114)$$

式中,B_{c1}、B_{c2} 的表达式为

$$B_{\mathrm{c1}} = M_{\mathrm{dq-abchtf}} \begin{bmatrix} G_{\mathrm{ipihtf}} G_{\mathrm{delhtf}} (I + G_{\mathrm{vpihtf}}(s) G_{\mathrm{idvhtf}}(s)) & \\ & G_{\mathrm{ipihtf}} G_{\mathrm{delhtf}} \end{bmatrix} M_{\mathrm{abc-dqhtf}} \quad (2.115)$$

$$B_{\mathrm{c2}} = \left\{ \left(\begin{bmatrix} V_{1\mathrm{a0htf}}(s) \\ V_{1\mathrm{b0htf}}(s) \\ V_{1\mathrm{c0htf}}(s) \end{bmatrix} - M_{\mathrm{dq-abchtf}} \begin{bmatrix} G_{\mathrm{ipihtf}} G_{\mathrm{delhtf}} I_{2\mathrm{dhtf}}(s) \\ G_{\mathrm{ipihtf}} G_{\mathrm{delhtf}} I_{2\mathrm{qhtf}}(s) \end{bmatrix} \right) \cdot [I + G_{\mathrm{pllhtf}}(s) V_{\mathrm{pdhtf}}(s)]^{-1} [G_{\mathrm{pllhtf}}(s) B_{\mathrm{shtf}}] \right\} \quad (2.116)$$

对于三相电网阻抗,其表达式为

$$Z_{\mathrm{Ghtf}} = \mathrm{diag}[Z_{\mathrm{ga}}(s) \quad Z_{\mathrm{gb}}(s) \quad Z_{\mathrm{gc}}(s)] \quad (2.117)$$

由式(2.114)进一步得到序阻抗表达式为

$$\begin{bmatrix} i_{2\mathrm{Phtf}}(s) \\ i_{2\mathrm{Nhtf}}(s) \end{bmatrix} = \frac{1}{3} B_{\mathrm{abcpn}} Y_{\mathrm{gschtf}}(s) B_{\mathrm{abcpn}}^{\mathrm{T}} \begin{bmatrix} v_{\mathrm{Phtf}}(s) \\ v_{\mathrm{Nhtf}}(s) \end{bmatrix} \quad (2.118)$$

式中,$v_{\mathrm{Phtf}}(s)$ 为正序电压的谐波展开形式;$v_{\mathrm{Nhtf}}(s)$ 为负序电压的谐波展开形式;$i_{2\mathrm{Phtf}}(s)$ 为正序并网电流的谐波展开形式;$i_{2\mathrm{Nhtf}}(s)$ 为负序并网电流的谐波展开形式;B_{abcpn} 表达式为

$$B_{\mathrm{abcpn}} = \begin{bmatrix} I & b & b^{*} \\ I & b^{*} & b \end{bmatrix} \quad (2.119)$$

其中，

$$\boldsymbol{I}=\operatorname{diag}[\cdots \quad 1 \quad 1 \quad 1 \quad \cdots] \tag{2.120}$$

$$\boldsymbol{b}=\operatorname{diag}[\cdots \quad b^{*} \quad b \quad b \quad \cdots] \tag{2.121}$$

其中，$b=\mathrm{e}^{\mathrm{j}2\pi/3}$。

式(2.118) 可以整理为

$$\begin{bmatrix}\boldsymbol{i}_{2\mathrm{Phtf}}(s)\\ \boldsymbol{i}_{2\mathrm{Nhtf}}(s)\end{bmatrix}=\begin{bmatrix}\boldsymbol{Y}_{11\mathrm{htf}} & \boldsymbol{Y}_{12\mathrm{htf}}\\ \boldsymbol{Y}_{21\mathrm{htf}} & \boldsymbol{Y}_{22\mathrm{htf}}\end{bmatrix}\begin{bmatrix}\boldsymbol{v}_{\mathrm{Phtf}}(s)\\ \boldsymbol{v}_{\mathrm{Nhtf}}(s)\end{bmatrix} \tag{2.122}$$

从式(2.122) 中提取 $f_{\mathrm{p}}\pm f_{1}$ 次分量得到

$$\begin{bmatrix}i_{2\mathrm{P}}(s+\mathrm{j}\omega_{1})\\ i_{2\mathrm{N}}(s-\mathrm{j}\omega_{1})\end{bmatrix}=\begin{bmatrix}Y_{11\mathrm{s}}(s) & Y_{12\mathrm{s}}(s)\\ Y_{21\mathrm{s}}(s) & Y_{22\mathrm{s}}(s)\end{bmatrix}\begin{bmatrix}v_{\mathrm{P}}(s+\mathrm{j}\omega_{1})\\ v_{\mathrm{N}}(s-\mathrm{j}\omega_{1})\end{bmatrix} \tag{2.123}$$

图 2.38 给出了式(2.123) 中序阻抗的 Bode 图，由图 2.38 可知，导纳矩阵的非对角元素在低频段与对角元素相近，因此频率耦合特性不可忽略。为了进一步研究影响频率耦合特性的因素，下文将分析 d、q 轴电流控制器以及直流母线动态不对称对序阻抗中的非对角元素的影响。

2. 基于序阻抗模型的参数整定方法

(1)d、q 轴电流控制器的整定方法。

下面将分析 d、q 轴电流控制器不对称对频率耦合特性的影响，进而整定 d、q 轴电流控制器。假设此时锁相环带宽较小并禁用直流电压控制器 $G_{\mathrm{vpi}}(s)$。这里定义 a_{p} 为 d、q 轴电流 PI 控制器比例系数的比值，a_{p} 越大表示 d、q 轴电流控制器比例项不对称越严重。定义 a_{i} 为 d、q 轴电流 PI 控制器积分系数的比值，a_{i} 越大表示 d、q 轴电流控制器积分项不对称越严重。

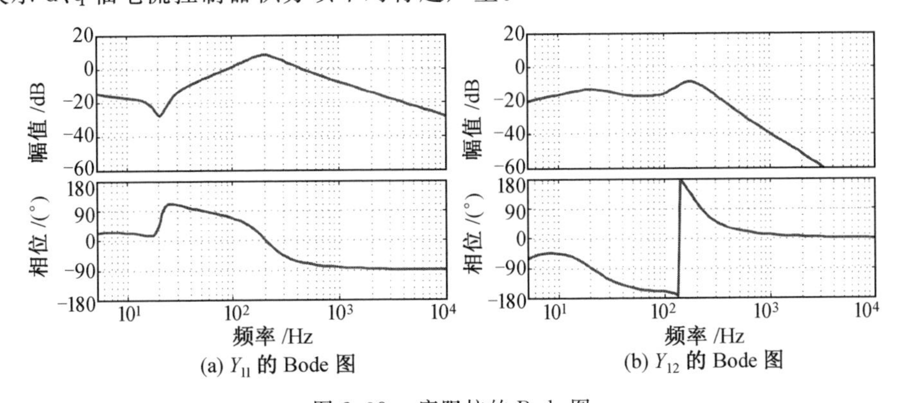

(a) Y_{11} 的 Bode 图　(b) Y_{12} 的 Bode 图

图 2.38 序阻抗的 Bode 图

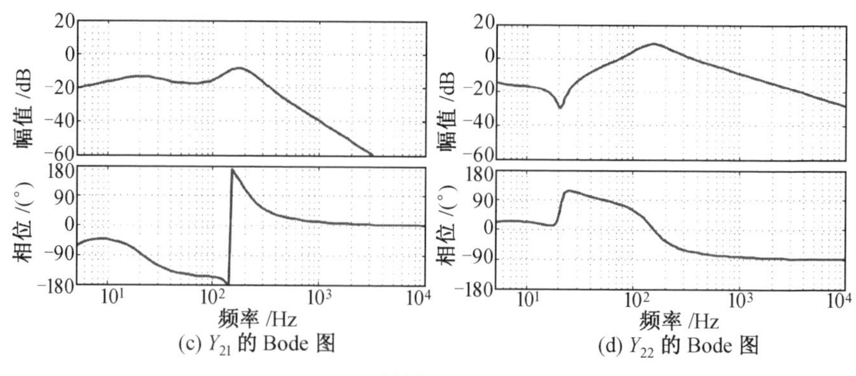

(c) Y_{21} 的 Bode 图　(d) Y_{22} 的 Bode 图

续图 2.38

图 2.39 和图 2.40 分别描述了 d、q 轴电流控制器 $G_{ipi}(s)$ 比例项、积分项不对称情况对频率耦合特性的影响。由图 2.39 和图 2.40 可知，d、q 轴电流控制器不平衡越严重，频率耦合特性越明显，由前文推导的 SISO 模型进行阻抗稳定性判据误差较大，因此，在本书后续章节中 d、q 坐标轴控制器均为对称控制器。

(2) 直流侧电容的容值及电压控制器带宽的整定方法。

直流侧电容的容值对系统频率耦合会产生一定的影响，假设本章论述的锁相环带宽较小且 d、q 轴电流控制器对称。

图 2.41 描述了直流电压控制器 $G_{vpi}(s)$ 带宽对频率耦合特性的影响。由图 2.41 可知，直流电压控制器带宽越大，系统频率耦合特性越明显。图 2.42 描述了直流侧电容容值 C_{dc} 对频率耦合特性的影响。由图 2.42 可知，直流侧电容容值越小，系统频率耦合特性越明显。根据上述理论分析，d、q 轴电流控制器不对称

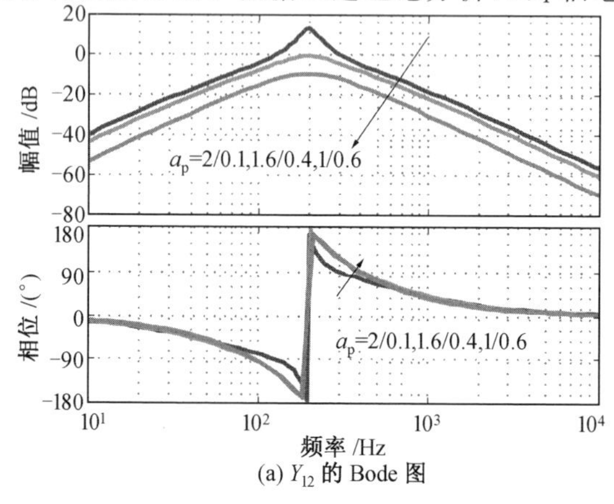

(a) Y_{12} 的 Bode 图

图 2.39　d、q 轴电流控制器 $G_{ipi}(s)$ 比例项不对称情况对频率耦合特性的影响

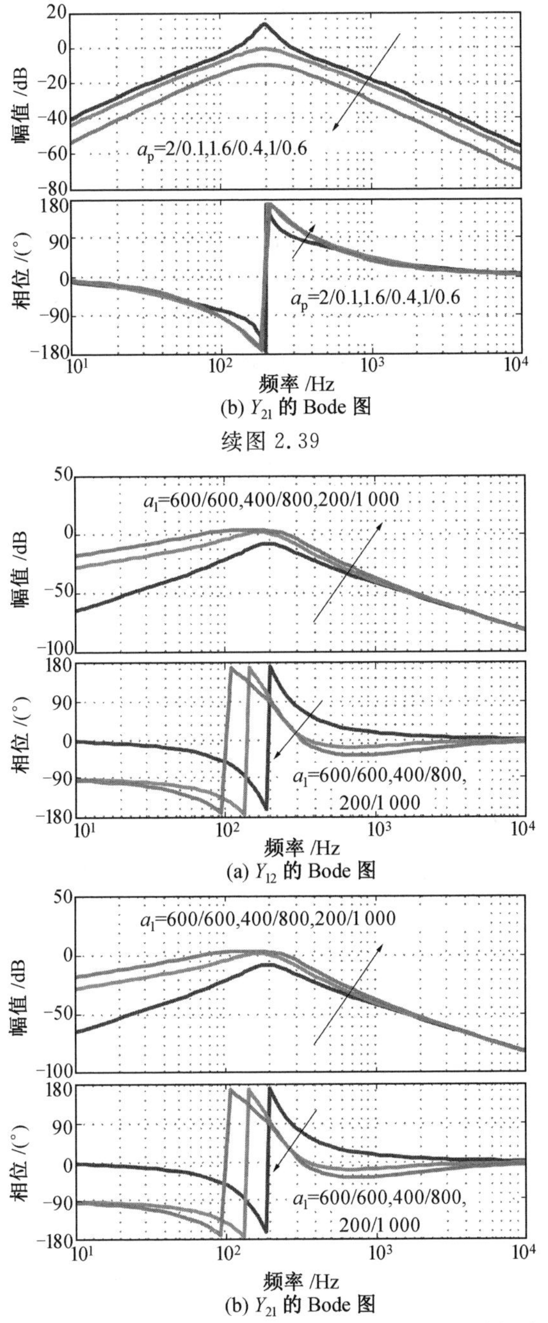

(b) Y_{21} 的 Bode 图

续图 2.39

(a) Y_{12} 的 Bode 图

(b) Y_{21} 的 Bode 图

图 2.40　d、q 轴电流控制器 $G_{ipi}(s)$ 积分项不对称情况对频率耦合特性的影响

越严重、直流电压控制器带宽越大、直流侧电容容值越小时，系统频率耦合特性越明显，基于 SISO 动态数学模型的阻抗稳定性判据误差越大。为了保证 SISO 动态数学模型的精度，需要使 d、q 轴电流控制器对称，直流侧电容容值较大，直流电压控制器带宽较小，从而有效削弱频率耦合特性，使前面所述的 SISO 动态数学模型具有较高的阻抗分析精度。

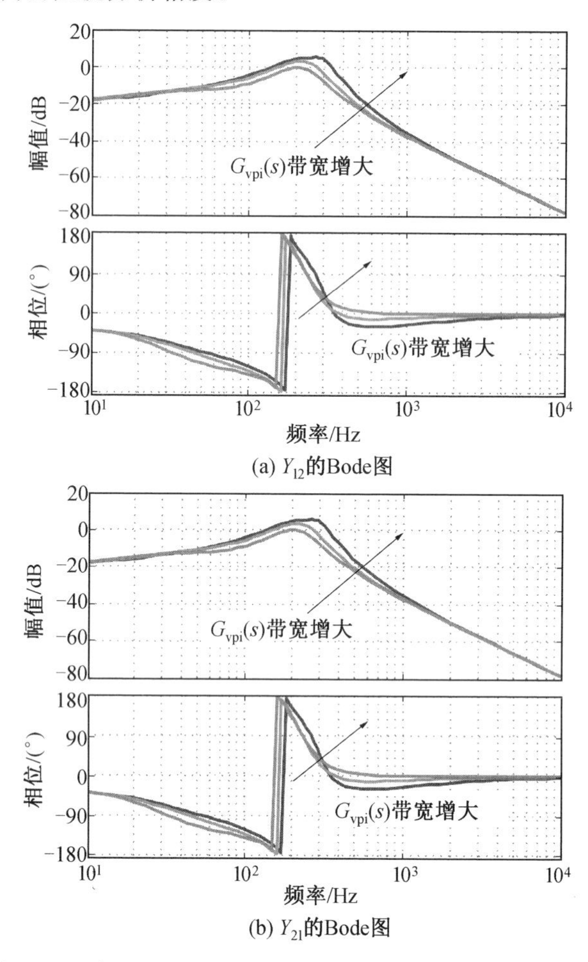

图 2.41　直流电压控制器 $G_{vpi}(s)$ 带宽对频率耦合特性的影响

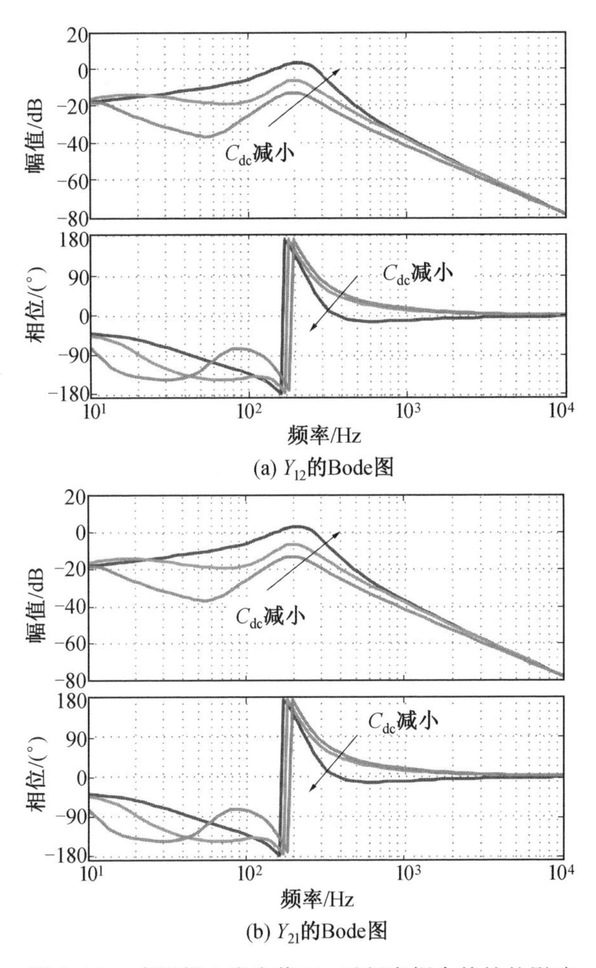

图 2.42　直流侧电容容值 C_{dc} 对频率耦合特性的影响

第3章

惯性响应中SCESS－DFIG系统的频率检测及直流母线电压波动抑制

本章主要针对SCESS－DFIG系统参与电网惯性响应的关键技术进行研究，分析复杂电网条件下常规的PLL、EPLL等难以实现高精度的频率检测的原因，推导改进型αβ－EPLL中各变量的关系并进行仿真验证。本章根据第2章建立的SCESS－DFIG系统功率流模型，针对控制超级电容储能单元充放电的DC－DC变换器、RSC、GSC三者功率流之间的相关性，分析储能单元的DC－DC变换器、RSC和GSC间功率－能量平衡关系。在上述内容基础上，本章对多变换器之间的协调控制进行优化，提高系统的动态响应能力，并通过仿真和实验进行验证。

3.1 引　　言

本章主要针对 SCESS－DFIG 系统参与电网惯性响应的关键技术进行研究。由第 2 章的分析可知，SCESS－DFIG 系统在参与电网惯性响应时需要依据电网频率的波动来调节其功率输出，功率给定值主要根据电网频率信号及其变化率确定。同时，惯性响应过程中功率调节主要通过 SCESS 功率吐纳完成，这会造成直流母线电压波动，进而给 RSC 和 GSC 控制带来影响。SCESS－DFIG 系统的 GSC 一般通过滤波电路与电网相连，复杂电网会对其控制产生影响，同时 SCESS－DFIG 系统的定子侧直接与电网连接，由于定子、转子之间的磁耦合作用，复杂电网条件同样会对 RSC 的控制产生影响。图 3.1 给出了复杂电网条件下 SCESS－DFIG 系统参与惯性响应需要解决的关键技术问题。

3.2 复杂电网环境中改进的 αβ－EPLL 电网频率检测技术

3.2.1 αβ－EPLL 对电网频率的估计原理

1. PLL 基本原理

标准 PLL 的结构图如图 3.2(a)所示。PLL 的结构主要由三部分组成，即乘法鉴相器(PD)、低通滤波器(LF)及压控振荡器(VCO)。PLL 的输入信号可以假设为幅值 U 的正弦信号，VCO 的输入信号为频率信号 ω，VCO 产生的余弦信号 $\cos\varphi$ 的相角与 ω 的积分成正比关系，$\cos\varphi$ 也是 PLL 的输出，如下式所示。

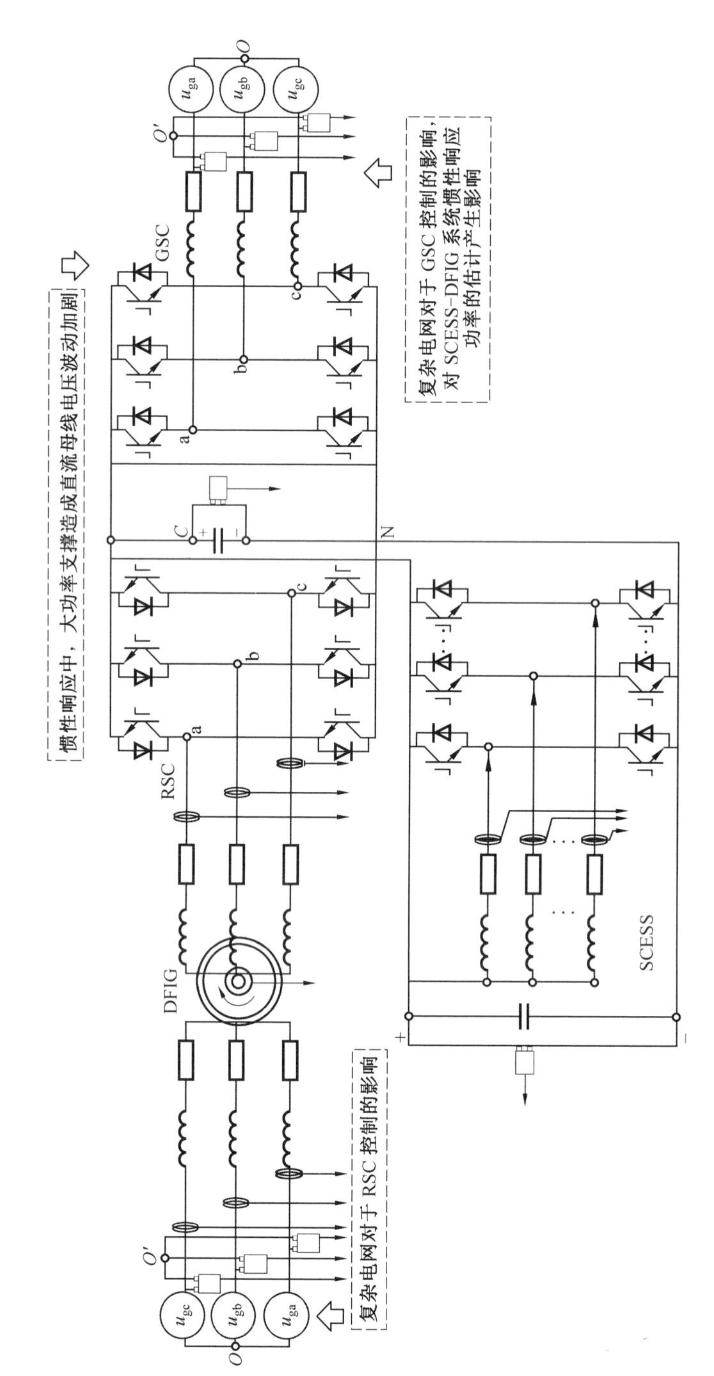

图3.1 复杂电网条件下SCESS_DFIG系统参与惯性响应需要解决的关键技术问题

$$\begin{cases} \varphi = \int_0^t \omega(\tau)\mathrm{d}\tau \\ u(t) = U\sin\theta \\ y(t) = \cos\varphi \end{cases} \tag{3.1}$$

式中，PD 的输出 z_1 为 PLL 输入信号与输出信号的乘积，即

$$z_1(t) = u(t)y(t) = U\sin\theta\cos\varphi = \overbrace{\frac{U}{2}\sin(\theta-\varphi)}^{\text{低频分量}} + \overbrace{\frac{U}{2}\sin(\theta+\varphi) - \frac{A}{2}\sin(2\varphi)}^{\text{高频分量}} \tag{3.2}$$

由式(3.2)可知，PD 的输出由两部分组成：低频分量和高频分量。低频分量是由输入相位角和输出相位角的差决定的。因此，PD 的本质其实是对于相角的跟随。通过忽略高频分量和近似线性化正弦函数可以得到锁相环的近似线性模型，简化线性 PLL 结构图如图 3.2(b) 所示。$H(s)$ 是低通滤波器的传递函数。在 PLL 中，PD 的输出带有一个比例环节，同时为了消除稳态误差需要在其中添加一个积分环节。因此，这里 $H(s)$ 也可以写成一个 PI 控制器的形式。PLL 中二倍频干扰会影响其效果，因此很多文献中提出了一种 EPLL 结构。

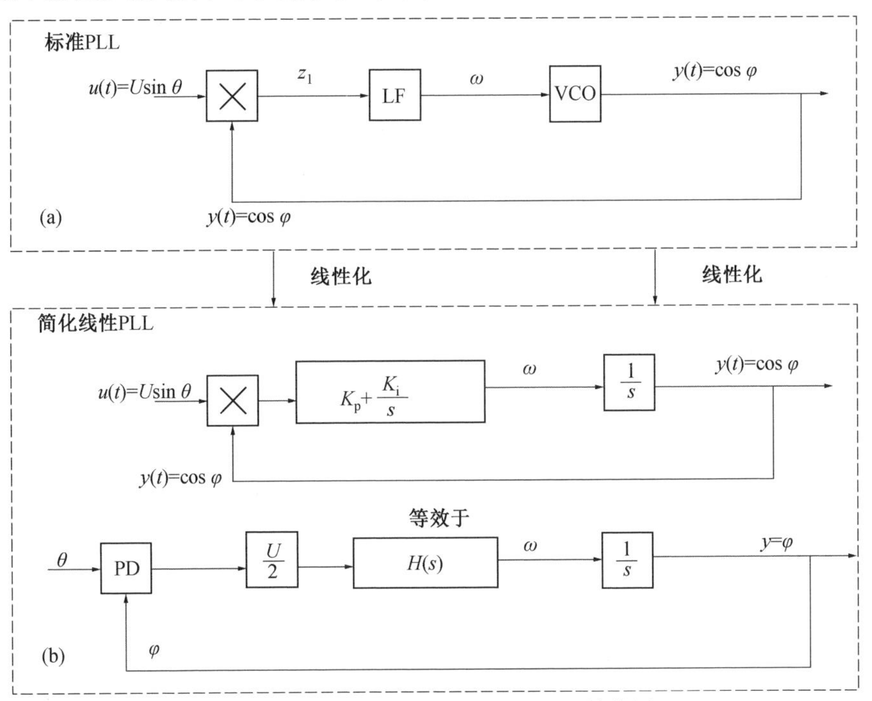

图 3.2　标准 PLL 与简化线性 PLL 结构图

2. EPLL 基本原理

EPLL 的结构图如图 3.3 所示，EPLL 主要由两部分组成，其一为图 3.3 中虚线区域内 PLL，其二为对输入信号 $U\sin\theta$ 进行滤波后得到的输出信号 $A\sin\varphi$。EPLL 的估计结果分别为：幅值估计、相位估计、频率估计。假设输入 $u=U\sin\theta$，输出 $y=A\sin\varphi$，当 EPLL 处于稳定状态时，其输入幅值 U 与估计幅值 A 相等、输入相角 φ 与估计相角 θ 相等，误差信号 $e=u-y$ 等于 0。关于 EPLL 中 PD 的输出信号 z 有以下关系：

$$z=\overbrace{\frac{U}{2}\sin(\theta-\varphi)}^{\text{低频分量}}+\overbrace{\frac{U}{2}\sin(\theta+\varphi)-\frac{A}{2}\sin(2\varphi)}^{\text{高频分量}}\approx\frac{U}{2}\sin(\theta-\varphi) \tag{3.3}$$

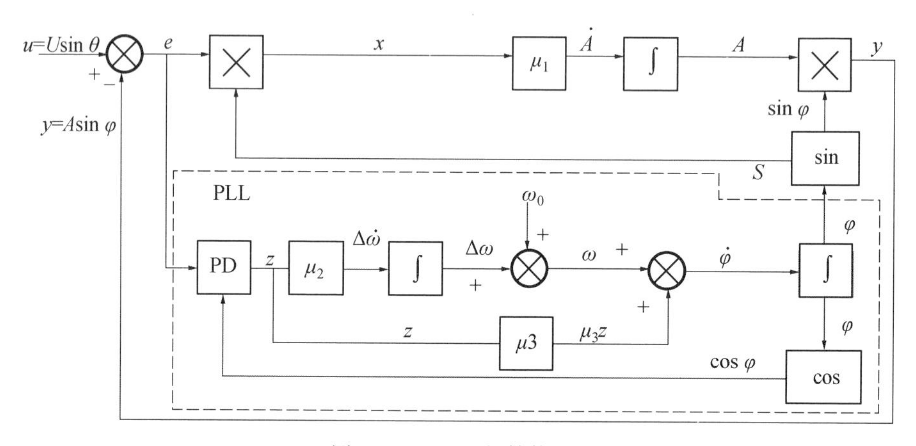

图 3.3　EPLL 的结构图

同理，在 EPLL 的估计输入信号幅值计算过程中，乘法鉴相器输出信号 x 可以表示为

$$x=\overbrace{\frac{U}{2}\cos(\theta-\varphi)-\frac{A}{2}}^{\text{低频分量}}+\overbrace{\frac{A}{2}\cos(2\varphi)-\frac{U}{2}\cos(\theta+\varphi)}^{\text{高频分量}}\approx\frac{U}{2}\cos(\theta-\varphi)-\frac{A}{2} \tag{3.4}$$

系统趋近于稳定时，信号 x 中高频分量趋近于 0，EPLL 对于输入信号 u 的估计消除了 PLL 中的二倍频分量。通过以上分析不难发现，EPLL 设计的目标就是在系统稳定时，消除 PLL 中的二倍频扰动，获取输入信号准确的幅值、相位、频率的估计值。

图 3.3 中估计量的微分值为

$$\begin{cases}\dot{A}=\mu_1 x=\mu_1 e\sin\varphi \\ \Delta\dot{\omega}=\mu_2 z=\mu_2 e\cos\varphi \\ \dot{\varphi}=\omega_0+\Delta\omega+\mu_3 z=\omega_0+\Delta\omega+\mu_3 e\cos\varphi\end{cases} \tag{3.5}$$

假设系统处于稳定状态下，可以忽略信号 x 与 z 的二倍频分量，将三角函数进行线性化后可以得到 EPLL 估计值($\tilde{A}$、$\tilde{\omega}$、$\tilde{\varphi}$) 微分方程

$$\begin{cases}\dot{\tilde{A}}=-\dfrac{\mu_1}{2}\tilde{A} \\ \dot{\tilde{\omega}}=-\mu_2\dfrac{U}{2}\tilde{\omega} \\ \dot{\tilde{\varphi}}=\tilde{\omega}-\mu_3\dfrac{U}{2}\tilde{\varphi}\end{cases} \tag{3.6}$$

由以上分析不难发现，通过 EPLL 可以将输入信号的幅值、相位、频率解耦，解耦后对三个分量可以独立观测，便于使用。这种信号观测的方法用在电气领域中具有很好的效果。

3. αβ－EPLL 基本原理

根据对 EPLL 的分析可知，αβ－EPLL 中关于幅值、频率、相位的微分方程可以描述为

$$\begin{cases}\dot{\tilde{U}}(t)=\mu_{\mathrm{u}}\left[e_\alpha\sin(\tilde{\omega}t+\tilde{\varphi})+e_\beta\sin\left(\tilde{\omega}t+\tilde{\varphi}-\dfrac{\pi}{2}\right)\right] \\ \dot{\tilde{\omega}}(t)=\mu_\omega\left[e_\alpha\cos(\tilde{\omega}t+\tilde{\varphi})+e_\beta\cos\left(\tilde{\omega}t+\tilde{\varphi}-\dfrac{\pi}{2}\right)\right] \\ \dot{\tilde{\theta}}=\tilde{\omega}+\mu_\theta\dot{\tilde{\omega}}\end{cases} \tag{3.7}$$

式中，$\tilde{U}$、$\tilde{\omega}$、$\tilde{\varphi}$、$\tilde{\theta}$ 分别为 U、ω、φ 和 θ 经过 αβ－EPLL 的估计值；e_α、e_β 分别为 u_α、u_β 的实际值与估计值之间的误差；μ_{u} 为幅值估计环积分器的积分系数；μ_θ、μ_ω 分别为频率估计环 PI 控制器的比例和积分系数。为了便于观察将公式写成了幅值、电网电角速度、电网电压相角单独的形式。

幅值估计值微分方程：

$$\begin{aligned}\dot{\tilde{U}}(t)&=\mu_{\mathrm{u}}e_A \\ &=\mu_{\mathrm{u}}\left[e_\alpha\sin(\tilde{\omega}t+\tilde{\varphi})+e_\beta\sin\left(\tilde{\omega}t+\tilde{\varphi}-\frac{\pi}{2}\right)\right] \\ &=\mu_{\mathrm{u}}\Big\{[U\sin(\omega t+\varphi)\sin(\tilde{\omega}t+\tilde{\varphi})-\tilde{U}\sin^2(\tilde{\omega}t+\tilde{\varphi})]+\end{aligned}$$

$$\left[U\sin\left(\omega t+\varphi-\frac{\pi}{2}\right)\sin\left(\tilde{\omega}t+\tilde{\varphi}-\frac{\pi}{2}\right)-\tilde{U}\sin^2\left(\tilde{\omega}t+\tilde{\varphi}-\frac{\pi}{2}\right)\right]\Bigg\}$$

$$=\mu_u\left\{U\cos(\omega t+\varphi-\tilde{\omega}t-\tilde{\varphi})-\tilde{U}\left[\sin^2(\tilde{\omega}t+\tilde{\varphi})+\sin^2\left(\tilde{\omega}t+\tilde{\varphi}-\frac{\pi}{2}\right)\right]\right\}$$

$$=\mu_u\{U\cos[(\omega-\tilde{\omega})t+(\varphi-\tilde{\varphi})]-\tilde{U}\}$$

$$=\mu_u[U\cos(\theta-\tilde{\theta})-\tilde{U}] \tag{3.8}$$

电网电角速度估计值微分方程：

$$\dot{\tilde{\omega}}(t)=\mu_\omega e_\omega$$

$$=\mu_\omega\left[e_\alpha\cos(\tilde{\omega}t+\tilde{\varphi})+e_\beta\cos\left(\tilde{\omega}t+\tilde{\varphi}-\frac{\pi}{2}\right)\right]$$

$$=\mu_\omega\Bigg\{[U\sin(\omega t+\varphi)\cos(\tilde{\omega}t+\tilde{\varphi})-\tilde{U}\sin(\tilde{\omega}t+\tilde{\varphi})\cos(\tilde{\omega}t+\tilde{\varphi})]+$$

$$\left[U\sin\left(\omega t+\varphi-\frac{\pi}{2}\right)\cos\left(\tilde{\omega}t+\tilde{\varphi}-\frac{\pi}{2}\right)-\tilde{U}\sin(\tilde{\omega}t+\tilde{\varphi})-\right.$$

$$\left.\frac{\pi}{2}\cos\left(\tilde{\omega}t+\tilde{\varphi}-\frac{\pi}{2}\right)\right]\Bigg\}$$

$$=\mu_\omega\Bigg\{\left[\frac{U}{2}\sin(\omega t+\varphi+\tilde{\omega}t+\tilde{\varphi})+\frac{U}{2}\sin(\omega t+\varphi-\tilde{\omega}t-\tilde{\varphi})-\right.$$

$$\left.\frac{\tilde{U}}{2}\sin(2\tilde{\omega}t+2\tilde{\varphi})-0\right]+\left[\frac{U}{2}\sin(\omega t+\varphi+\tilde{\omega}t+\tilde{\varphi}-\pi)+\right.$$

$$\left.\frac{U}{2}\sin(\omega t+\varphi-\tilde{\omega}t-\tilde{\varphi})-\frac{\tilde{U}}{2}\sin(2\tilde{\omega}t+2\tilde{\varphi}-\pi)\right]\Bigg\}$$

$$=\mu_\omega U\sin(\omega t+\varphi-\tilde{\omega}t-\tilde{\varphi})$$

$$=\mu_\omega U\sin(\theta-\tilde{\theta}) \tag{3.9}$$

电网电压相角估计值微分方程：

$$\dot{\tilde{\theta}}=\tilde{\omega}+\mu_\theta\dot{\tilde{\omega}}=\tilde{\omega}+\mu_\theta\mu_\omega U\sin(\omega t+\varphi-\tilde{\omega}t-\tilde{\varphi})=\tilde{\omega}+\mu_\omega U\sin(\theta-\tilde{\theta}) \tag{3.10}$$

此处，为了更容易消除观测实际值与估计值之间的误差，对于幅值、频率、相角的估计误差进行了定义：

$$\begin{cases}v_e=U-\tilde{U}\\ \gamma_e=\omega-\tilde{\omega}\\ \eta_e=\theta-\tilde{\theta}\end{cases} \tag{3.11}$$

将其代入式(3.7)后可以得到到误差的微分方程：

$$\begin{cases}\dot{v}_e = \mu_u [U(\cos\eta_e - 1) - v_e] \\ \dot{\gamma}_e = \mu_\omega [U(\eta - \sin\eta) - U\eta] \\ \dot{\eta}_e = \gamma + \mu_\theta\mu_\omega [U(\eta - \sin\eta) - U\eta]\end{cases} \tag{3.12}$$

当系统稳定时可以认为 $\theta - \tilde{\theta} \approx 0$，考虑到三角函数的线性化及系统电路中存在的"一阶滤波器"，可以认为式(3.12) 中 $\cos\eta_e - 1 \approx 0$ 及 $\eta - \sin\eta \approx 0$，进而可以得到

$$\begin{cases}\dot{v}_e = -\mu_u v_e \\ \dot{\gamma}_e = -\mu_\omega U\eta \\ \dot{\eta}_e = \gamma - U\eta\mu_\theta\mu_\omega\end{cases} \tag{3.13}$$

在式(3.13) 中，幅值的动态响应含有一个负的实特征根 $\lambda u = -\mu_u$，对应时间常数 $\tau_u = 1/\mu_u$。对式(3.13) 中的第三个方程求二阶微分方程，可得

$$\ddot{\eta}_e = \dot{\gamma} + U\dot{\eta}\mu_\theta\mu_\omega \tag{3.14}$$

将式(3.13) 中的第二个方程代入式(3.14) 后可以得到关于 η_e 的二阶微分方程：

$$\ddot{\eta}_e = -\mu_\omega U\eta - U\dot{\eta}\mu_\theta\mu_\omega \tag{3.15}$$

不难发现式(3.15) 可以写为二阶系统的典型形式：

$$\ddot{\eta}_e + U\mu_\theta\mu_\omega\dot{\eta} + U\mu_\omega\eta = 0 \tag{3.16}$$

$$\Updownarrow$$

$$\lambda_e^2 + 2\xi\omega_n\lambda_e + \omega_n^2 = 0 \tag{3.17}$$

频率和幅值的动态响应可以表示为

$$\begin{cases}\lambda_e^2 + 2\xi\omega_n\lambda_e + \omega_n^2 = 0 \\ 2\xi\omega_n = U\mu_\theta\mu_\omega \\ \omega_n^2 = U\mu_\omega\end{cases} \tag{3.18}$$

通过对式(3.18) 的第二个及第三个方程进行观察，可以发现其中包含着输入信号的幅值，当幅值扰动时势必会对频率及相位的估计产生影响。因此，将频率、相位输入估计环中，将输入信号与反馈信号的差值除以幅值的估计值 $\tilde{U}$，以消除幅值扰动的干扰，由此得到消除幅值扰动干扰后的 αβ－EPLL 的结构图，如图 3.4 所示，其中实线为矢量运算，虚线为标量运算。

本节对 αβ－EPLL 的结构及原理进行了分析，但以上研究都是在三相平衡以及无谐波的理想电网电压条件下进行的，对于复杂电网，变换器输入信号含有直流偏移分量、三相不平衡、高次谐波、次同步振荡等扰动。因此，研究复杂电网条

件对于 αβ－EPLL 的影响，并在此基础上提出相应的改进方法是本节接下来的重点研究内容。

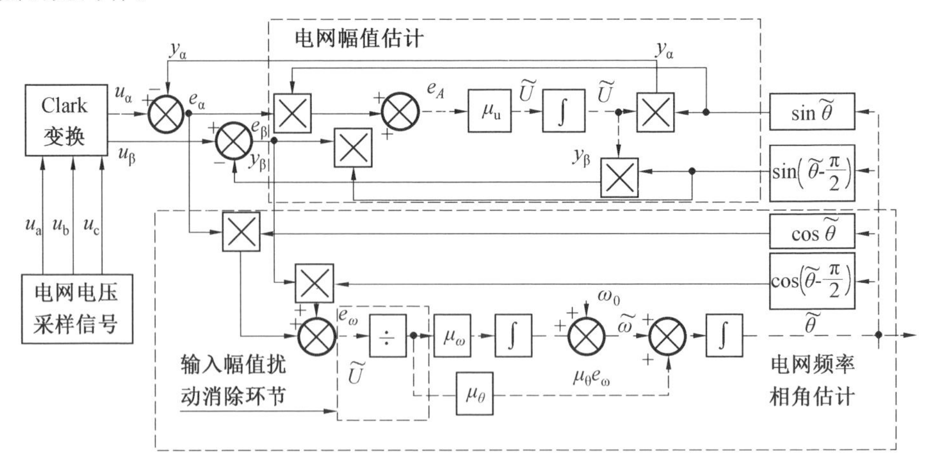

图 3.4　消除幅值扰动干扰后的 αβ－EPLL 的结构图

3.2.2　复杂电网条件对 αβ－EPLL 的影响

1. 输入信号中含有直流偏移对 αβ－EPLL 的影响分析

图 3.5 所示为输入信号中含有直流偏移对 αβ－EPLL 的影响分析。

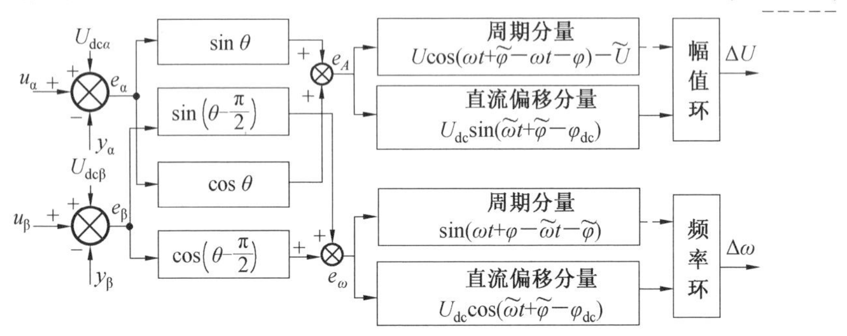

图 3.5　输入信号中含有直流偏移对 αβ－EPLL 的影响分析

包含直流偏移的两相静止坐标系下的输入信号 u_α、u_β 为

$$\begin{cases} u_\alpha = \overbrace{U\sin(\omega t+\varphi)}^{\text{周期分量}} + \overbrace{U_{dc\alpha}}^{\text{直流偏移分量}} \\ u_\beta = \overbrace{U\sin\left(\omega t+\varphi-\frac{\pi}{2}\right)}^{\text{周期分量}} + \overbrace{U_{dc\beta}}^{\text{直流偏移分量}} \end{cases} \tag{3.19}$$

式中

$$\begin{cases} U_{dc\alpha} = U_{dca} - \left(\frac{1}{2}U_{dcb} + \frac{1}{2}U_{dcc}\right) \\ U_{dc\beta} = \frac{\sqrt{3}}{2}U_{dcb} - \frac{\sqrt{3}}{2}U_{dcc} \end{cases}$$

其中，U_{dca}、U_{dcb}、U_{dcc} 为三相电压的直流偏移分量。

输入与输出信号在两相静止坐标系下的差 e_α、e_β 可以写为

$$\begin{cases} e_\alpha = \overbrace{U\sin(\omega t+\varphi) - \tilde{U}\sin(\tilde{\omega} t+\tilde{\varphi})}^{\text{周期分量}} + \overbrace{U_{dc\alpha}}^{\text{直流偏移分量}} \\ e_\beta = \overbrace{U\sin\left(\omega t+\varphi-\frac{\pi}{2}\right) - \tilde{U}\sin\left(\tilde{\omega} t+\tilde{\varphi}-\frac{\pi}{2}\right)}^{\text{周期分量}} + \overbrace{U_{dc\beta}}^{\text{直流偏移分量}} \end{cases} \tag{3.20}$$

式中，$\tilde{U}$、$\tilde{\omega}$、$\tilde{\varphi}$、$\tilde{\theta}$ 分别为 U、ω、φ、θ 经过 αβ－EPLL 的估计值。

αβ－EPLL 频率环中的输入信号 e_ω 为

$$\begin{aligned} e_\omega &= \left[e_\alpha \cos\tilde{\theta} + e_\beta \cos\left(\tilde{\theta}-\frac{\pi}{2}\right)\right] \\ &= U\sin(\omega t+\varphi-\tilde{\omega} t-\tilde{\varphi}) + [U_{dca}-(0.5U_{dcb}+0.5U_{dcc})]\cos(\tilde{\omega} t+\tilde{\varphi}) + \\ &\quad \frac{\sqrt{3}}{2}[U_{dcb}-U_{dcc}]\cos\left(\tilde{\omega} t+\tilde{\varphi}-\frac{\pi}{2}\right) \\ &= U\sin(\omega t+\varphi-\tilde{\omega} t-\tilde{\varphi}) + U_{dc}\cos(\tilde{\omega} t+\tilde{\varphi}-\varphi_{dc}) \end{aligned} \tag{3.21}$$

式中

$$\begin{cases} U_{dc} = \sqrt{U_{dca}^2 + U_{dca}^2 + U_{dca}^2 - U_{dca}U_{dcb} - U_{dcb}U_{dcc} - U_{dcc}U_{dca}} \\ \varphi_{dc} = \arctan\frac{\sqrt{3}(U_{dcb}-U_{dcc})}{2[U_{dca}-(0.5U_{dcb}+0.5U_{dcc})]} \end{cases}$$

αβ－EPLL 幅值环中的输入信号 e_A 为

$$\begin{aligned} e_A &= \left[e_\alpha \sin\tilde{\theta} + e_\beta \sin\left(\tilde{\theta}-\frac{\pi}{2}\right)\right] \\ &= U\cos(\omega t+\varphi-\tilde{\omega} t-\tilde{\varphi}) - \tilde{U} + [U_{dca}-(0.5U_{dcb}+0.5U_{dcc})]\sin(\tilde{\omega} t+\tilde{\varphi}) + \\ &\quad \frac{\sqrt{3}}{2}[U_{dcb}-U_{dcc}]\sin\left(\tilde{\omega} t+\tilde{\varphi}-\frac{\pi}{2}\right) \end{aligned}$$

$$=U\cos[(\omega-\tilde{\omega})t+(\varphi-\tilde{\varphi})]-\tilde{U}+U_{dc}\sin(\tilde{\omega}t+\tilde{\varphi}-\varphi_{dc})$$

$$=U\cos(\omega t+\varphi-\tilde{\omega}t-\tilde{\varphi})-\tilde{U}+U_{dc}\sin(\tilde{\omega}t+\tilde{\varphi}-\varphi_{dc}) \tag{3.22}$$

当 αβ－EPLL 工作状态逐步逼近稳态时，有 $\omega\approx\tilde{\omega}$ 且 $\theta\approx\tilde{\theta}$，频率环的输入信号变为

$$e_{\omega}=U_{dc}\cos(\tilde{\omega}t+\tilde{\varphi}-\varphi_{dc}) \tag{3.23}$$

αβ－EPLL 的角频率变化量为

$$\Delta\omega=U_{dc}\left[\mu_{\theta}\cos(\tilde{\omega}t+\tilde{\varphi}-\varphi_{dc})+\frac{\mu_{\omega}}{\omega}\sin(\tilde{\omega}t+\tilde{\varphi}-\varphi_{dc})\right] \tag{3.24}$$

在稳定状态下，幅值环的输入信号 e_A 可以表示为

$$e_{A}=U_{dc}\sin(\tilde{\omega}t+\tilde{\varphi}-\varphi_{dc}) \tag{3.25}$$

最终，αβ－EPLL 的幅值环中输出变化量 ΔU 可以表示为

$$\Delta U=-\frac{\mu_{u}}{\omega}U_{dc}\cos(\tilde{\omega}t+\tilde{\varphi}-\varphi_{dc}) \tag{3.26}$$

式(3.24)及式(3.26)中 u_a、u_b、u_c 输入信号包含直流偏移时，估计的幅值和频率含有基波频率的周期性扰动，但 $U_{dca}=U_{dcb}=U_{dcc}$ 时，直流偏移对估计没有影响。

2. 输入信号中含有高次谐波和不平衡对 αβ－EPLL 的影响分析

图 3.6 为输入信号中含有高次谐波和不平衡对 αβ－EPLL 的影响分析。

电网中通常存在三相不平衡及多次谐波，在两相静止坐标系下包含正序基波、负序基波和高次谐波的输入信号为

$$\begin{cases}u_{\alpha}=\overbrace{U_{m}^{+}\sin(\omega t+\varphi_{h}^{+})}^{\text{正序基波}}+\overbrace{U_{m}^{-}\sin(-\omega t+\varphi_{h}^{-})}^{\text{负序基波}}+\\ \overbrace{\sum_{h=1}^{\infty}\{U_{mH(2h+1)}^{+}\sin[(2h+1)\omega t+\varphi_{H(2h+1)}^{+}]+U_{mH(-2h-1)}^{-}\sin[(-2h-1)\omega t+\varphi_{H(2h+1)}^{-})]\}}^{\text{高次谐波}}\\ u_{\beta}=\overbrace{U_{m}^{+}\sin\left(\omega t+\varphi_{h}^{-}-\frac{\pi}{2}\right)}^{\text{正序基波}}+\overbrace{U_{m}^{-}\sin\left(-\omega t+\varphi_{h}^{-}-\frac{\pi}{2}\right)}^{\text{负序基波}}+\\ \overbrace{\sum_{h=1}^{\infty}\left\{U_{mH(2h+1)}^{+}\sin\left[(2h+1)\omega t+\varphi_{H(2h+1)}^{+}-\frac{\pi}{2}\right]+U_{mH(-2h-1)}^{-}\sin\left[(-2h-1)\omega t+\varphi_{H(2h+1)}^{-}-\frac{\pi}{2})\right]\right\}}^{\text{高次谐波}}\end{cases} \tag{3.27}$$

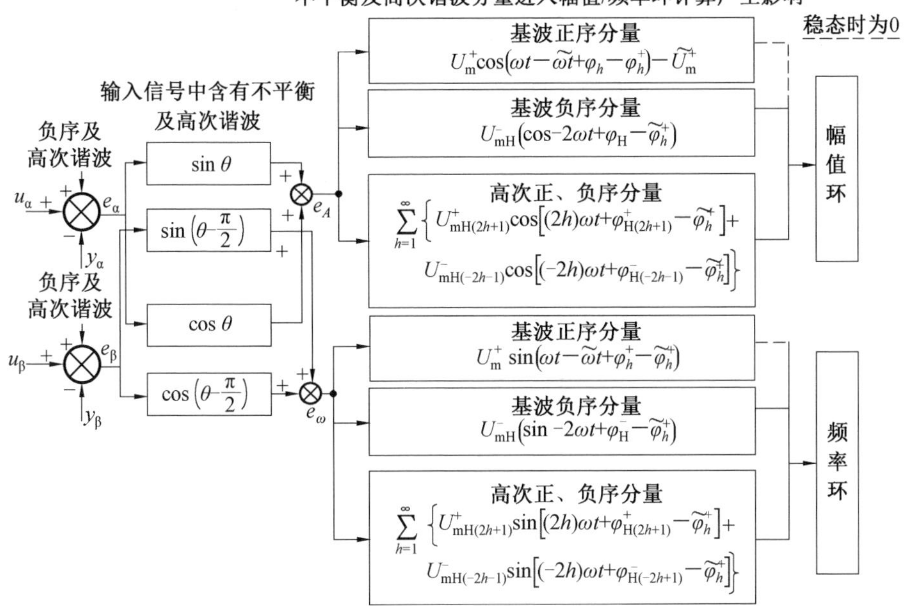

图 3.6　输入信号中含有高次谐波和不平衡对 αβ－EPLL 的影响分析

式中，U_{m}^{+}、U_{m}^{-}、φ_{h}^{+}、φ_{h}^{-} 分别为基波的正序、负序幅值及初始相角；$U_{\mathrm{mH}(2h+1)}^{+}$、$U_{\mathrm{mH}(2h+1)}^{-}$、$\varphi_{\mathrm{H}(2h+1)}^{+}$、$\varphi_{\mathrm{H}(2h+1)}^{-}$ 分别为正序、负序 h 次谐波幅值及初始相角。

假定 αβ－EPLL 处于稳定状态，即其输出信号为输入信号的正序基波分量，可以得到频率环及幅值环的输入信号：

$$
e_{\omega\_\mathrm{H}h}=\sum_{h=1}^{\infty}\{U_{\mathrm{mH}}^{-}\sin(-2\omega t+\varphi_{\mathrm{H}}^{-}-\tilde{\varphi}_{h}^{+})+U_{\mathrm{mH}(2h+1)}^{+}\sin[(2h)\omega t+\varphi_{\mathrm{H}(2h+1)}^{+}-\tilde{\varphi}_{h}^{+}]+U_{\mathrm{mH}(-2h-1)}^{-}\sin[(-2h)\omega t+\varphi_{\mathrm{H}(-2h-1)}^{-}-\tilde{\varphi}_{h}^{+}]\}\tag{3.28}
$$

$$
e_{\mathrm{A\_H}h}=\sum_{h=1}^{\infty}\{U_{\mathrm{mH}}^{-}\sin(-2\omega t+\varphi_{\mathrm{H}}^{-}-\tilde{\varphi}_{h}^{+})+U_{\mathrm{mH}(2h+1)}^{+}\cos[(2h)\omega t+\varphi_{\mathrm{H}(2h+1)}^{+}-\tilde{\varphi}_{h}^{+}]+U_{\mathrm{mH}(-2h+1)}^{-}\cos[(-2h)\omega t+\varphi_{\mathrm{H}(-2h+1)}^{-}-\tilde{\varphi}_{h}^{+}]\}\tag{3.29}
$$

由式(3.28)和式(3.29)可知，奇数谐波会将该奇数减 1 次谐波引入频率环和幅值环，例如 5 次谐波会引入 4 次偶次谐波扰动，负序基波会引入负二倍频扰动。由于估计环节不会消除高频扰动信号，因此其会对 αβ－EPLL 的稳态控制造成影响。

3. 输入信号中含有次同步振荡对 αβ－EPLL 的影响分析

图 3.7 为输入信号中含有次同步振荡对 αβ－EPLL 的影响分析。由于电网

系统中会存在低于基波的次同步振荡，其在两相静止坐标系下的低频振荡输入电压信号如式(3.30)所示。U_{mLh}^{+} 及 φ_{Lh}^{+} 分别为低频振荡电压的正序幅值及初始相角，其中 $L=\frac{\omega_L}{\omega}$，$\omega_L$ 为次同步振荡频率。

$$\begin{cases} u_{\alpha Lh}=\overbrace{U\sin(\omega t+\varphi)}^{\text{基波}}+\overbrace{U_{mLh}^{+}\sin(L\omega t+\varphi_{Lh}^{+})}^{\text{低频振荡分量}} \\ u_{\beta Lh}=\overbrace{U\sin(\omega t+\varphi)}^{\text{基波}}+\overbrace{U_{mLh}^{+}\sin\left(L\omega t+\varphi_{Lh}^{+}-\frac{\pi}{2}\right)}^{\text{低频振荡分量}} \end{cases} \tag{3.30}$$

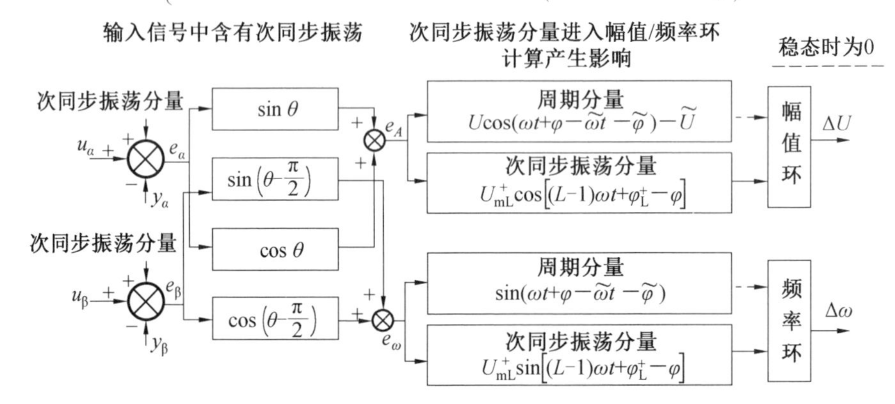

图 3.7　输入信号中含有次同步振荡对 αβ－EPLL 的影响分析

此处，假定 αβ－EPLL 处于稳定状态，即其输出信号正确跟踪输入信号的正序分量，可以得到

$$e_{\omega\_L}=U_{mL}^{+}\sin[(L-1)\omega t+\varphi_{L}^{+}-\varphi] \tag{3.31}$$

$$e_{A\_L}=U_{mL}^{+}\cos[(L-1)\omega t+\varphi_{L}^{+}-\varphi] \tag{3.32}$$

由式(3.31)及式(3.32)可知，低频负序谐波被引入频率和幅值的估计环节中，正如不能消除高次谐波一样，无法对次同步振荡扰动进行消除。不难发现，低频振荡会引入一个频率低于同步转速$(L-1)\omega$ 的负序周期性扰动。

3.2.3　消除复杂电网影响的 αβ－EPLL 改进设计

本书所提出的改进的 αβ－EPLL 的结构图如图 3.8 所示，其消除非理想电网影响的基本原理可以分解为三部分。首先是通过两相旋转坐标系下分量的检测误差信号 e_α、e_β，利用两个直流偏移积分器以检测误差信号中的直流偏移信号分量。之后将其作为前馈补偿与原始检测误差信号作差，使得误差信号中周期型分量与直流分量进行解耦。这样可以通过一个前馈补偿消除直流偏移分量对于

αβ－EPLL 的影响。接着在幅值环和频率环的估计当中，利用多延时信号消除滤波器(DSCF) 消除高次谐波和不平衡的影响。同时，在幅值误差信号 e_A、e_ω 后增加一个高通滤波环节，以滤除次同步振荡产生的信号扰动。

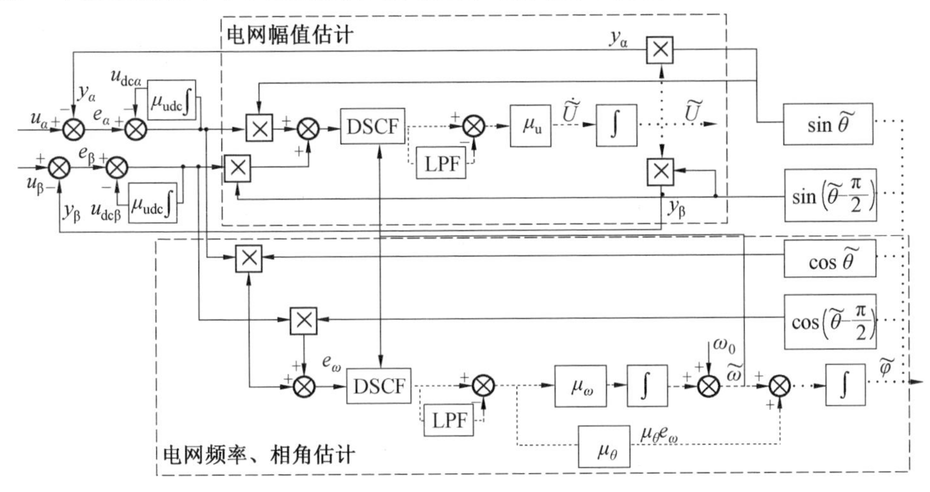

图 3.8　改进的 αβ－EPLL 的结构图

1. αβ－EPLL 输入信号中含有直流偏移影响消除的原理

通过对式(3.20) 两端进行积分，可以得到两相静止坐标系下对于扰动在一段时间内的估计值 $\tilde{U}_{dc\alpha}$ 及 $\tilde{U}_{dc\beta}$：

$$\begin{aligned}\tilde{U}_{dc\alpha} &= \mu_{dc}\int\Big[\overbrace{U\sin(\omega t+\varphi)-\tilde{U}\sin(\tilde{\omega}t+\tilde{\varphi})}^{\text{周期型分量}}+\overbrace{U_{dca}-(0.5U_{dcb}+0.5U_{dcc})}^{\text{直流偏移分量}}\Big]\mathrm{d}t\\ &\approx \overbrace{0}^{\text{周期型分量积分}}+\overbrace{\mu_{dc}[U_{dca}-(0.5U_{dcb}+0.5U_{dcc})]t}^{\text{直流偏移分量积分}}\end{aligned} \tag{3.33}$$

$$\begin{aligned}\tilde{U}_{dc\beta} &= \mu_{dc}\int\left[\overbrace{U\sin\left(\omega t+\varphi-\frac{\pi}{2}\right)-\tilde{U}\sin\left(\tilde{\omega}t+\tilde{\varphi}-\frac{\pi}{2}\right)}^{\text{周期型分量}}+\overbrace{\frac{\sqrt{3}}{2}U_{dcb}-\frac{\sqrt{3}}{2}U_{dcc}}^{\text{直流偏移分量}}\right]\mathrm{d}t\\ &\approx \overbrace{0}^{\text{周期型分量积分}}+\overbrace{\mu_{dc}\left(\frac{\sqrt{3}}{2}U_{dcb}-\frac{\sqrt{3}}{2}U_{dcc}\right)t}^{\text{直流偏移分量积分}}\end{aligned} \tag{3.34}$$

由于正弦信号在一个运算周期中的积分为零，因此对于含有直流偏移的 u_α 及 u_β 基频周期积分后，其输出为直流偏移量的估计值 $\tilde{U}_{dc\alpha}$ 和 $\tilde{U}_{dc\beta}$，其值近似于实际输入信号中的直流偏移量，由此 e_α 及 e_β 在一个周期内的积分值为零，即使得直

流偏移分量不会参与幅值环和频率环对于幅值及频率的估计过程，从而达到了消除直流偏移分量影响的目的。

2. αβ－EPLL 输入信号中含有高次谐波和不平衡影响消除的原理

如图 3.9 所示，本书引入 DSCF 来滤除特定次数的高次谐波，采用多个 DSCF 串联的设计，以滤除大多数高次谐波成分使其符合要求。如图 3.9(a) 所示，DSCF 将想要滤除的周期性正弦信号与其延时信号作和后结果为零。对于叠加后的信号取二分之一作为下一个 DSCF 的输入信号。因此，要将所有高次谐波滤除则需要的 DSCF 级联数量巨大。考虑到研究要应用于实际，本书采用 4 个 DSCF 的级联结构，其结构如图 3.9(b) 所示。

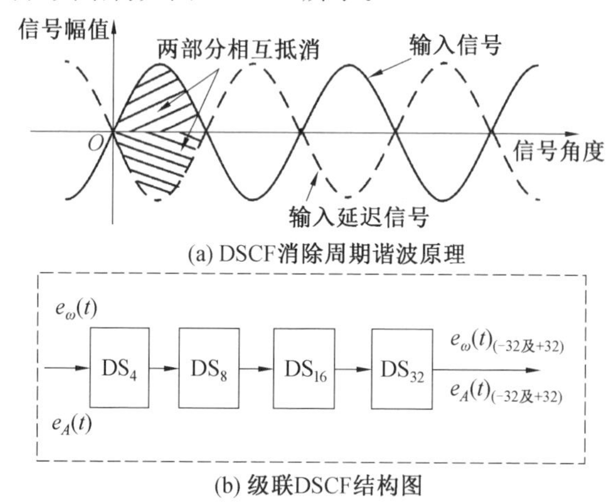

(a) DSCF消除周期谐波原理

(b) 级联DSCF结构图

图 3.9　DSCF 消除周期谐波原理和级联 DSCF 结构图

此处对于频率环中的级联 DSCF 的各个 DSCF 单元进行分析，便于在 DSCF 的设计中确定其各项参数，同时可以对级联 DSCF 的性能有一个全面的评价。根据式(3.28)可知，频率环输入信号的周期波动由三相不平衡的负序基波分量产生，这会造成一个最低次数是 2 的扰动，因此延时常数 T_{d} 应选为目标滤除信号周期的一半，这里 DS$_4$ 的延时常数选为 $T_{\mathrm{d1}}=T_{\mathrm{f}}/4$，以滤除 2 次周期波动。进一步计算可以得到 DS$_4$ 的输出信号可表示为

$$\begin{aligned}u_{\mathrm{DS4\_\omega}}&=0.5[e_\omega(t)-e_\omega(t-T_{\mathrm{f}}/4)]\\&=1.5\sum_{h=1}^{\infty}\{U^{+}_{\mathrm{mH}(4h+1)}\sin[(4h)\omega t+\varphi^{+}_{(4h+1)}-\tilde{\varphi}^{+}_{h}]+\\&\quad U^{-}_{\mathrm{m}H(-4h+1)}\sin[(-4h)\omega t+\varphi^{-}_{(-4h+1)}-\tilde{\varphi}^{+}_{h}]\}\end{aligned}\tag{3.35}$$

由式(3.35)可知，含有扰动的输入信号通过第一个 DSCF 后已经消除了 2 次

的正序和－2次的负序波动分量，DSCF输出信号只受到±4h次周期波动的影响。因此，级联的下一个DSCF的目标就是消除4(2h－1)次的正序和－4(2h－1)次的负序波动分量。DS_8的延时常数取为$T_{d2}=T_f/8$。DS_8的输出信号可表示为

$$\begin{aligned}u_{DS8\_\omega}&=0.5[e_\omega(t)-e_\omega(t-T_f/8)]\\&=1.5\sum_{h=1}^{\infty}\{U^+_{mH(8h+1)}\sin[(8h)\omega t+\varphi^+_{(8h+1)}-\tilde{\varphi}^+_h]+\\&\quad U^-_{mH(-8h+1)}\sin[(-8h)\omega t+\varphi^-_{(-8h+1)}-\tilde{\varphi}^+_h]\}\end{aligned}\tag{3.36}$$

经过式(3.36)滤波后，输出信号的谐波影响最低次数为±8。同样地，可以推导得出第三个DSCF及第四个DSCF的延时常数分别为$T_{d3}=T_f/16$及$T_{d4}=T_f/32$，同时可以得到

$$\begin{aligned}u_{DS16\_\omega}&=0.5[e_\omega(t)-e_\omega(t-T_f/16)]\\&=1.5\sum_{h=1}^{\infty}\{U^+_{mH(16h+1)}\sin[(16h)\omega t+\varphi^+_{(16h+1)}-\tilde{\varphi}^+_h]+\\&\quad U^-_{mH(-16h+1)}\sin[(-16h)\omega t+\varphi^-_{(-16h+1)}-\tilde{\varphi}^+_h]\}\end{aligned}\tag{3.37}$$

$$\begin{aligned}u_{DS32\_\omega}&=0.5[e_\omega(t)-e_\omega(t-T_f/32)]\\&=1.5\sum_{h=1}^{\infty}\{U^+_{mH(32h+1)}\sin[(32h)\omega t+\varphi^+_{(32h+1)}-\tilde{\varphi}^+_h]+\\&\quad U^-_{mH(-32h+1)}\sin[(-32h)\omega t+\varphi^-_{(-32h+1)}-\tilde{\varphi}^+_h]\}\end{aligned}\tag{3.38}$$

通过4个级联的DSCF后，输入信号滤除高频扰动分量后，其输入至频率环的扰动分量为±32次及以上，该扰动分量幅值与产生偶次谐波的输入谐波幅值相等。在频率环中产生周期波动的输入信号同样会在幅值环中产生类似的影响，本书也将级联的DSCF用于幅值环当中消除响应扰动影响。这里简化写出幅值环通过DSCF滤除谐波后输出值为

$$\begin{aligned}u_{DS32\_A}&=0.5[e_A(t)-e_A(t-T_f/32)]\\&=1.5\sum_{h=1}^{\infty}\{U^+_{mH(32h+1)}\cos[(32h)\omega t+\varphi^+_{(32h+1)}-\tilde{\varphi}^+_h]+\\&\quad U^-_{mH(-32h+1)}\cos[(-32h)\omega t+\varphi^-_{(-32h+1)}-\tilde{\varphi}^-_h]\}\end{aligned}\tag{3.39}$$

不难发现通过DSCF滤除谐波后，幅值环和频率环的输出信号中最低次周期波动为±32次的偶次谐波，根据余弦定理可得

$$\begin{aligned}U^+_{mH(32h+1)}+U^-_{mH(-32h+1)}\geqslant&[(U^+_{mH(32h+1)})^2+(U^-_{mH(-32h+1)})^2+\\&2U^+_{mH(32h+1)}U^-_{mH(-32h+1)}\cos(\varphi^+_{(32h+1)}+\varphi^-_{(32h+1)}-2\tilde{\varphi}^+_h)]^{1/2}\end{aligned}\tag{3.40}$$

由式(3.40)可知,输入至频率环及幅值环中偶次谐波的幅值不大于最低次正、负序输入谐波和的1.5倍幅值。在工程应用中,高次谐波(正、负序35次及以上)的含量及幅值都很低,因此可以认为本书采用的4个DSCF级联的滤波性能已经可以满足实际工程应用的需要。

3. αβ-EPLL输入信号中含有次同步振荡影响消除的原理

考虑到滤除次同步振荡的影响,此处假设只有基波和次同步振荡谐波成分的存在。一般情况下,式(3.31)及式(3.32)中次同步振荡产生谐波影响的角速度为$(L-1)\omega$。本书对经过DSCF级联滤波器后的信号,令其通过LPF后,与级联DSCF输出信号作差,以滤除次同步振荡对于αβ-EPLL的影响。滤除次同步振荡影响后的幅值环输出值e_{A_Lf}和频率环输出值e_{ω_Lf}分别为

$$e_{A\_Lf}=\{U_{mL}^{+}\cos[(L-1)\omega t+\varphi_{l}^{+}-\tilde{\varphi}_{L}^{+}]\}\left(1-\frac{1}{T_{L}s+1}\right) \tag{3.41}$$

$$e_{\omega\_Lf}=\{U_{mL}^{+}\sin[(L-1)\omega t+\varphi_{l}^{+}-\tilde{\varphi}_{L}^{+}]\}\left(1-\frac{1}{T_{L}s+1}\right) \tag{3.42}$$

式中,T_L为滤波器时间常数。

根据以上分析,采取分为三部分的措施全面改进了αβ-EPLL对于复杂电网条件的适用性,下面将对于各环节的参数设计展开分析。

3.2.4 改进αβ-EPLL中的控制参数设计

直流偏移分量在$\alpha\beta$坐标系下估计环节的闭环传递函数可表示为

$$G_{DC}(s)=\frac{\mu_{dc}}{\frac{s}{\mu_{dc}}+1} \tag{3.43}$$

由式(3.43)可知,μ_{dc}越大检测速度越快,但会提高频率环的暂态波动幅值。同时由式(3.33)和式(3.34)可知,μ_{dc}与基频周期的乘积为1时可以对于直流偏移获得较好的估计,因此本书将μ_{dc}的值设置为50。在电网电压为50 Hz正弦波时,其估计环节的时间常数为0.02 s,可以完整地对于一个周期内的直流偏移进行估计。μ_{dc}取值过大会影响直流偏移估计的速度,降低整体响应速度;μ_{dc}取值过小会造成不应有的误差被引入系统。αβ-EPLL的幅值环及频率环估计的传递函数为

$$\begin{cases}G_{A}(s)=\dfrac{\tilde{U}}{U}=\dfrac{\mu_{u}}{s+\mu_{u}}\\G_{\omega}(s)=\dfrac{\tilde{\omega}}{\omega}=\dfrac{\mu_{\theta}}{s^{2}+\mu_{u}s+\mu_{\theta}}\end{cases} \tag{3.44}$$

级联 DSCF 对 αβ－EPLL 的幅值环和频率环的输入信号进行滤波，可以将级联 DSCF 看成一阶惯性环节的级联模式，从而组成一个新的一阶惯性环节的传递函数。这个新的一阶惯性环节的时间常数为级联 DSCF 延时的累加。进而可以得到 αβ－EPLL 中消除频率环及幅值环高次谐波扰动的级联 DSCF 的一阶线性传递函数 $G_{\mathrm{DSC\_sum}}$：

$$G_{\mathrm{DSC\_sum}}(s) \approx \frac{1}{(T_{\mathrm{f\_DSC4}}+T_{\mathrm{f\_DSC8}}+T_{\mathrm{f\_DSC16}}+T_{\mathrm{f\_DSC32}})s+1} \approx \frac{1}{\frac{15}{32}T_{\mathrm{f\_DSC}}s+1} \tag{3.45}$$

如图 3.8 所示，为了抑制次同步振荡对于 αβ－EPLL 的影响，增加一个滤波环节，滤波时间常数为 $T_{\mathrm{f\_sos}}$，其传递函数 G_{SOS} 可以表示为

$$G_{\mathrm{SOS}}=1-\frac{1}{T_{\mathrm{f\_SOS}}s+1} \tag{3.46}$$

将式(3.45) 与式(3.46) 结合，可以得到组合后的传递函数：

$$G_{\mathrm{HS}}=\frac{T_{\mathrm{f\_SOS}}s}{\left(\frac{15}{32}T_{\mathrm{f\_DSC}}s+1\right)(T_{\mathrm{f\_SOS}}s+1)} \tag{3.47}$$

将式(3.44) 中幅值环及频率环的控制参数采用其相应的传递函数 $\mu_{\mathrm{u}}G_{\mathrm{HS}}(s)$、$\mu_{\theta}G_{\mathrm{HS}}(s)$ 和 $\mu_{\omega}G_{\mathrm{HS}}(s)$ 代替，就可以得到相应的幅值环的传递函数 $G_{\mathrm{A\_HS}}(s)$ 的表达式：

$$\begin{aligned}G_{\mathrm{A\_HS}}(s)=\frac{\widetilde{U}}{U}&=\frac{\mu_{\mathrm{u}}\dfrac{T_{\mathrm{f\_SOS}}s}{\left(\frac{15}{32}T_{\mathrm{f\_DSC}}s+1\right)(T_{\mathrm{f\_SOS}}s+1)}}{s+\mu_{\mathrm{u}}\dfrac{T_{\mathrm{f\_SOS}}s}{\left(\frac{15}{32}T_{\mathrm{f\_DSC}}s+1\right)(T_{\mathrm{f\_SOS}}s+1)}}\\&=\frac{32\mu_{\mathrm{u}}}{15T_{\mathrm{f\_DSC}}}\cdot\frac{1}{\left[s^2+\left(\dfrac{32T_{\mathrm{f\_SOS}}+15T_{\mathrm{f\_DSC}}}{15T_{\mathrm{f\_DSC}}T_{\mathrm{f\_SOS}}}\right)s+\dfrac{32(\mu_{\mathrm{u}}T_{\mathrm{f\_SOS}}+1)}{15T_{\mathrm{f\_DSC}}T_{\mathrm{f\_SOS}}}\right]}\end{aligned} \tag{3.48}$$

改进的 αβ－EPLL 频率环的传递函数 $G_{\omega\mathrm{\_HS}}(s)$ 的表达式为

$$\begin{aligned}G_{\omega\mathrm{\_HS}}(s)&=\frac{\widetilde{\omega}}{\omega}\\&=\frac{\mu_{\omega}\dfrac{T_{\mathrm{f\_SOS}}s}{\left(\frac{15}{32}T_{\mathrm{f\_DSC}}s+1\right)(T_{\mathrm{f\_SOS}}s+1)}}{s^2+\mu_{\theta}\dfrac{T_{\mathrm{f\_SOS}}s}{\left(\frac{15}{32}T_{\mathrm{f\_DSC}}s+1\right)(T_{\mathrm{f\_SOS}}s+1)}s+\mu_{\omega}\dfrac{T_{\mathrm{f\_SOS}}s}{\left(\frac{15}{32}T_{\mathrm{f\_DSC}}s+1\right)(T_{\mathrm{f\_SOS}}s+1)}}\end{aligned}$$

$$=\frac{32\mu_{\omega}}{15T_{\mathrm{f\_DSC}}}\frac{1}{\left[s^{3}+\frac{(15T_{\mathrm{f\_DSC}}+32T_{\mathrm{f\_SOS}})}{15T_{\mathrm{f\_DSC}}T_{\mathrm{f\_SOS}}}s^{2}+\frac{32(\mu_{\theta}T_{\mathrm{f\_SOS}}+1)}{15T_{\mathrm{f\_DSC}}T_{\mathrm{f\_SOS}}}s+\frac{32\mu_{\omega}}{15T_{\mathrm{f\_DSC}}}\right]} \tag{3.49}$$

αβ－EPLL 的幅值环的传递函数 $G_{\mathrm{A\_HS}}(s)$ 可以改写为标准二阶微分方程的形式：

$$\begin{cases}G_{\mathrm{A\_HS}}(s)=\dfrac{32\mu_{\mathrm{u}}}{15T_{\mathrm{f\_DSC}}T_{\mathrm{f\_SOS}}}\cdot\dfrac{1}{(s^{2}+2\xi\omega_{\mathrm{n}}s+\omega_{\mathrm{n}}^{2})}\\2\xi\omega_{\mathrm{n}}=\left(\dfrac{32T_{\mathrm{f\_SOS}}+15T_{\mathrm{f\_DSC}}}{15T_{\mathrm{f\_DSC}}T_{\mathrm{f\_SOS}}}\right)\\\omega_{\mathrm{n}}^{2}=\dfrac{32(\mu_{\mathrm{u}}T_{\mathrm{f\_SOS}}+1)}{15T_{\mathrm{f\_DSC}}T_{\mathrm{f\_SOS}}}\end{cases} \tag{3.50}$$

令式(3.50)中 $\xi=1$，即可获得临界阻尼的闭环系统。当 $\xi=1$ 时，αβ－EPLL 的幅值环具有两个等值的负实数特征根，证明系统保持稳定。

此时幅值环的控制参数 μ_{u} 为

$$\mu_{\mathrm{u}}=\frac{(32T_{\mathrm{f\_SOS}}-15T_{\mathrm{f\_DSC}})^{2}}{480T_{\mathrm{f\_DSC}}T_{\mathrm{f\_SOS}}^{2}} \tag{3.51}$$

在完成幅值环参数设计之后，针对频率环参数进行设计。根据频率环传递函数的方程式(3.49)可以发现其特征方程为三阶。根据自动控制原理，当特征方程具有三个根时，其中共轭根的实部与实根相等，则有

$$\begin{aligned}G_{\omega\_\mathrm{HS}}(s)&=\frac{32\mu_{\omega}}{15T_{\mathrm{f\_DSC}}}\frac{1}{(s+\alpha)(s+\alpha+\mathrm{j}\beta)(s+\alpha-\mathrm{j}\beta)}\\&=\frac{32\mu_{\omega}}{15T_{\mathrm{f\_DSC}}}\frac{1}{s^{3}+3\alpha s^{2}+(3\alpha^{2}+\beta^{2})s+\alpha^{3}+\alpha\beta^{2}}\end{aligned} \tag{3.52}$$

此时将式(3.49)和式(3.52)的各个系数一一对应，不难发现有如下关系存在：

$$\begin{cases}\alpha=\dfrac{1}{3}\tau_{\mathrm{HS}}\\\dfrac{1}{3}\tau_{\mathrm{HS}}^{2}+\beta^{2}=\dfrac{32(\mu_{\theta}T_{\mathrm{f\_SOS}}+1)}{15T_{\mathrm{f\_DSC}}T_{\mathrm{f\_SOS}}}\\\dfrac{1}{27}\tau_{\mathrm{HS}}^{3}+\dfrac{1}{3}\tau_{\mathrm{HS}}\beta^{2}=\dfrac{32\mu_{\omega}}{15T_{\mathrm{f\_DSC}}}\end{cases} \tag{3.53}$$

式中，$\tau_{\mathrm{HS}}=\dfrac{32T_{\mathrm{f\_SOS}}+15T_{\mathrm{f\_DSC}}}{15T_{\mathrm{f\_DSC}}T_{\mathrm{f\_SOS}}}$。

假如对 β 赋值为零，可以求得 $\mu_{\theta}=\dfrac{5T_{\mathrm{f\_DSC}}T_{\mathrm{f\_SOS}}\tau_{\mathrm{HS}}^{2}-32}{32T_{\mathrm{f\_SOS}}}$，$\mu_{\omega}=\dfrac{5T_{\mathrm{f\_DSC}}\tau_{\mathrm{HS}}^{3}}{288}$，此

时 αβ－EPLL 频率环中三个负实根的值相等，这可以确保对于输入信号相位及角速度的估计在任何情况下保持稳定，同时能够保证系统不会在输入信号频率发生变化时产生动态响应引起波动。在实际应用中，计及电力系统具有一定的频率阻尼特性，因此在超短时间内变化幅度不会过大。

以上针对复杂电网条件对 αβ－EPLL 的影响进行了公式推导，在其数学模型的基础上对该影响抑制提出了相应的解决办法与控制策略，并从传递函数及系统稳定性的角度，对改进的 αβ－EPLL 的频率环及幅值环参数进行了设计。下文针对以上研究内容进行仿真模型建立及性能验证。值得注意的是，以下仿真均是在电网频率变化的基础上展开的，以证明改进的 αβ－EPLL 适用于电网频率变化时 SCESS－DFIG 系统功率惯性响应控制。

3.3　SCESS－DFIG 系统多变换器间直流母线电压波动抑制

SCESS－DFIG 系统中的 RSC 及 GSC 采用 PWM 控制技术，具有能四象限控制、输出谐波低、功率因数高、直流电压可控等特点。对于双馈感应发电机的 RSC 及 GSC 而言，RSC 提供转子电流控制，GSC 稳定直流母线电压，二者之间相互独立，关联点为直流母线，二者功率之间关系的表象为直流母线支撑电容的电压。本书在所提出的 SCESS－DFIG 系统中，添加了 DC－DC 变换器及超级电容储能单元，相较于 RSC 的功率控制，DC－DC 变换器瞬时功率变化率更大，波动性更大。从整体上看 RSC 及 DC－DC 变换器是电流源，而 GSC 是电压源，三个端口能量汇集在直流母线支撑电容上，如果不能做到对三个环节进行良好的协调控制，将使得 SCESS－DFIG 系统整个控制系统的性能降低，尤其是在风力机输入突变或电网频率骤变等情况下。因此，本节对 SCESS－DFIG 系统多变换器间功率协调控制及直流母线电压波动抑制展开研究。

3.3.1　基于 SCESS－DFIG 系统模型的变换器间功率－能量平衡关系分析

本节对基于 SCESS－DFIG 系统模型的功率－能量平衡关系进行分析，其中，“功率”为系统内瞬时功率，“能量”为动态响应过程中输入、输出及储能元件之间流动的能量。

从以上两个方面对 GSC 的控制进行功率前馈补偿，可以减小 RSC 调节励磁功率或 DC－DC 变换器进行功率调节时，功率突变引起的直流母线电压波动。

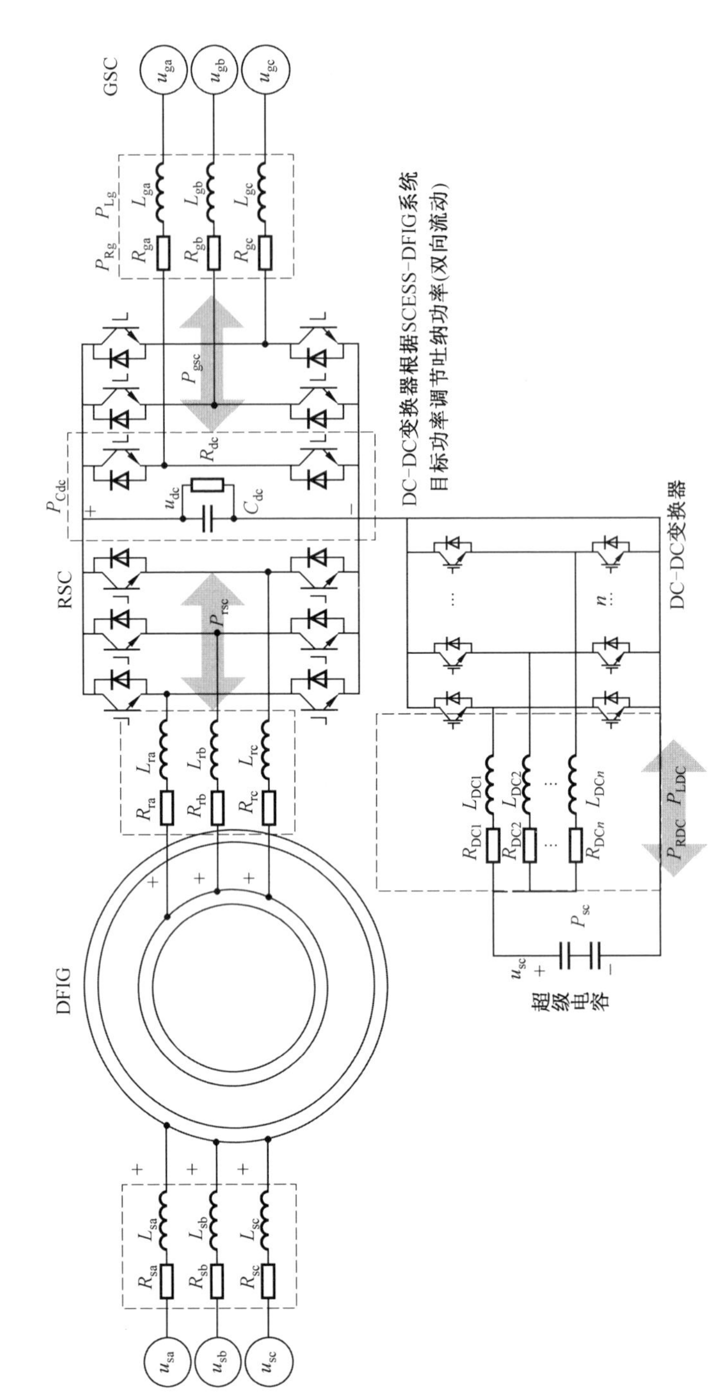

图 3.10 SCESS-DFIG 系统转子侧多变换器间瞬时功率分析

结合第 2 章中 SCESS－DFIG 系统的数学模型，从瞬时功率平衡和动态能量守恒的角度进行研究，可以得到如图 3.10 所示的结构，由于双馈感应发电机中 RSC 及 GSC 功率可以双向流动，超级电容及 DC－DC 变换器瞬时功率亦可以双向控制，因此可以得到 6 种不同的工况，如图 3.11 所示。

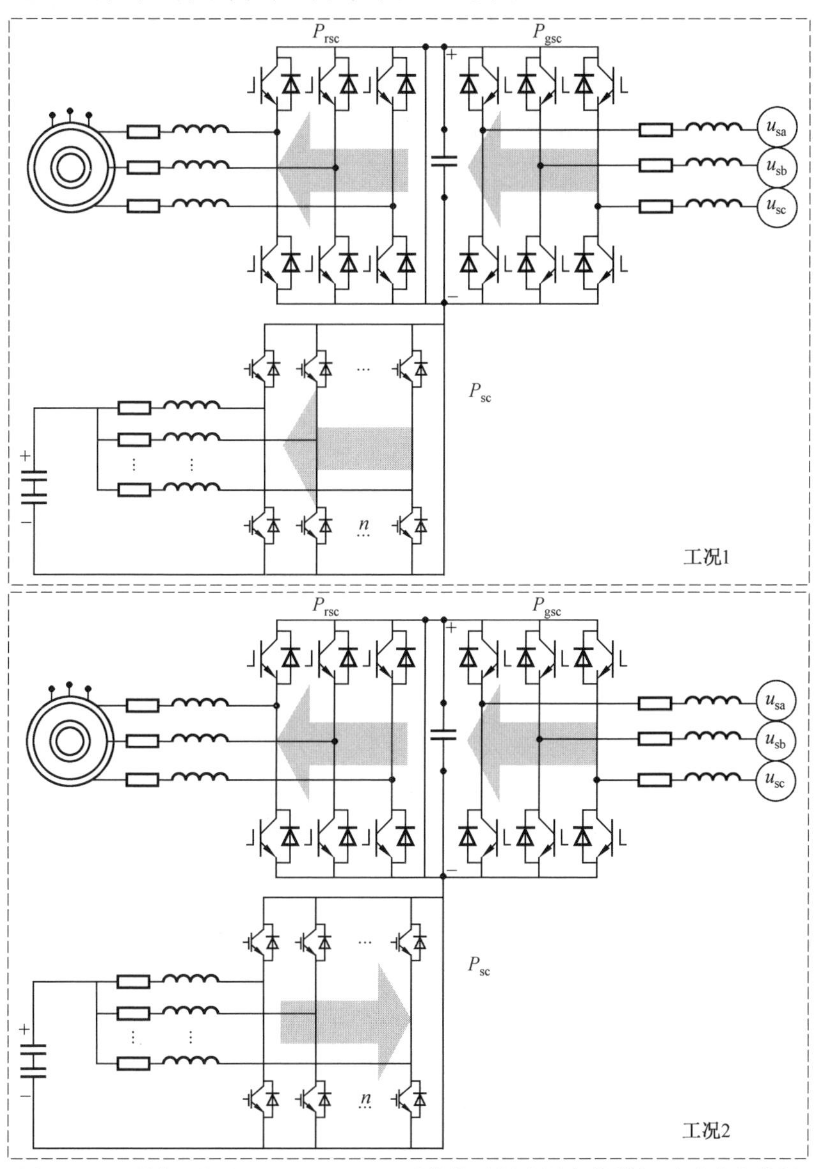

图 3.11　不同工况下 SCESS－DFIG 系统转子侧多源变换器间瞬时功率分析

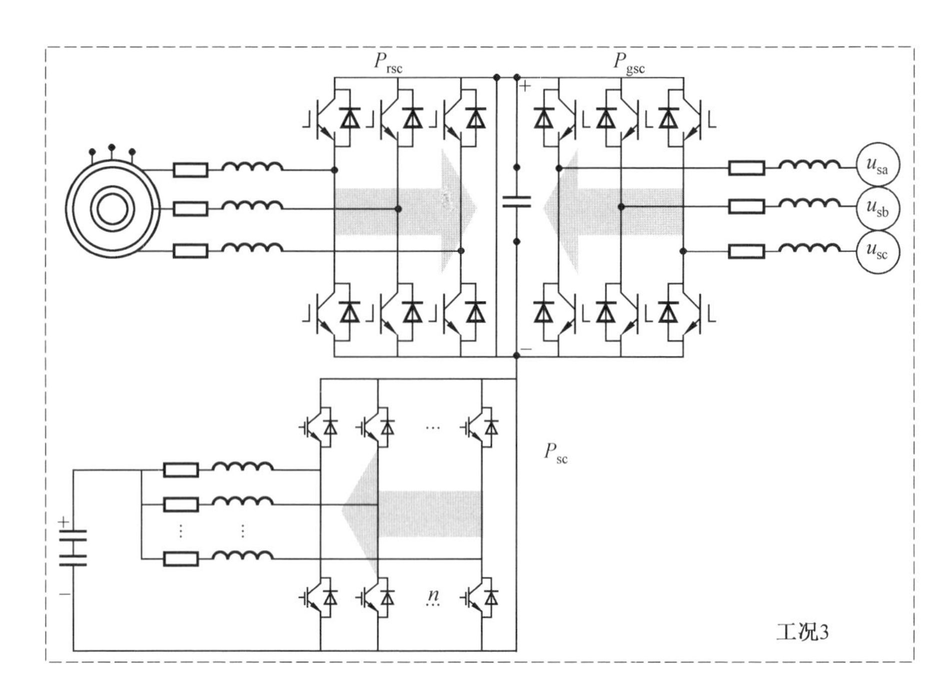

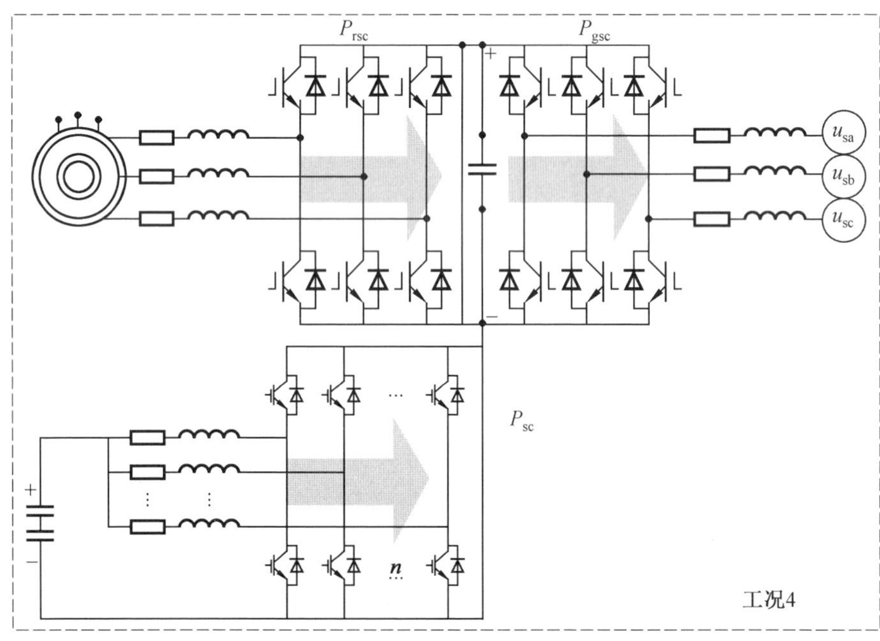

续图 3.11

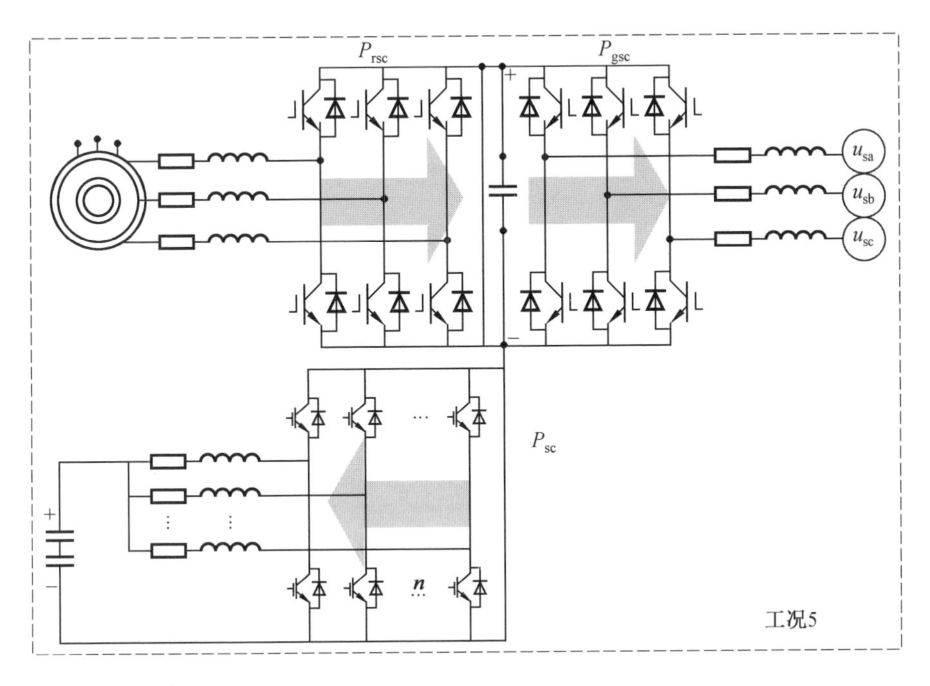

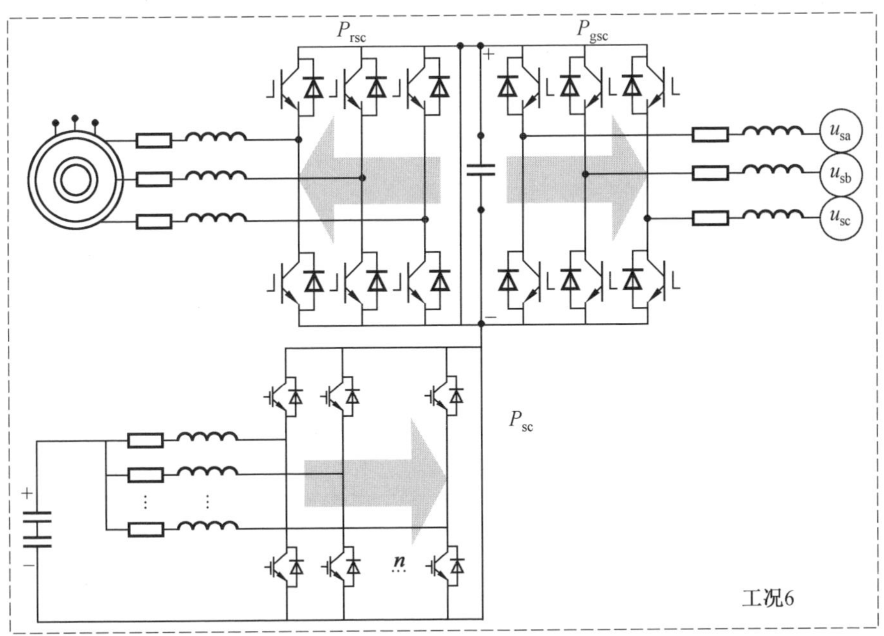

续图 3.11

由于采样点的设计以及不同工况下所需要考虑的储能元件及消耗电阻不同，可以得到基于瞬时功率平衡的 SCESS－DFIG 系统转子侧多源变换器在不同工况下，GSC 整体的功率流数学模型，其可以写为以下形式：

$$P_{gsc}=K_{Rg}P_{Rg}+K_{Lg}P_{Lg}+P_{Cdc}+K_{RDC}P_{RDC}+K_{LDC}P_{LDC}+K_{RDFIG}P_{RDFIG}+K_{LDFIG}P_{LDFIG}+P_{rsc}+P_{sc} \tag{3.54}$$

式中，P_{gsc} 为 GSC 的瞬时有功功率；P_{Rg} 为 GSC 电感等效电阻及 GSC 功率器件损耗的等效功率；P_{Lg} 为 GSC 滤波电感上电流变化的瞬时功率；P_{Cdc} 为直流支撑电容中电压变化的瞬时功率；P_{RDC} 为 DC－DC 变换器电感等效电阻及其功率器件损耗的等效功率；P_{LDC} 为 DC－DC 变换器电感上电流变化的瞬时功率；P_{RDFIG} 为双馈感应发电机电阻及 RSC 功率器件损耗的等效功率；P_{LDFIG} 为双馈感应发电机绕组上电流变化的瞬时功率；P_{rsc} 为 RSC 的瞬时有功功率；P_{sc} 为超级电容储能单元的瞬时功率。

不难发现式(3.54)中部分功率变量前具有系数 SCESS－DFIG 直流母线功率流动方向不同的情况下，其考虑的储能元件及消耗电阻不同，其系数为 －1 或 1，实际值对应该变换器的瞬时功率流向。因此本书将系数的值与功率流动方向关系整理成表 3.1。本书定义能量从发电机流向电网为正，瞬时功率大于 0；能量从电网流向发电机为负，瞬时功率小于 0。表 3.1 中工况 1 ～ 6 与图 3.11 中工况 1 ～ 6 对应。

表 3.1　功率系数与双馈感应发电机转子侧功率流动方向之间的关系

工况	功率方向	系数
工况 1	$P_{rsc}<0,\ P_{sc}<0, P_{gsc}<0$	$K_{Rg}=1, K_{Lg}=1, K_{RDC}=1, K_{LDC}=1, K_{RDFIG}=1, K_{LDFIG}=1$
工况 2	$P_{rsc}<0,\ P_{sc}>0, P_{gsc}<0$	$K_{Rg}=1, K_{Lg}=1, K_{RDC}=-1, K_{LDC}=-1, K_{RDFIG}=1, K_{LDFIG}=1$
工况 3	$P_{rsc}>0,\ P_{sc}<0, P_{gsc}<0$	$K_{Rg}=1, K_{Lg}=1, K_{RDC}=1, K_{LDC}=1, K_{RDFIG}=-1, K_{LDFIG}=-1$
工况 4	$P_{rsc}>0,\ P_{sc}>0, P_{gsc}>0$	$K_{Rg}=1, K_{Lg}=1, K_{RDC}=-1, K_{LDC}=-1, K_{RDFIG}=-1, K_{LDFIG}=-1$
工况 5	$P_{rsc}>0,\ P_{sc}<0, P_{gsc}>0$	$K_{Rg}=1, K_{Lg}=1, K_{RDC}=1, K_{LDC}=1, K_{RDFIG}=-1, K_{LDFIG}=-1$
工况 6	$P_{rsc}<0,\ P_{sc}>0, P_{gsc}>0$	$K_{Rg}=1, K_{Lg}=1, K_{RDC}=-1, K_{LDC}=-1, K_{RDFIG}=1, K_{LDFIG}=1$

GSC 的瞬时有功功率可以由第 2 章中的数学模型得到，在等幅值坐标变换下，其表达式为

$$P_{gsc}=\frac{3}{2}(u_{gsc\_d}i_{gsc\_d}+u_{gsc\_q}i_{gsc\_q}) \tag{3.55}$$

瞬时 GSC 输入端阻性损耗功率 P_{Rg} 可以表示为

$$P_{Rg}=\frac{9}{4}R_{Rg}(i_{gsc\_d}^2+i_{gsc\_q}^2) \tag{3.56}$$

瞬时 GSC 输入端电感储能能量变化率 P_{Lg} 可以表示为

$$P_{Lg}=\frac{9L_g(i_{gsc\_d}di_{gsc\_d}+i_{gsc\_q}di_{gsc\_q})}{4dt} \tag{3.57}$$

瞬时直流支撑电容储存能量的变化率 P_{Cdc} 可以表示为

$$P_{Cdc}=\frac{u_{dc}C_{dc}du_{dc}}{dt} \tag{3.58}$$

瞬时 h 重($h=1,2,3,\cdots,n$)DC－DC 变换器阻性损耗功率 P_{RDC} 可以表示为

$$P_{RDC}=\sum_{j=1}^{n}R_{DCj}i_{DCj}^2 \tag{3.59}$$

瞬时 h 重($h=1,2,3,\cdots,n$)DC－DC 变换器电感能量变化率 P_{LDC} 可以表示为

$$P_{LDC}=\sum_{j=h}^{n}\left(L_{DCh}i_{DCh}\frac{di_{DCh}}{dt}\right) \tag{3.60}$$

双馈感应发电机转子绕组的阻性损耗功率 P_{RDFIG} 可以表示为

$$P_{RDFIG}=\frac{9}{4}R_{DFIG}(i_{rsc\_d}^2+i_{rsc\_q}^2) \tag{3.61}$$

双馈感应发电机转子绕组电感储能能量变化率 P_{LDFIG} 可以表示为

$$P_{LDFIG}=\frac{9L_{DFIG}(i_{rsc\_d}di_{rsc\_d}+i_{rsc\_q}di_{rsc\_q})}{4dt} \tag{3.62}$$

超级电容充放电功率 P_{sc} 可表示为

$$P_{sc}=\sum_{j=1}^{n}(u_{sc}i_{DCj}) \tag{3.63}$$

RSC 瞬时有功功率 P_{rsc} 可表示为

$$P_{rsc}=s\left[P_{DFIG\_es}+\frac{9}{4}(R_{SDFIG}i_{sd}^2+R_{SDFIG}i_{sq}^2)+\frac{9L_{SDFIG}(i_{sd}di_{sd}+i_{sq}di_{sq})i_{sd}di_{sd}}{4dt}\right] \tag{3.64}$$

当双馈感应发电机转子侧处于稳态时，GSC 功率恒定，其滤波电感储能能量变化率为零，直流支撑电容能量不变，DC－DC 变换器电感储能能量变化率为零。当风力机捕获风能发生变化或 DC－DC 变换器吐纳功率调节 SCESS－DFIG 系统整体输出功率时，多变换器间输入功率和输出功率、滤波电感能量变化等不能及时匹配，则会出现直流母线电压波动。

通过以上分析可以发现，稳态的功率平衡关系对于动态响应的参考价值有限。因此，需要考虑动态响应过程中多变换器储能能量的变化，在瞬时功率平衡的基础上研究多变换器中各单元在某一个时间段 t 内的能量守恒：

$$E_{\mathrm{gsc}}=K_{\mathrm{Rg}}E_{\mathrm{Rg}}+K_{\mathrm{Lg}}\Delta E_{\mathrm{Lg}}+\Delta E_{\mathrm{Cdc}}+K_{\mathrm{RDC}}E_{\mathrm{RDC}}+K_{\mathrm{LDC}}\Delta E_{\mathrm{LDC}}+K_{\mathrm{RDFIG}}E_{\mathrm{RDFIG}}+K_{\mathrm{LDFIG}}E_{\mathrm{LDFIG}}+E_{\mathrm{rsc}}+\Delta E_{\mathrm{sc}} \tag{3.65}$$

如图 3.11 所示，根据 SCESS－DFIG 系统多变换器瞬时功率分析，系统的暂态能量的来源可分为能量存储单元，包括 GSC 滤波电感 L_{g}、直流支撑电容 C_{dc}、DC－DC 变换器电感 L_{DC}、发电机转子绕组电感 L_{DFIG}；功率消耗单元，包括双馈感应发电机及 RSC、GSC、DC－DC 变换器存在的阻性损耗。以下给出式(3.65)中各个能量的公式解析。

假设动态响应初始时间为 t_1，动态响应进入稳定时时间为 t_2。GSC 在$[t_1,t_2]$时间段内能量变化为

$$E_{\mathrm{gsc}}=\frac{3}{2}\int_{t_1}^{t_2}(P_{\mathrm{gsc\_d}}i_{\mathrm{gsc\_d}}+P_{\mathrm{gsc\_q}}i_{\mathrm{gsc\_q}})\,\mathrm{d}t \tag{3.66}$$

阻耗能量 E_{Rg} 为 GSC 滤波电感及 DC－DC 变换器电感、双馈感应发电机转子绕组的阻性损耗在$[t_1,t_2]$时间段内的能量积累，则可以得到

$$E_{\mathrm{Rg}}=\frac{3}{2}\int_{t_1}^{t_2}(R_{\mathrm{g}}i_{\mathrm{gsc\_d}}^2+R_{\mathrm{g}}i_{\mathrm{gsc\_q}}^2)\,\mathrm{d}t+\sum_{h=1}^{n}\int_{t_1}^{t_2}(R_{\mathrm{DC}h}i_{\mathrm{DC}h}^2)\,\mathrm{d}t+\frac{3}{2}\int_{t_1}^{t_2}(R_{\mathrm{DFIG}}i_{\mathrm{rsc\_d}}^2+R_{\mathrm{DFIG}}i_{\mathrm{rsc\_q}}^2)\,\mathrm{d}t \tag{3.67}$$

在$[t_1,t_2]$时间段内，转子侧多变换器所有储能元件能量的整体变化 ΔE_{s} 可表示为

$$\begin{cases}\Delta E_{\mathrm{s}}=\Delta E_{\mathrm{Lg}}+\Delta E_{\mathrm{LDC}}+\Delta E_{\mathrm{LDFIG}}+\Delta E_{\mathrm{Cdc}}\\ \Delta E_{\mathrm{Lg}}=\int_{t_1}^{t_2}\left[\dfrac{9L_{\mathrm{g}}(i_{\mathrm{gsc\_d}}\mathrm{d}i_{\mathrm{gsc\_d}}+i_{\mathrm{gsc\_q}}\mathrm{d}i_{\mathrm{gsc\_q}})}{4\mathrm{d}t}\right]\mathrm{d}t\\ \Delta E_{\mathrm{LDC}}=\int_{t_1}^{t_2}\sum_{j=h}^{n}\left(L_{\mathrm{DC}h}i_{\mathrm{DC}h}\dfrac{\mathrm{d}i_{\mathrm{DC}h}}{\mathrm{d}t}\right)\mathrm{d}t\\ \Delta E_{\mathrm{LDFIG}}=\int_{t_1}^{t_2}\left[\dfrac{9L_{\mathrm{DFIG}}(i_{\mathrm{rsc\_d}}\mathrm{d}i_{\mathrm{rsc\_d}}+i_{\mathrm{rsc\_q}}\mathrm{d}i_{\mathrm{rsc\_q}})}{4\mathrm{d}t}\right]\mathrm{d}t\\ \Delta E_{\mathrm{Cdc}}=\int_{t_1}^{t_2}\left(\dfrac{u_{\mathrm{dc}}C_{\mathrm{dc}}\mathrm{d}u_{\mathrm{dc}}}{\mathrm{d}t}\right)\mathrm{d}t\end{cases} \tag{3.68}$$

超级电容储能单元在$[t_1,t_2]$时间段内储存能量的变化 ΔE_{sc} 为

$$\Delta E_{\mathrm{sc}}=\sum_{j=1}^{n}\left[\int_{t_1}^{t_2}(u_{\mathrm{dc}}i_{\mathrm{DC}j})\,\mathrm{d}t\right] \tag{3.69}$$

RSC 在$[t_1,t_2]$时间段内有功功率积累能量 E_{rsc} 为

$$E_{\mathrm{rsc}}=\int_{t_1}^{t_2}s\left[P_{\mathrm{DFIG\_es}}+\frac{9}{4}(R_{\mathrm{SDFIG}}i_{\mathrm{sd}}^2+R_{\mathrm{SDFIG}}i_{\mathrm{sq}}^2)+\frac{9L_{\mathrm{SDFIG}}(i_{\mathrm{sd}}\mathrm{d}i_{\mathrm{sd}}+i_{\mathrm{sq}}\mathrm{d}i_{\mathrm{sq}})i_{\mathrm{sd}}\mathrm{d}i_{\mathrm{sd}}}{4\mathrm{d}t}\right]\mathrm{d}t \tag{3.70}$$

由以上分析可知，在动态响应过程中存在功率失衡与能量失衡。因此，在对 SCESS－DFIG 系统转子侧多源变换器功率－能量补偿控制策略进行设计时，不仅要补偿功率失衡，亦要对储能元件的能量变化进行补偿。

3.3.2　不同工况下 SCESS－DFIG 系统的多变换器间直流母线电压波动抑制策略

直流支撑电容电压的波动，其物理实质是直流两侧负载和控制在动态响应上的时间差造成瞬时功率不平衡。前文对于负载 GSC 独立控制及负载前馈控制进行了仿真对比，本小节主要针对 GSC 瞬时的动态响应进行研究，但是，由于 SCESS－DFIG 系统结构的特殊性及采样点的分布，其前馈功率对于动态而言有一定误差，因此需要对误差变量进行前馈补偿，以消除阻性损耗及储能元件上能量不能突变产生的影响。进行前馈补偿后，如果 GSC 功率响应速度等于负载变化速度，理论上能够使得直流支撑电容电压最快达到稳定状态，但超短时间内补偿电容电压波动的全部能量会对 GSC 的闭环控制产生影响，在某些时刻补偿能量会成为一种控制扰动，因此需要将系统所需的补偿分为两部分。

第一部分补偿属于功率补偿，是需要实时响应的补偿，属于系统耗能元件及能量交换功率流所需的功率，其控制方程为

$$P_{\mathrm{gsc\_1}}^{*}=K_{\mathrm{Rg}}P_{\mathrm{Rg}}+K_{\mathrm{RDC}}P_{\mathrm{RDC}}+K_{\mathrm{RDFIG}}P_{\mathrm{RDFIG}}+P_{\mathrm{rsc}}+P_{\mathrm{sc}} \tag{3.71}$$

由式(3.71) 可以得到对应关系

$$\frac{3}{2}u_{\mathrm{gsc}}i_{\mathrm{gsc\_1}}^{*}=K_{\mathrm{Rg}}P_{\mathrm{Rg}}+K_{\mathrm{RDC}}P_{\mathrm{RDC}}+K_{\mathrm{RDFIG}}P_{\mathrm{RDFIG}}+P_{\mathrm{rsc}}+P_{\mathrm{sc}} \tag{3.72}$$

不同的工况下，第一部分补偿所考虑的影响因素不同，将式(3.56)、式(3.59)、式(3.63)、式(3.64) 代入式(3.71) 可以得到一个关于第一部分电流的瞬时值方程：

$$\begin{aligned}i_{\mathrm{gsc\_1}}^{*}=u_{\mathrm{gsc\_d}}\pm\Big\{u_{\mathrm{gsc\_d}}^{2}-4R_{\mathrm{Rg}}\Big[P_{\mathrm{sc}}+P_{\mathrm{rsc}}+K_{\mathrm{RDC}}\sum_{h=1}^{n}(R_{\mathrm{DC}h}i_{\mathrm{DC}h}^{2})+\\ \frac{9}{4}K_{\mathrm{RDFIG}}R_{\mathrm{DFIG}}(i_{\mathrm{rsc\_d}}^{2}+i_{\mathrm{rsc\_q}}^{2})+\frac{9}{4}R_{\mathrm{Rg}}i_{\mathrm{gsc\_q}}^{2}\Big]\Big\}^{\frac{1}{2}}/(3R_{\mathrm{Rg}})\end{aligned} \tag{3.73}$$

由于通常 GSC 滤波电感和 DC－DC 变换器的阻值都很小，R_{Rg} 和 $R_{\mathrm{DC}h}$ 接近于零，因此式(3.73) 中两个根均为实根。但是，显然其中一个根是近于无限大的，这不符合实际情况。另一个根则与实际情况相吻合，这个电流也是系统稳定后的 GSC 有功电流幅值。

第二部分补偿属于能量补偿，与 GSC 响应过程的初始时刻各储能元件状态

和最终时刻各储能元件状态有关，其物理本质是补偿系统中储能元件在响应过程中能量的变化，这其中主要是 GSC 滤波电感、直流支撑电容、DC－DC 变换器电感。所需补偿整体能量 E_{s_com} 为

$$E_{s\_com}=\frac{9}{8}K_{Lg}L_g(i_{gsc\_d2}^2-i_{gsc\_d1}^2)+\frac{1}{2}C_{dc}(u_{dc2}^2-u_{dc1}^2)+\frac{1}{2}K_{LDC}\sum_{h=1}^{n}(L_h i_{DCh2}^2-L_h i_{DCh1}^2)+\frac{9}{8}K_{LDFIG}L_{DFIG}(i_{rsc\_d2}^2-i_{rsc\_d1}^2) \quad (3.74)$$

式中，i_{gsc_d1}、i_{gsc_d2}、i_{rsc_d1}、i_{rsc_d2} 分别为 PWM 变流器 GSC、RSC 响应起始及结束时的电流；u_{dc1}、u_{dc2} 分别为直流母线响应起始及结束时的电压；i_{DCh1}、i_{DCh2} 分别为 DC－DC 变换器 h 重响应起始及结束阶段的电流。

如前文所述，如果对式(3.74)中的能量进行瞬时补偿将造成系统的稳定性下降，甚至导致系统崩溃。因此，对式(3.74)中所需补偿的能量可以分为几个周期进行补偿，假设补偿周期数为 n_T，T_{gsc} 为 GSC 的功率模块开关周期，由以上分析可以得到

$$n_T T_{gsc}P_{gsc\_2}^*=\frac{9}{8}K_{Lg}L_g(i_{gsc\_d2}^2-i_{gsc\_d1}^2)+\frac{1}{2}C_{dc}(u_{dc2}^2-u_{dc1}^2)-\frac{1}{2}K_{LDC}\sum_{h=1}^{n}(L_h i_{DCh2}^2-L_h i_{DCh1}^2)-\frac{9}{8}K_{LDFIG}L_{DFIG}(i_{rsc\_d2}^2-i_{rsc\_d1}^2) \quad (3.75)$$

由于电网电压瞬时恒定，通过有功功率与其 d、q 轴电流的关系，假设电网电压恒定在 d 轴，即可以计算出电流内环中 d 轴直流分量的补偿量。在计及功率－能量 GSC 补偿控制策略中，瞬时功率控制方程为

$$\begin{aligned}P_{gsc\_ref}^*&=P_{gsc\_1}^*+P_{gsc\_2}^*\\&=u_{gsc\_d}^2\pm u_{gsc\_d}\left\{u_{gsc\_d}^2-4R_{Rg}\left[P_{sc}+P_{rsc}+K_{RDC}\sum_{h=1}^{n}(R_{DCh}i_{DCh}^2)+\frac{9}{4}K_{RDFIG}R_{DFIG}(i_{rsc\_d}^2+i_{rsc\_q}^2)+\frac{9}{4}R_{Rg}i_{gsc\_q}^2\right]\right\}^{\frac{1}{2}}/(2R_{Rg})+\\&\quad\frac{1}{2n_T T_{gsc}}\left[\frac{9}{8}K_{Lg}L_g(i_{gsc\_d2}^2-i_{gsc\_d1}^2)+\frac{1}{2}C_{dc}(u_{dc2}^2-u_{dc1}^2)+\frac{1}{2}K_{LDC}\sum_{h=1}^{n}(L_h i_{DCh2}^2-L_h i_{DCh1}^2)+\frac{9}{8}K_{LDFIG}L_{DFIG}(i_{rsc\_d2}^2-i_{rsc\_d1}^2)\right]\end{aligned} \quad (3.76)$$

由于补偿控制过快，在抑制直流支撑电容电压波动的同时，还可能引入瞬时电压波动。为了兼顾 GSC 的控制响应速度，同时保证瞬时补偿不会越限，补偿储能元件能量变化的时间不能过长也不能过短，这意味着补偿周期 n_T 及其功率开

关周期 T_{gsc} 的选择对控制性能有很大影响。

如果将从直流支撑电容能量的角度进行研究，假设$[t_3,t_4]$时间段内，直流母线左侧总功率突变为 P_{rsc_sc}，经过 n_T 个周期控制后，输入与输出功率近于平衡。但是，此时直流支撑电容已经损失了部分能量。整个过程中直流支撑电容能量的变化 ΔE_{Cdc} 为

$$\Delta E_{Cdc}=(P^*_{gsc\_ref}-P_{rsc\_sc})n_T T_{gsc}-\frac{9}{8}K_{Lg}L_g(i^2_{gsc\_dt3}-i^2_{gsc\_dt2})+\frac{1}{2}K_{LDC}\sum_{h=1}^{n}(L_h i^2_{DCh3}-L_h i^2_{DCh2})+\frac{9}{8}K_{LDFIG}L_{DFIG}(i^2_{rsc\_dt3}-i^2_{rsc\_dt2}) \tag{3.77}$$

其中，i_{gsc_dt2}、i_{gsc_dt3} 分别为 GSC 响应起始及结束时的电流；i_{DCh2}、i_{DCh3} 分别为 DC－DC 变换器 h 重响应起始及结束阶段的电流；i_{rsc_dt2}、i_{rsc_dt3} 分别为 RSC 响应起始及结束时的电流。

通常希望 ΔE_{Cdc} 在负载突加结束时不会加剧变化，同时希望补偿功率尽可能小，为协调二者之间的关系，$n_T T_{gsc}$ 的值应与动态响应时间相等，这就需要控制 n_T 得到补偿周期。假设 GSC 补偿功率在 $n_T T_{gsc}$ 时间内补偿能量与系统储能元件能量相等，可以得到补偿周期与 GSC 功率之间的关系：

$$P^*_{gsc\_ref}=\left[\frac{9}{8}K_{Lg}L_g(i^2_{gsc\_dt3}-i^2_{gsc\_dt2})+\frac{1}{2}K_{LDC}\sum_{h=1}^{n}(L_h i^2_{DCh3}-L_h i^2_{DCh2})+\frac{9}{8}K_{LDFIG}L_{DFIG}(i^2_{rsc\_dt3}-i^2_{rsc\_dt2})\right]/(n_T T_{gsc})+P_{rsc\_sc} \tag{3.78}$$

图 3.12 所示为基于 SCESS－DFIG 系统拓扑的 GSC 功率－能量补偿控制框图。该图较为完整地展示出了 SCESS－DFIG 系统各个单元的控制细节，图中加灰底的变量为 GSC 改进控制策略中所需要采用的固定参数或瞬时变量。图 3.12 中 GSC 已知整体固定的电气参数，包括 DC－DC 变换器每重电感 $L_{DCh}(h=1,2,\cdots,n)$ 及电阻 $R_{DCh}(h=1,2,\cdots,n)$；双馈感应发电机的电气参数，包括转子绕组电感值 L_{DFIG} 及电阻 R_{DFIG}；GSC 的滤波电感的电感值 L_g 与电阻值 R_{Rg}。

如图 3.12 所示，对于 GSC 的控制策略改进中，增加的控制量包括功率补偿及能量补偿。首先根据 RSC 的功率方向、DC－DC 变换器的功率方向，以及 GSC 响应结束时的目标功率方向判断 SCESS－DFIG 系统运行于图 3.11 中的何种工况，根据相应工况得到 K_{Rg}、K_{Lg}、K_{RDC}、K_{LDC}、K_{RDFIG}、K_{LDFIG} 相应的数值，用于补偿功率 $P^*_{gsc\_ref}$ 的计算。根据前文中式(3.58)、式(3.61)、式(3.63)，以及瞬时 DC－DC 变换器及 RSC 的功率指令，可以得到功率补偿的分量。值得说明的是控制框图中阻性损耗的符号为负是由于本书定义功率流方向从电机流向电网为正。对

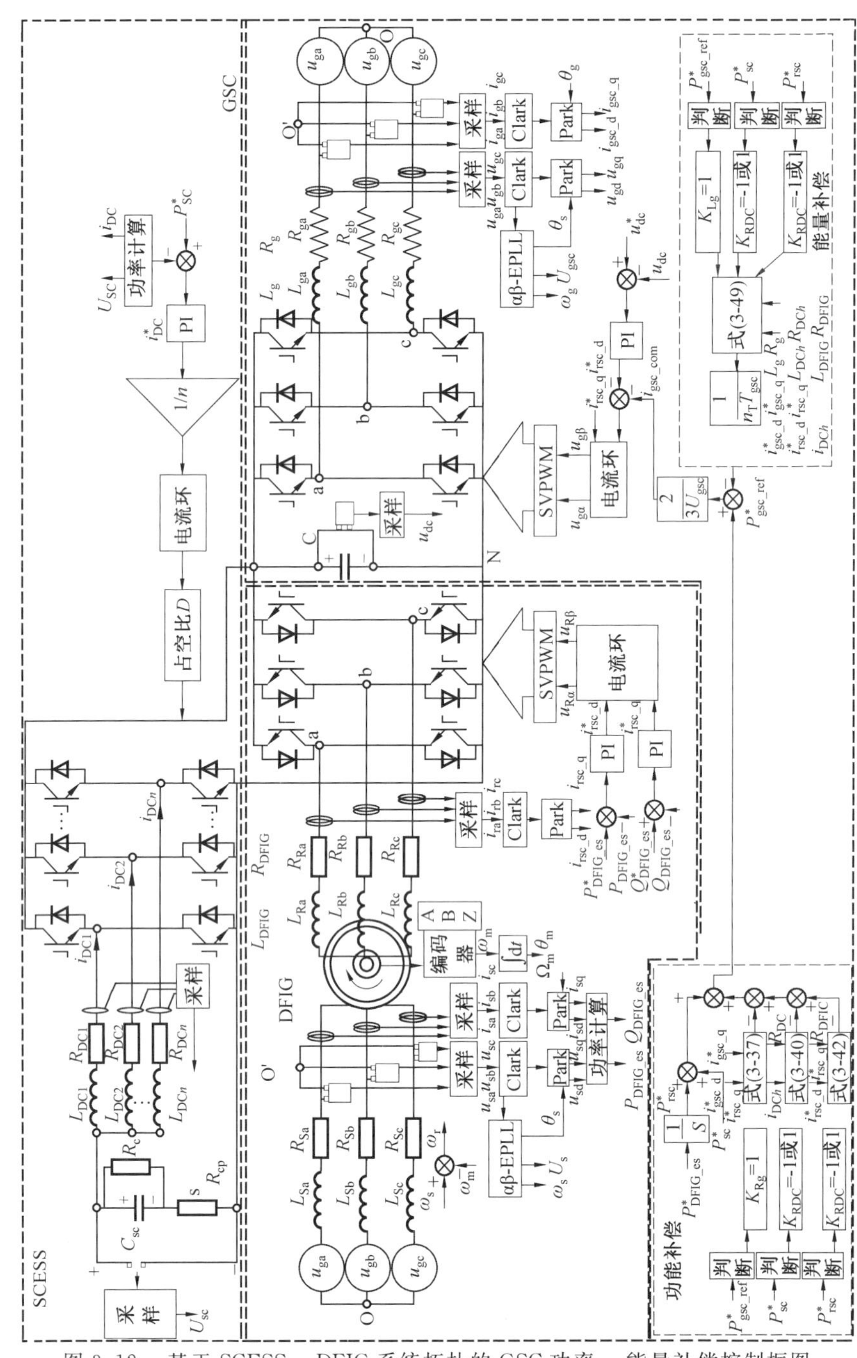

图 3.12　基于 SCESS－DFIG 系统拓扑的 GSC 功率－能量补偿控制框图

于能量补偿而言，根据功率流方向判断运行工况，进而得到系数 K_{Rg}、K_{Lg}、K_{RDC}、K_{LDC}、K_{RDFIG}、K_{LDFIG} 的值。能量补偿中，所需要的参数主要包括DC－DC变换器每一重的电流给定 i_{DCh}^*，RSC的有功与无功电流给定 $i_{rsc\_d}^*$、$i_{rsc\_q}^*$，以及GSC的有功与无功电流给定 $i_{gsc\_d}^*$、$i_{gsc\_q}^*$。根据式(3.68)计算得到动态响应起始到结束时感性储能元件上能量的变化量，该能量除以补偿时间 $n_T T_{gsc}$ 可得到瞬时补偿功率。将功率补偿与能量补偿两部分计算得到的功率乘以 $2/3U_{gsc}$ 可得到换算后的有功补偿电流 i_{gsc_ref}，作为GSC电流环控制的前馈补偿。

3.4　改进的αβ－EPLL与直流母线电压波动抑制策略的仿真与实验

3.4.1　改进的αβ－EPLL仿真与实验验证

1. 改进的αβ－EPLL仿真验证

根据以上研究内容，本书为提高SCESS－DFIG系统惯性响应能力，针对电网频率变化过程中不同类型输入信号扰动(直流偏移、高次谐波、不平衡、次同步振荡等)下SRF－PLL、αβ－EPLL及改进的αβ－EPLL对于频率信号的跟踪性能，进行了对比分析。值得注意的是，本节仿真及实验都是针对输入信号频率变化的情况而言的，变化率为5 Hz/s，可作为后续章节对电网频率惯性响应研究的基础。实际电网及研究中，电网频率变化速度远远低于5 Hz/s。

(1) 输入信号中含有直流偏移的锁相环频率跟踪性能对比分析。

仿真中输入信号如图3.13(a)所示，输入信号中含有分段直流偏移且频率变化(变化率为5 Hz/s)。由图3.13(a)可知在仿真起始阶段至0.25 s，输入信号中a相含有一个0.1 p.u.的直流偏移。由图3.13(b)可以发现，当输入信号中含有直流偏移分量时，SRF－PLL对于频率的跟踪容易受到输入幅值扰动的影响。αβ－EPLL虽然增加了前馈补偿环节滤除电压幅值扰动，但是由于其自身特点，其频率估计中依然存在着周期性变化扰动。相比之下，改进后的αβ－EPLL通过增加积分环节消除了直流偏移对于频率环估计的影响，因此其频率跟踪比较稳定。其中改进的αβ－EPLL(参数1)中 μ_{dc} 取值为25，改进的αβ－EPLL(参数2)中 μ_{dc} 取值为50，改进的αβ－EPLL(参数3)中 μ_{dc} 取值为2 000。由此可见，μ_{dc} 取值越大，频率跟踪的稳定性越好，但是 μ_{dc} 过大也会造成频率跟踪的延迟。0.25 s时b、c相输入信号中突增了0.1 p.u.的直流偏移，此时a、b、c三相幅值相等，其直流偏移 $U_{dca}=U_{dcb}=U_{dcc}$。由图3.13(b)可知，此时各类锁相环都恢复了稳定，频率跟踪性能类似。当a相恢复正常后，b、c相的直流偏移仍会造成频率估计的误差。

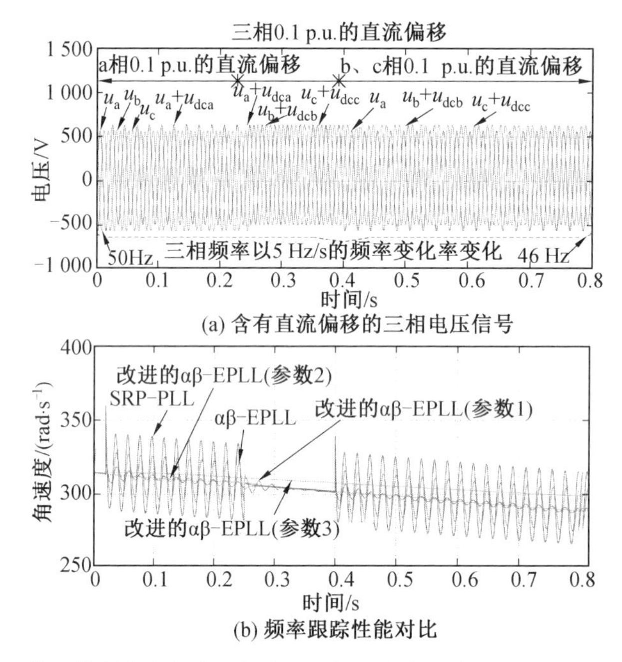

图3.13　输入信号中含有直流偏移的锁相环频率跟踪性能对比(彩图见附录)

(2) 输入信号中含有高次谐波的锁相环频率跟踪性能对比分析。

仿真中输入信号如图3.14(a)所示，输入信号具有5次、7次、11次、13次谐波且频率变化率为5 Hz/s。图3.14(b)为谐波扰动下频率跟踪性能对比。SRF－PLL容易受到谐波扰动，αβ－EPLL较SRF－PLL频率跟踪性能有所改善。由图3.14(c)可见，αβ－EPLL频率估计中依然包含着高次周期性扰动。改进后的αβ－EPLL对于输入信号频率跟踪性能更好。参数1将滤除谐波定为±8次，参数2将滤除谐波定为±32次。根据图3.14(c)，采用本书所设计的改进的αβ－EPLL可以良好地跟踪输入信号频率的变化。

(3) 输入信号中含有不平衡的锁相环频率跟踪性能对比分析。

输入信号如图3.15(a)所示，输入信号由平衡突变为三相不平衡且频率变化率为5 Hz/s。由图3.15(b)可以发现，初始阶段各类型锁相环锁相性能类似，但在0.3 s时，a相幅值突增25%，各类型锁相环锁相性能便有了差异。SRF－PLL受到幅值不平衡的影响，对于电网电压频率的跟踪有周期性扰动。αβ－EPLL将

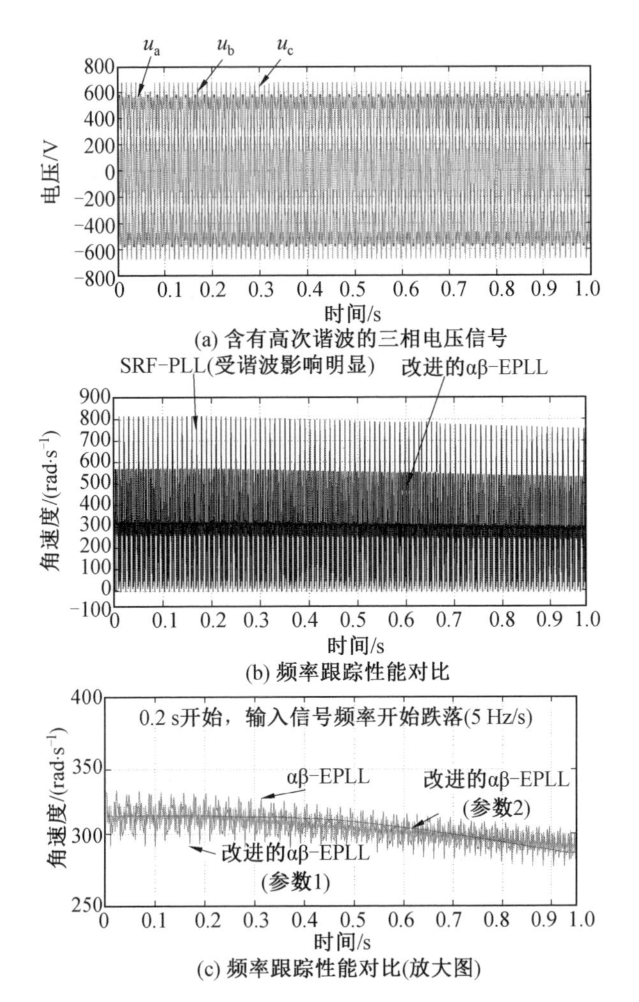

(a) 含有高次谐波的三相电压信号

(b) 频率跟踪性能对比

(c) 频率跟踪性能对比(放大图)

图 3.14 输入信号中含有高次谐波的锁相环频率跟踪性能对比(彩图见附录)

幅值估计与频率估计在一定程度上解耦，其受到不平衡扰动的影响较 SRF－PLL 小，但依然存在着周期性小幅值的扰动。相比之下，改进的 αβ－EPLL 由于消除了负序基波分量的影响，正如仿真结果所示，其对于输入信号频率跟踪稳定。0.6 s 时 B、C 相突变，幅值减少 10％，三相不平衡度加剧，由图 3.15(b) 可知改进的 αβ－EPLL 未受到不平衡度变化的影响。

(4) 输入信号中含有次同步振荡的锁相环频率跟踪性能对比分析。

仿真中输入信号如图 3.16(a) 所示，输入信号包含次同步振荡成分(12.5 Hz，幅值为 0.1 p.u.) 且频率变化率为 5 Hz/s，频率 0.2 s 时开始跌落。如图 3.16(b) 所示，SRF－PLL 及 αβ－EPLL 对于次同步振荡无法消除其影响，

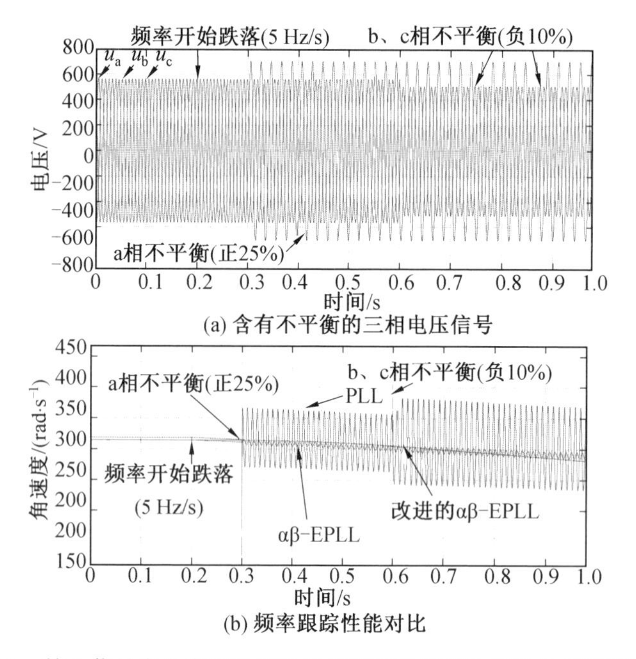

(a) 含有不平衡的三相电压信号

(b) 频率跟踪性能对比

图 3.15 输入信号中含有不平衡的锁相环频率跟踪性能对比(彩图见附录)

对于电压信号的频率无法准确跟踪，存在接近于基频的周期性振荡。本书所提出的改进的 αβ－EPLL 则不存在该问题，证明其具有消除次同步振荡影响的能力。

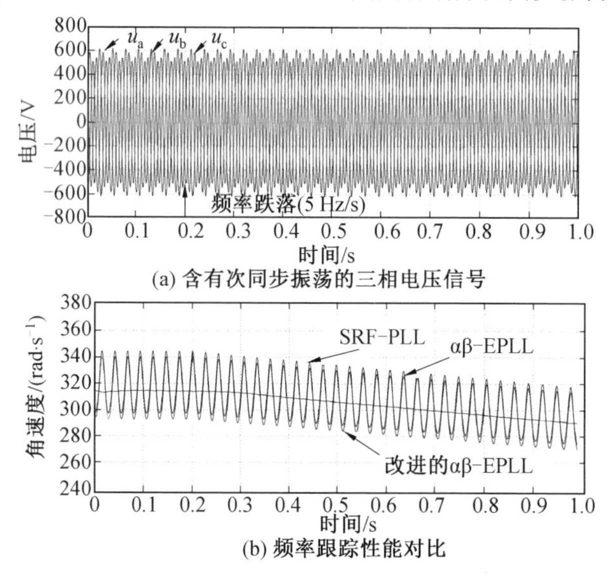

(a) 含有次同步振荡的三相电压信号

(b) 频率跟踪性能对比

图 3.16 输入信号中含有次同步振荡的锁相环频率跟踪性能对比(彩图见附录)

2. 改进的 αβ－EPLL 实验验证

(1) 理想电网工况下，电网频率变化、频率突变、幅值突变情况下，αβ－EPLL 对于电网幅值及频率估计实验。

αβ－EPLL 对于电网频率变化的跟随性能如图 3.17 所示，图中电网频率起始为 50 Hz，以 1 Hz/s 的速度下降，实验结束时电网频率为 40 Hz。实验的频率跌落范围已经超过了实际工况中电网频率跌落范围(按第 4 章所述一般在 47 ～ 52 Hz 范围内波动)。将 αβ－EPLL 对于电网频率的估计与实际电网频率对比，不难发现其估计频率准确，具有很好的频率跟随性能。这使得采用 αβ－EPLL 的 SCESS－DFIG 可以快速跟踪电网频率，以获得惯性响应功率补偿指令。

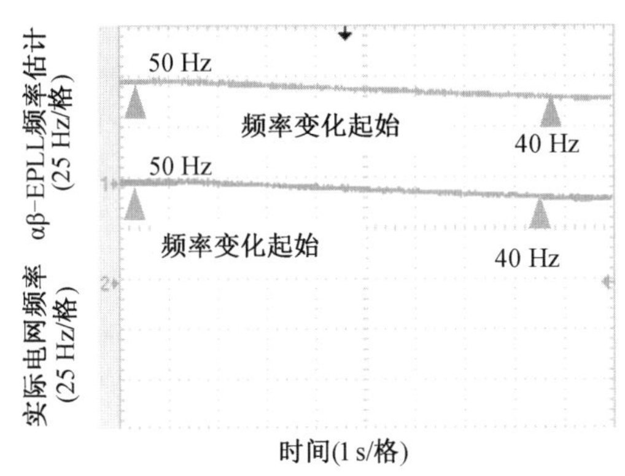

图 3.17　αβ－EPLL 和 SRF－PLL 对于电网频率变化的跟随性能

电网频率突变时，实际电网频率、αβ－EPLL 频率估计及 SRF－PLL 频率估计如图 3.18 所示。

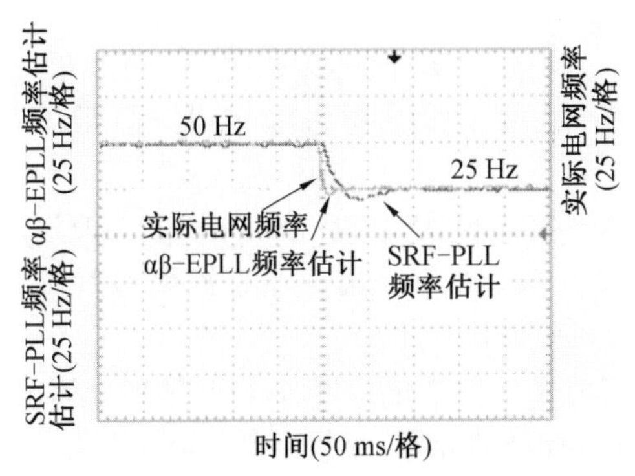

图 3.18　实际电网频率、αβ－EPLL 频率估计及 SRF－PLL 频率估计

图 3.18 中，电网频率突然由 50 Hz 跌落至 25 Hz，此时 αβ－EPLL 和 SRF－

PLL 都可以快速跟踪电网频率变化，获得准确的电网频率。αβ－EPLL 可以在 10 ms 内快速跟踪电网频率变化，这对于实际电网惯性响应而言，动态响应速度满足需求。

αβ－EPLL 对于电网幅值突变的跟随性能如图 3.19 所示。图 3.19(a) 为稳态下 αβ－EPLL 对于电网幅值的估计，由该图可知稳态下 αβ－EPLL 对于电网幅值估计准确。图 3.19(b) 为不同幅值环参数 μ_u 下 αβ－EPLL 对于电网幅值估计，显而易见的是较大的 μ_u($\mu_u=1\ 000$) 会引入额外的幅值估计振荡，按照前文对于 μ_u 的参数设计($\mu_u=125$)，αβ－EPLL 的幅值估计平稳，性能良好。图 3.19(c) 及图 3.19(d) 分别为电网幅值突变（由 50 V 突变至 100 V）情况下，不同幅值环参数 μ_u 给定时，αβ－EPLL 对于电网幅值估计对比。由图 3.19(c) 和图 3.19(d) 可知 μ_u 设置较小时，αβ－EPLL 对于电网幅值的动态响应速度较差，而 μ_u 设置较大时，容易产生振荡。以上实验证明，αβ－EPLL 在参数设置合理时，对于电网幅值和频率的估计准确性及稳定性较好，动态响应速度快，能够满足电网频率惯性响应的需求。

以上实验都是理想电网条件下（只有基波）的实验验证，但是实际电网中往往环境比较复杂，具有直流偏移、不平衡、高次谐波、次同步振荡等情况。以下是对于复杂电网工况下改进的 αβ－EPLL 对于电网幅值及频率估计性能的实验验证。

(2) 复杂电网工况下改进的 αβ－EPLL 对于电网幅值及频率估计实验。

复杂电网工况按照前文所述主要分为四部分，即直流偏移、不平衡、高次谐波、次同步振荡。实验的第一部分为对改进的 αβ－EPLL 在电网电压突加直流偏移的工况下进行实验，观察其幅值与频率估计。图 3.20 所示为电网电压突加直流偏移的电压波形。图 3.20(a) 所示为幅值为 100 V 的三相电压中，a 相突加 30 V 的直流偏移，图 3.20(b) 所示为图 3.20(a) 所示实验后续 b、c 两相突加 30 V 直流偏移。

图 3.21 为电网电压突加直流偏移后 αβ－EPLL 与改进的 αβ－EPLL 对于电网频率估计对比。图 3.21(a) 为 a 相突加直流偏移后，αβ－EPLL 与改进的 αβ－EPLL 对于电网频率估计对比。

由图 3.21(a) 可知，正如前文中分析的一样，增加直流偏移后，αβ－EPLL 的频率估计中增加了一个扰动的分量，因此会造成余弦波动。而改进的 αβ－EPLL 中增加了一个积分消除环节，消除了直流偏移带来的影响。因此，直流偏移的突加不会对其频率估计的性能造成影响。b、c 相同时突加 30 V 直流偏移后，三相同时具有 30 V 的直流偏移。此时 αβ－EPLL 的频率估计恢复正常，同样地，三相

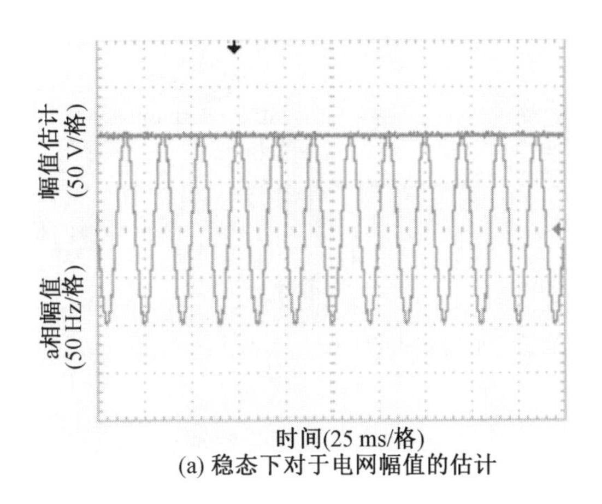

(a) 稳态下对于电网幅值的估计

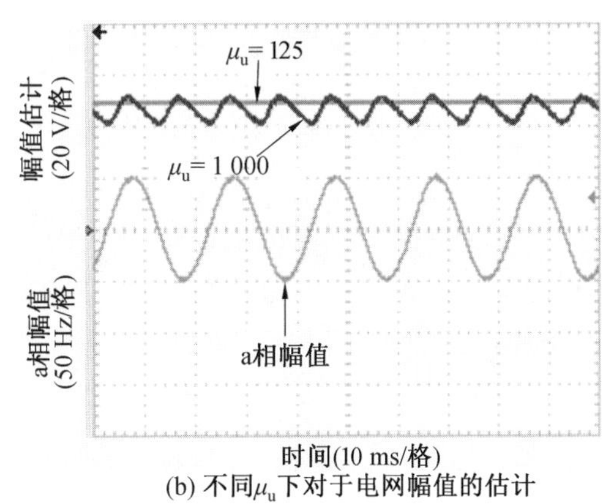

(b) 不同μ_u下对于电网幅值的估计

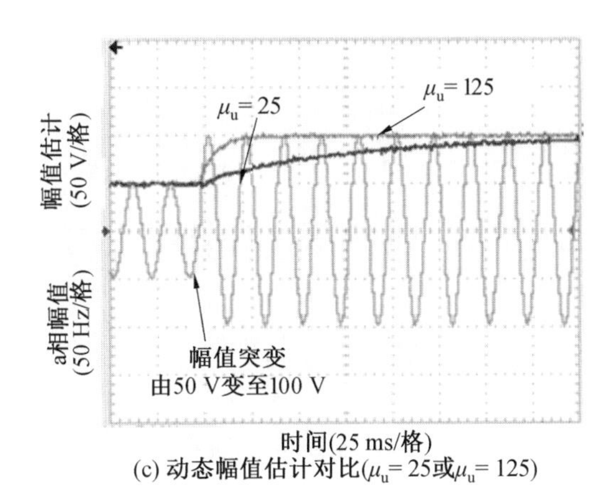

(c) 动态幅值估计对比(μ_u= 25或μ_u= 125)

图 3.19　αβ－EPLL 对于电网幅值突变的跟随性能

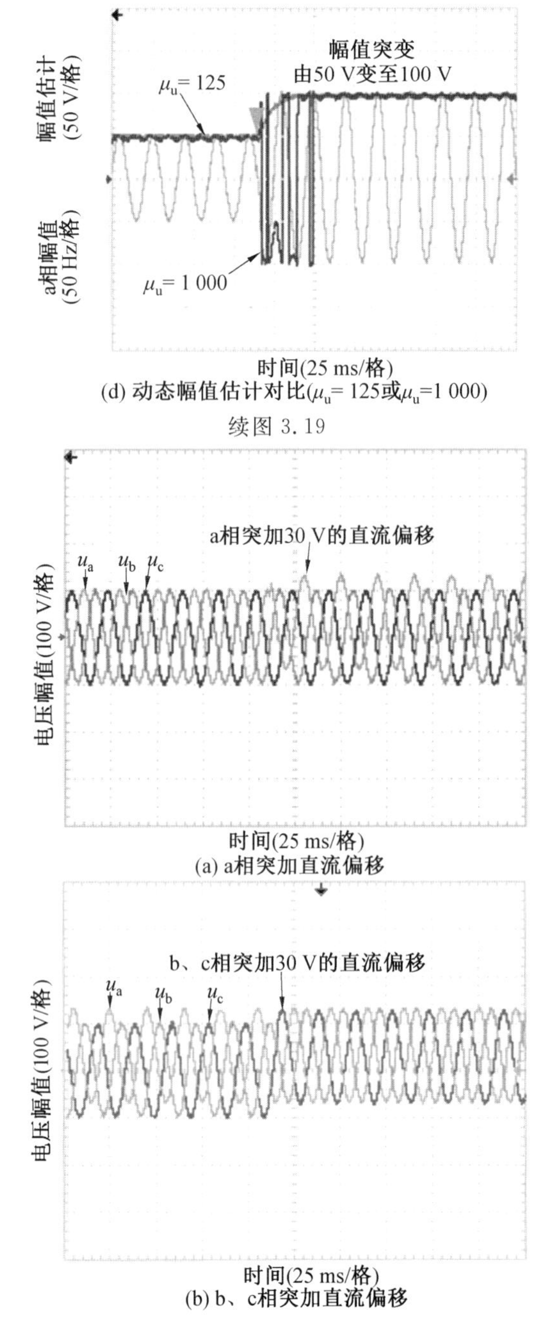

(d) 动态幅值估计对比(μ_u= 125或μ_u=1 000)

续图 3.19

(a) a相突加直流偏移

(b) b、c相突加直流偏移

图 3.20　电网电压突加直流偏移的电压波形

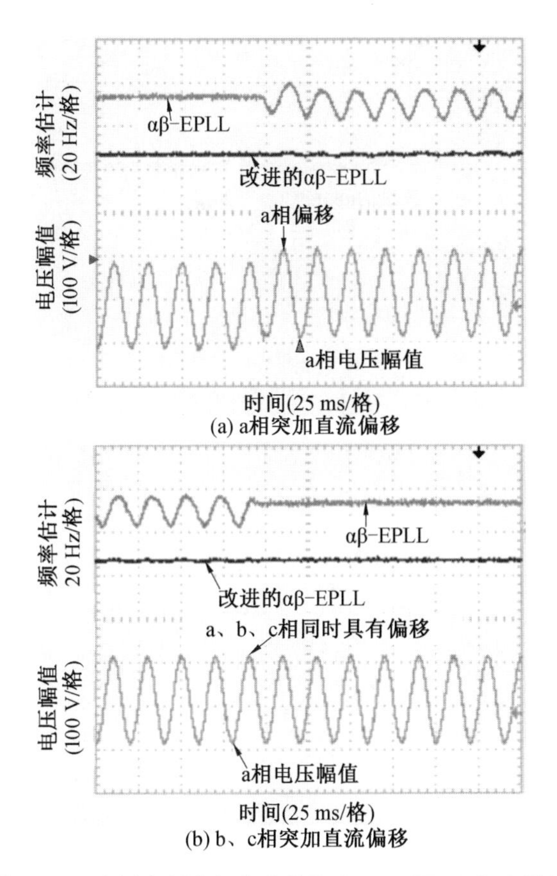

图 3.21　电网电压突加直流偏移后 αβ－EPLL 与改进的 αβ－EPLL 对于电网频率估计对比

直流偏移对改进的 αβ－EPLL 的频率估计没有产生影响。

图 3.22 所示为电网电压突加直流偏移后 αβ－EPLL 与改进的 αβ－EPLL 对于电网幅值估计对比。如同频率估计一样，a 相突加直流偏移后，αβ－EPLL 幅值估计中包含了一个波动分量。而经过改进的 αβ－EPLL 幅值估计略有波动后恢复稳定。b、c 相突加 30 V 的直流偏移后，αβ－EPLL 幅值估计的波动消失。

图 3.23 所示为输入电压含有直流偏移工况下电网频率跌落时 αβ－EPLL 与改进的 αβ－EPLL 对于电网频率估计对比。实验起始阶段电网频率为 50 Hz，终止阶段电网频率为 36 Hz，电网频率跌落速度为 2.8 Hz/s。由图 3.23 可知改进的 αβ－EPLL 对于电网频率估计准确，且不存在扰动分量，适用于 SCESS－DFIG 系统的电网频率惯性响应。

实验的第二部分为在输入电压三相不平衡工况下，进行 αβ－EPLL 与改进的

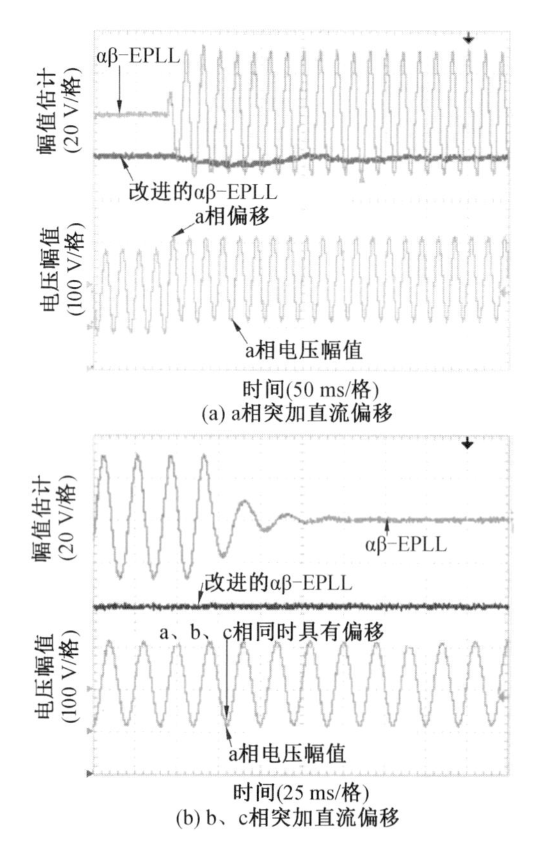

图 3.22　电网电压突加直流偏移后 αβ－EPLL 与改进的 αβ－EPLL 对于电网幅值估计对比

αβ－EPLL 对于电网频率及幅值估计的对比。图 3.24 为输入电压三相不平衡突变与恢复。图 3.24(a) 中,起始阶段三相电压平衡,幅值为 100 V,之后 a 相电压 u_a 突增至 150 V。图 3.24(b) 中电网电压由三相不平衡恢复至三相平衡,电压幅值为 150 V。

图 3.25 所示为输入电压三相不平衡突变与恢复时 αβ－EPLL 与改进的 αβ－EPLL 对于电网频率估计对比。如图 3.25(a) 所示,当电压三相平衡时 αβ－EPLL 与改进的 αβ－EPLL 的频率估计没有差别。当 a 相幅值突变时输入信号为三相不平衡,观察图 3.25(a) 不难发现,αβ－EPLL 的频率估计中存在二倍频扰动分量,频率扰动会影响 SCESS－DFIG 系统参与电网惯性响应性能与响应速度;而改进的 αβ－EPLL 的频率估计采用 DSC 消除了二倍频扰动,使得频率估计只有频率基波,适用于 SCESS－DFIG 系统的惯性响应控制。

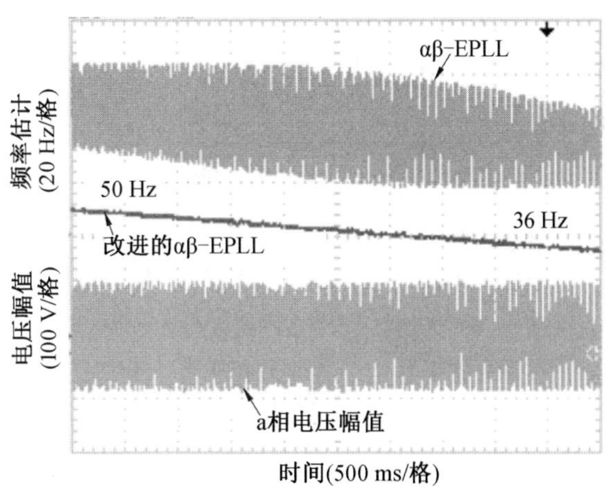

图 3.23　输入电压含有直流偏移工况下电网频率跌落时 αβ－EPLL 与改进的 αβ－EPLL 对于电网频率估计对比

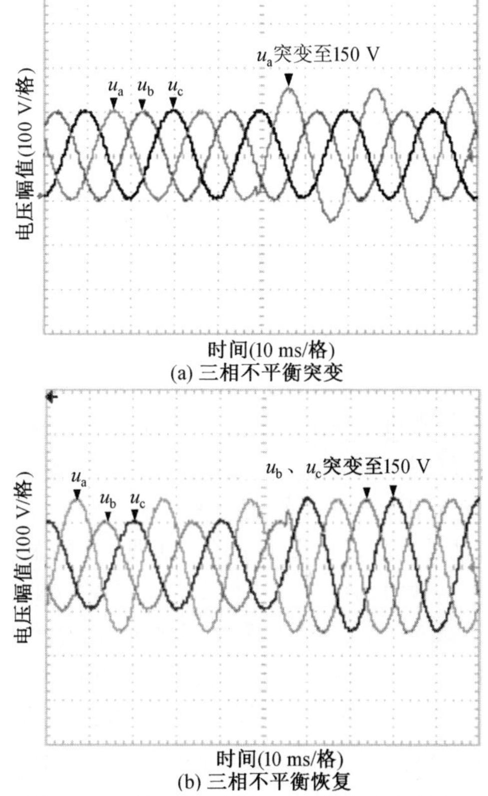

(a) 三相不平衡突变

(b) 三相不平衡恢复

图 3.24　输入电压三相不平衡突变与恢复

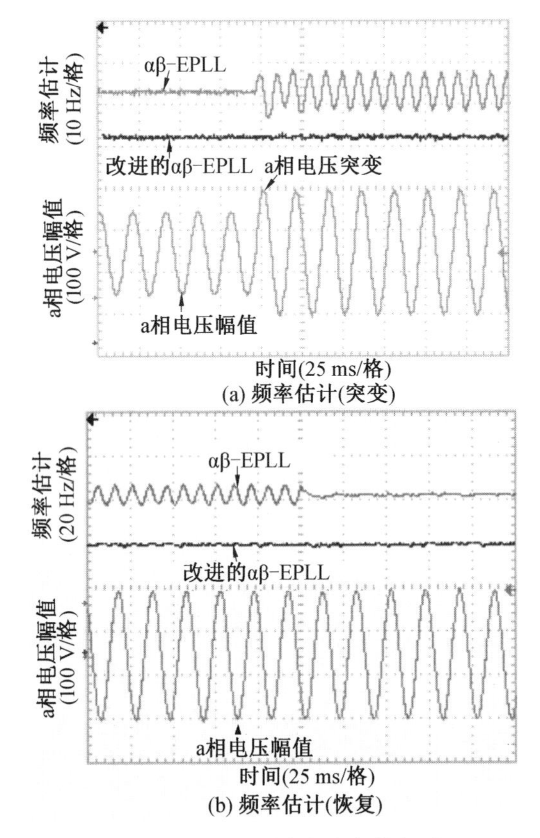

图 3.25　输入电压三相不平衡突变与恢复时 αβ－EPLL 与改进的 αβ－EPLL 对于电网频率估计对比

图 3.25(b) 所示为输入电压三相不平衡到平衡过程中频率估计的实验波形，结合图 3.25(a) 共同分析可以验证，三相不平衡突变与恢复对于改进的 αβ－EPLL 而言几乎没有任何扰动影响。

图 3.26 所示为输入电压三相不平衡突变及恢复时 αβ－EPLL 与改进的 αβ－EPLL 对于电网幅值估计对比。由图 3.26(a) 可见，三相输入电压由平衡突变至不平衡后，αβ－EPLL 与改进后的 αβ－EPLL 的幅值估计都因为三相不平衡而发生改变，由于是 a 相升高造成的三相不平衡，因此幅值估计都有所升高。不同的是 αβ－EPLL 的幅值估计中三相不平衡引起了二倍频波动，而改进的 αβ－EPLL 由于 DSC 滤波将误差的二倍频波动消除，幅值估计不含有二倍频分量。图 3.26(b) 中，当电网电压恢复至三相平衡但是整体幅值升高后，αβ－EPLL 与改进的 αβ－EPLL 幅值估计也随之升高。

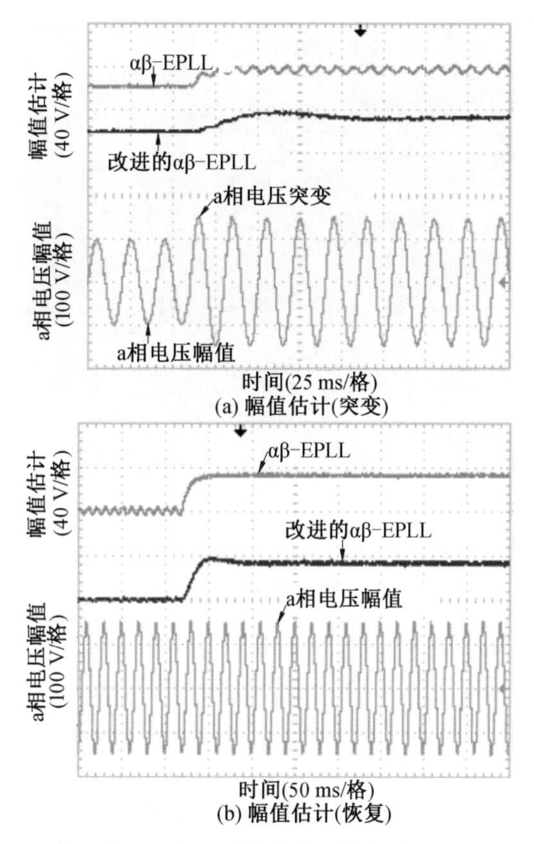

图 3.26　输入电压三相不平衡突变及恢复时 αβ－EPLL 与改进的 αβ－EPLL 对于电网幅值估计对比

图 3.27 所示为输入电压三相不平衡工况下电网电压频率跌落时 αβ－EPLL 与改进的 αβ－EPLL 对于频率估计对比。如图 3.27(a) 所示，起始阶段电网频率为 50 Hz，终止阶段时电网频率跌落至 42 Hz，由该图可知 αβ－EPLL 的频率估计中有振荡，而改进的 αβ－EPLL 的频率估计效果较前者好很多。这一差别在图 3.27(b) 中更为明显。由以上分析可知，改进的 αβ－EPLL 可以适应不平衡的电网环境，频率跟踪性能良好，适用于 SCESS－DFIG 系统的电网频率惯性响应。

实验的第三部分为输入电压突然加入谐波时 αβ－EPLL 与改进的 αβ－EPLL 对于电网频率及幅值估计对比。电网的基波为 100 V，突加谐波包括 5 次谐波(占比 25%)、7 次谐波(占比 25%)、11 次谐波(占比 10%)、13 次谐波(占比 10%)、17 次谐波(占比 5%)。

图 3.28(a) 所示为输入电压突然加入谐波时 αβ－EPLL 与改进的 αβ－EPLL

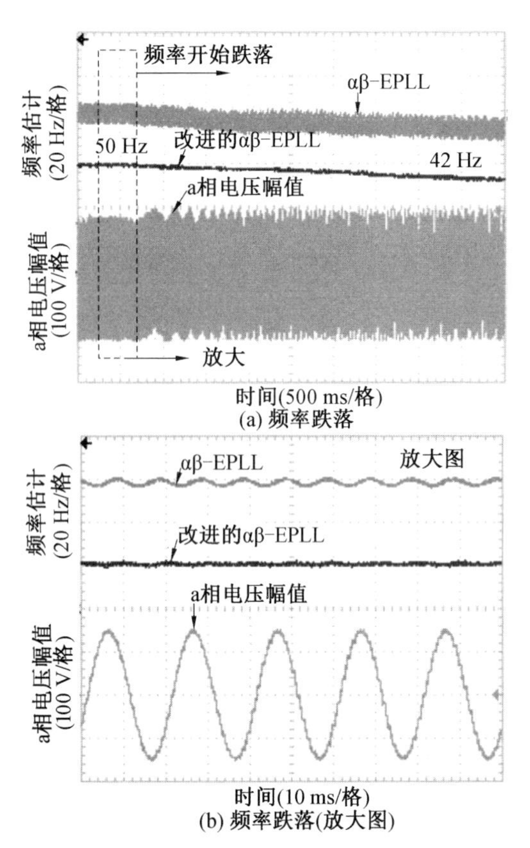

(a) 频率跌落

(b) 频率跌落(放大图)

图 3.27　输入电压三相不平衡工况下电网电压频率跌落时 αβ－EPLL 与改进的 αβ－EPLL 对于频率估计对比

对于电网频率估计对比。由图 3.28(a) 可知，突加谐波后，αβ－EPLL 的频率估计中含有了多次谐波成分，而改进的 αβ－EPLL 由于添加了 DSC 多倍频消除环节，因此频率估计中没有引入谐波干扰。图 3.28(b) 为输入电压突然加入谐波时 αβ－EPLL 与改进的 αβ－EPLL 对于电网幅值估计对比。由图 3.28(b) 可知，突加谐波后，αβ－EPLL 的幅值估计中含有了多次谐波成分，而改进的 αβ－EPLL 由于添加了 DSC 多倍频消除环节，因此幅值估计中没有引入谐波干扰。

图 3.29 所示为输入电压含有谐波工况下电网频率跌落时 αβ－EPLL 与改进的 αβ－EPLL 对于电网频率估计对比。如图 3.29 所示，稳态下输入信号含有谐波时的情况与图 3.28 的分析结果类似。整体而言，电网频率由 50 Hz 跌落至 36 Hz，电网频率跌落过程中，αβ－EPLL 的频率估计中含有谐波扰动，估计输出波形呈振荡形式。改进的 αβ－EPLL 对于频率估计的跟踪性较好，未受到谐波的扰

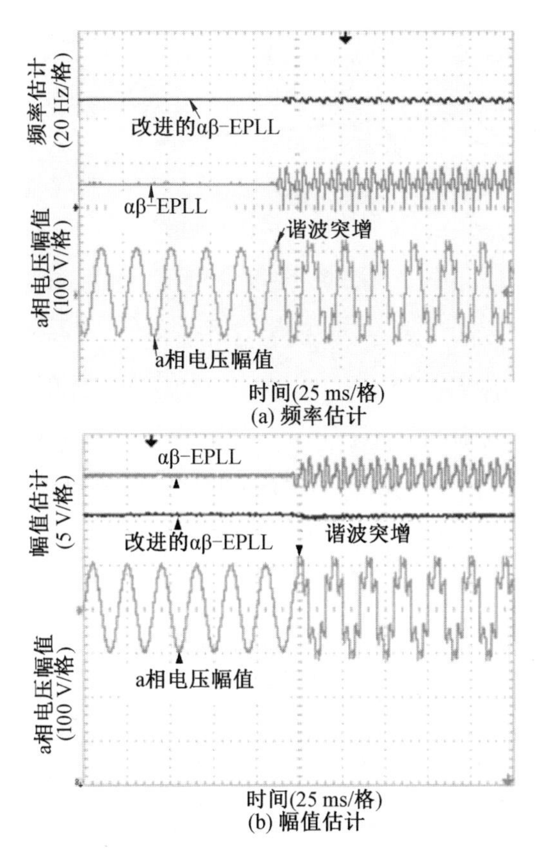

图 3.28　输入电压突然加入谐波时 αβ－EPLL 与改进的 αβ－EPLL 对于电网幅值、频率估计对比

动，适合应用于 SCESS－DFIG 系统的电网频率惯性响应控制。

实验的最后一部分为输入电压中含有次同步振荡的情况下 αβ－EPLL 与改进的 αβ－EPLL 对于电网频率及幅值估计对比。图 3.30 所示为输入电压中含有次同步振荡的电压波形，在三相电压的基础上，a 相电压中突加幅值 20 V，频率 15 Hz 的次同步振荡分量，对锁相环性能进行对比分析。

图 3.31 所示为输入电压含有次同步振荡时 αβ－EPLL 与改进的 αβ－EPLL 对于电网频率、幅值估计对比，图 3.31(a) 所示为 αβ－EPLL 与改进的 αβ－EPLL 对于电网频率估计对比，图 3.31(b) 所示为 αβ－EPLL 与改进的 αβ－EPLL 对于电网幅值估计对比。

正如图 3.31 所示，当输入三相电压突然含有三相的次同步振荡(振荡信号幅值为 20 V，频率为 15 Hz) 时，叠加后的电压产生畸变，这使得 αβ－EPLL 的频率

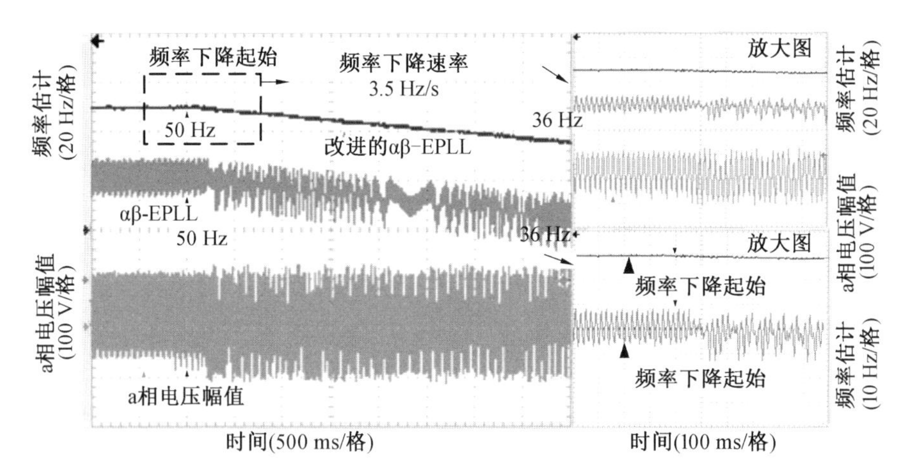

图 3.29　输入电压含有谐波工况下电网频率跌落时 αβ－EPLL 与改进的 αβ－EPLL 对于电网频率估计对比(彩图见附录)

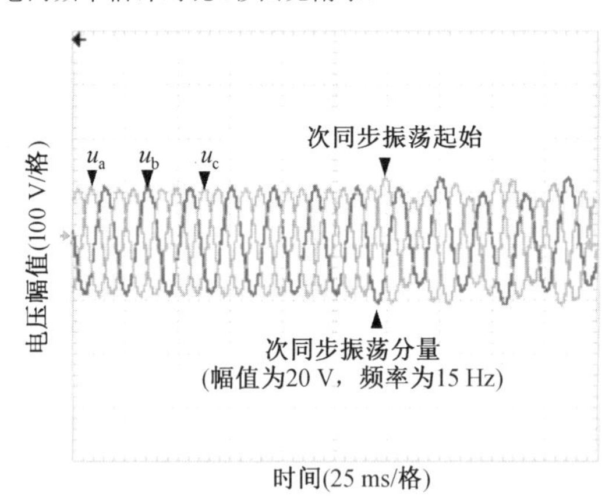

图 3.30　输入电压中含有次同步振荡的电压波形

与幅值估计当中多了一个略低于基波频率的扰动分量，这对幅值及频率估计造成了影响。而改进的 αβ－EPLL 利用滤波消除了这一部分的扰动分量，因此其实验结果中对于频率及幅值的估计不受次同步振荡的影响。

图 3.32 所示为输入电压含有次同步振荡工况下电网频率跌落时 αβ－EPLL 与改进的 αβ－EPLL 对于频率估计对比，电网频率在 5 s 内由 50 Hz 跌落至 36 Hz(跌落频率远高于实际工况)，实验结果表明，改进的 αβ－EPLL 对于电网频率跟踪性能良好，适用于 SCESS－DFIG 系统的电网频率惯性响应控制策略。

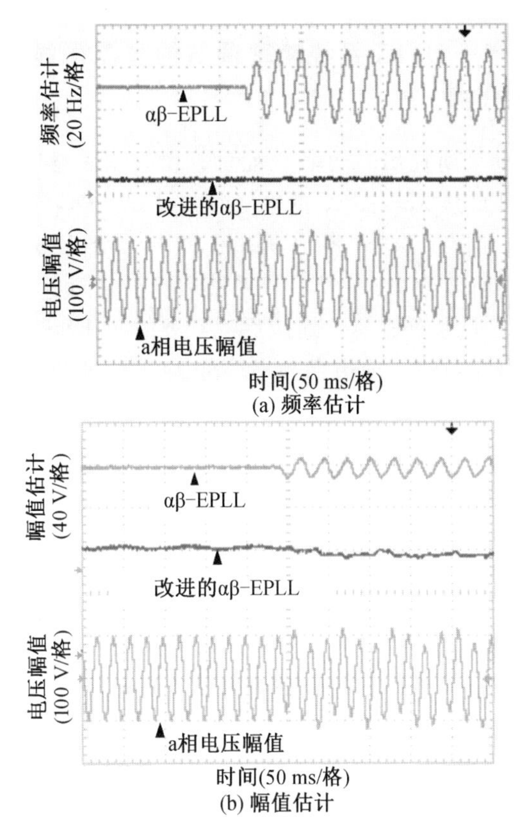

图 3.31　输入电压含有次同步振荡时 αβ－EPLL 与改进的 αβ－EPLL 对于电网频率、幅值估计对比

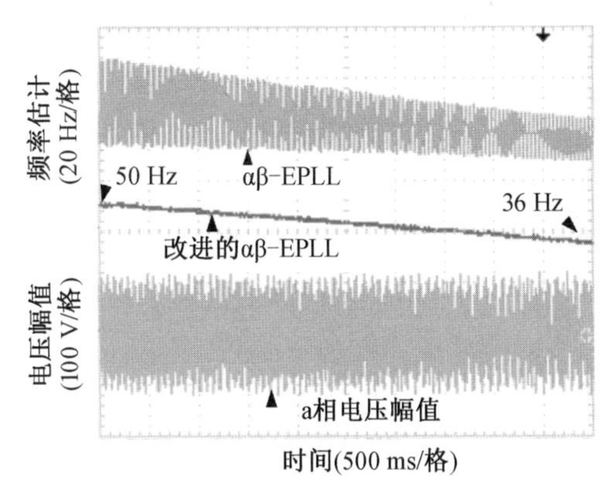

图 3.32　输入电压含有次同步振荡工况下电网频率跌落时 αβ－EPLL 与改进的 αβ－EPLL 对于频率估计对比

3.4.2 SCESS－DFIG 系统功率调节的直流母线电压波动抑制仿真分析

本小节将针对前文所提出的功率－能量补偿控制策略进行仿真验证，所采用的双馈感应发电机及其 RSC、GSC 的电气参数，DC－DC 变换器电气参数如第 2 章所述。风速曲线如图 3.33(a) 所示。图 3.33(b) 为 SCESS－DFIG 系统的转子角速度曲线。起始阶段 SCESS－DFIG 系统运行于超同步转速下，随着风速下降，转速逐步降低至次同步转速区。对应后续开展的 SCESS－DFIG 系统参与电网频率惯性响应的研究，在 1 s 时电网频率跌落，SCESS－DFIG 系统输出功率突增250 kW（额定功率的 10%），在 2.5 s 时电网频率突升，SCESS－DFIG 系统输出功率突降 350 kW（较初始功率低 4%）。基于 RSC 功率状态且 DC－DC 功率突变的条件，对 GSC 通过功率－能量补偿控制的直流支撑电容电压波动平抑进行仿真验证。

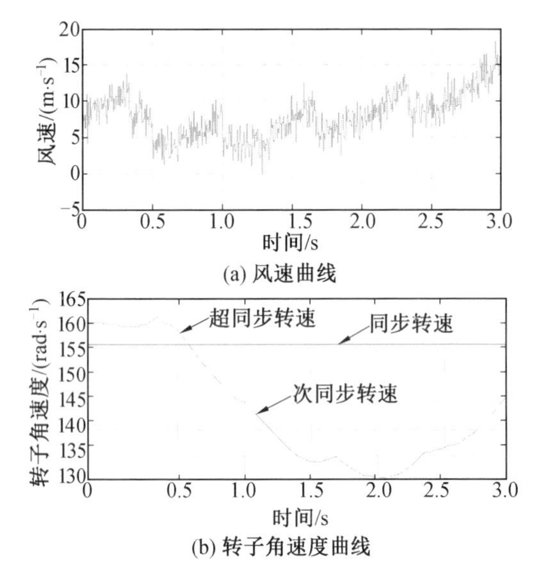

图 3.33 SCESS－DFIG 系统的风速曲线及转子角速度曲线

图 3.34(a) 所示为双馈感应发电机 MPPT 下瞬时最优功率曲线，随着转速降低双馈感应发电机的最大输出功率曲线也呈下降的趋势。图 3.34(b) 所示为双馈感应发电机定子侧输出功率曲线，将其与图 3.33(b) 及目标功率结合分析后，可知在整个仿真过程中 SCESS－DFIG 系统的运行工况分为两个阶段：第一个阶段发电机处于超同步转速，RSC 功率由转子流向直流母线，DC－DC 变换器

吸收功率，GSC 呈整流状态，SCESS－DFIG 系统整体处于图 3.11 中的工况 3 下；第二个阶段发电机处于次同步转速下，DC－DC 变换器输出功率，GSC 呈逆变状态，SCESS－DFIG 系统整体处于图 3.11 中的工况 6 下。

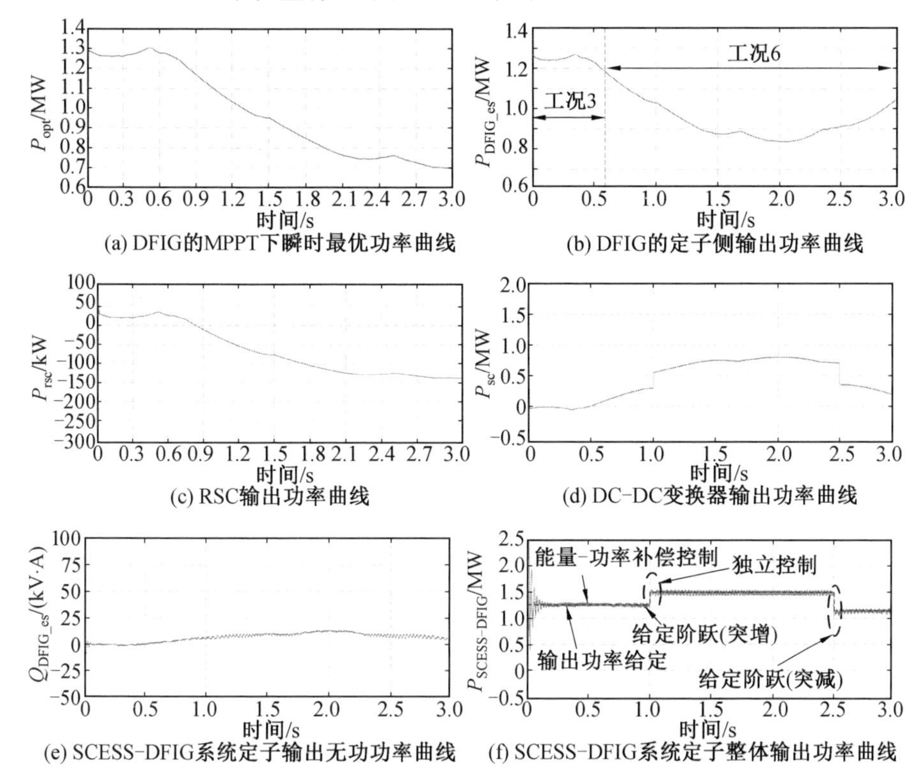

图 3.34　SCESS－DFIG 系统的 GSC 采用能量－功率补偿控制时系统各单元的运行状态

图 3.34(c) 所示为 RSC 输出功率曲线。图 3.34(d) 所示为 DC－DC 变换器输出功率曲线。图 3.34(e) 所示为 SCESS－DFIG 系统定子输出无功功率曲线，由该图可知 SCESS－DFIG 系统输出无功功率平稳。图 3.34(f) 所示为 SCESS－DFIG 系统整体输出功率曲线。

图 3.35(a) 所示为 SCESS－DFIG 系统采用能量－功率补偿控制策略储能元件能量变化所需补偿的电流(即能量补偿电流) 波形，补偿能量的周期为 3 个周期，GSC 开关管频率为 2.5 kHz。当 SCESS－DFIG 系统大功率突变时，需要对 GSC 进行储能元件的能量补偿。图 3.35(b) 所示为 SCESS－DFIG 系统采用能量－功率补偿控制策略中对于瞬时功率的补偿电流(即功率补偿电流) 波形。

图 3.36 所示为 SCESS－DFIG 系统的 GSC 传统控制与能量－功率补偿控制瞬时功率对比。图 3.37 所示为 SCESS－DFIG 系统的 GSC 传统控制与能量－功

率补偿控制直流母线电压对比。起始阶段，直流母线电压被GSC稳定在2 000 V，当系统稳定时，直流母线电压未有显著波动。但是当1 s时，SCESS－DFIG系统输出功率突增，直流母线电压随之突升。而当SCESS－DFIG系统输出功率给定突降后，直流母线电压也会随之突然下降。

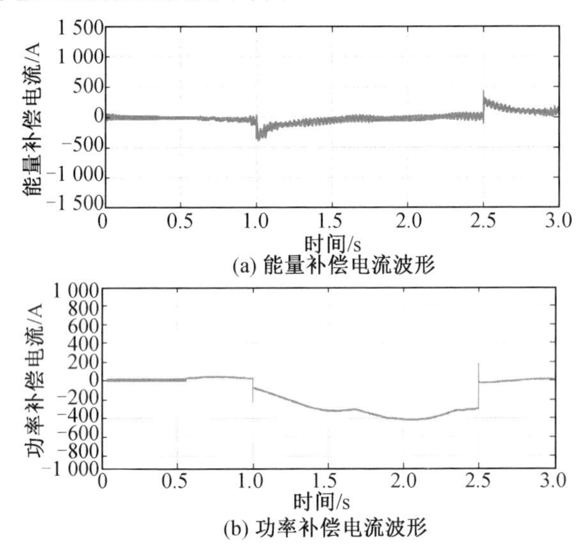

(a) 能量补偿电流波形

(b) 功率补偿电流波形

图 3.35　SCESS－DFIG 系统采用能量－功率补偿控制策略的补偿电流波形

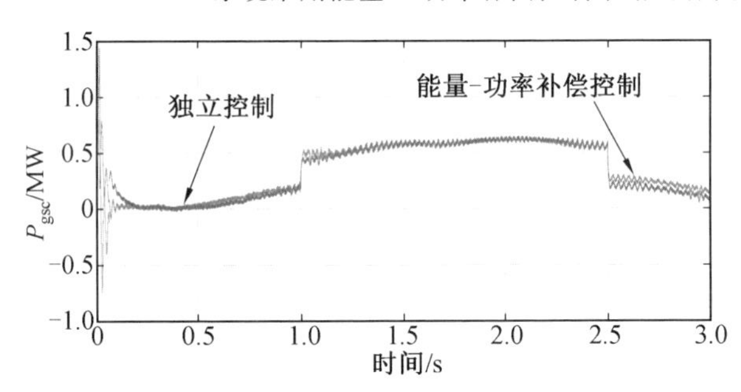

图 3.36　SCESS－DFIG 系统的 GSC 传统控制与能量－功率补偿控制瞬时功率对比

通过对比图 3.37 中的两组波形不难发现，能量－功率补偿控制较 GSC 传统控制，可以更好地稳定直流母线电压。补偿相当于功率前馈，这使得直流母线电压更快地趋近于平稳状态。通过仿真对比可以发现，本书所提出的 SCESS－DFIG 系统的 GSC 能量－功率补偿控制策略能够使得 GSC 更快地响应直流母线电压，进而可以快速平抑直流母线电压波动，这提高了系统的稳定性与安全性。

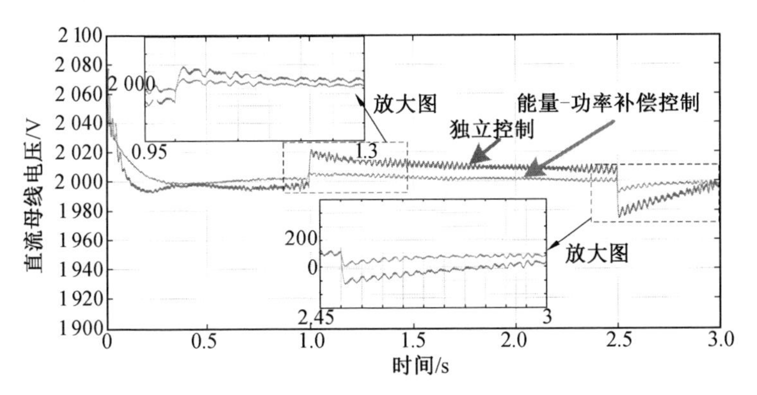

图 3.37　SCESS—DFIG 系统的 GSC 传统控制与能量—功率补偿控制直流母线电压对比

第4章

变风速扰动下的SCESS－DFIG系统电网频率惯性响应控制策略

本章对于计及风速扰动的SCESS－DFIG系统电网频率惯性响应展开了研究：考虑风特性对SCESS－DFIG系统惯性响应的影响，进行计及风速变化的SCESS－DFIG系统惯性时间常数定义；提出SCESS－DFIG系统惯性响应的功率及能量的定量方法；通过对比不同运行工况下转子动能与储能装置惯性响应的能力，提出转子动能与储能装置协调控制策略；开展计及风速变化的SCESS－DFIG系统惯性响应控制策略研究，并将ESO应用在SCESS－DFIG系统惯性响应控制策略中；搭建基于不同风速变化的多SCESS－DFIG系统电网频率惯性响应仿真模型，对所提出理论进行仿真和实验验证。

4.1 引　　言

随着风电渗透率不断提高，电网的频率稳定性问题更加凸显，因此在国内外的并网规定中都明确风电场必须能随着电网频率变化调节其自身输出功率。双馈感应发电机将捕获的风能转换成电能输送到电网的过程中，通过控制双馈感应发电机转子电流实现功率调节，而控制转子电流的 RSC 与稳定直流母线电压的 GSC 成为风力发电机输出功率与电网频率之间的“屏障”，这种“屏障”使得双馈感应发电机对电网几乎没有任何的惯性响应。同时由于风的随机性与间歇性，双馈感应发电机作为电网的“源”无法像火力发电机一样稳定，这使得风电机组对电网的惯性响应在某些时刻会起到“负阻尼”的作用。且由于一般组成风电场的机组数量巨大，而每台位置不同、实时运行工况也不同，因此风电场层面的控制仍然具有很大的难度。为此本章对于计及风速扰动的 SCESS－DFIG 系统电网频率惯性响应展开了研究，试图将电网频率的惯性响应问题由风电场分解到各发电机组加以解决。

4.2 SCESS－DFIG 系统的惯性时间常数的定义

4.2.1 SCESS－DFIG 系统惯性响应分析

如图 4.1 所示，对于 SCESS－DFIG 系统惯性响应有两方面需要注意，其一是相较于火力发电机组输入的扰动不稳定，其二是电网频率与发电功率没有关联。

1. 风特性对 SCESS－DFIG 系统惯性响应的影响

风具有随机性、间歇性等特点，风速变化造成机械与电磁转矩的不平衡使得

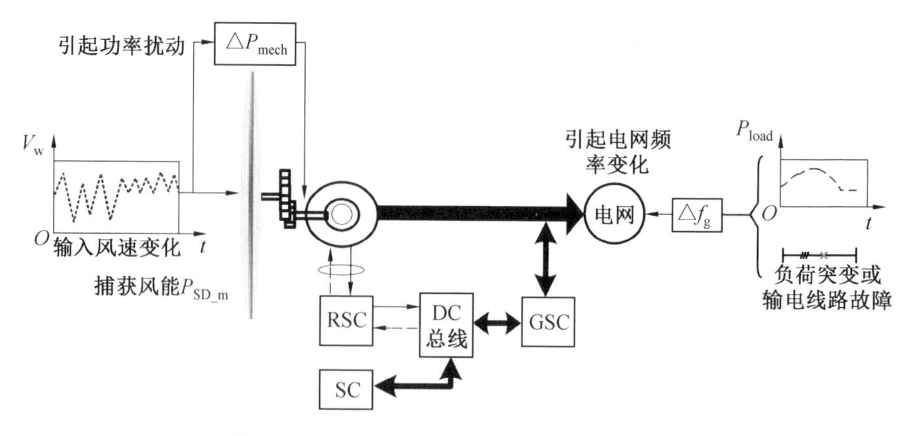

图 4.1　SCESS－DFIG 系统“源、荷”扰动分析

双馈感应发电机转速不断波动。这种波动性最终的表现为双馈感应发电机输出功率的波动。

风电场的选址主要参考标准为平均风速、风密度、主导风向，但是未对瞬时风速变化有明确的要求。风速 V_w 与发电机转速间的关系为

$$\lambda = \frac{R\omega_m}{V_w pN} \tag{4.1}$$

在惯性响应期间其“源”侧(将风能被风力机捕获端称为“源”侧)风特性使双馈感应发电机输入机械功率存在扰动功率 ΔP_{wind}，该功率会使得发电机转子转速发生变化。此时双馈感应发电机保持 MPPT 控制，转速的改变使得输出功率 P_{DFIG} 发生变化。当扰动功率与电网频率趋势同向时，会产生负阻尼效果，进而加剧电网频率变化，对电力系统的稳定性具有极大危害。

2. 双馈感应发电机无惯性响应原因分析

由式(4.1)可知在风力发电过程中，发电机转子转速与风速存在着耦合关系，而与电网频率之间没有耦合关系。如式(4.1)所示，当电网频率发生变化时，由于双馈感应发电机转子转速与电网频率解耦，因此对于电网频率变化未有阻尼效果。

4.2.2　计及风速变化的 SCESS－DFIG 系统惯性时间常数定义

通常采用惯性时间常数 H 来反映并网发电机组惯性对其动态行为的影响，对于双馈感应发电机本书将其惯性时间常数 H 描述为

$$H = \frac{E_K}{S_{DFIG\_N}} \tag{4.2}$$

式中，E_K 为定转速下模拟同步发电机转子中储存的动能；S_{DFIG_N} 为双馈感应发电机的额定发电功率。

SCESS－DFIG 系统惯性响应的能量主要来源于风机自身动能、储备容量及超级电容中所储能量。惯性响应过程中，风速变化会引起风力机捕获风能所对应的机械功率变化，导致发电机瞬时输入机械功率与输出电磁功率不平衡，进而导致转速变化及发电功率改变。假设惯性响应时间为 t，其功率关系为

$$\Delta E_{\mathrm{wind}} = \int_0^t \Delta P_{\mathrm{wind}} \mathrm{d}t = \int_0^t \Delta P_{\mathrm{e}} \mathrm{d}t + \frac{1}{2} J_{\mathrm{DFIG}} \frac{(\omega_{\mathrm{m}t}^2 - \omega_{\mathrm{m0}}^2)}{p^2 N^2} = \Delta E_{\mathrm{wind\_e}} + \Delta E_{\omega\mathrm{m}} \tag{4.3}$$

式中，ΔP_{wind} 为风力机捕获机械功率变化量；ΔP_{e} 为发电机输出功率变化量；ω_{m0}、$\omega_{\mathrm{m}t}$ 分别为初始时刻、t 时刻的转子角速度；J_{DFIG} 为双馈感应发电机的转动惯量；$\Delta E_{\mathrm{wind\_e}}$ 为发电机输出电能的变化量；$\Delta E_{\omega\mathrm{m}}$ 为转子动能变化量。

根据式(4.2)及式(4.3)可以得到变风速下 SCESS－DFIG 系统等效惯性时间常数 H_{SD} 的表达式：

$$H_{\mathrm{SD}} = \frac{E_{\mathrm{SCESS-DFIG}}}{S_{\mathrm{DFIG\_N}}} = \frac{E_{\mathrm{SC}} + \Delta E_{\mathrm{KR}} + \Delta E_{\mathrm{wind\_e}}}{S_{\mathrm{DFIG\_N}}} \tag{4.4}$$

式中，$E_{\mathrm{SCESS-DFIG}}$ 为 SCESS－DFIG 系统具备的惯性响应能量；E_{SC} 为 SCESS 提供的惯性响应的能量；ΔE_{KR} 为 SCESS－DFIG 系统通过控制获得的机械能变化量。

为了通过控制使 SCESS－DFIG 系统能够像同步发电机组一样具有转动惯量及惯性时间常数，将式(4.4)整理为

$$H_{\mathrm{SD}} S_{\mathrm{DFIG\_N}} = \frac{1}{2} J_{\mathrm{SD}} \omega_{\mathrm{SG}}^2 \frac{1}{p^2 N^2} = E_{\mathrm{SC}} + \Delta E_{\mathrm{KR}} + \Delta E_{\mathrm{wind\_e}} \tag{4.5}$$

式中，J_{SD} 为 SCESS－DFIG 系统的虚拟等效转动惯量；ω_{SG} 为 SCESS－DFIG 系统等效电角速度。

在电网电压角频率 ω_{g} 发生变化时，SCESS－DFIG 系统模拟同步发电机惯性响应输出功率增量 ΔP_{SD} 为

$$\Delta P_{\mathrm{SD}} = J_{\mathrm{SD}} \omega_{\mathrm{g}} \frac{\mathrm{d}\omega_{\mathrm{g}}}{\mathrm{d}t} \frac{1}{p^2 N^2} = P_{\mathrm{SC}} + \Delta P_{\mathrm{KR}} + \Delta P_{\mathrm{wind\_e}} \tag{4.6}$$

式中，P_{SC} 为 SCESS 提供的惯性响应功率；ΔP_{KR} 为通过控制转子转速提供的惯性响应功率；$\Delta P_{\mathrm{wind\_e}}$ 为 MPPT 工况下惯性响应过程中由风速变化引起的双馈感应发电机与惯性响应起始时刻输出功率的差值。

首先不考虑通过 SCESS－DFIG 系统转子动能提供惯性响应功率，假设 $\Delta E_{\mathrm{KR}} = 0$ 且 $\Delta P_{\mathrm{KR}} = 0$，式(4.4)可改写为

$$H_{SD}=\frac{E_{SCESS-DFIG}}{S_{DFIG\_N}}=\frac{E_{SC}+\Delta E_{wind\_e}}{S_{DFIG\_N}} \tag{4.7}$$

式(4.7)所示为SCESS提供不同惯性响应能量条件下，风速变化引起输出电能的变化值对SCESS－DFIG系统的惯性时间常数H_{SD}的影响。由图4.2可见，变风速引入能量可以分为三种，即“阻尼”“过阻尼”和“负阻尼”。如果风速变化的影响使得SCESS－DFIG系统获得额外对电网频率阻尼的能力，适当运用这一部分能量可以减少惯性响应过程中SCESS能量的使用。但如果引入的阻尼能量过大，则会使SCESS－DFIG系统惯性时间常数H_{SD}过大，这对于系统频率的稳定性是不利的。假如风速变化与频率变化趋势相同，则会加剧系统频率的变化，同样是不利的。

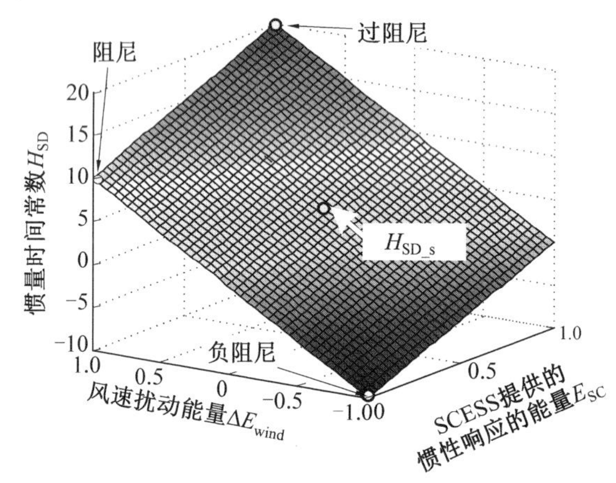

图4.2 风速变化对SCESS－DFIG系统惯性时间常数H_{SD}的影响

为了解决风速变化影响惯性时间常数H_{SD}的问题，需要利用转子转速控制或SCESS功率控制对ΔP_{wind_e}中负阻尼、过阻尼能量进行平抑。假设变风速下惯性响应功率ΔP_{SD_S}为

$$\Delta P_{SD\_S}=J_{SD\_s}\omega_g\frac{d\omega_g}{dt}\frac{1}{p^2N^2}=P_{SC\_i}+P_{SC\_w}+\Delta P_{wind\_e} \tag{4.8}$$

式中，J_{SD_s}为考虑风速影响平抑后的SCESS－DFIG系统虚拟等效转动惯量；P_{SC_i}为SCESS为电网提供频率惯性响应功率容量的典型值；P_{SC_w}为超级电容消除风速变化影响的瞬时功率。

SCESS－DFIG系统的惯性时间常数H_{SD}经过功率补偿后为H_{SD_s}，可表示为

$$H_{SD\_s}=\frac{E_{SC\_i}+E_{SC\_w}+\Delta E_{wind\_e}}{S_{DFIG\_N}} \tag{4.9}$$

式中，E_{SC_i}为SCESS惯性响应功率；E_{SC_w}为SCESS平抑风速波动的功率。

据式(4.2)可以将 H_{SD_s} 写成与补偿后虚拟转动惯量 J_{SD_s} 及电网角速度 ω_{grid} 相关的形式：

$$H_{SD\_s}=\frac{J_{SD\_s}\omega_{grid}^2}{2S_{DFIG\_N}}\frac{1}{p^2N^2} \tag{4.10}$$

将式(4.10)代入式(4.8)，整理后得到 SCESS－DFIG 系统惯性响应功率和其额定发电容量的比值与惯性时间常数及电网角频率变化率标幺值之间的关系：

$$\frac{\Delta P_{SD\_s}}{S_{DFIG\_N}}=2H_{SD\_s}\frac{\omega_g}{\omega_{grid}}\frac{\mathrm{d}\left(\frac{\omega_g}{\omega_{grid}}\right)}{\mathrm{d}t} \tag{4.11}$$

整理后得到惯性响应功率标幺值 $\Delta P_{SD\_s}^*$ 与 H_{SD_s} 及电网角速度标幺值 ω_g^* 之间的关系。由于转速与频率标幺值相等，可以得到

$$\Delta P_{SD\_s}^*=2H_{SD\_s}\omega_g^*\frac{\mathrm{d}\omega_g^*}{\mathrm{d}t}=2H_{SD\_s}f_g^*\frac{\mathrm{d}f_g^*}{\mathrm{d}t} \tag{4.12}$$

式中，f_g^* 为电网频率标幺值。

式(4.12)将用于下文中利用扩张状态观测器(Extended State Observer，ESO)对惯性响应功率进行估计。同时，下一节中将提出对于双馈感应发电机捕获机械功率估计方法，作为 SCESS－DFIG 系统惯性响应控制策略的设计基础。

4.3　计及风扰动的 SCESS－DFIG 系统惯性响应的功率及能量分析

4.3.1　SCESS－DFIG 系统惯性响应功率及能量需求

分析式(4.2)和式(4.3)可知，当 SCESS－DFIG 系统取代常规发电系统接入电网后，SCESS－DFIG 系统中储能容量按照常理来说只有和模拟的同步发电机额定转速下的转子动能相同时，其在电网频率变化时才能与常规发电机有相同的惯性响应特性。但是在工程实际中，SCESS－DFIG 系统在参与电网频率调整的过程中，电网频率只能在一个有限的区域内发生变化，正如前文所述，电网频率大约在 47～52 Hz 范围内波动。这证明常规发电机在频率惯性响应过程中只能释放转子动能很少的一部分。SCESS 通常可在很宽的功率尺度下工作，根据存储能量可以调节惯性响应功率及支撑时间，通过适当的控制可以具有比常规发电系统更强的惯性响应能力。

SCESS－DFIG系统与电网之间的功率控制主要遵循着能量守恒原理，当受到风特性影响输出功率变化或者线路重载切换电网频率瞬时发生变化时，可认为SCESS－DFIG系统与外界的功率交互的平衡状态被打破，进而系统的频率发生了变化。此原理由式(4.12)也可得到，当电网频率发生变化时，对于一个超短时间尺度而言，SCESS－DFIG系统瞬时及周期内释放功率和能量增量与模拟的常规发电机的功率和能量增量相同，意味着二者对电网频率支撑的惯性作用效果相同。因此，惯性响应模拟的分析应该从能量和功率两个角度进行。

1. 能量角度分析

由于电网频率向下跌落需要额外的能量支撑，其过程较电网频率上升更为复杂。由相关文献可知，系统频率有一个最低运行值设为f_{min}。在惯性响应过程中发电机转子转速在最低频率标幺值f^*_{min}与1 p.u.之间。因此，同步发电机在惯性响应过程中能够释放的最大转子动能为

$$\Delta E_{SG\_K}=\frac{1}{2}J_{SG}(1-f^{*2}_{min})\left(\frac{\omega_{SG}}{p}\right)^2 \tag{4.13}$$

发电机在额定转速下运行时，储存在转子中的动能在电网频率下降到最低值f^*_{min}所用时间Δt内释放的能量为

$$\Delta E_{SG\_K}=\int_0^{\Delta t}\Delta P_{SG\_e}(t)\mathrm{d}t=\int_0^{\Delta t}J_{SG}\frac{f^*(t)}{2\pi p}\frac{\mathrm{d}\dfrac{f^*(t)}{2\pi p}}{\mathrm{d}t}\mathrm{d}t \tag{4.14}$$

SCESS－DFIG系统惯性响应能量可以表示为

$$\Delta E_{SD\_s}=\int_0^{\Delta t}(P_{SC}+P_{SC\_w}+\Delta P_{KR\_w}+\Delta P_{wind\_e})\mathrm{d}t=2H_{SD\_s}f^*(t)\frac{\mathrm{d}f^*(t)}{\mathrm{d}t}S_{DFIG\_N} \tag{4.15}$$

根据前文的分析可知，在进行惯性响应的过程中，如果SCESS－DFIG系统释放和同步发电机相同的能量，有$\Delta E_{SD_s}=\Delta E_{SG_K}$的关系，二者表现出来的惯性响应所需能量接近。因此，SCESS－DFIG系统在此阶段释放能量应满足式(4.16)，SCESS瞬时功率P_{SC_a}需要足够一方面模拟同步发电机惯性响应，另一方面平抑风速波动引起的发电机输入输出能量不平衡。

$$\begin{aligned}E_{SC}&=\Delta E_{SG\_K}-\int_0^{\Delta t}(\Delta P_{KR\_w}+\Delta P_{wind\_e})\mathrm{d}t\\&=\frac{1}{2}J_{SG}(1-f^{*2}_{min})\left(\frac{\omega_{SG}}{p}\right)^2-\int_0^{\Delta t}(\Delta P_{KR\_w}+\Delta P_{wind\_e})\mathrm{d}t=P_{SC\_a}\Delta t\end{aligned} \tag{4.16}$$

2. 功率角度分析

整理式(4.16)可知，SCESS协助双馈感应发电机参与系统惯性响应过程中

平均有功功率为

$$P_{SC\_a}=\frac{1}{2}(1-f_{min}^{*2})S_{DFIG\_N}\frac{2H_{SD\_s}}{\Delta t}-(\Delta P_{KR\_w}+\Delta P_{wind\_e}) \tag{4.17}$$

由式(4.17)可知，对于转子动能的主动能量控制及风速变化影响需要分别对待。为了便于分析，本书设定了衡量参数 $K_{KR}=\Delta P_{KR\_w}/S_{DFIG\_N}$，$K_{wind}=\Delta P_{wind\_e}/S_{DFIG\_N}$，式(4.17)可以改写为

$$P_{SC\_a}=\frac{1}{2}(1-f_{min}^{*2})S_{DFIG\_N}\frac{2H_{SD\_s}}{\Delta t}-(K_{KR}S_{DFIG\_N}+K_{wind}S_{DFIG\_N}) \tag{4.18}$$

考虑到 SCESS 的额定功率 P_{SC_N} 必须不小于任何一个时刻的有功功率指令，因此其值也要大于储能装置的平均有功功率 P_{SC_a}。

为了得到 SCESS 容量的典型值，需要对比分析同步发电机组惯性时间常数 T_J、H_{SD_s} 和 Δt 之间的关系。如图 4.3 所示，电网频率调整主要分为惯性响应、一次调频、二次调频三个阶段。在惯性响应阶段，系统的惯性时间常数越大，系统频率跌落到其最小值的时间越长。一般情况下，各类发电机组的惯性响应过程持续时间为 7 ～ 15 s，可以认为风电依靠储能参与惯性响应的时间与其相等。

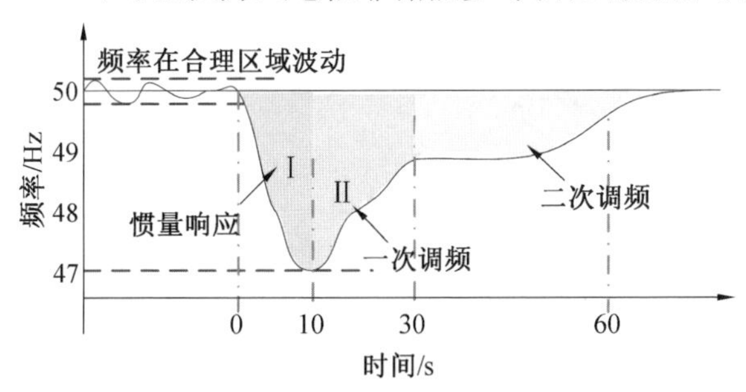

图 4.3　电网频率变化时功率调节类型及时间特性

参考多个国家的并网导则规定，本书设定电网频率最大跌落为 47 Hz。因此，当 $f_{min}=47$ Hz 时，将其代入式(4.18)，假定风电场依靠储能参与系统惯性响应的时间与同步发电机的惯性时间常数一致，即 $T_J=2H_{SD\_s}=\Delta t$，则 SCESS 为电网提供频率惯性响应功率容量的典型值 P_{SC_i} 为

$$P_{SC\_i}=0.058\ 2S_{DFIG\_N} \tag{4.19}$$

风速的变化对于惯性响应的影响，可根据国家标准规定进行分析。《风电场接入电力系统技术规定》(GB/T 19963—2021) 中指出，风电场应具备有功功率调节能力，同时风电场接入电力系统时有功功率的变化不能超出规定。这使得风速变化对于惯性响应的影响有据可依，风电场接入电力系统技术规定见表 4.1，风电场 1 min 有功功率变化最大限值约为风电场装机容量的 10%，而惯性

响应的时间尺度要低于1 min。本书假设在惯性响应过程中单机功率变化不超过额定功率的10%。

表 4.1　风电场接入电力系统技术规定

风电场装机容量 /MW	1 min 有功功率变化最大限值 /MW
< 30	3
30 ～ 150	风电场装机容量 /10
> 150	15

由以上分析，设定风速变化幅度 $K_R = 0.1$，即可以得到

$$P_{SC\_w} = 0.1S_{DFIG\_N} \tag{4.20}$$

因此可以计算得到 P_{SC} 的瞬时最大功率为

$$P_{SC} = 0.158\,2S_{DFIG\_N} \tag{4.21}$$

由此可知 SCESS 的瞬时最大功率约为双馈感应发电机额定功率的16%。在以上的分析中，都是假设由 SCESS 独立提供惯性响应能量，将式(4.18)整理后可以得到 SCESS 与主动控制释放转子动能的协调控制下，瞬时可释放功率为

$$P_{SC\_a} + K_R S_{DFIG\_N} = \frac{1}{2}(1 - f_{min}^{*2})S_{DFIG\_N}\frac{2H_{SD\_s}}{\Delta t} - K_{wind}S_{DFIG\_N} \tag{4.22}$$

如果能将双馈感应发电机主动释放转子动能与 SCESS 功率协同控制，可以减少 SCESS 容量与能量的需求，同时又不会对双馈感应发电机造成过大的影响。

4.3.2　转子动能与 SCESS 所具备的惯性响应功率与能量对比分析

SCESS－DFIG 系统参与电网频率功率调节，途径主要有两种：其一，主动释放转子动能，主要途径是改变 SCESS－DFIG 系统转子侧 RSC 功率给定，增大瞬时双馈感应发电机定子侧输出功率；其二，通过 SCESS 释放功率。图 4.4 所示为 $H=3$ s 时主动释放转子动能与通过 SCESS 释放功率在不同风速变化幅度、转差率下最大电网频率惯性响应功率标幺值。图 4.4(a)所示为主动释放转子动能提供惯性响应，可见转子转速越高，转差率 s 越小，通过转子动能瞬时释放可以提供的惯性响应功率越大。图 4.4(b)中，随着转子转速升高，双馈感应发电机输出功率增大，GSC 可用于惯性响应的容量不断减小。当转差率 s 很小时，GSC 吸收功率，因此 SCESS 瞬时可以提供接近 $0.5P_{DFIG\_N}$ 的功率，而随着转速不断增大，s 由正变负，SCESS 可输出功率不断减小。

图 4.5 所示为不同风速变化度下主动释放转子动能与通过 SCESS 释放功

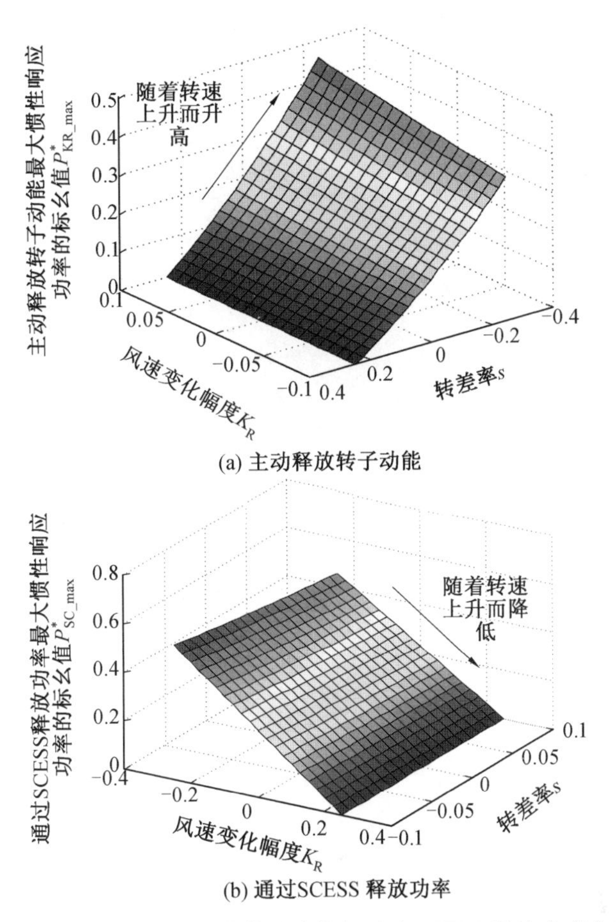

(a) 主动释放转子动能

(b) 通过SCESS释放功率

图4.4 $H=3$ s时主动释放转子动能与通过SCESS释放功率在不同风速变化幅度、转差率下最大电网频率惯性响应功率标幺值

率在不同惯性响应常数H下所需最低转子转速或超级电容模组数量，本书所采用SCESS—DFIG系统的参数见第2章表2.1，储能单元由48 V、165 F的超级电容模组单元串并联构成。由图4.5(a)可知，如果只依靠转子动能提供惯性响应能量，当惯性时间常数$H=3$ s时(即同步发电机$T_J=6$ s)需要转子转速达到2 000 r/min，对于极对数为2的电机而言这已经超过了其最高运行转速，由此可见通过转子动能可以提供一部分惯性响应能量，但其值有限。通过图4.5(b)可知，随着超级电容模组数量的增加存储的能量不断地增加。由于超级电容能量与电压平方成正比例关系，当超级电容电压达到额定电压50%时，其能量剩余为25%。过度使用超级电容容量会使得超级电容低压侧电压与直流母线电压差过高，由此造成器件成本高、安全性差等不利影响。因此，本书设置SCESS最大的

释放能量为其额定容量的75%。

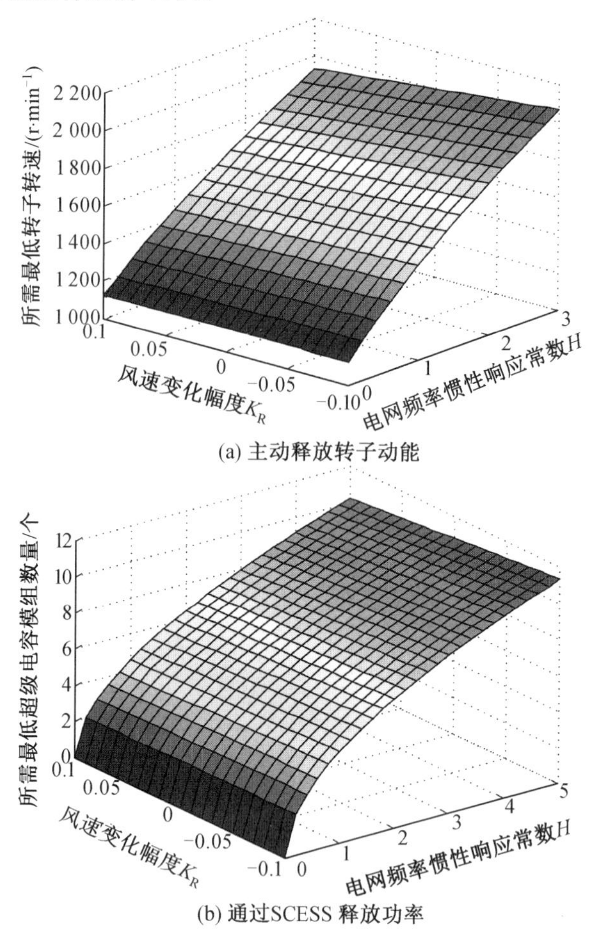

(a) 主动释放转子动能

(b) 通过SCESS释放功率

图4.5　不同风速变化度下主动释放转子动能与通过SCESS释放功率在不同惯性响应常数H下所需最低转子转速或超级电容模组数量

本小节的理论研究表明，主动释放转子动能通过与SCESS释放功率在不同转速下可以形成互补，二者控制相结合可以减少SCESS的能量需求，又不会严重影响双馈感应发电机的运行。下文将针对协同控制策略展开研究，对于转子动能的应用，需要计及风速变化对应用产生的影响。同时，由于瞬时所捕获的机械能无法通过测量得到，过度释放转子动能会造成转速过低、振荡及脱网等故障，这也加大了转子动能惯性响应的难度。下文利用扩张状态观测器对SCESS-DFIG系统的捕获功率进行估计，这使得转子动能与SCESS协同提供电网频率惯性响应功率成为可能。

4.4　利用 ESO 对于惯性响应中的变量进行估计

4.4.1　ESO 对于非线性系统的估计

系统在运行过程中总是与外部进行信息交流，系统把某些部分状态变量信息传给外部，也从外部采集一些信息。研究人员只能收集系统外部变量来把握系统运行状况。对于动态过程而言，系统外部变量就是系统传给外部的输出变量、部分状态变量信息和外部传给系统的输入变量，包括控制输入。根据这种外部变量的观测量确定系统内部状态变量，即根据测量到的系统输入（控制量）和系统输出（部分状态变量或状态变量的函数）来确定系统所有内部状态信息的装置就是状态观测器。

ESO 是在一般观测器的基础上，将影响系统被控输出的总扰动扩张成新的状态变量，然后对系统状态变量和总扰动进行估计的一种非线性观测器，其具体原理如下。

考虑一类不确定非线性动态系统：

$$x^{(n)} = f(x + \dot{x} + x^{(2)} + \cdots + x^{(n-1)}, w(t), t) + bu \tag{4.23}$$

式中，x 为状态变量；$\dot{x}, x^{(2)}, \cdots, x^{(n-1)}$ 为 x 的相关变量；t 为时间常数；$w(t)$ 为未知外部干扰；u 为控制输入；b 为控制输入系数。

其可以扩展到 n 阶的状态空间，并转化为标准的单输入单输出动态系统：

$$\begin{cases} \dot{x}_1 = x_2 \\ \dot{x}_2 = x_3 \\ \vdots \\ \dot{x}_{n-2} = x_{n-1} \\ \dot{x}_{n-1} = x_n \\ \dot{x}_n = f(x_1, x_2, \cdots, x_{n-1}, w(t), t) + bu \\ y = x_1 \end{cases} \tag{4.24}$$

式(4.24) 中状态 x_n 是一个扩张的状态，即量化扰动对系统的影响。因此，本书可以在单个扩展的动态系统中考虑状态和扰动，以及它们之间的相互作用。简单地说，可为式(4.24) 建立一个扩张状态观测器：

$$\begin{cases} e_1 = \hat{z}_1 - y \\ \dot{\hat{z}}_1 = \hat{z}_2 - \beta_{01} e_1 \\ \dot{\hat{z}}_2 = \hat{z}_3 - \beta_{02} \ |e_1|^{1/2} \text{sign}(e_1) \\ \vdots \\ \dot{\hat{z}}_{n-1} = \hat{z}_n - \beta_{0n-1} \ |e_1|^{\frac{1}{2^{n-2}}} \text{sign}(e_1) \\ \dot{\hat{z}}_n = -\beta_{0n} \ |e_1|^{\frac{1}{2^{n-1}}} \text{sign}(e_1) + bu \end{cases} \tag{4.25}$$

式中，$\hat{z}_j$ 为 x_j 状态的估计值($j=1,2,3,\cdots,n-1$)；$\hat{z}_n$ 为被扩张状态 x_n 的估计值；函数 $\beta_{0j} \ |e_1|^{\frac{1}{2^{j-1}}} \text{sign}(e_1)$ 为系统的非线性反馈($j=1,2,3,\cdots,n$)。实际的控制当中，并不需要假设函数 $f(x+\dot{x}+x^{(2)}+\cdots+x^{(n-1)},w(t),t)$ 是连续的还是离散的，是已知量还是未知量，只要 $a(t)=f(x+\dot{x}+x^{(2)}+\cdots+x^{(n-1)},w(t),t)$ 在系统运行中是有界的，并且参数 b 已知，总可以选择适当的参数 β_{0j}，使扩张状态观测器能够实时估计对象 x_j 的状态和被扩张量 x_n 的状态。

函数 $\text{fal}(e_1,\alpha,\delta)$ 的表达式为

$$\text{fal}(e_1,\alpha,\delta) = \begin{cases} |\varepsilon|^{\alpha} \text{sign}(\varepsilon), & |\varepsilon| > \delta \\ \dfrac{\varepsilon}{\delta^{1-\alpha}}, & |\varepsilon| \leqslant \delta \end{cases} \tag{4.26}$$

4.4.2 基于 ESO 的 SCESS－DFIG 系统输入机械功率估计

由于风力机捕获风能属于内部状态变量，无法直接通过传感器对其进行采样测量。与风力机捕获机械功率相关的变量转子转速采用编码器输出信号至数字控制，容易引入干扰量，对转速的微分值 $\mathrm{d}\omega_\mathrm{m}/\mathrm{d}t$ 产生影响。同时，无法根据动力学方程直接计算得到捕获机械功率。本书利用 ESO 的目的是不通过风力机转速的微分值 $\mathrm{d}\omega_\mathrm{m}/\mathrm{d}t$，仅根据发电机的动态响应特性对风力发电机输入机械功率实时状态进行估计，估计结果作为 SCESS－DFIG 系统惯性响应控制的一个控制输入量。

$$J_{\mathrm{DFIG}}\omega_\mathrm{m} \frac{\mathrm{d}\omega_\mathrm{m}}{\mathrm{d}t} \frac{1}{N^2 p^2} = P_{\mathrm{mech\_e}} - (P_{\mathrm{SCESS-DFIG\_es}} + P_{\mathrm{SCESS-DFIG\_rsc}}) - D\omega_\mathrm{m}^2 \frac{1}{N^2 p^2} \tag{4.27}$$

式中，$P_{\mathrm{mech\_e}}$ 为发电机输入机械功率；$D\omega_\mathrm{m}^2$ 为能量转换损耗的机械功率。

由于 $P_{\mathrm{SCESS-DFIG}}$ 含有超级电容功率，因此式(4.27)中只能以($P_{\mathrm{SCESS-DFIG\_es}}$ +

$P_{\mathrm{SCESS-DFIG\_rsc}}$）的形式表示 DFIG 的实时发电功率。由于式(4.27) 为非线性微分方程，无法直接利用扩张状态观测器进行估计，需要将转速转化为只有转速微分的形式：

$$\frac{1}{2}J_{\mathrm{DFIG}}\frac{\mathrm{d}\omega_{\mathrm{m}}^{2}}{\mathrm{d}t}\frac{1}{N^{2}p^{2}}=P_{\mathrm{SD\_M}}-(P_{\mathrm{es}}+P_{\mathrm{SCESS-DFIG\_rsc}})-D\omega_{\mathrm{m}}^{2}\frac{1}{N^{2}p^{2}} \tag{4.28}$$

式(4.28) 整理后可以改写为 ω_{m}^{2} 的标准的一阶微分形式：

$$\frac{\mathrm{d}\omega_{\mathrm{m}}^{2}}{\mathrm{d}t}=\frac{2(N^{2}p^{2}P_{\mathrm{SD\_M}}-D\omega_{\mathrm{m}}^{2})}{J_{\mathrm{DFIG}}}-N^{2}p^{2}\frac{2(P_{\mathrm{SCESS-DFIG\_es}}+P_{\mathrm{SCESS-DFIG\_rsc}})}{J_{\mathrm{DFIG}}} \tag{4.29}$$

将风能捕获功率与机械损耗功率相结合为 $P_{\mathrm{SD\_M}}$，即实际输入发电机机械功率。通过式(4.29) 对 ω_{m}^{2} 扩张状态后得到

$$\begin{cases}\dot{\omega}_{\mathrm{m}}^{2}=\dfrac{2}{J_{\mathrm{DFIG}}}P_{\mathrm{SD\_M}}-\dfrac{2(P_{\mathrm{SCESS-DFIG\_es}}+P_{\mathrm{SCESS-DFIG\_rsc}})}{J_{\mathrm{DFIG}}}\\ \dfrac{1}{J_{\mathrm{DFIG}}}P_{\mathrm{SD\_M}}=\dfrac{1}{J_{\mathrm{DFIG}}}N^{2}p^{2}P_{\mathrm{SD\_m}}-D\omega_{\mathrm{m}}^{2}\\ y=\omega_{\mathrm{m}}^{2}\end{cases} \tag{4.30}$$

令式(4.25) 中状态为 $z_{1}=\omega_{\mathrm{m}}^{2}$，扩张状态（干扰）$z_{2}=P_{\mathrm{SD\_M}}/J_{\mathrm{DFIG}}$，输入 $u_{1}=P_{\mathrm{SCESS-DFIG\_es}}+P_{\mathrm{SCESS-DFIG\_rsc}}$，输入系数为 $b_{1}=-1/J_{\mathrm{DFIG}}$，从而可以构造如下的扩张状态观测器：

$$\begin{cases}e_{\mathrm{m}}=\hat{\omega}_{\mathrm{m}}^{2}-\omega_{\mathrm{m}}^{2}\\ \dot{\hat{\omega}}_{\mathrm{m}}^{2}=\dfrac{2}{J_{\mathrm{DFIG}}}\hat{P}_{\mathrm{SD\_M}}+\left[-\dfrac{2}{J_{\mathrm{DFIG}}}(P_{\mathrm{es}}+P_{\mathrm{DFIG\_rsc}})\right]-\beta_{01}e_{\mathrm{m}}\\ \dfrac{1}{J_{\mathrm{DFIG}}}P_{\mathrm{SD\_M}}=-\beta_{02}\,\mathrm{fal}(e_{\mathrm{m}},\alpha_{1},\delta_{1})\end{cases} \tag{4.31}$$

式中，$\hat{P}_{\mathrm{SD\_M}}$、$\hat{\omega}_{\mathrm{m}}^{2}$ 分别为 $P_{\mathrm{SD\_M}}$ 和 ω_{m}^{2} 的估计值。控制参数 α_{1}、δ_{1}、β_{01}、β_{02} 会影响扩张观测器对于发电机输入机械功率估计的准确性，因此以上参数的设计对于控制有至关重要的作用，下文对不同参数对系统的影响进行了分析对比。

在扩张状态观测器估计发电机输入机械功率 $P_{\mathrm{SD\_M}}$ 的过程中，需要的参数主要有 J_{DFIG}、ω_{m} 以及定子侧功率 $P_{\mathrm{SCESS-DFIG\_es}}$ 和 RSC 功率 $P_{\mathrm{SCESS-DFIG\_rsc}}$。$J_{\mathrm{DFIG}}$ 是固有参数，其余的变量都可以通过转速、电压、电流传感器检测后经过简单计算得到，这使得扩张状态观测器具备实现条件，从而可以不通过发电机转速的微分值直接估计出发电机输入机械功率，增强系统对测量噪声的抗干扰能力。

如图 4.6 所示，将该扩张状态观测器命名为 ESO－A，利用其准确估计出发

电机输入机械功率后,可作为发电机输出功率控制的参考量。

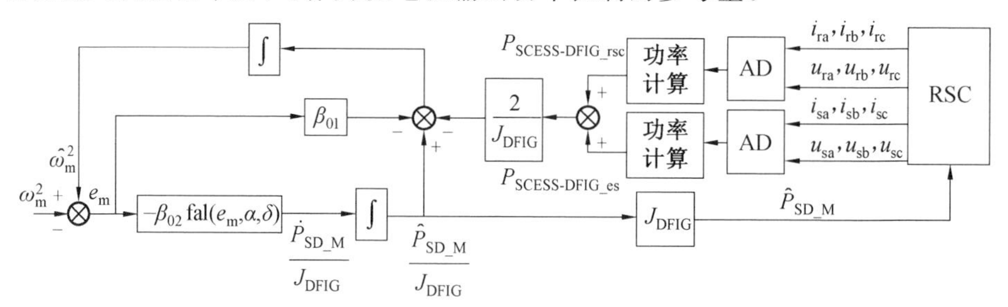

图 4.6 ESO－A 对 SCESS－DFIG 系统捕获机械功率估计工作原理

4.4.3 基于 ESO 的电网频率惯性响应功率估计

SCESS－DFIG 系统在电网频率发生变化时,需要提供惯性响应功率阻尼电网频率的变化。在多数文献中,无论是采用 PD 控制策略还是模糊控制策略,都需要采集电网频率 f 及电网频率变化率 $\mathrm{d}f/\mathrm{d}t$ 作为惯性响应功率计算的输入量。在传感器采集电压过程中,难免会引入噪声干扰。电网频率的变化率 $\mathrm{d}f/\mathrm{d}t$ 在使用前需要通过一个低通滤波环节,通常时间常数的选择会对 $\mathrm{d}f/\mathrm{d}t$ 产生影响。采用扩张状态观测器后,可以解决这一问题。

式(4.11)可以改写为与电网频率标幺值有关的非线性微分方程,经过进一步整理可得到

$$H_{SD\_s}\frac{\mathrm{d}f_g^{*2}}{\mathrm{d}t}=\Delta P_{SD\_spu} \tag{4.32}$$

式中,ΔP_{SD_spu} 为电网频率变化时 SCESS－DFIG 系统提供惯性响应功率的标幺值。

将式(4.32)改写为电网频率标幺值平方 f_g^{*2} 的一阶标准微分方程形式:

$$\frac{\mathrm{d}f_g^{*2}}{\mathrm{d}t}=\frac{1}{H_{SD\_s}}\Delta P_{SD\_s}^{*}+\left(-\frac{1}{H_{SD\_s}}\right)\cdot 0 \tag{4.33}$$

式(4.33)扩张状态后可得到其扩张状态方程:

$$\begin{cases}\dot{f}_g^{*2}=\dfrac{1}{H_{SD\_s}}\Delta P_{SD\_spu}+\left(-\dfrac{1}{H_{SD\_s}}\right)\cdot 0\\ \dfrac{1}{H_{SD\_s}}\Delta P_{SD\_spu}=\dfrac{1}{H_{SD\_s}}\Delta P_{SD\_spu}\\ y=f_g^{*2}\end{cases} \tag{4.34}$$

令状态 $z_1=f_g^{*2}$,$z_2=P_{SD\_s}^{*}/H_{SD\_s}$,输入 $u_2=0$,输入系数 $b_2=-1/H_{SD\_s}$,可以构造如下的扩张状态观测器:

$$\begin{cases} e_{\mathrm{f}} = \hat{f}_{\mathrm{g}}^{*2} - f_{\mathrm{g}}^{*2} \\ \dot{\hat{f}}_{\mathrm{g}}^{*2} = \dfrac{1}{H_{\mathrm{SD\_s}}}\Delta\hat{P}_{\mathrm{SD\_spu}} + \left(-\dfrac{1}{H_{\mathrm{SD\_s}}}\right)\cdot 0 - \beta_{03}e_{\mathrm{f}} \\ \dfrac{1}{H_{\mathrm{SD\_s}}}\Delta\dot{P}_{\mathrm{SD\_spu}} = -\beta_{04}\,\mathrm{fal}(e_{\mathrm{f}},\alpha_2,\delta_2) \end{cases} \tag{4.35}$$

式中，$\hat{f}_{\mathrm{g}}^{*2}$、$\Delta\hat{P}_{\mathrm{SD\_spu}}$ 分别为 f_{g}^{*2} 和 $\Delta P_{\mathrm{SD\_spu}}$ 的估计值。通过建立如图 4.7 所示的电网频率惯性响应功率估计的控制框图，通过 ESO 就可以准确地估计得到电网频率变化时 SCESS－DFIG 系统提供惯性响应功率的标幺值的估计值 $\Delta\hat{P}_{\mathrm{SD\_spu}}$。将这个扩张状态观测器命名为 ESO－B。

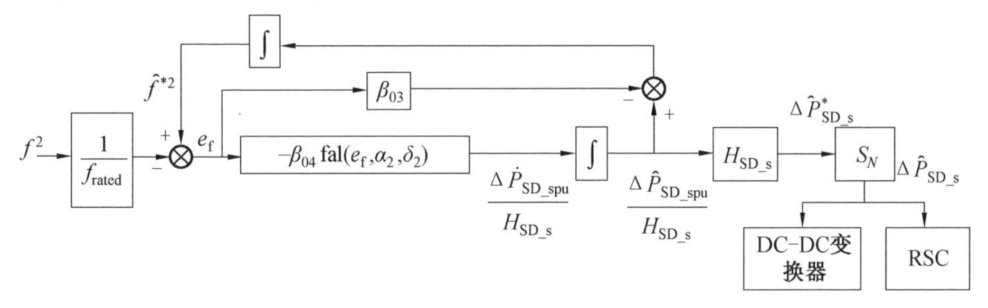

图 4.7　ESO－B 对电网频率惯性响应功率估计工作原理

图 4.8 所示为对电网频率惯性响应采用不同的控制策略瞬时输出惯性响应功率比较。控制策略分别为 PD 控制、模糊逻辑控制和 ESO 控制，通过式(4.11)不难发现，ESO 的主要控制参数是 df/dt，所以它可以更好地反映发电机的转子转速的变化。当电网频率的变化率为负时，转子转速降低，同时功率释放。当电网频率上升时，转子转速上升，此时吸收功率。传统的 PD 控制的响应速度很慢，

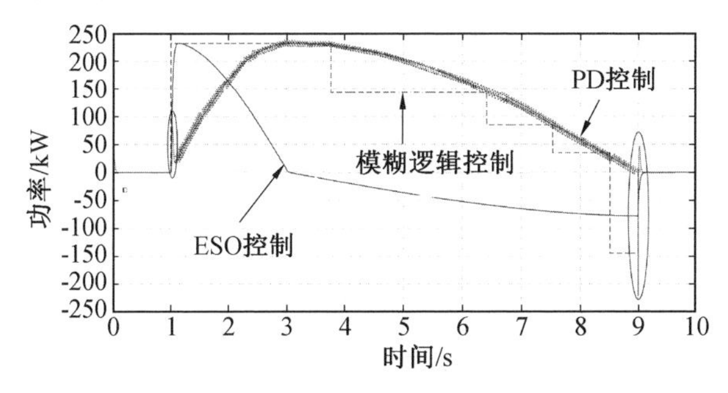

图 4.8　对电网频率惯性响应采用不同的控制策略瞬时输出惯性响应功率比较

在获取信号时容易受到噪声的影响。模糊逻辑控制的控制连续性较差，需要通过长期参数检测确定隶属度的选择。本书所采用的 ESO 控制策略，可用于快速跟踪频率变化，设计简单、容易实现。

4.4.4 适用于 SCESS－DFIG 系统惯性响应的 ESO 参数设计

根据文献[114-115]，式(4.25)具有另一表达式：

$$\begin{cases} e_1 = \hat{z}_1 - y \\ \dot{\hat{z}}_1 = \hat{z}_2 - \beta_{01} e_1 \\ \dot{\hat{z}}_2 = \hat{z}_3 - \beta_{02}\,\mathrm{fal}\left(e_1, \dfrac{1}{2^{2-1}}, \delta\right) \\ \vdots \\ \dot{\hat{z}}_{n-1} = \hat{z}_n - \beta_{0n-1}\,\mathrm{fal}\left(e_1, \dfrac{1}{2^{n-2}}, \delta\right) \\ \dot{\hat{z}}_n = -\beta_{0n}\ |e_1|^{\frac{1}{2^{n-1}}}\,\mathrm{fal}\left(e_1, \dfrac{1}{2^{n-1}}, \delta\right) \end{cases} \tag{4.36}$$

对于 n 阶系统参数 $\alpha_1=1/2$，$\alpha_2=1/2^2$，$\alpha_3=1/2^3$，…，$\alpha_{n-1}=1/2^{n-1}$。因此，通常选择一阶 ESO－A 和 ESO－B 的参数 α 为 0.5。对不同 α 下 ESO－A 和 ESO－B 估计结果进行比较，如图 4.19 所示。当 $\alpha=0.5$ 时，可以得到较好的结果。参数 δ 是滤波器因子，通常设置为大于采样步长以保证滤波器性能。β_{01} 主要与状态估计效果有关，β_{02} 与扩展状态估计效果有关，β_{0n-1} 与扩展状态估计效果有关。较大的 β_{01}、β_{02} 通常会导致更快的收敛速度，但可能增加 ESO 输出振荡的风险。如图 4.10(a) 所示，β_{01}、β_{02} 过小($\beta_{01}=10$，$\beta_{02}=100$) 系统会发散，β_{01}、β_{02} 过大($\beta_{01}=10\ 000$，$\beta_{02}=100\ 000$) 控制效果下降，同时延长了响应时间。如图 4.10(b) 所示，$\beta_{03}=1\ 000$，$\beta_{04}=20\ 000$ 有较好的效果。

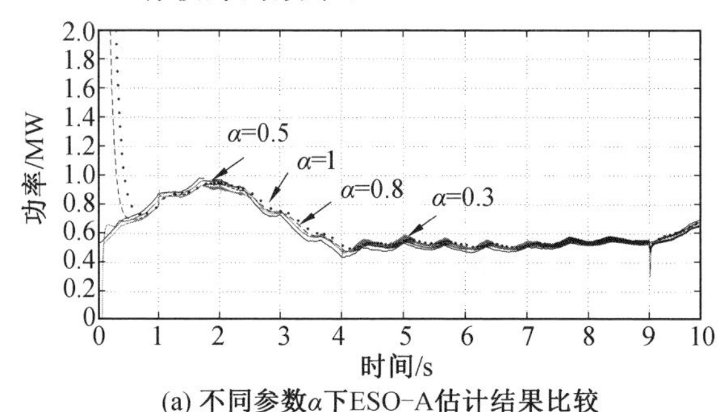

(a) 不同参数α下ESO-A估计结果比较

图 4.9 不同参数 α 下 ESO－A 与 ESO－B 估计结果比较

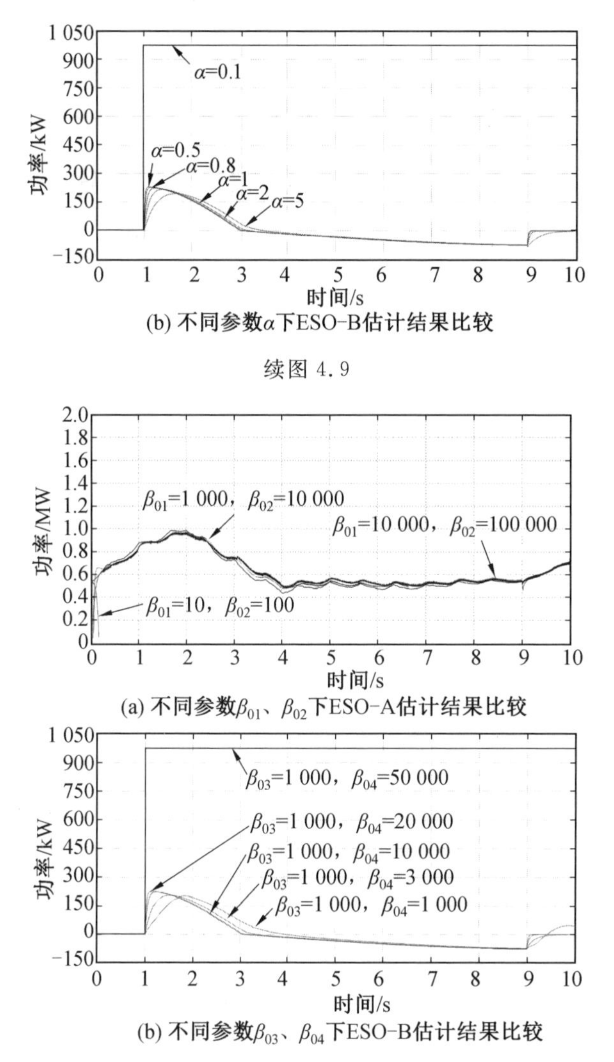

(b) 不同参数α下ESO-B估计结果比较

续图 4.9

(a) 不同参数β_{01}、β_{02}下ESO-A估计结果比较

(b) 不同参数β_{03}、β_{04}下ESO-B估计结果比较

图 4.10　不同参数下 ESO－A 与 ESO－B 估计结果比较

4.5　计及风速变化的电网频率惯性响应控制

4.5.1　电网频率惯性响应过程中风速变化的分层阻尼控制

在前文中提到了风速变化对于 SCESS－DFIG 系统的惯性时间常数的影

响。同时提出了不同的风速变化对于惯性响应有不同的影响，有一些是有益的，有一些是有害的。如果利用超级电容在提供系统惯性响应功率的同时，对风能波动进行平抑，可以消除风速变化对 SCESS－DFIG 系统的影响。但是在实际工程中，SCESS 的容量往往受到制约，GSC 也有容量限制要求。因此，本书设计了一种双馈感应发电机转子转速控制与 SCESS 功率协调控制的方案。同时，本节详细讲述如何通过对风速变化能量的分层控制提高 SCESS－DFIG 系统惯性响应能力。

如图 4.11 所示，假设惯性响应起始功率为 P_{e0}，当电网频率发生变化时，会存在风速变化对风力机输入功率的干扰。可利用 ESO－A 对风力机输入机械功率的估计，设计一种风速“过滤”环节，分层控制发电机输出功率，消除风速变化对于电网频率惯性响应呈负阻尼、过阻尼的影响。

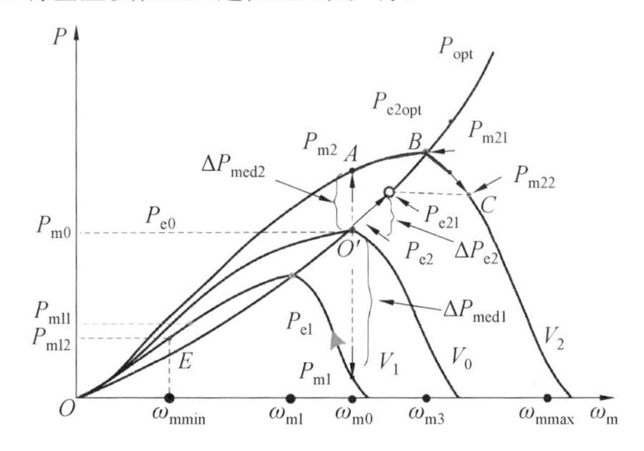

图 4.11　不同风速下的机械输入功率和输出功率曲线

当 SCESS－DFIG 系统检测到电网频率变化量超限后，进入惯性响应模式。双馈感应发电机输入机械功率的估计值 $\hat{P}_{SD\_M}$ 与发电机输出功率 P_e($P_e = P_{SCESS-DFIG\_es} + P_{SCESS-DFIG\_rsc}$)的差值为 ΔP_{med}。设置趋势判定系数 K_{ten}：

$$K_{ten}=\frac{(\hat{P}_{SD\_M}-P_{e0})\,\omega_{gN}}{(\omega_{gN}-\omega_g)\,S_N} \tag{4.37}$$

式中，ω_{gN} 为同步发电机组额定电角速度；S_N 为发电机额定容量。

通过 K_{ten} 可以判断出风速变化引入的功率差 ΔP_{med} 与电网频率变化趋势之间的关系，从而判断出风速变化引入的能量为“阻尼”还是“负阻尼”。以图 4.11 所示为例分别对风速突升、突降的分层控制思想进行说明。以下分析都是以假设电网频率跌落为前提的。

1. 风速突升

初始阶段双馈感应发电机运行在 MPPT 工况下，风速由 V_0 升至 V_2，使得风力机瞬时输入机械功率由 0 变化至 A 点，其值突增至 P_{m2}，大于发电机惯性响应初始时刻 SCESS－DFIG 系统的输出功率 P_{e0}。由于判定系数 $K_{ten}>0$，证明风速变化引入了部分有益于阻尼电网频率变化的能量。但是风速上升过快、幅值过高会引入过阻尼功率，会对惯性响应造成影响，因此需要限制定子输出功率的大小。式(4.38)结合 GSC 中 ESO－B 得到电网频率瞬时所需的惯性响应功率的估计值 $\Delta\hat{P}_{SD\_s}$，对 t_2 时刻的双馈感应发电机瞬时定子输出功率以及 RSC 瞬时功率和 P_{et2} 进行限制：

$$\begin{cases} P_{et2}=P_{e0}, & \hat{P}_{SD\_M\_2}<P_{e0} \\ P_{et2}=\hat{P}_{SD\_M\_2}, & P_{e0}<\hat{P}_{SD\_M\_2}<P_{e0}+\Delta\hat{P}_{SD\_s} \\ P_{et2}=P_{e0}+\Delta\hat{P}_{SD\_s}, & \hat{P}_{SD\_M\_2}>P_{e0}+\Delta\hat{P}_{SD\_s} \end{cases} \tag{4.38}$$

式中，P_{et2} 为双馈感应发电机保持 MPPT 控制时的输出功率；$\hat{P}_{SD\_M\_2}$ 为 t_2 时刻的 P_{SD_M}。简而言之，此时双馈感应发电机输出最小功率为 P_{e0}，输出最大功率为 P_{e0} 与估计值 $\Delta\hat{P}_{SD\_s}$ 之和。

由于双馈感应发电机输入机械功率与输出功率存在功率差 ΔP_{med2}，风力机转速升高，双馈感应发电机输入机械功率逐步由 A 点变化至 B 点(该风速下双馈感应发电机最大机械功率输入 $P_{m21}=P_{e2opt}$)。最终达到 C 点机械输入功率 P_{m22} 与发电机输出功率 P_{e2} 相等，达到输入输出功率平衡，发电机转子转速不再升高。因此，控制电磁输出功率后，风力机输入机械功率最终会与其相等，转子转速不会超过最大转速 $\omega_{m\max}$。

2. 风速突降

当惯性响应时，风速如果从 V_0 突降至 V_1，其机械输入功率降至 P_{m1}。为了避免风速影响，控制双馈感应发电机输出功率保持 P_{e0} 不变。由于存在功率差 $-\Delta P_{med1}$，转子转速逐步降低为 ω_{m1}。为了保证转子转速不低于最低转速设定 $\omega_{m\min}$，需要利用 ESO－A 对机械输入功率估计值 $\hat{P}_{SD\_M}$ 和输出功率 P_e 进行限制。同步发电机的惯性响应时间为 T_J，假设某一时刻 t_1，机械功率估计值为 $\hat{P}_{SD\_M1}$，此时的转子转速为 ω_{mt1}，此时双馈感应发电机输出功率 P_{et1} 为

$$\begin{cases} P_{\mathrm{et1}} = P_{\mathrm{e0}}, & P_{\mathrm{e0}} \leqslant \hat{P}_{\mathrm{SD\_M}} + \dfrac{J_{\mathrm{DFIG}}(\omega_{\mathrm{mt1}}^2 - \omega_{\mathrm{mmin}}\omega_{\mathrm{mt1}})}{(T_{\mathrm{J}} - t_1)} \\ P_{\mathrm{et1}} = \hat{P}_{\mathrm{SD\_M}} + \dfrac{J_{\mathrm{DFIG}}(\omega_{\mathrm{mt1}}^2 - \omega_{\mathrm{mmin}}\omega_{\mathrm{mt1}})}{(T_{\mathrm{J}} - t_1)}, & P_{\mathrm{e0}} > \hat{P}_{\mathrm{SD\_M}} + \dfrac{J_{\mathrm{DFIG}}(\omega_{\mathrm{mt1}}^2 - \omega_{\mathrm{mmin}}\omega_{\mathrm{mt1}})}{(T_{\mathrm{J}} - t_1)} \end{cases} \tag{4.39}$$

由此，当风速下降时，控制功率输出沿风速 V_1 下的功率曲线，当输入机械功率达到 E 点时，电磁输出功率也将降低至 E 点，从而维持转子转速。

4.5.2　一种计及风速变化的 SCESS－DFIG 系统惯性响应协调控制策略

本小节设计了一种计及风速变化的 SCESS－DFIG 系统电网频率惯性响应控制策略。如图 4.12 所示，控制策略分为三部分，即 GSC 控制策略、RSC 控制策略及 DC－DC 变换器控制策略。

1. GSC 控制策略

GSC 控制策略中保持 GSC 原有维持直流母线电压平稳的控制策略。通过 GSC 的电压传感器，对电网电压 u_{ga}、u_{gb}、u_{gc} 进行采样，由锁相环得到电网角速度 ω_{g}。计算得到电网频率 f_{g} 作为 ESO－B 的输入。通过 ESO－B 可以得到电网频率变化时，风力发电机应为电网提供的频率惯性响应功率标幺值的估计值 $\Delta\hat{P}_{\mathrm{SD\_s}}^*$。将 $\Delta\hat{P}_{\mathrm{SD\_s}}^*$ 与发电机额定容量 S_{N} 之积 $\Delta\hat{P}_{\mathrm{SD\_s}}$ 给予 RSC 与 DC－DC 变换器。同时将电网频率 f_{g} 与电网频率额定值 f_{n} 之差 Δf_{g} 作为控制 SCESS－DFIG 系统电网频率惯性响应的使能。

$$\begin{cases} K_{\mathrm{f}} = 1, & |f_{\mathrm{n}} - f_{\mathrm{g}}| \geqslant \Delta f_{\mathrm{g}} \\ K_{\mathrm{f}} = 0, & |f_{\mathrm{n}} - f_{\mathrm{g}}| < \Delta f_{\mathrm{g}} \end{cases} \tag{4.40}$$

式中，K_{f} 为 SCESS－DFIG 系统参与系统惯性响应启动的标志位。

2. RSC 控制策略

由于本书主要对于惯性响应功率（有功功率）进行分析，因此主要将定子侧有功功率 $P_{\mathrm{SCESS-DFIG\_es}}$ 及转子侧有功功率 $P_{\mathrm{SCESS-DFIG\_rsc}}$ 之和 P_{e} 作为 ESO－A 的输入量之一。通过 RSC 及定子侧的电压电流传感器可以采样得到转子侧电压 u_{ra}、u_{rb}、u_{rc} 及电流 i_{ra}、i_{rb}、i_{rc}，定子侧电压 u_{sa}、u_{sb}、u_{sc} 及电流 i_{sa}、i_{sb}、i_{sc}。通过 dq 坐标变换可以求出双馈感应发电机瞬时输出有功功率之和：

$$P_{\mathrm{e}} = P_{\mathrm{es}} + P_{\mathrm{DFIG\_rsc}} = \frac{3}{2}(i_{\mathrm{sd}}u_{\mathrm{sd}} + i_{\mathrm{sq}}u_{\mathrm{sq}} + i_{\mathrm{rd}}u_{\mathrm{rd}} + i_{\mathrm{rq}}u_{\mathrm{rq}}) \tag{4.41}$$

将转子转速 ω_{m} 作为 ESO－A 的输入，利用 ESO 得到电网频率惯性响应过程

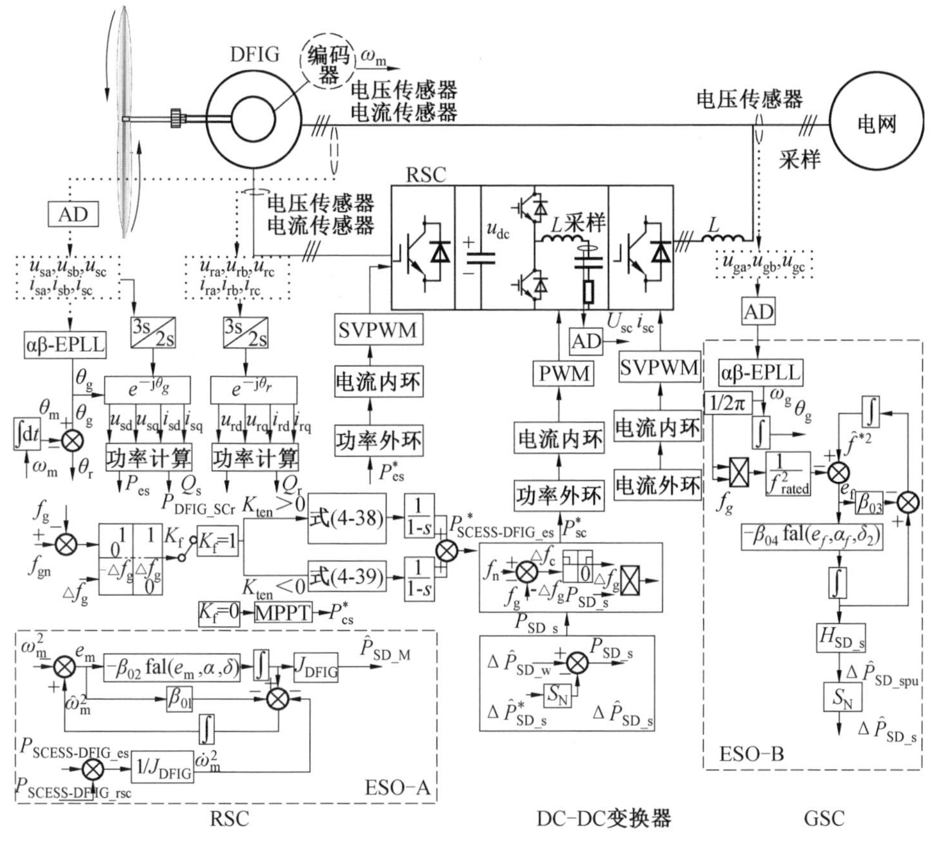

图 4.12　计及风速变化的 SCESS－DFIG 参与电网惯性响应控制策略

中的双馈感应发电机输入机械功率的估计值 $\hat{P}_{SD\_M}$。当惯性响应标置位 $K_f=1$ 后，判断风速变化与电网频率变化之间的关系 K_{ten}。当 $K_{ten}>0$ 时，发电机保持 MPPT 控制，此时发电机最大功率上限设置为初始功率 P_{e0} 与 GSC 给予的电网频率惯性响应功率的估计值 $\Delta\hat{P}_{SD\_s}$ 之和。当 $K_{ten}<0$ 时，双馈感应发电机退出 MPPT 控制，其输出功率维持为 P_{e0}。具体的控制方法已在前文中讲述。

3. DC－DC 变换器控制策略

DC－DC 变换器通过改变功率指令可以直接改变 GSC 的功率大小，进而改变 SCESS－DFIG 系统整体输出功率 $P_{SCESS-DFIG}$。DC－DC 变换器的功率给定 P_{SC_t1} 如式(4.42)所示，由电网频率惯性响应初始时刻双馈感应发电机输出功率 P_{e0}、t_1 时刻对应的双馈感应发电机输出功率 P_{et1}，以及 GSC 的 ESO－B 估计惯性响应功率 ΔP_{SD_s} 可以得到

$$P_{SC\_t1} = (P_{e0} - P_{et1}) + \Delta P_{SD\_s} \tag{4.42}$$

通过 DC－DC 变换器对于超级电容采样得到其电压值 U_{sc}，从而可计算得到瞬时工作电流给定值 i_{sc}^{*}，利用电流传感器采样瞬时工作电流 i_{sc} 作为电流环控制反馈，通过 PI 控制得到占空比 D，作为 DC－DC 变换器功率器件控制的给定信号。

4.6 仿真验证

为了验证本书提出控制策略的有效性，在 MATLAB/Simulink 中建立由风力机、双馈感应发电机、RSC、GSC、DC－DC 变换器和超级电容组成的 SCESS－DFIG 系统仿真模型，其电气参数和结构分别在表 4.2 和图 4.13 中给出。仿真模型包括三个具有相同电气参数的 SCESS－DFIG 系统和一个同步发电机(SG)(参数见表 4.3)、负载 L_1 和负载 L_2。SCESS－DFIG 系统的额定功率为 2.5 MW，SG 的容量为 50 MW，负载 L_1 的容量为 10 MW，冲击负载 L_2 的容量为 3 MW。

表 4.2　SCESS－DFIG 系统的电气参数

参数名称	值	参数名称	值
发电机类型	DFIG	发电机容量	2.5 MW
桨叶长度	42 m	极对数	2
C_p	0.44	齿轮比	1∶100
J_{DFIG}	5 000 000 kg·m^2	λ_{opt}	6.87
超级电容容值	20 F	SCESS 起始电压	600 V
R_s/(p.u.)	0.01	L_s/(p.u.)	0.12
R_r/(p.u.)	0.01	L_r/(p.u.)	0.11
L_m/(p.u.)	3.52	H_{SD_s}	10 s
α_1	0.5	δ_1	0.001
β_{01}	1 000	β_{02}	10 000
α_2	0.5	δ_2	0.001
β_{03}	1 000	β_{04}	20 000
H_{SD}	5 s		

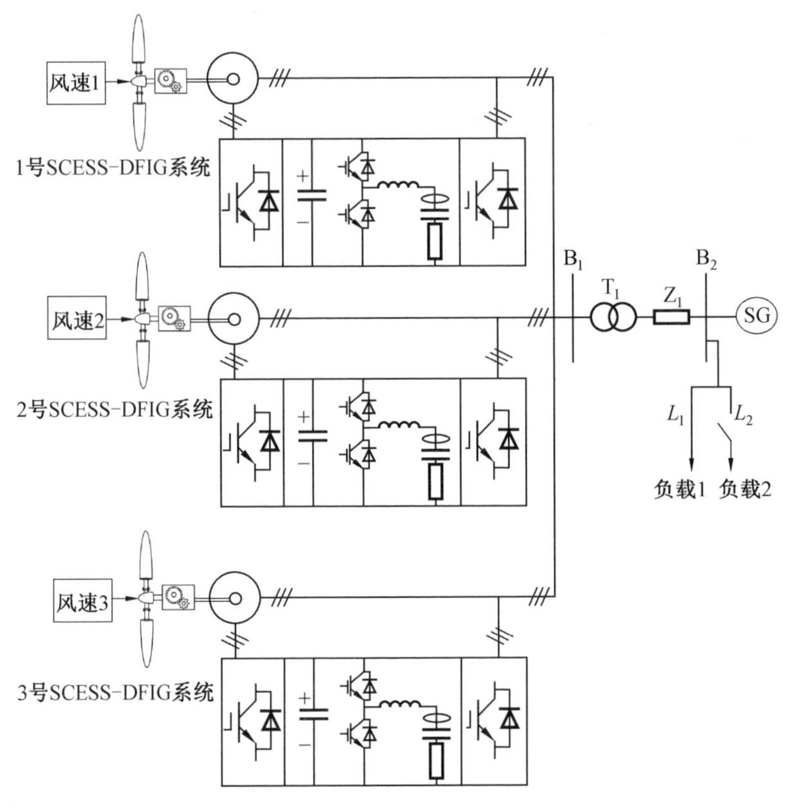

图 4.13　多机组 SCESS－DFIG 系统仿真模型

表 4.3　同步发电机参数

参数名称	值	参数名称	值
x_d/(p. u.)	2	x'_d/(p. u.)	0.35
x''_d/(p. u.)	0.252	x_q/(p. u.)	2.19
x''_q/(p. u.)	0.243	x_l	0.117
T'_d/(p. u.)	8	T''_d/(p. u.)	0.068
x'_q/(p. u.)	0.9	T_J/s	9.6

负载 L_1 已经连接在系统当中，双馈感应发电机在 MPPT 模式下运行，电网频率保持在 50 Hz。在 1 s 时，电网频率随着冲击负载 L_2 的增加而下降。

模拟输入的风速曲线如图 4.14 所示，由基本风、阵风、渐变风和随机风组成。仿真过程中各个 SCESS－DFIG 系统的风速初始值和风速变化是不同的，具体地说，对于 1 号 SCESS－DFIG 系统，输入风速在 1 s 处急剧下降，在 3 s 处上升；对于 2 号 SCESS－DFIG 系统，输入风速是往复波；对于 3 号 SCESS－DFIG 系统，输入风速曲线持续上升。

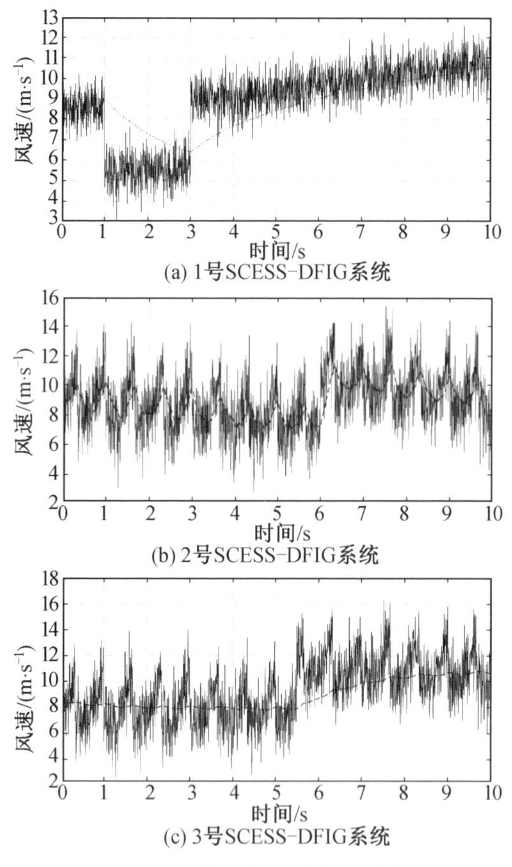

图 4.14　模拟输入的风速曲线

图 4.15 给出了四种控制策略下的电网频率响应曲线：①无惯性响应控制；②不考虑风速变化的惯性响应控制；③SCESS 提供计及风速影响的惯性响应控制；④SCESS 与释放桨叶动能协调控制提供计及风速影响的惯性响应控制。仿真结果表明，控制策略③和控制策略④的电网频率下降小于控制策略①和控制策略②。也就是说，未采用惯性响应控制或者未考虑风速变化的惯性响应控制，电网频率的幅值下降更大，更容易受到风速变化的影响。

图 4.16 所示为四种控制策略下风电场总输出频率惯性响应功率对比。由图 4.16 可见，如果不采用惯性响应控制，或者采用惯性响应控制时不考虑风速

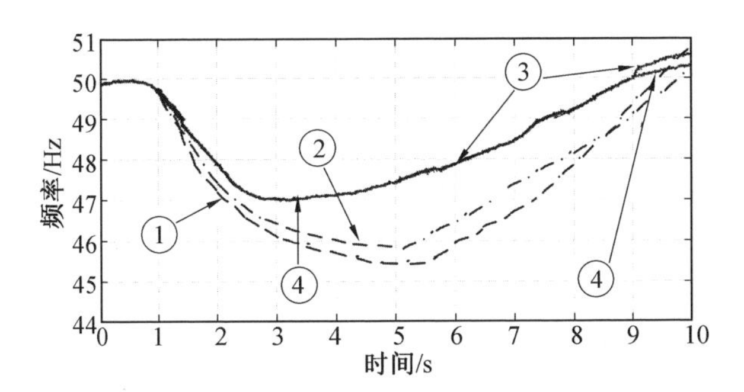

图 4.15　突加负载后四种控制策略下惯性响应效果对比

变化，风电场的总输出功率将受到风速变化的强烈影响，风电场的输出功率不能与同步发电机一样稳定。结合图 4.15 中的结果，可以得出结论，使用 SCESS 独立提供频率惯性响应功率，或者 SCESS 与双馈感应发电机一起提供频率惯性响应功率，可以具备类似常规发电机的惯性响应能力，进而提高电网的稳定性。

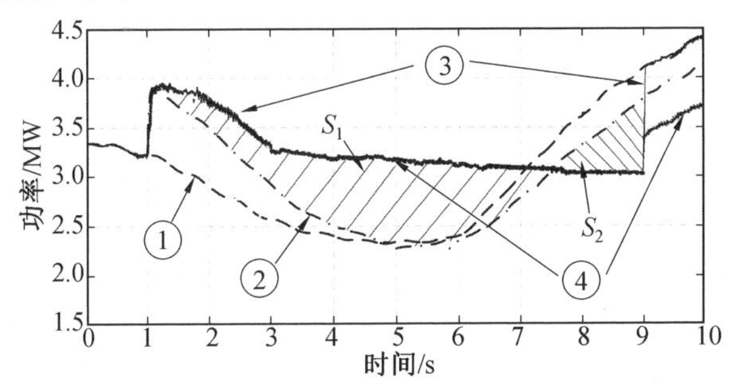

图 4.16　四种控制策略下风电场总输出频率惯性响应功率对比

结合图 4.15～4.17 可以看出，四种控制策略中，控制策略①在突加负荷后，电网频率变化率最大，频率下降幅度也最大。同时，为了克服风速变化导致 SCESS－DFIG 系统输出功率的降低，SG 需要不断地增加输出功率。相比之下，控制策略②SCESS－DFIG 系统具有惯性响应控制，因此电网的频率变化率小于控制策略①的频率变化率，但是由于风速的变化，SCESS－DFIG 系统的输出功率降低，使得 SG 需要不断地增加功率输出保持电网频率。控制策略③和控制策略④考虑了风速变化对惯性响应的影响，仿真结果表明，其电网的频率变化率远小于控制策略①和②，而且频率下降幅度较小。

由于 SCESS－DFIG 系统本身消除了风速变化的影响，SG 不再需要在电网频率惯性响应中补偿风电机组的功率变化。在图 4.17 中，S_0 是 SG 的输出功率，用以消除风速波动的影响。随着风速的进一步增大，S_0 将随着风速的变化而增大，这对同步发电机的有效容量是有害的。因此，控制策略③和控制策略④考

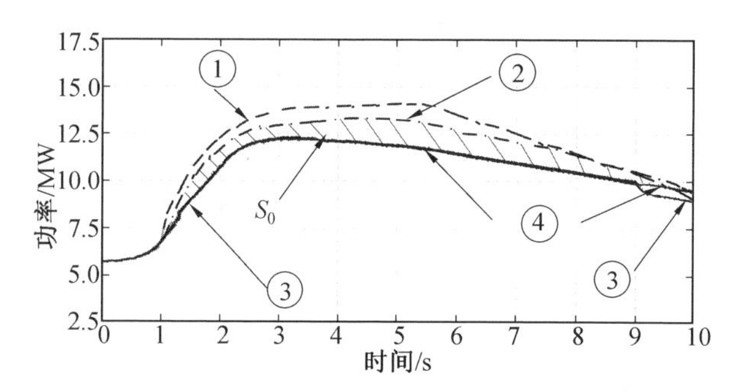

图 4.17　四种控制策略下同步发电机输出功率对比

虑风速变化并消除风速变化对 SCESS－DFIG 系统惯性响应控制的影响是非常必要的。

图 4.18 所示为四种控制策略下单个 SCESS－DFIG 系统惯性响应功率对比。考虑风速变化的影响，双馈感应发电机与 SCESS 通过协调控制功率输出。图 4.18 表明，控制策略④中 SCESS－DFIG 系统放弃 MPPT 控制，利用动能与 SCESS 协调控制释放惯性响应功率，能够抑制惯性响应过程中风速变化引起的功率波动，提供稳定可控的惯性响应功率。同时，惯性响应结束时，为了恢复 MPPT 控制，控制策略③和控制策略④输出功率不同。

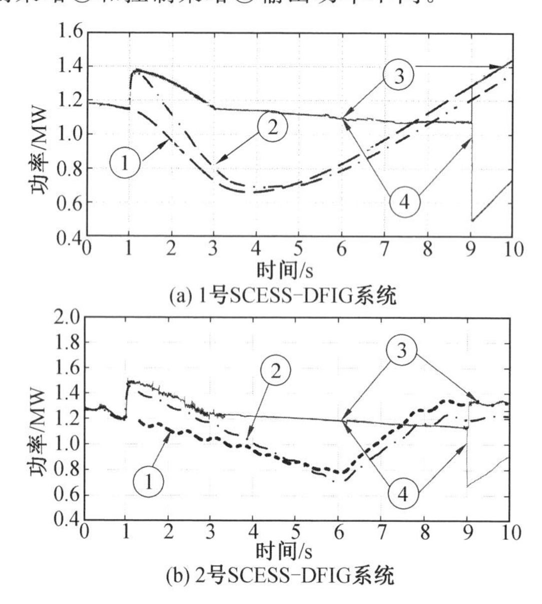

(a) 1号SCESS-DFIG系统

(b) 2号SCESS-DFIG系统

图 4.18　不同控制策略下单个 SCESS－DFIG 系统惯性响应功率对比

图 4.19 所示为四种控制策略下双馈感应发电机输出功率对比。图 4.20 所

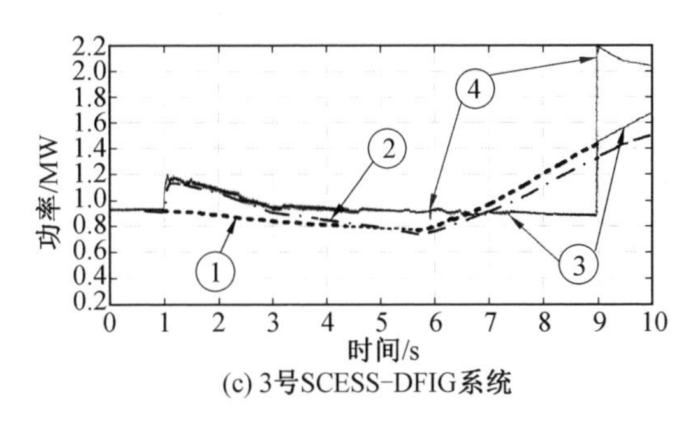

(c) 3号SCESS-DFIG系统

续图4.18

示为不同控制策略下SCESS－DFIG系统定子输出功率对比。图4.21所示为不同控制策略下SCESS－DFIG系统RSC输出功率对比。图4.22所示为不同控制策略下SCESS－DFIG系统GSC输出功率对比。如图4.23所示，在AB区域，SCESS输出功率较低；在BC区域，SCESS不需要功率调节，SCESS无功率流动($P_{sc}=0$，$P_{sc\_w}=0$)。如图4.24所示，SCESS应用控制策略④，仿真结束时其电压为446.4 V，这高于控制策略③仅采用SCESS作为电网频率惯性响应能量来源下超级电容402.7 V的电压值。图4.25(a)中，由于双馈感应发电机控制转子的动能释放，在AB区域应用控制策略④的转子转速逐渐降低。但是由于控制策略④采取了转子速度保护，转子转速高于110 rad/s。

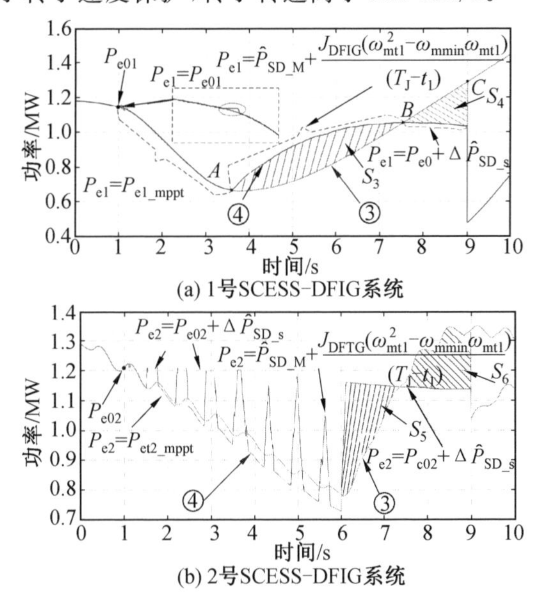

图4.19　四种控制策略下双馈感应发电机输出功率对比

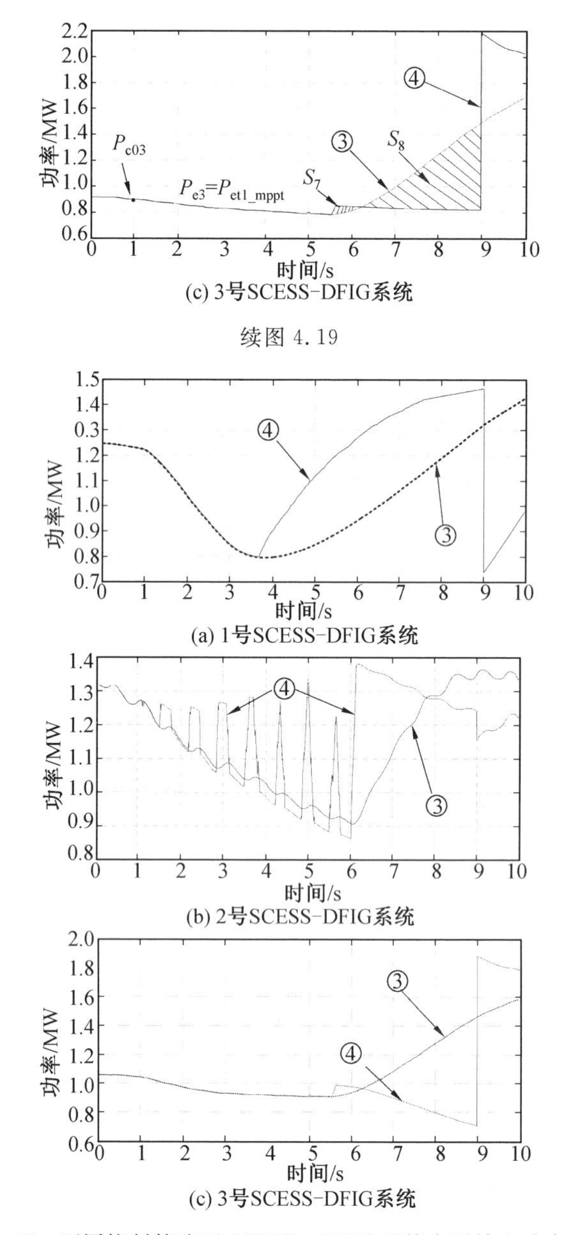

续图 4.19

图 4.20　不同控制策略下 SCESS－DFIG 系统定子输出功率对比

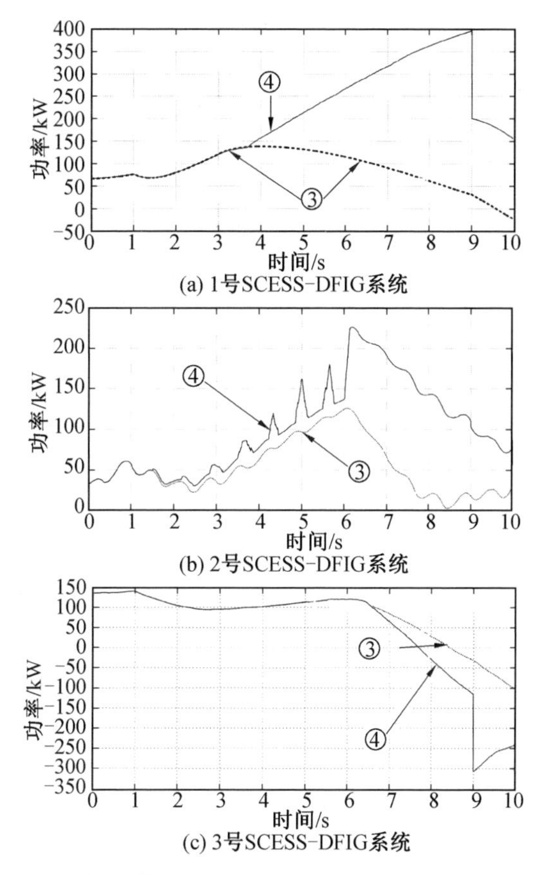

图4.21 不同控制策略下SCESS－DFIG系统RSC输出功率对比

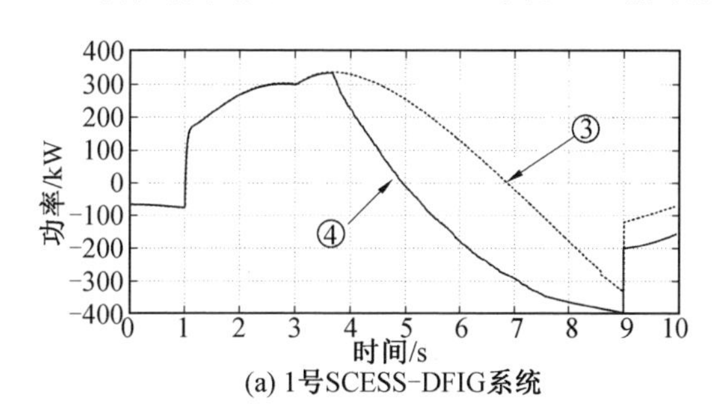

图4.22 不同控制策略下SCESS－DFIG系统GSC输出功率对比

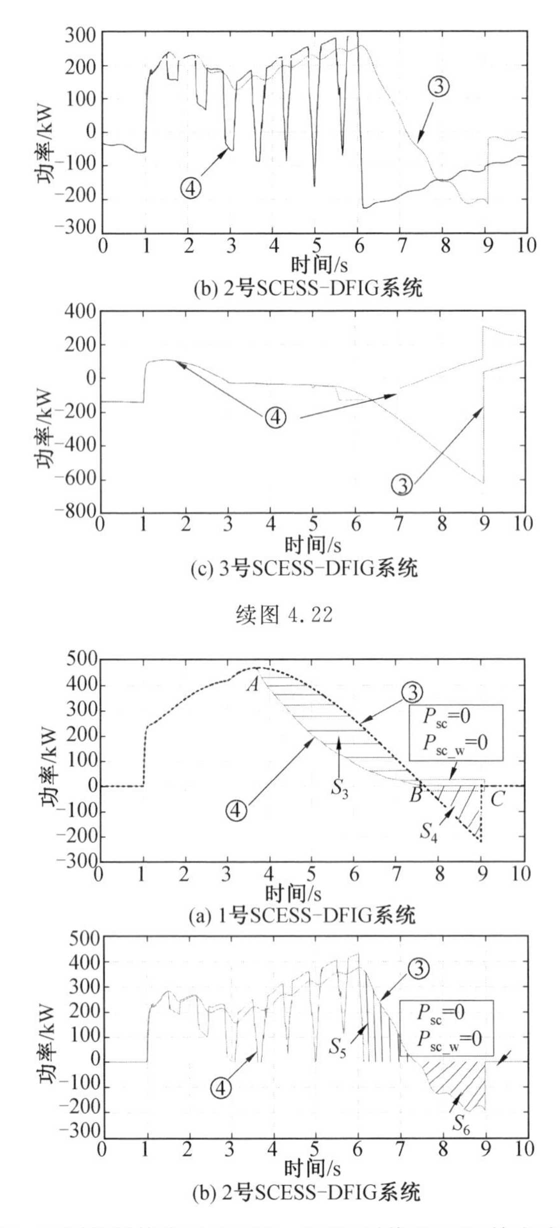

续图 4.22

图 4.23　不同控制策略下 SCESS－DFIG 系统 SCESS 输出功率对比

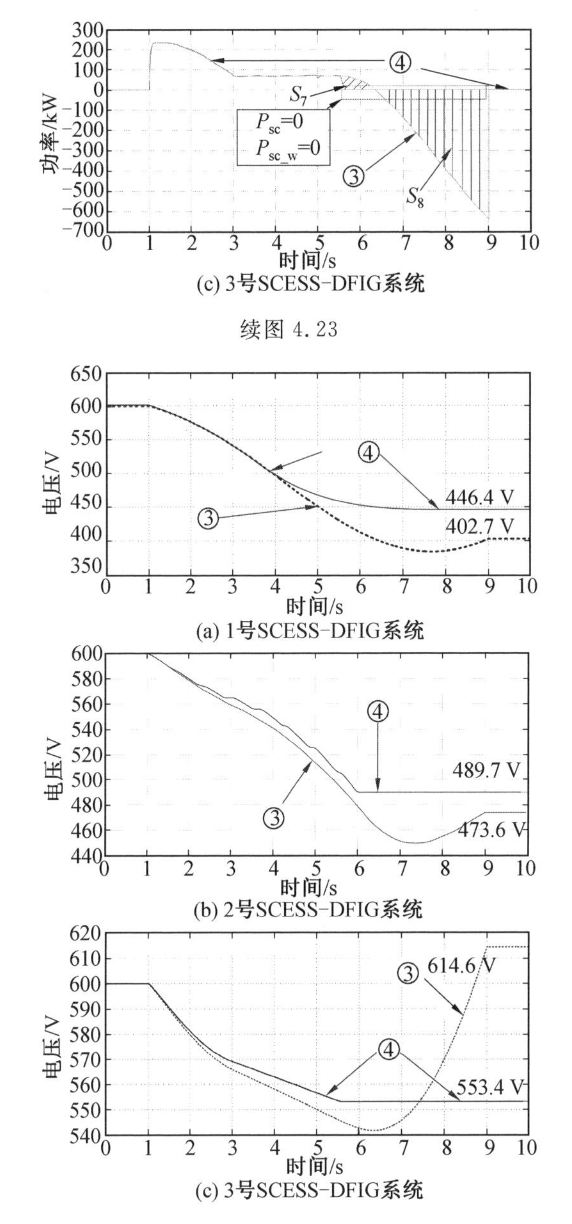

图 4.24　不同控制策略下 SCESS－DFIG 系统超级电容电压对比

从图 4.19(a)中可以看出，在频率惯性响应初始阶段输入机械功率估计值小于电磁输出功率 P_{e01}。这主要是由于风速和风速变化对电网频率惯性响应的影响，引入了负阻尼的能量。此时，$P_{et1\_mppt} > \hat{P}_{SD\_M} + J_{DFIG}(\omega_{mt1}^2 - \omega_{mmin}\omega_{mt1})/$

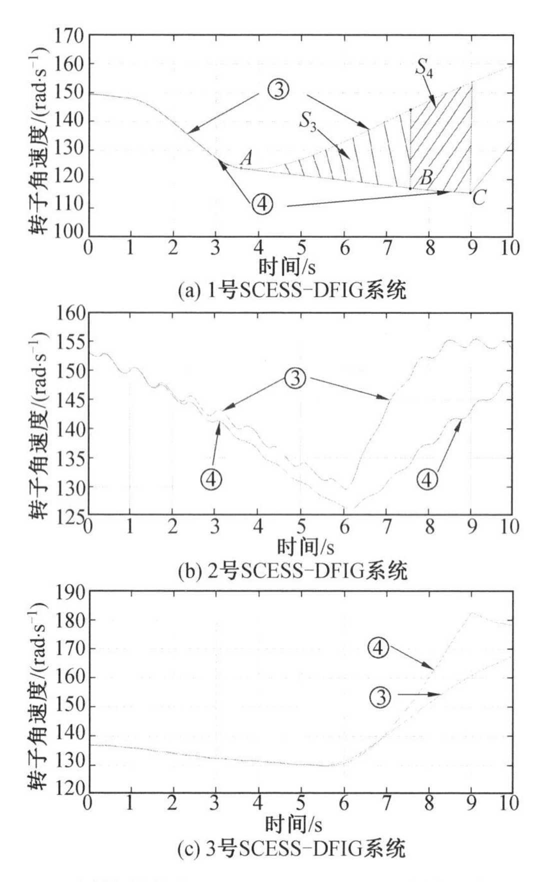

图 4.25　不同控制策略下 SCESS－DFIG 系统转子角速度对比

(T_J-t_1)，双馈感应发电机输出功率是 $P_{e1}=P_{et1\_mppt}$。在 AB 区域内，SCESS－DFIG 系统应用控制策略④释放了转子动能，因此该策略下双馈感应发电机输出功率高于控制策略③的双馈感应发电机输出功率（图 4.19(a)中标注区域 S_3）。在 BC 区域，随着风速的增加，双馈感应发电机的输入机械功率增加，$K_{ten}<0$。

如图 4.19(b)所示，在电网频率惯性响应过程中，控制策略④释放转子动能。因此，如图 4.25(b)所示，在风速降低时，控制策略④转子转速下降速度比控制策略③的转子转速下降速度更快。当风速上升时，双馈感应发电机输入机械功率估计值高于 P_{e02}，双馈感应发电机的输出功率为 $P_{e2}=P_{e02}+\Delta\hat{P}_{SD\_s}$，由双馈感应发电机桨叶动能的释放即可满足电网频率惯性响应功率的需求。这时 SCESS 不会有功率流动（$P_{sc}=0$，$P_{sc\_w}=0$）。而利用控制策略③时，双馈感应发电机转子转速受到风速影响逐渐升高，其发电功率也逐步升高无法突变。而此时

SCESS 需要提供此时所有的惯性响应功率，如图 4.19(b)中 S_5 区域内超级电容输出的功率，而在 S_6 区域内超级电容吸收功率，往复吸收功率较控制策略④而言造成了额外的能量消耗，也增加了超级电容所需要的额定容量。如图 4.19(c)所示，风速突降后，双馈感应发电机输出功率为 $P_{e3}=P_{et1\_mppt}$，此时 SCESS 独自作为 SCESS－DFIG 系统惯性响应功率的能量源。如图 4.23(c)所示，当风速升高时，比较控制策略③与控制策略④的功率曲线，由于没有分层控制，因此 SCESS 最大吸收功率瞬时达到了 700 kW，几乎已经达到了变换器的容量限制。如果风速变化更剧烈，超级电容的功率将会增大，这不利于 DC－DC 变换器和 GSC 的容量设计。使用控制策略④的 SCESS－DFIG 系统能够很好地解决这个问题。

图 4.26 所示为不同控制策略下 SCEES－DFIG 系统输入机械功率对比以及 ESO－A 对 DFIG 输入机械功率的估计。图中 ESO－A 对于双馈感应发电机输入机械功率估计值响应速度快，估计准确，因此可以作为双馈感应发电机的 RSC 的控制变量。

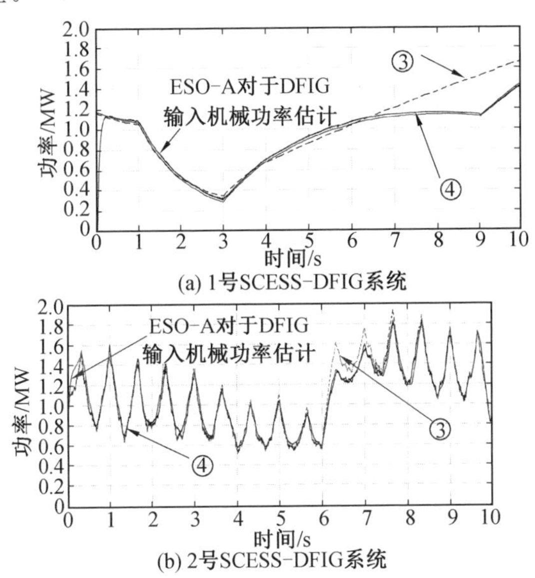

图 4.26　不同控制策略下 SCESS－DFIG 系统输入机械功率对比以及 ESO－A 对 DFIG 机械功率的估计

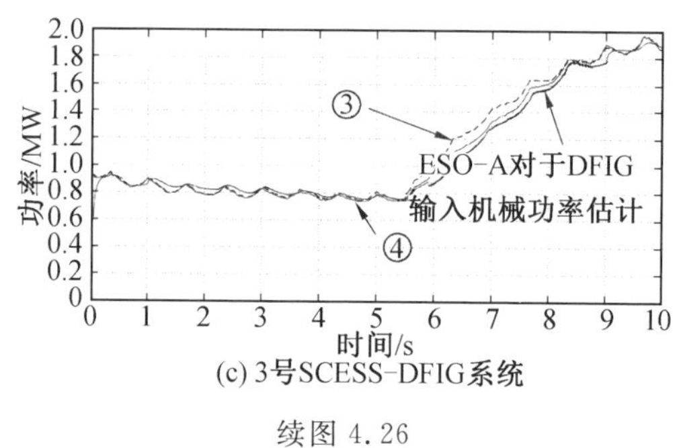

(c) 3号SCESS-DFIG系统

续图 4.26

DD_PMSG 系统中基于直流侧电容提供调频功率的控制方法

本章围绕 DD_PMSG 系统在参与电网调频时的频率检测及调频控制策略展开:重点论述系统惯性及阻尼对电网调频主要性能指标的影响;以直流侧电容储能替代转子动能提供调频功率参与电网调频,介绍基于该能量提供惯性响应功率、阻尼功率的虚拟惯性控制和虚拟阻尼控制;讨论虚拟惯性控制在弱电网条件下的稳定性和改进措施;给出对应方法的仿真及实验验证。

5.1　引　　言

在电网调频过程电网参数检测及调频控制策略实施中，DD_PMSG 系统惯性与阻尼直接影响主要性能指标，本章通过采用直流侧电容储能提供调频功率实现参与电网频率调节，介绍了利用电容储能提供虚拟惯性响应和阻尼的控制，并讨论了虚拟惯性控制在弱电网条件下的稳定性和改进措施，并提供了仿真和实验结果。

5.2　系统惯性及阻尼对电网调频的影响

本节为了更好地分析系统的惯性与阻尼对电网调频的影响，以文献[104]中的汽轮机模型为基础对汽轮机发电系统进行分析，其调频 s 域模型如图 5.1 所示，该图适用于小信号分析。图中 K_1 为等效增益，K_2 为反馈下垂系数，T_μ 为油动机常数，H_e 为系统的等效惯性系数，D_e 为系统的等效阻尼系数，ΔP_{mopu}、ΔP_{lopu} 分别为汽轮机输出机械功率标幺值、网侧负载功率标幺值，$\Delta\omega_{\text{rpu}}$ 为电网频率标幺值的变化量，P_{refpu} 为给定功率标幺值。

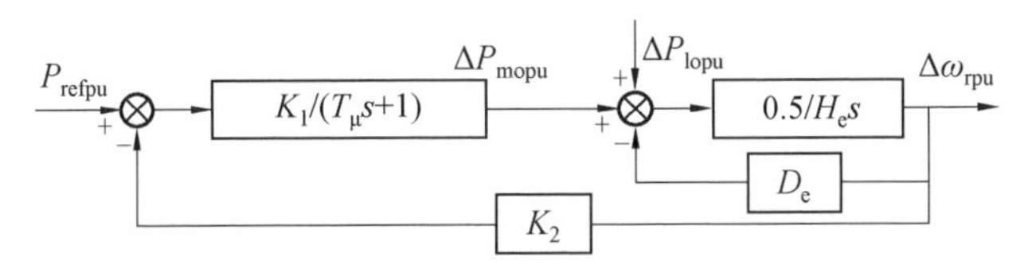

图 5.1　汽轮机发电系统调频 s 域模型

由图 5.1 得到 ΔP_{mopu}、ΔP_{lopu} 关系为

$$\Delta P_{\mathrm{mopu}} - \Delta P_{\mathrm{lopu}} = 2H_{\mathrm{e}} \frac{\mathrm{d}\Delta\omega_{\mathrm{rpu}}}{\mathrm{d}t} + D_{\mathrm{e}}\Delta\omega_{\mathrm{rpu}} \tag{5.1}$$

为了定量分析系统惯性、阻尼在调频中的作用，由图 5.1 可得到从 ΔP_{lopu} 到 $\Delta\omega_{\mathrm{rpu}}$ 的传函为

$$\begin{aligned} G_{\mathrm{l}\omega}(s) &= \frac{\Delta\omega_{\mathrm{rpu}}}{\Delta P_{\mathrm{lopu}}} = \frac{T_{\mu}s+1}{2T_{\mu}H_{\mathrm{e}}s^2+(T_{\mu}D_{\mathrm{e}}+2H_{\mathrm{e}})s+D_{\mathrm{e}}+K_1K_2} \\ &= K_{\mathrm{e}}\frac{s+z_{\mathrm{e}}}{s^2+2\xi^*\omega_{\mathrm{nh}}s+\omega_{\mathrm{nh}}^2} \end{aligned} \tag{5.2}$$

式中，K_{e}、z_{e}、无阻尼振荡频率 ω_{nh}、阻尼比 ξ^* 的表达式为

$$\begin{cases} K_{\mathrm{e}} = \dfrac{1}{2H_{\mathrm{e}}} \\ z_{\mathrm{e}} = \dfrac{1}{T_{\mu}} \\ \omega_{\mathrm{nh}} = \sqrt{\dfrac{D_{\mathrm{e}}+K_1K_2}{2T_{\mu}H_{\mathrm{e}}}} \\ \xi^* = \dfrac{(T_{\mu}D_{\mathrm{e}}+2H_{\mathrm{e}})}{4T_{\mu}H_{\mathrm{e}}} \Big/ \sqrt{\dfrac{D_{\mathrm{e}}+K_1K_2}{2T_{\mu}H_{\mathrm{e}}}} \end{cases} \tag{5.3}$$

图 5.2、图 5.3 给出了 H_{e}、D_{e} 对 $G_{\mathrm{l}\omega}(s)$ 的零极点分布以及突加 3% 负载后频率响应的影响。由图 5.2 和图 5.3 可知，随着 H_{e} 的增加，$G_{\mathrm{l}\omega}(s)$ 的一对共轭极点逐步向虚轴移动；随着 D_{e} 的增加，$G_{\mathrm{l}\omega}(s)$ 的一对共轭极点逐步向远离虚轴的方向移动。而且，H_{e}、D_{e} 的不同也导致系统在阶跃负载下的频率响应趋势不同。下面将分析 H_{e}、D_{e} 与系统主要性能指标之间的数学关系。

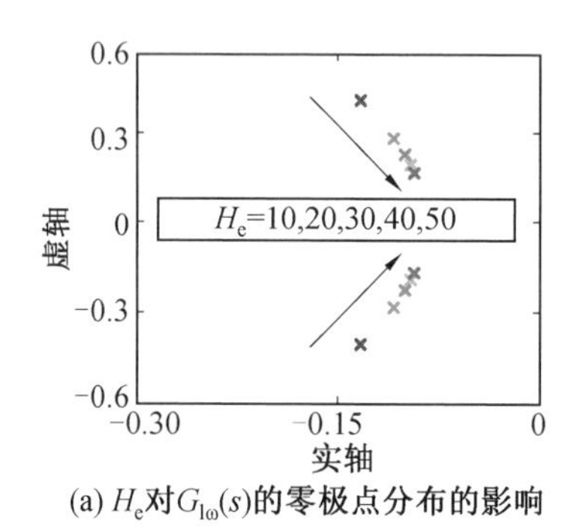

(a) H_{e}对$G_{\mathrm{l}\omega}(s)$的零极点分布的影响

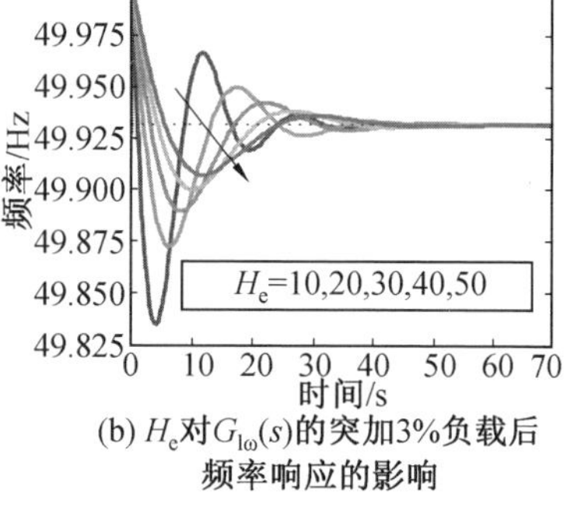

(b) H_{e}对$G_{\mathrm{l}\omega}(s)$的突加3%负载后频率响应的影响

图 5.2　H_{e} 对 $G_{\mathrm{l}\omega}(s)$ 的零极点分布以及突加 3% 负载后频率响应的影响

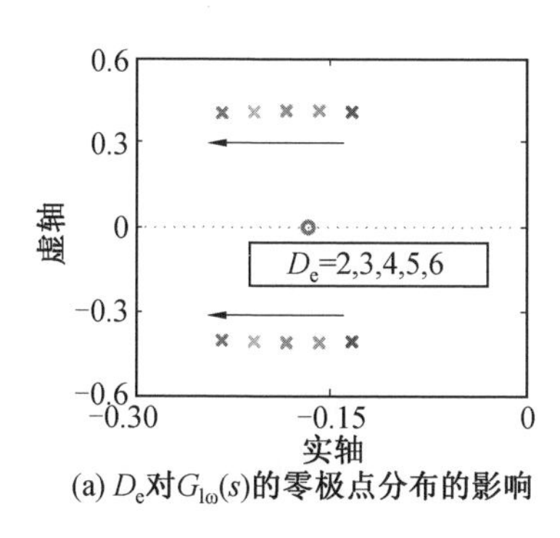

(a) D_e对$G_{l\omega}(s)$的零极点分布的影响

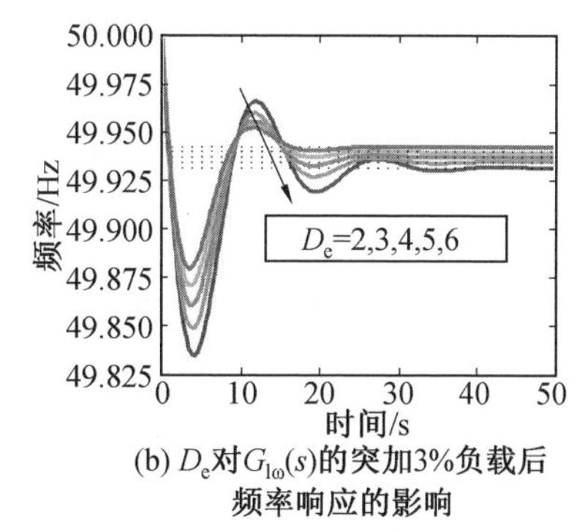

(b) D_e对$G_{l\omega}(s)$的突加3%负载后频率响应的影响

图 5.3　D_e 对 $G_{l\omega}(s)$ 的零极点分布以及突加 3% 负载后频率响应的影响

当负载突变导致电网频率变化时，电网频率在 s 域内表达式为

$$\begin{aligned}\omega_{rpu}(s) &= \omega_{refpu}(s) + G_{l\omega}(s)/s \\ &= \frac{1}{s} + K_e\left\{a_{r0}\frac{\omega_{damp}}{(s+a_{r2})^2+\omega_{damp}^2} + \right. \\ &\quad \left. a_{r1}\left[\frac{1}{s} - \frac{s+a_{r2}}{(s+a_{r2})^2+\omega_{damp}^2} - a_{r2}a_{r0}\frac{\omega_{damp}}{(s+a_{r2})^2+\omega_{damp}^2}\right]\right\}\end{aligned} \tag{5.4}$$

式中，ω_{damp}、a_{r0}、a_{r1}、a_{r2} 表达式为

$$\begin{cases}\omega_{damp} = \omega_{nh}\sqrt{1-\xi^{*2}} \\ a_{r0} = \dfrac{1}{\omega_{damp}} \\ a_{r1} = \dfrac{z_e}{\omega_{nh}^{\ 2}} \\ a_{r2} = \xi^* \omega_{nh}\end{cases} \tag{5.5}$$

对式(5.5) 取拉氏反变换，则有

$$\omega_{rpu}(t) = 1 + K_e\left[a_{r1} - e^{-a_{r2}t}C\sin\left(\frac{t}{a_{r0}} + \psi\right)\right] \tag{5.6}$$

式中，C、ψ 表达式为

$$\begin{cases}C = \sqrt{a_{r1}^{\ 2} + (-a_{r0}a_{r1}a_{r2} + a_{r0})^2} \\ \psi = \arctan\left(\dfrac{a_{r1}}{a_{r0}a_{r1}a_{r2} - a_{r0}}\right)\end{cases} \tag{5.7}$$

由式(5.6) 可以得到评估调频性能的频率变化率，且定义频率变化率为 M_f，其可由式(5.6) 对时间求导得

$$M_f = \frac{d\omega_{rpu}(t)}{dt} = K_e\left[a_{r2}e^{-a_{r2}t}C\sin\left(\frac{t}{a_{r0}} + \psi\right) - e^{-a_{r2}t}\frac{C}{a_{r0}}\cos\left(\frac{t}{a_{r0}} + \psi\right)\right] \tag{5.8}$$

令 M_f 等于 0，可以得到峰值时间 t_{pe} 的表达式为

$$t_{\mathrm{pe}}=a_{\mathrm{r0}}\left[\arctan\left(\frac{\sqrt{1-\xi^{*2}}}{\xi^{*}}-\psi+\pi\right)\right] \tag{5.9}$$

由式(5.4)和式(5.9)可以得到频率最低点 ω_{tpepu} 的表达式为

$$\omega_{\mathrm{tpepu}}=1+K_{\mathrm{e}}a_{\mathrm{r1}}+K_{\mathrm{e}}\mathrm{e}^{-a_{\mathrm{r2}}t_{\mathrm{pe}}}C\sqrt{1-\xi^{*2}} \tag{5.10}$$

进一步得到稳态频率 $\omega_{\infty\mathrm{pu}}$ 的表达式为

$$\omega_{\infty\mathrm{pu}}=1+K_{\mathrm{e}}a_{\mathrm{r1}}=1+\frac{1}{D_{\mathrm{e}}+K_1K_2} \tag{5.11}$$

由式(5.11)可知，H_{e} 不影响最终的频率稳态值，但其影响 M_{f}、t_{pe} 及 ω_{tpepu}。$\omega_{\infty\mathrm{pu}}$ 与 D_{e} 成反比，即 D_{e} 越大，$\omega_{\infty\mathrm{pu}}$ 越接近初始频率，越利于系统的调频。

由式(5.10)和式(5.11)可以得到频率超调 σ_{ω} 的表达式为

$$\sigma_{\omega}=\left|\frac{\omega_{\infty\mathrm{pu}}-\omega_{\mathrm{tpepu}}}{\omega_{\infty\mathrm{pu}}}\right|\times100\%=\left|\frac{\mathrm{e}^{-a_{\mathrm{r2}}t_{\mathrm{pe}}}C\sqrt{1-\xi^{*2}}}{2H_{\mathrm{e}}-a_{\mathrm{r1}}}\right|\times100\% \tag{5.12}$$

当取5%误差带时，由式(5.12)可以计算得到阶跃响应调节时间 t_{s} 的表达式为

$$t_{\mathrm{s}}=-\frac{1}{a_{\mathrm{r2}}}\ln\left(\frac{0.05a_{\mathrm{r1}}}{C}\right) \tag{5.13}$$

由式(5.8)～(5.13)，可以得到突加3%负载时系统频率响应各性能指标受 H_{e}、D_{e} 影响情况，分别如图5.4和图5.5所示。由图5.4(a)和图5.4(b)可知，随着 H_{e} 的增大，M_{f} 逐渐减小，系统频率 f_{tpe} 逐渐升高，因此系统的惯性可以减小频率突变及其变化率；反之，突加更大负载将会增大 M_{f} 并拉低 f_{tpe}。由图5.4(c)可知，H_{e} 的增加同时可以有效减小 σ_{ω}，尽管大的 H_{e} 可以减小 M_{f}、f_{tpe} 及 σ_{ω}，但是由图5.4(d)可知，H_{e} 的增大会削弱调频的动态性能并增大 t_{s} 及频率恢复所需时间。因此，H_{e} 的设计需要综合考虑 f_{tpe} 及 t_{s} 两方面因素，具体设计方法可以依据期望性能指标按照上述理论进行分析。

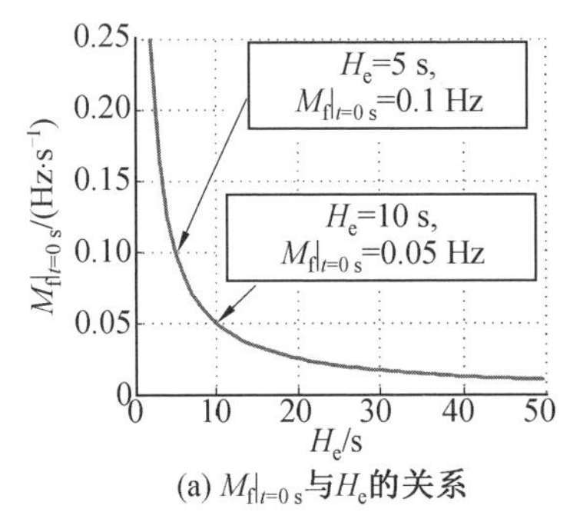

(a) $M_{\mathrm{f}}|_{t=0\,\mathrm{s}}$与$H_{\mathrm{e}}$的关系

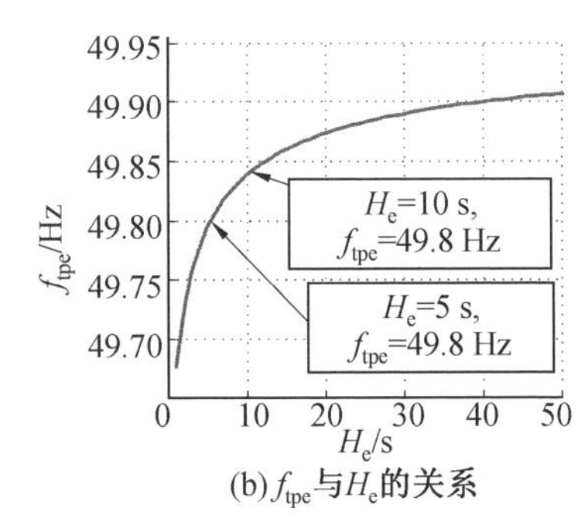

(b) f_{tpe}与H_{e}的关系

图5.4　频率响应各性能指标与 H_{e} 的关系

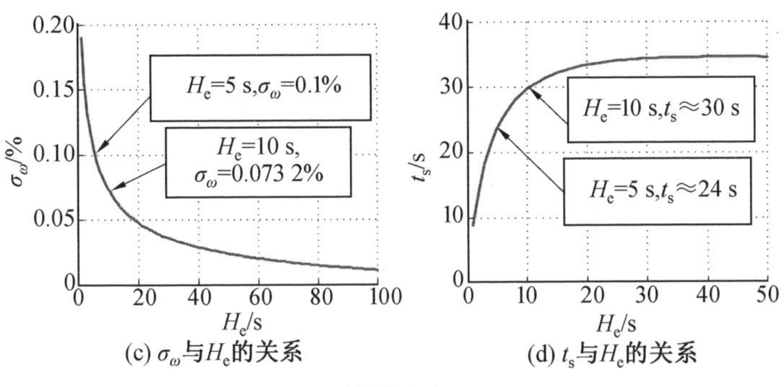

(c) σ_ω与H_e的关系　　(d) t_s与H_e的关系

续图 5.4

由图 5.5(a) 和图 5.5(b) 可知，虽然 D_e 对系统的初始频率变化率 $M_f|_{t=0\text{ s}}$ 的影响较小，但随着 D_e 的增大，f_{tpe} 逐渐升高，因此系统的阻尼可以有效抑制频率的变化。由图 5.5(c) 和图 5.5(d) 可知，D_e 的增大同时可以有效减小 σ_ω 及 t_s。因此，适当增大 D_e 有利于系统的调频。本节后续内容将通过增强风电机组的等效惯性和阻尼系数以提升其参与电网调频的能力。

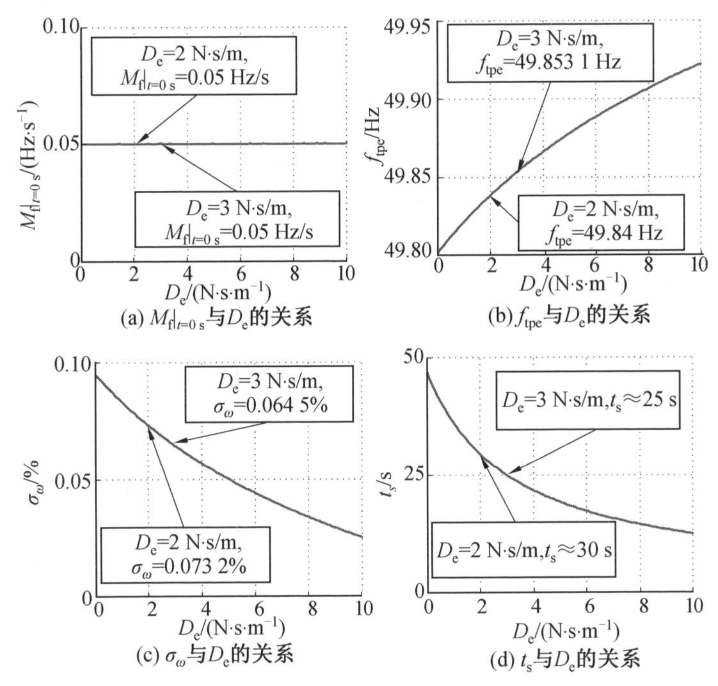

(a) $M_f|_{t=0\text{ s}}$与D_e的关系　　(b) f_{tpe}与D_e的关系

(c) σ_ω与D_e的关系　　(d) t_s与D_e的关系

图 5.5　频率响应各性能指标与 D_e 的关系

5.3 电容储能替代转子动能提供调频功率的可行性分析

文献[107]介绍了DD_PMSG系统中的直流侧电容储能E_{dccap}与PMSG转子动能E_{rk}表达式：

$$E_{dccap}=\frac{C_{dc}}{2}v_{dc}^{2} \tag{5.14}$$

$$E_{rk}=\frac{J_{og}}{2}\omega_{rk}^{2} \tag{5.15}$$

由式(5.14)和式(5.15)可知，E_{rk}与转子转速ω_{rk}的2次方成正比、与转动惯量J_{og}成正比；而E_{dccap}与直流侧电容两端电压v_{dc}的二次方成正比、与直流侧电容容值C_{dc}成正比。因此，ω_{rk}与v_{dc}，J_{og}与C_{dc}在能量角度存在相似性。

类似5.2节中的H_{e}，电容的等效惯性系数H_{ec}表达式为

$$H_{ec}=\frac{E_{cap}}{S_{rated}}=\frac{C_{dc}v_{dc}^{2}}{2S_{rated}} \tag{5.16}$$

式中，S_{rated}为视在功率；E_{cap}为电容能量。

通常DD_PMSG系统参与电网调频主要按照功率需求来实时调整机侧变流器的输出功率参考值，使得机侧变流器输出功率中额外包含了PMSG主动释放的部分转子动能功率，若调频期间风电机组输入风能出现波动，则这部分功率也将影响机侧变流器输出的调频功率。当系统的调频功率由PMSG主动释放转子动能提供时，系统在频率突变时用于参与调频的功率P_{ir}表达式为

$$P_{ir}=P_{ark}+\Delta P_{wind} \tag{5.17}$$

式中，ΔP_{wind}为风速变化导致的输入侧功率变化；P_{ark}为主动释放转子动能提供的功率，其表达式为

$$P_{ark}=2T_{J}S_{rated}\omega_{rkpu}\frac{d\omega_{rkpu}}{dt} \tag{5.18}$$

其中，T_{J}为PMSG的惯性系数；ω_{rkpu}为ω_{rk}的标幺值。

图5.6描述了转子动能提供调频功率时P_{ir}标幺值P_{irpu}、ΔP_{wind}标幺值ΔP_{windpu}、ω_{rkpu}、$d\omega_{rkpu}/dt$之间的关系。由图5.6可知，ω_{rkpu}、$d\omega_{rkpu}/dt$越大，P_{irpu}越大。

而直流侧电容储能提供调频功率时，若忽略电容放电过程中的损耗，则式(5.17)可以改写为

$$P_{ir}=P_{cdc}+\Delta P_{wind} \tag{5.19}$$

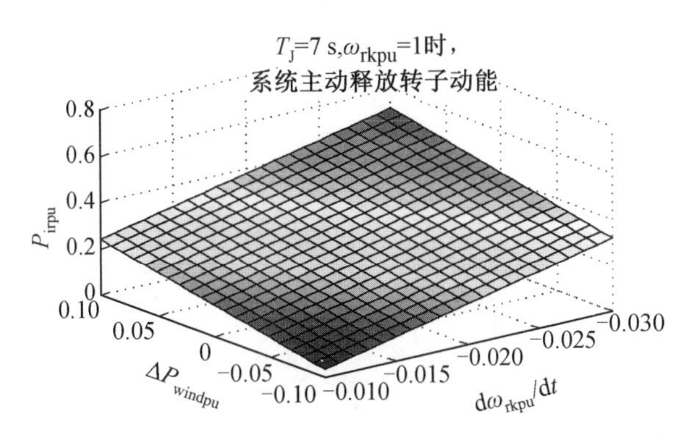

(a) P_{irpu}、ΔP_{windpu}、$d\omega_{rkpu}/dt$之间关系

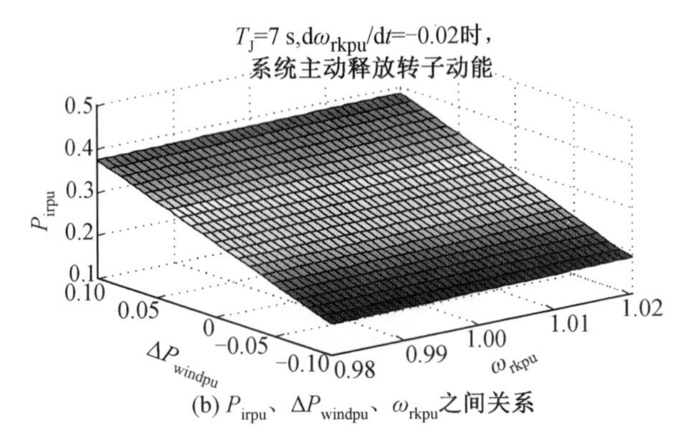

(b) P_{irpu}、ΔP_{windpu}、ω_{rkpu}之间关系

图5.6　转子动能提供调频功率时 P_{irpu} 与 ω_{rkpu}、$d\omega_{rkpu}/dt$、ΔP_{windpu} 的关系

式中，P_{cdc} 为电容储能提供的调频功率，其标幺值 P_{cdcpu} 表达式为

$$P_{cdcpu}=2H_{ec}S_{rated}v_{dcpu}\frac{dv_{dcpu}}{dt} \tag{5.20}$$

式中，v_{dcpu} 为 v_{dc} 的标幺值。

为了使直流侧电容与PMSG具有相同的惯性系数，可令 $T_J=H_{ec}$。此时，P_{irpu}、ΔP_{windpu}、v_{dcpu}、dv_{dcpu}/dt 之间的关系如图5.7所示，由图5.7可知 v_{dcpu}、dv_{dcpu}/dt 越大，P_{irpu} 越大。同时与图5.6相比，二者函数趋势一致。因此，通过合理的参数及运行点设计，直流侧电容储能与PMSG转子动能具有等价性，故采用直流侧电容储能替代转子动能提供调频功率在理论上是可行的。

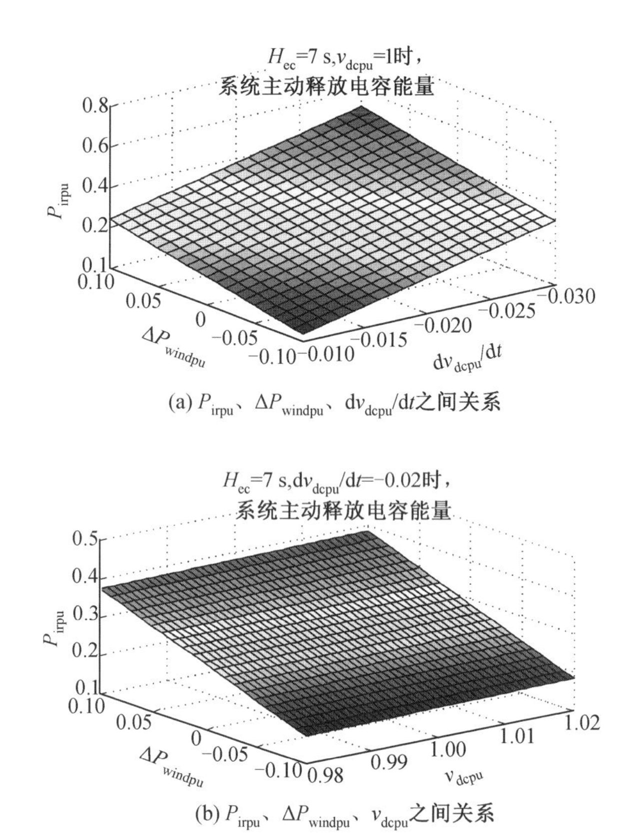

图 5.7　直流侧电容储能提供调频功率时 P_{irpu} 与 ΔP_{windpu}、v_{dcpu}、dv_{dcpu}/dt 的关系

5.4　基于直流侧电容储能提供调频功率的虚拟惯性控制

根据上节分析，考虑到直流侧电容储能与 PMSG 转子动能存在等效性，同时二者都具有大惯性频率波动小与小惯性调节速度快的特点，本节介绍一种虚拟惯性控制，该方法的特点包括：① 惯性响应能量由直流侧电容储能提供；② 可以根据频率变化情况在线调节虚拟惯性，使其满足图 5.8 及表 5.1，其中，ω_r 为电网角频率，ω_{ref} 为电网角频率参考值。

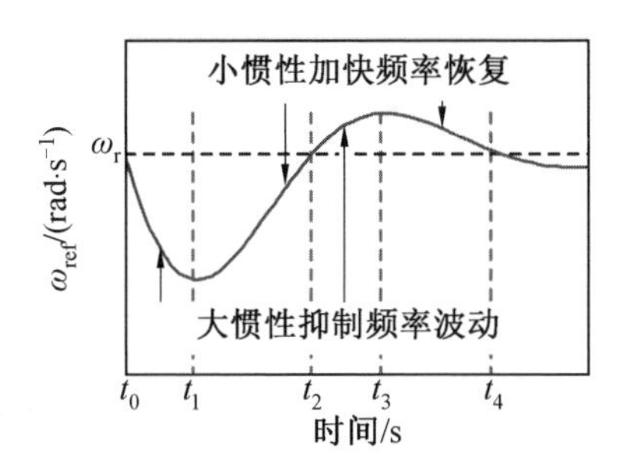

图 5.8　虚拟惯性控制原理

表 5.1　虚拟惯性控制的设计原则

时间段	$\Delta\omega_r=\omega_r-\omega_{ref}$	$d\omega_r/dt$	ω_r 偏移方向	惯性系数 H_{ep}
$[t_0, t_1]$	−	−	偏离	大
$[t_1, t_2]$	−	+	偏向	小
$[t_2, t_3]$	+	+	偏离	大
$[t_3, t_4]$	+	−	偏向	小

图 5.9 所示为附加虚拟惯性控制的网侧变流器结构图，其中三相并网点电压 v_{pabc} 经过锁相环检测后得到电网电压的频率、相位信息。其中，相位信息用于送入坐标变换矩阵进行 dq 坐标系下的电流控制。当不考虑虚线框中的虚拟惯性控制器时，网侧变流器采用的控制结构是直流电压外环和 d 轴电流内环，q 轴电流参考值取决于电网的无功补偿要求，同时这里忽略了 d 轴和 q 轴之间的耦合。虚拟惯性由本节介绍的虚拟惯性控制器提供，其具体传函为

$$G_{vic}(s)=\frac{\Delta v_{dcref}}{\Delta\omega_r}=K_{\omega|v}+K_{xx}\text{sign}(\Delta\omega_r)s \tag{5.21}$$

式中，$K_{\omega|v}$ 为虚拟惯性控制器的补偿偏置；K_{xx} 为虚拟惯性控制器的趋近速率。

由式(5.21) 可知，虚拟惯性控制建立了 $\Delta\omega_r$、$d\Delta\omega_r/dt$ 与直流母线电压参考偏移值 Δv_{dcref} 之间的联系，导致频率变化时 Δv_{dcref} 随之变化。而且，$\Delta\omega_r$ 偏离 ω_{ref} 越远，Δv_{dcref} 值越大；$\Delta\omega_r$ 偏向 ω_{ref} 越近，Δv_{dcref} 值越小。直流侧电容储能因而可以根据电网频率变化情况，提供适量的惯性响应功率。

另外，需要注意到以下两点。

(1)sign() 的使用是为了分别实现突加负载或者突卸负载条件下的虚拟惯性，为了简化算法，sign() 可以相应替换成 −1 或 1 来表示其中一种条件。

(2)Δv_{dc} 需限制在$[V_{min|dc}, V_{max|dc}]$范围内，下限值 $V_{min|dc}$ 需能避免过调制，上限值 $V_{max|dc}$ 取决于有功和无功的需求。

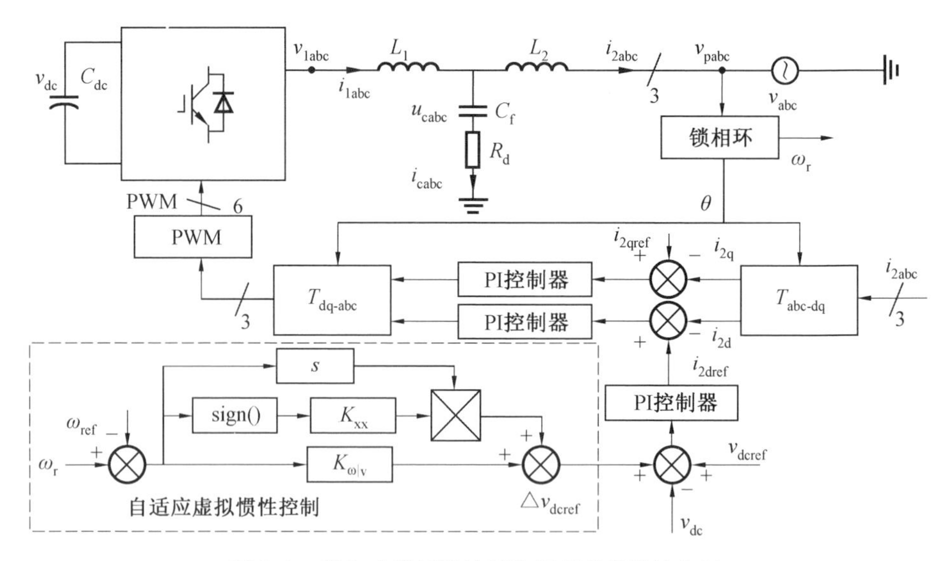

图 5.9　附加虚拟惯性控制的网侧变流器结构图

当系统附加了自适应虚拟惯性控制后，调频 s 域模型由图 5.1 转换为图 5.10(a)。以突加负载的条件为例，图 5.10(a) 可以进一步简化为图 5.10(b)，其中 $G_{vicpu}(s)$ 表示 $G_{vic}(s)$ 的归一化形式，$K^*_{\omega|v}$、K^*_{xx} 为 $G_{vicpu}(s)$ 的对应参数。在图 5.10 中，$G_{clgc}(s)$ 为网侧变流器电压控制环的闭环传函，由于其动态调节速度远高于调频控制，因此该环节可近似为 1，$2H_{ec}s$ 为从 Δv_{dc} 到 P_{cdc} 的传函。图 5.10(b) 可以进一步等效为图 5.10(c)，由图 5.10(c) 可知，当附加了虚拟惯性控制后，系统的等效惯性系数表达式为

$$H_{eqtot} = H_e + H_{ep} \tag{5.22}$$

式中，H_{ep} 为虚拟惯性控制补偿的惯性系数，其表达式为

$$\begin{cases} H_{ep} = H_{ef} + H_{ea}s = H_{ec}G_{clgc}(s)(K^*_{\omega|v} - K^*_{xx}s) \\ H_{ep}/H_{ec}G_{clgc}(s) \leqslant \left(\dfrac{V_{max|dc} - V_{min|dc}}{2V_{dc|rate}}\right) \Big/ \left(\dfrac{\omega_{max|r} - \omega_{min|r}}{2\omega_{ref}}\right) \end{cases} \tag{5.23}$$

式中，H_{ef} 为补偿的基础虚拟惯性系数，由 $K^*_{\omega|v}$ 决定；H_{ea} 为补偿的自适应虚拟惯性系数，由 K^*_{xx} 决定；$V_{dc|rate}$ 为 v_{dc} 的额定值；$\omega_{max|r}$ 和 $\omega_{min|r}$ 分别为电网频率最大、最小值。

定义允许最大电压偏移为 $\Delta V_{dc|max} = (V_{max|dc} - V_{min|dc})/2$，由式(5.23)可知，虚拟惯性系数上限 H_{epmax} 受 C_{dc}、$V_{dc|rate}$、$\Delta V_{dc|max}$，最大频率变比 $(\omega_{max|r} - \omega_{min|r})/(2\omega_{ref})$ 影响。图 5.11 描述了 H_{epmax} 与 C_{dc}、$V_{dc|rate}$、$\Delta V_{dc|max}$ 之间的关系。由图 5.11 可知，C_{dc}、$V_{dc|rate}$、$\Delta V_{dc|max}$ 越大，虚拟惯性系数上限 H_{epmax} 越大，但是 C_{dc}、$V_{dc|rate}$ 的选取需考虑系统体积成本，$\Delta V_{dc|max}$ 的选取需避免过调制。

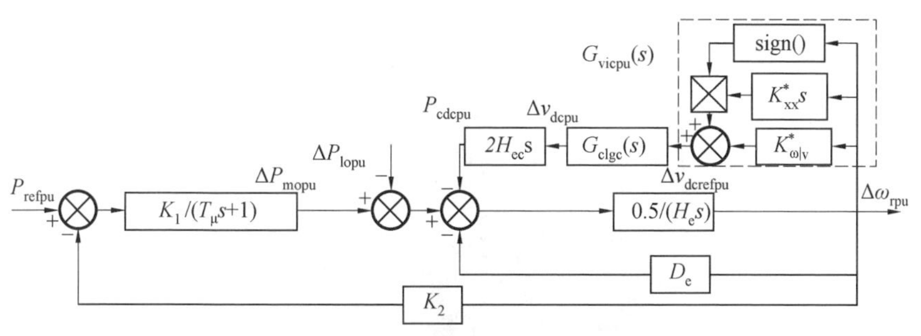

(a) 附加自适应虚拟惯性控制后调频完整s域模型

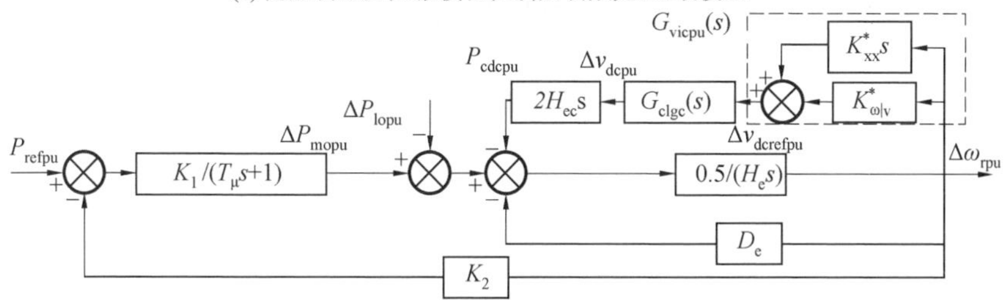

(b) 突加负载时附加自适应虚拟惯性控制后调频s域模型

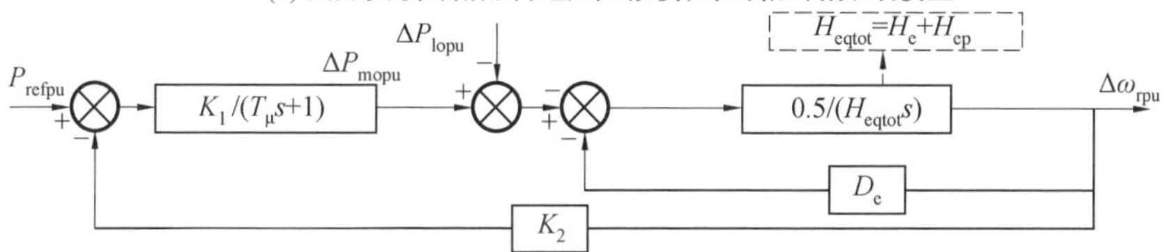

(c) 突加负载时附加自适应虚拟惯性控制后调频s域模型等效形式

图 5.10　附加虚拟惯性控制后调频 s 域模型

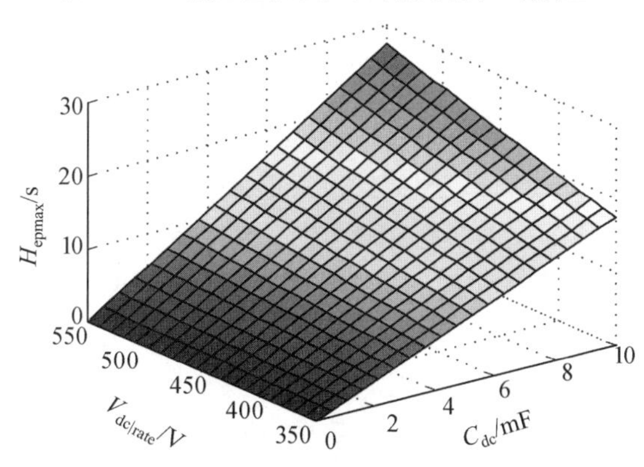

(a) H_{epmax}与C_{dc}、$V_{\text{dc|rate}}$之间的关系

图 5.11　H_{epmax} 与 C_{dc}、$V_{\text{dc|rate}}$、$\Delta V_{\text{dc|max}}$ 之间的关系

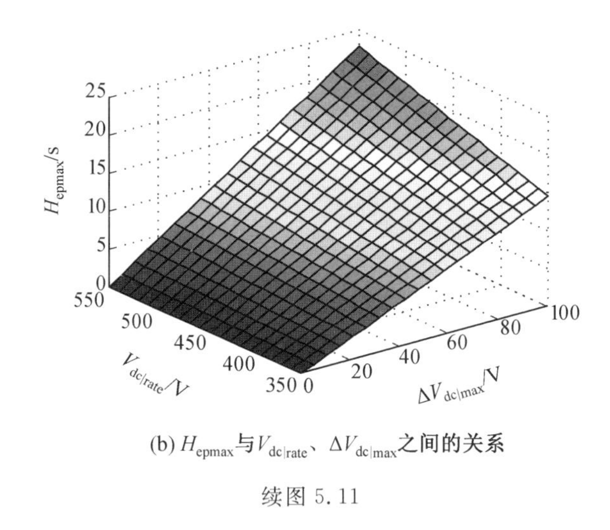

(b) H_{epmax}与$V_{dc|rate}$、$\Delta V_{dc|max}$之间的关系

续图 5.11

5.5 适用于弱电网的改进型虚拟惯性控制

5.5.1 弱电网对于虚拟惯性控制的影响

根据上节分析，虚拟惯性控制将Δv_{dcref}与$\Delta\omega_r$及$d\Delta\omega_r/dt$联系起来，使得直流侧电容可以依据电网频率的变化量和变化率适当地释放或吸收部分能量，从而使系统具有惯性响应能力。对于突加负载条件，为了简化算法，对应虚拟惯性控制方法的传函为

$$G_{vic}(s)=\frac{\Delta v_{dcref}}{\Delta\omega_r}=K_{\omega|v}-K_{xx}s \tag{5.24}$$

当未引入虚拟惯性控制时，网侧变流器的s域模型如图5.12所示，由图5.12可知，锁相环输出的动态波动将在q轴产生扰动分量$I_{2d}\Delta\theta_{pll}$和$V_d\Delta\theta_{pll}$。另外，注意到d轴和q轴在变流器侧电感L_1、滤波电容C_f、网侧电感L_2处均存在耦合，尽管该耦合可以通过引入电流、电压前馈进行抑制，但在弱电网条件下，电网阻抗带来的耦合作用将占主导地位，而且该耦合无法预测并消除。这导致d轴输出电流将影响锁相环输出，下文将对其具体影响进行讨论。

由图5.12得到无虚拟惯性控制时d轴和q轴的电流闭环传函为

$$G_{i2dcl}(s)=\frac{i_{2d}(s)}{i_{2dref}(s)}=\frac{G_{ipi}(s)G_{p1}(s)}{1+G_{ipi}(s)G_{p1}(s)} \tag{5.25}$$

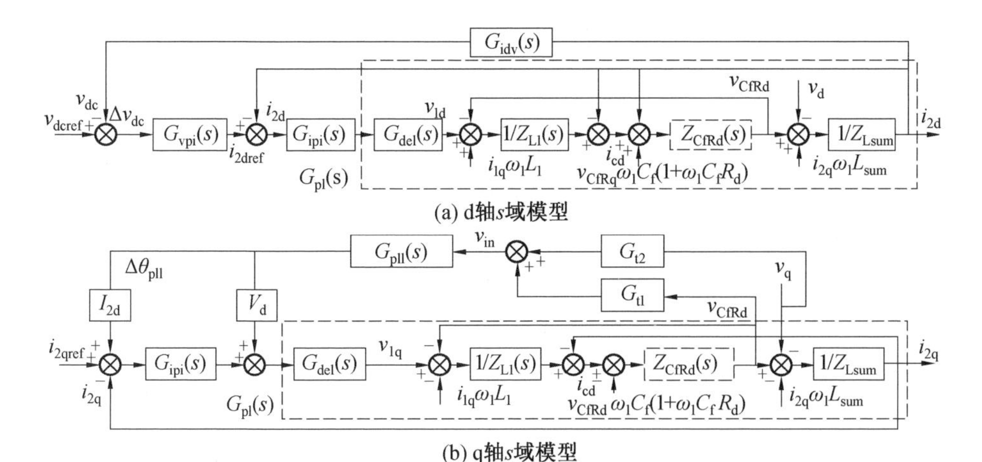

图 5.12 dq 坐标系下无源阻尼型 LCL 型三相半桥式网侧变流器的 s 域模型

$$G_{\mathrm{i2qcl}}(s)=\frac{i_{2\mathrm{q}}(s)}{i_{2\mathrm{qref}}(s)}=\frac{G_{\mathrm{idp1}}(s)}{1+G_{\mathrm{idp1}}(s)-G_{\mathrm{idp2}}(s)+G_{\mathrm{idp3}}(s)} \tag{5.26}$$

式中,$G_{\mathrm{idp1}}(s)$、$G_{\mathrm{idp2}}(s)$、$G_{\mathrm{idp3}}(s)$ 表达式为

$$\begin{cases}G_{\mathrm{idp1}}(s)=G_{\mathrm{ipi}}(s)G_{\mathrm{del}}(s)/Z_{\mathrm{L1}}(s)Z_{\mathrm{CfRd}}(s)/Z_{\mathrm{Lsum}}(s)\\ G_{\mathrm{idp2}}(s)=G_{\mathrm{del}}(s)/Z_{\mathrm{L1}}(s)Z_{\mathrm{CfRd}}(s)G_{\mathrm{t1}}(s)G_{\mathrm{pll}}(s)[G_{\mathrm{ipi}}(s)I_{\mathrm{2d}}+V_{\mathrm{d}}]\\ G_{\mathrm{idp3}}(s)=Z_{\mathrm{CfRd}}(s)/Z_{\mathrm{L1}}(s)+Z_{\mathrm{CfRd}}(s)/Z_{\mathrm{Lsum}}(s)\end{cases} \tag{5.27}$$

由式(5.25)和式(5.26)可以得到电压环的开环传函为

$$G_{\mathrm{v|ol|wo}}(s)=\frac{v_{\mathrm{dc}}(s)}{\Delta v_{\mathrm{dc}}(s)}=G_{\mathrm{vpi}}(s)G_{\mathrm{idv}}(s)G_{\mathrm{i2dcl}}(s) \tag{5.28}$$

进一步得到无虚拟惯性控制下的电压环的闭环传函为

$$G_{\mathrm{v|cl|wo}}(s)=\frac{v_{\mathrm{dc}}(s)}{v_{\mathrm{dcref}}(s)}=\frac{G_{\mathrm{v|ol|wo}}(s)}{1+G_{\mathrm{v|ol|wo}}(s)} \tag{5.29}$$

图 5.13 进一步给出了 $G_{\mathrm{v|cl|wo}}(s)$ 的零极点图,由图 5.13 可知,弱电网条件下无虚拟惯性控制时系统闭环传函所有极点均在左半平面,系统稳定。

根据前文分析,由于 dq 轴之间存在耦合作用,$i_{2\mathrm{d}}$ 的变化将改变锁相环输出变化量 $\Delta\theta_{\mathrm{pll}}$,由图 5.12(b) 可以得到 $i_{2\mathrm{d}}$ 到 $\Delta\theta_{\mathrm{pll}}$ 的传函为

$$G_{\mathrm{i2d|\Delta\theta}}(s)=\frac{\Delta\theta_{\mathrm{pll}}(s)}{i_{2\mathrm{d}}(s)}=\omega_0 L_{\mathrm{g}}G_{\mathrm{pll}}(s)G_{\mathrm{i2qcl}}(s) \tag{5.30}$$

当系统附加虚拟惯性控制后,经过式(5.24)使得 $i_{2\mathrm{d}}$ 与 $\Delta v_{\mathrm{dcref}}$ 之间建立了联系,其具体传函为

$$G_{\mathrm{i2d|\Delta vref}}(s)=\frac{\Delta v_{\mathrm{dcref}}(s)}{i_{2\mathrm{d}}(s)}=G_{\mathrm{i2d|\Delta\theta}}s(K_{\omega|\mathrm{v}}-K_{\mathrm{xx}}s) \tag{5.31}$$

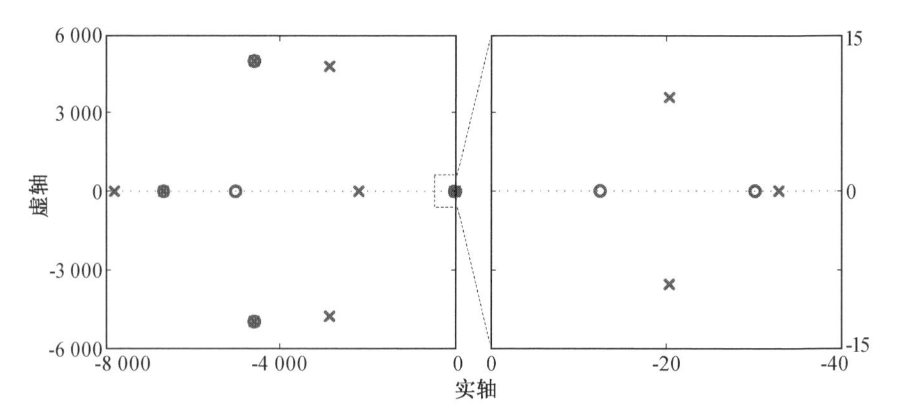

图 5.13 $G_{v|cl|wo}(s)$ 的零极点图

图 5.14 所示为附加虚拟惯性控制后的系统 s 域模型。由图 5.14 可知，虚拟惯性控制额外引入了一条由 i_{2d} 通往 Δv_{dcref} 的路径，这条路径与 d 轴电流控制部分中由 i_{2d} 通往 v_{dc} 的路径相并联，这两条路径将威胁到系统稳定性。由式(5.30) 和式(5.31) 可知，i_{2d} 对 Δv_{dcref} 的影响与电网阻抗成正比，所以在强电网条件下，i_{2d} 作为激励源激发的 Δv_{dcref} 将恒为 0，即此时虚拟惯性控制不会引发系统的不稳定。但是随着电网阻抗的增加，虚拟惯性控制可能会导致系统不稳定。

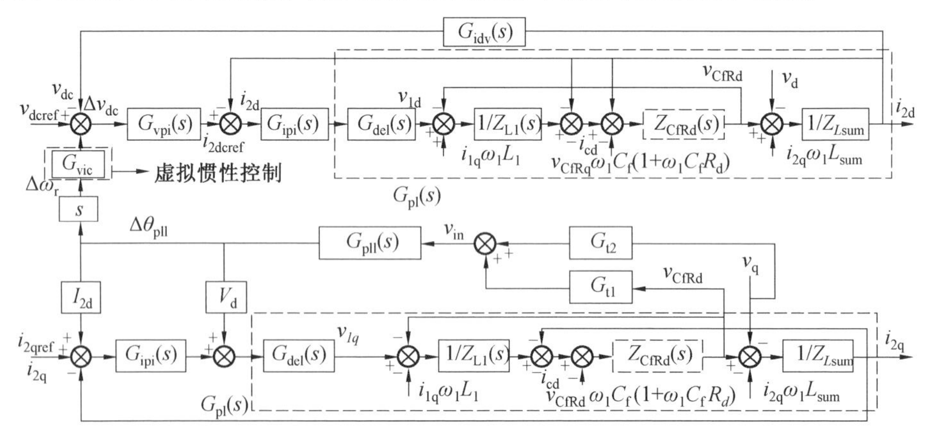

图 5.14 附加虚拟惯性控制后的系统 s 域模型

通过图 5.14 可以进一步得到，当附加虚拟惯性控制后，系统的闭环传函为

$$G_{v|cl|wc}(s)=\frac{v_{dc}(s)}{v_{dcref}(s)}=\frac{G_{v|ol|wo}(s)}{1-G_{vpi}(s)G_{i2dcl}(s)G_{i2d|\Delta vref}(s)+G_{v|ol|wo}(s)} \quad (5.32)$$

分析式(5.29) 和式(5.32) 可知，虚拟惯性控制在系统闭环传函上存在一个负项 $-G_{vpi}(s)G_{i2dcl}(s)G_{i2d|\Delta vref}(s)$，正是这一项最终导致了系统的不稳定。由图

5.15 可知，弱电网条件下附加虚拟惯性控制后系统闭环传函存在一对右半平面极点，故系统不稳定。

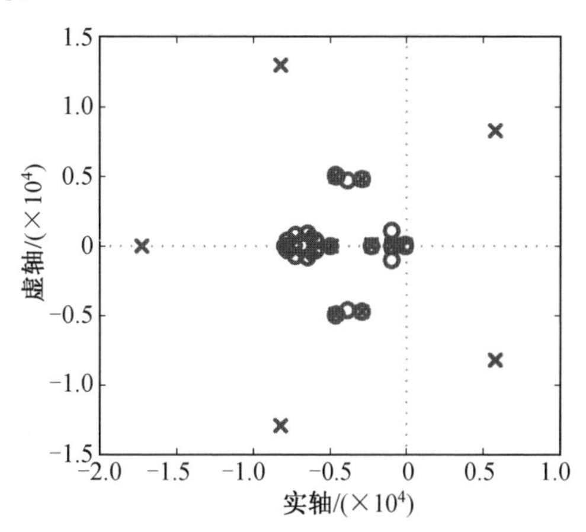

图 5.15　$G_{v|cl|wc}(s)$ 的零极点图

5.5.2　提升虚拟惯性控制系统在弱电网下稳定性的方法

根据前文的分析，为了增强虚拟惯性控制的系统在弱电网下的稳定性，提出如图 5.16 所示的改进型虚拟惯性控制方法。由图 5.16 可知，改进后的方法不再采用虚拟惯性控制器的输出作为直流电压参考值的修正量，而是引入负前馈函数 $F_c(s)$ 来大幅降低虚拟惯性控制器的输出，使得直流电压参考值的修正量从 Δv_{dcref} 转换为 Δv_{dcrefx}。图 5.16 中 $F_c(s)$ 的表达式为

$$F_c(s)=K_{com}G_{vic}(s) \tag{5.33}$$

进一步可得到改进型虚拟惯性控制下系统的开环传函为

$$G_{v|ol|wp}(s)=G_{vpi}(s)G_{i2dcl}(s)\left[G_{idv}(s)-G_{i2d|\Delta vref}(s)\left(1-\frac{K_{com}s}{G_{pll|nu}(s)}\right)\right] \tag{5.34}$$

式中，$G_{pll|nu}(s)$ 为 $G_{pll}(s)$ 的分子。

图 5.17 给出了不同 K_{com} 下系统开环传函 $G_{v|ol|wp}(s)$ 的 Bode 图，由图 5.17 可知，当 K_{com} 从 0 增加到 $0.8K_P$，尽管系统相角裕度仍然为负，但是相角裕度与幅值裕度始终在向正向变化，这表明引入 $F_c(s)$ 后，系统的稳定性得到改善，同时 K_{com} 还需要取更大的值来满足系统稳定性的要求。

由式(5.34) 进一步得到闭环传函为

$$G_{v|cl|wp}(s)=\frac{v_{dc}(s)}{v_{dcref}(s)}=\frac{G_{v|ol|wp}(s)}{1+G_{v|ol|wp}(s)} \tag{5.35}$$

图 5.18 给出了 $G_{v|cl|wp}(s)$ 零极点图，由图 5.18 可知，弱电网条件下附加改进

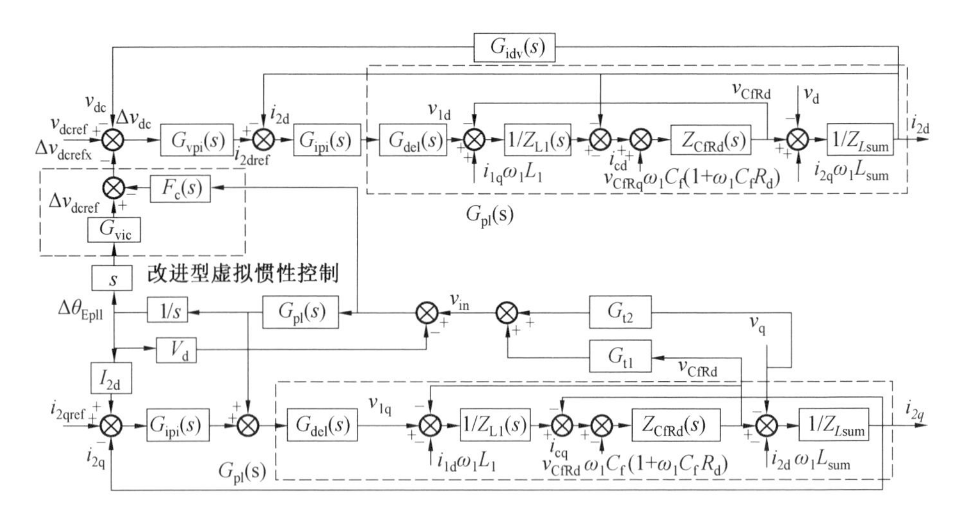

图 5.16　附加改进型虚拟惯性控制后系统 s 域模型

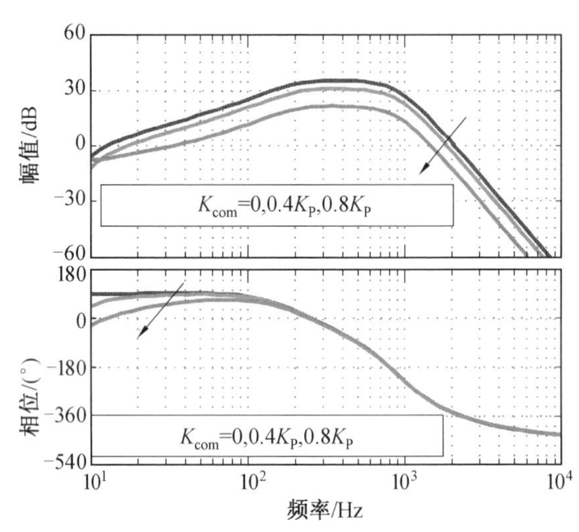

图 5.17　不同 K_{com} 下系统开环传函 $G_{v|ol|wp}(s)$ 的 Bode 图

型虚拟惯性控制后系统闭环传函所有极点均位于左半平面，右半平面不存在极点，故系统稳定。因此，本书所提出的改进型虚拟惯性控制可以使系统在弱电网下保持稳定。

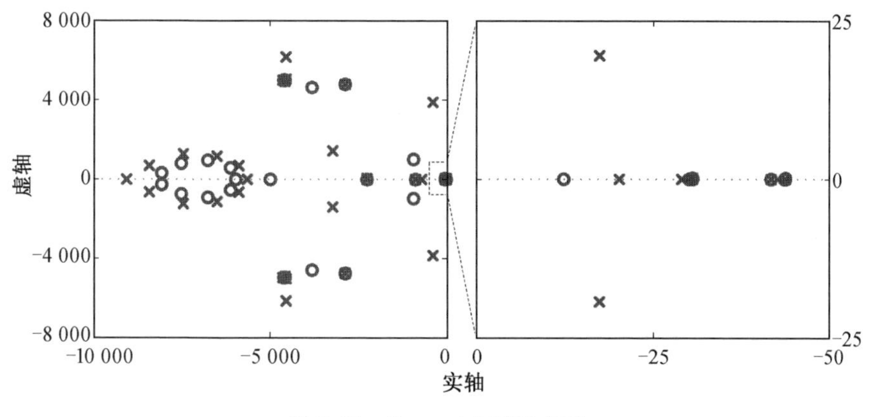

图 5.18　$G_{v|cl|wp}(s)$ 零极点图

5.6　基于直流侧电容储能提供调频功率的虚拟阻尼控制

5.6.1　虚拟阻尼原理及控制器结构

根据前文分析，适当提高系统的阻尼系数 D_e，有利于改善系统的动态性能。因此，本节介绍一种基于直流侧电容储能提供调频功率的虚拟阻尼控制，网侧变流器的控制方法如图 5.19 所示。

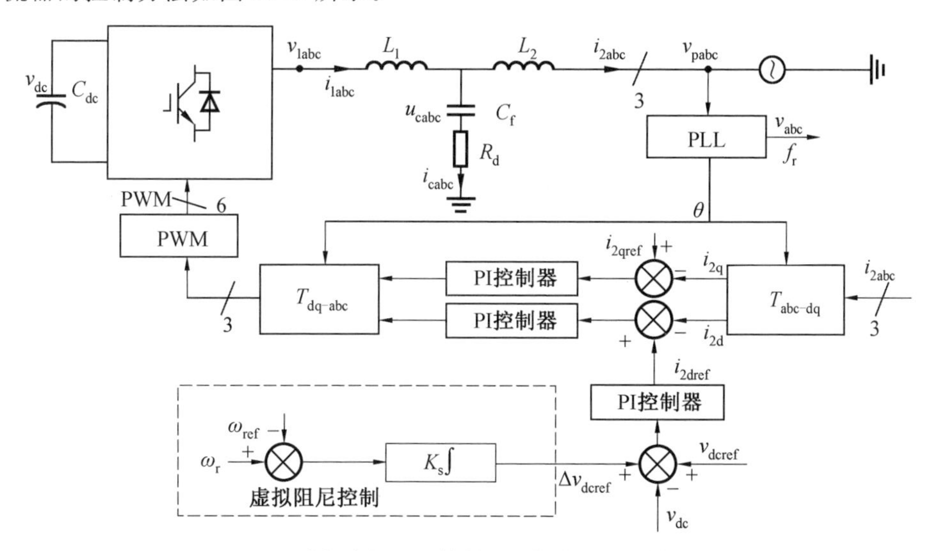

图 5.19　附加虚拟阻尼控制的网侧变流器的控制方法

由图 5.19 可知，虚拟阻尼功率由直流侧电容储能提供，其控制器传函为

$$G_{vd}(s)=\frac{\Delta v_{dcref}}{\Delta\omega_r}=\frac{K_s}{s} \tag{5.36}$$

式中，K_s 为虚拟阻尼控制的增益系数，决定网侧变流器具备的等效虚拟阻尼系数 D_{ep} 的值，其具体表达式为

$$K_s=\left(\frac{V_{max|dc}-V_{min|dc}}{2V_{dc|rate}}\right)\Big/\left(\frac{\Delta\theta_{max|r}}{2\pi}\right) \tag{5.37}$$

式中，$\Delta\theta_{max|r}$ 为可允许的最大相位偏差，这里 $V_{min|dc}$、$V_{max|dc}$ 的设计仍然需要参考前面章节所述的取值依据。

由式(5.36)可知，基于虚拟阻尼控制器建立了 $\Delta\omega_r$ 的积分与 Δv_{dcref} 之间的联系，当 ω_r 变化时，Δv_{dcref} 随之变化，而且 Δv_{dcref} 与 $\Delta\omega_r$ 对应的相角偏移成正比，从而使直流侧电容可以根据电网频率变化情况，释放或吸收能量对电网频率变化进行阻尼。当系统附加了虚拟阻尼控制后，系统的调频 s 域模型由图 5.1 转换为图 5.20(a)。图 5.20(a) 中 $G_{vdpu}(s)$ 表示 $G_{vd}(s)$ 的归一化形式。通过对图5.20(a) 进行等效变换可以得到图 5.20(b) 所示的等效结构。

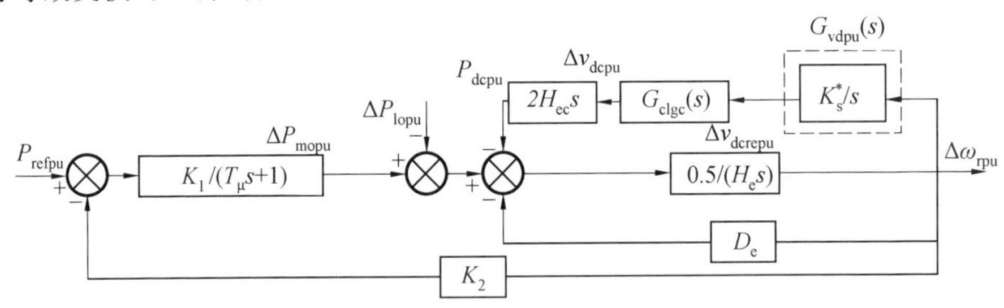

(a) 附加虚拟阻尼控制后调频完整s域模型

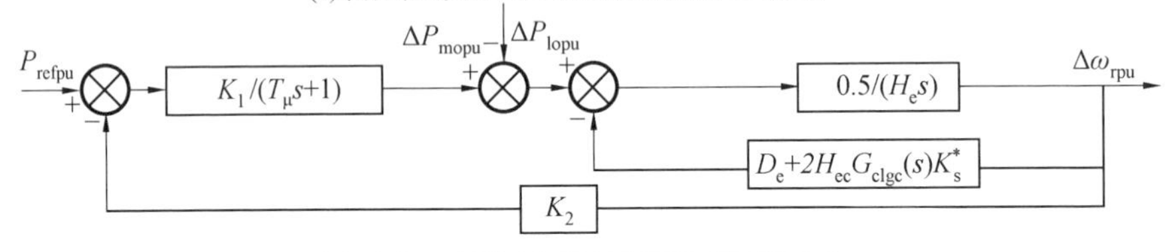

(b) 附加虚拟阻尼控制后调频s域模型等效形式

图 5.20　附加虚拟阻尼控制后调频 s 域模型

由图 5.20(b) 可知，系统的阻尼系数由 D_e 增至 $D_e+2H_{ec}G_{clgc}(s)K_s^*$，其中第二项为虚拟阻尼控制提供的虚拟阻尼系数 D_{ep}，其表达式为

$$D_{ep}=2H_{ec}G_{clgc}(s)K_s^* \tag{5.38}$$

根据前文的分析，$G_{clgc}(s)\approx 1$，因此式(5.38) 近似为

$$D_{ep}\approx 2H_{ec}K_s^* \tag{5.39}$$

由式(5.16)、式(5.38)、式(5.39)，D_{ep} 受 C_{dc}、$V_{dc|rate}$、$\Delta V_{dc|max}$ 等因素影响。图 5.21 描述了 D_{ep} 与 C_{dc}、$V_{dc|rate}$、$\Delta V_{dc|max}$ 之间的关系。

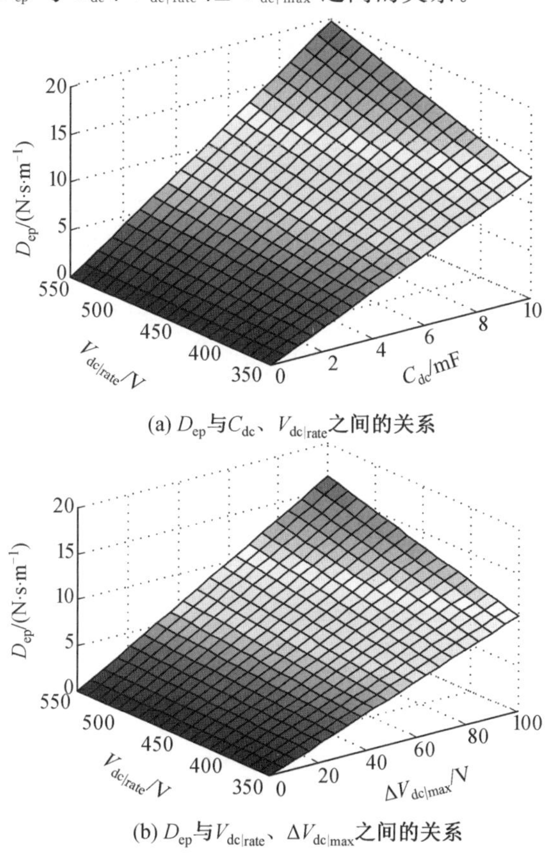

(a) D_{ep}与C_{dc}、$V_{dc|rate}$之间的关系

(b) D_{ep}与$V_{dc|rate}$、$\Delta V_{dc|max}$之间的关系

图 5.21　D_{ep} 与 C_{dc}、$V_{dc|rate}$、$\Delta V_{dc|max}$ 之间的关系

由图 5.21 可知，C_{dc}、$V_{dc|rate}$、$\Delta V_{dc|max}$ 越大，则 D_{ep} 越大，但是 C_{dc}、$V_{dc|rate}$ 的选取也需要综合考虑系统体积成本，$\Delta V_{dc|max}$ 的选取需要避免过调制。

5.6.2　弱电网对于虚拟阻尼控制的影响

附加虚拟阻尼控制的网侧变流器运行在弱电网条件下时，系统 s 域模型如图 5.22 所示。

由图 5.22 可知，与虚拟惯性控制类似，虚拟阻尼控制也额外引入了一条由 i_{2d} 通往 Δv_{dcref} 的路径，这条路径与 d 轴电流控制部分中由 i_{2d} 通往 v_{dc} 的路径相并联。此时，附加虚拟阻尼控制时从 i_{2d} 到 Δv_{dcref} 的传函为

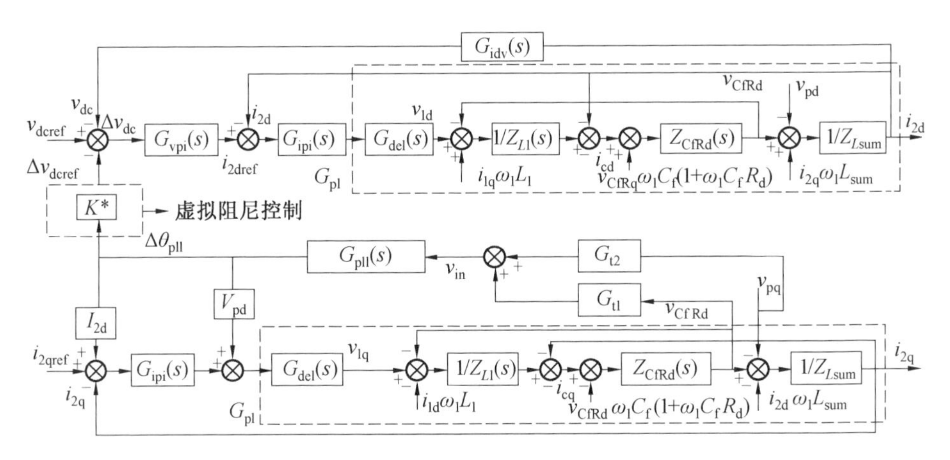

图 5.22　附加虚拟阻尼控制后系统 s 域模型

$$G_{i2d|wd|\Delta vref}(s)=\frac{\Delta v_{dcref}(s)}{i_{2d}(s)}=G_{i2d|\Delta\theta}K_s^* \tag{5.40}$$

图 5.23 给出了 $G_{i2d|wd|\Delta vref}(s)$ 的 Bode 图。

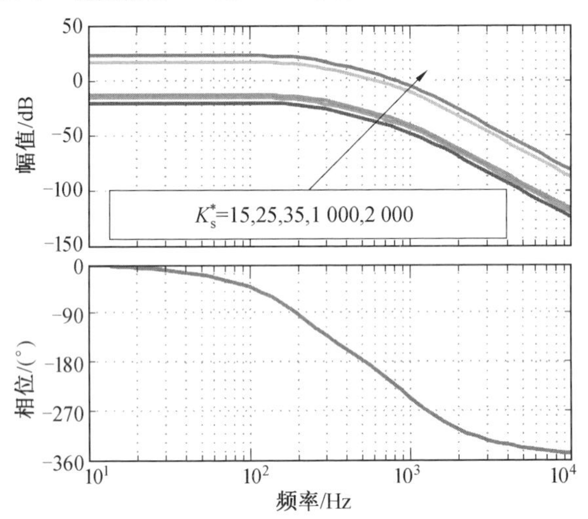

图 5.23　$G_{i2d|wd|\Delta vref}(s)$ 的 Bode 图

在图 5.23 中，尽管 $\Delta v_{dc|ref}(s)$ 被衰减程度随着 K_s^* 的增大而逐渐减弱，$G_{i2d|wd|\Delta vref}(s)$ 整体仍然呈现低通特性。因此，当 K_s^* 比较小时，i_{2d} 对虚拟阻尼控制器输出影响非常小。同时，引入虚拟阻尼控制后，Δv_{dcref} 对 i_{2d} 敏感程度远低于引入虚拟惯性控制的情况，其原因是：虚拟阻尼控制包含的积分环节与锁相环在频率检测处的微分环节相互抵消，导致当 K_s^* 较小时，$G_{i2d|wd|\Delta vref}(s)$ 特性与 $G_{i2d|\Delta\theta}(s)$

接近，从而此时 i_{2d} 的耦合带来的干扰仍然可以近似忽略不计。然而，由于系统指标要求，常常希望风电系统提供较强的阻尼特性，即要求网侧变流器运行在较大的 K_s^* 值下。然而当 $K_s^*=2\ 000$ 时，在部分频段将出现 $G_{i2d|wd|\Delta vref}(s)$ 提供的增益大于 0 dB，相位滞后达到 180° 的情况，进而威胁到系统的稳定性。

结合式(5.40)及前文分析可以得到附加虚拟阻尼控制后电压环开环传函为

$$G_{v|ol|wd}(s)=\frac{v_{dc}(s)-\Delta v_{dcref}(s)}{\Delta v_{dc}(s)}=G_{vpi}(s)G_{i2d|cl}(s)\left[G_{idv}(s)-G_{i2d|wd|\Delta vref}(s)\right] \tag{5.41}$$

图 5.24 给出了 $G_{v|ol|wd}(s)$ 的 Bode 图，在图 5.24 中，当 K_s^* 取 15、25、35 时，系统幅值裕度仍然为正；当 K_s^* 取 2 000 时，系统幅值裕度为负，这表明此时系统可能出现不稳定。而不稳定的原因是过大的 K_s^* 使 $G_{i2d|wd|\Delta vref}(s)$ 对耦合电流 i_{2d} 进行了过度放大。

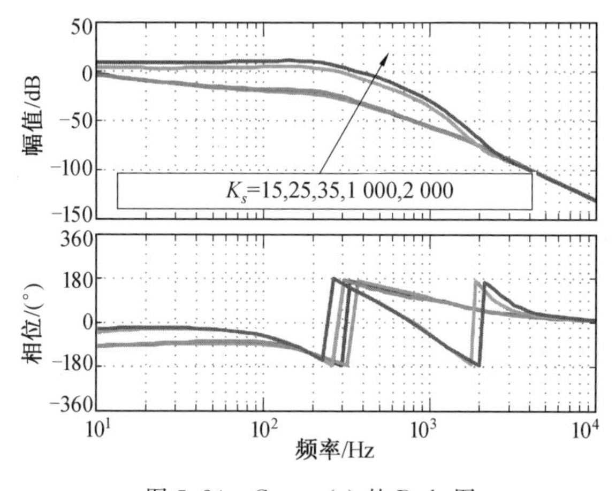

图 5.24　$G_{v|ol|wd}(s)$ 的 Bode 图

为了进一步确定附加虚拟阻尼控制后，电压环闭环的稳定性情况，进一步给出此时的闭环传函为

$$G_{v|cl|wd}(s)=\frac{v_{dc}(s)}{v_{dcref}(s)}=\frac{G_{v|ol|wo}(s)}{1-G_{vpi}(s)G_{i2dcl}(s)G_{i2d|wd|\Delta vref}(s)+G_{v|ol|wo}(s)} \tag{5.42}$$

将式(5.42)与式(5.29)、式(5.32)比较容易发现，与虚拟惯性控制类似，虚拟阻尼控制同样在系统闭环传函上引入了一个负项 $-G_{vpi}(s)G_{i2dcl}(s)G_{i2d|wd|\Delta vref}(s)$，这一项的引入降低了系统的稳定性，因此为了保证系统的稳定性，风电机组所能提供的等效阻尼系数只能在一定范围内。

图 5.25 给出了 $G_{v|cl|wd}(s)$ 的零极点图，在图 5.25(a) 中，随着 K_s^* 的增大，$G_{v|cl|\omega d}(s)$ 有一对共轭复根逐渐向虚轴移动，最终穿越虚轴到达右半平面，此时系

统不稳定，所以 K_s^* 可取的理论最大值要小于或等于 1 000。另一方面，在图 5.25(b) 中，电网阻抗的增加也会导致 $G_{v|cl|\omega d}(s)$ 有一对共轭复根逐渐向虚轴移动，最终穿越虚轴到达右半平面。因此，对于电网阻抗无法准确预测的弱电网，K_s^* 的理论最大取值还需要根据电网阻抗的最大值来保留足够余量。

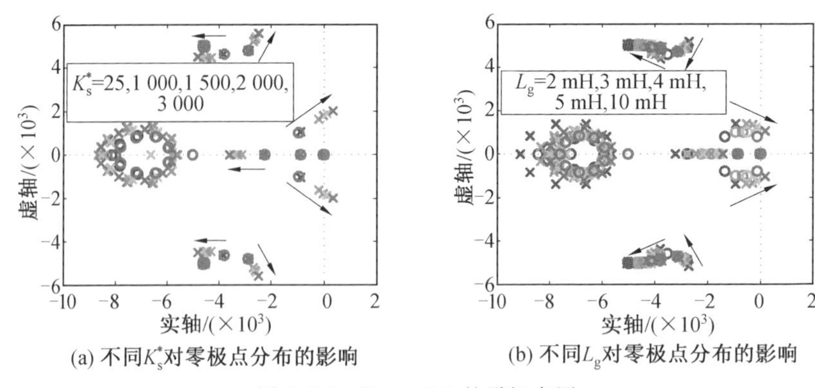

(a) 不同K_s^*对零极点分布的影响　　(b) 不同L_g对零极点分布的影响

图 5.25　$G_{v|cl|wd}(s)$ 的零极点图

5.7　调频控制策略仿真及实验验证

5.7.1　仿真验证

为了验证所研究的虚拟惯性及谐振阻尼方法的有效性，采用仿真软件进行验证。仿真条件：电网电压频率为 50 Hz，有效值为 220 V。网侧变流器输出额定电流为 20 A，其中直流电压额定值为 700 V，其允许波动范围为 ±40 V。设定电网中同步机组惯性系数为 6 s，阻尼系数为 2 N·s/m，风电机组虚拟惯性系数为 2 s，阻尼系数为 0.2 N·s/m。频率突变条件由系统突加或突卸 3% 负载产生，弱电网由引入 2 mH 电网阻抗产生，锁相环采用 SRF－PLL。在这部分仿真验证中，对直流侧电压、电容容值、虚拟惯性阻尼控制器系数进行了归一化处理。

图 5.26 给出了频率未突变时附加虚拟惯性控制后电网电压和输出电流波形，由图 5.26 可知系统可以稳定输出与电网电压同频率且有效值为 20 A 的正弦电流。

图 5.27 给出了突变负载时附加虚拟惯性控制前后系统的响应，由图 5.27(a) 可知，在突变负载的动态过程中，电网频率在 3 s 内逐步偏离标准值，并在大约 3 s 时刻达到最大偏差，偏差值约为 0.2 Hz。随后约 24 s 内频率从最大偏差值向稳态值变化，并在约 27 s 时刻处趋于频率偏差稳态值，约为 0.07 Hz。在整个过程

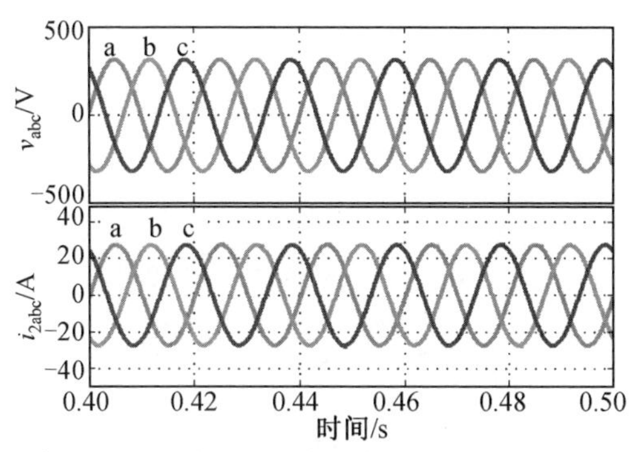

图 5.26　频率未突变时附加虚拟惯性控制后电网电压和输出电流波形

中 v_{dcpu} 恒为 1 p.u.。附加虚拟惯性控制后，电网频率在前 4 s 内逐步偏离标准值，并在约 4 s 达到最大偏差，约为 0.18 Hz。随后约 30 s 内频率从最大偏差值向稳态值变化，并在约 34 s 处趋于频率偏差稳态值，约为 0.07 Hz。由图 5.27(b)可知，在整个过程中 v_{dcpu} 随着频率的变化而变化，在约 4 s 处偏离标准值至最大偏差，最大偏差接近 0.043 p.u.，随后约 31 s 内 v_{dcpu} 从最大偏差值向稳态值变化，并在约 34 s 处达到稳态值，对于突加和突卸负载条件稳态值分别约为 0.986 p.u.、1.014 p.u.。附加该方法后，在突变负载的动态过程中，频率到达最大偏差的时间增加了约 1 s，最大偏差减小了约 0.02 Hz，达到稳态值的时间增加了约 7 s，惯性响应能力得到增强。

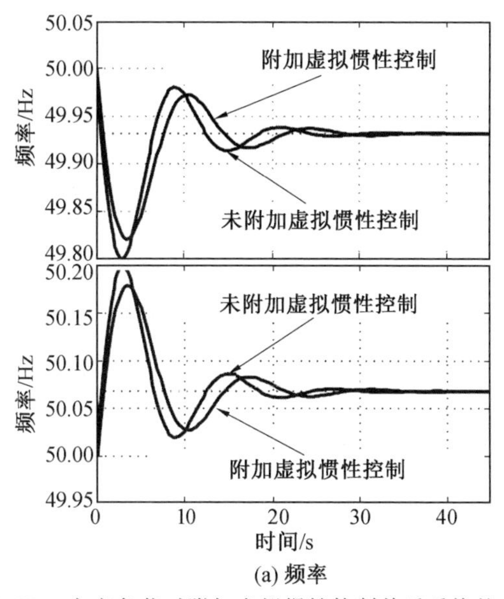

(a) 频率

图 5.27　突变负载时附加虚拟惯性控制前后系统的响应

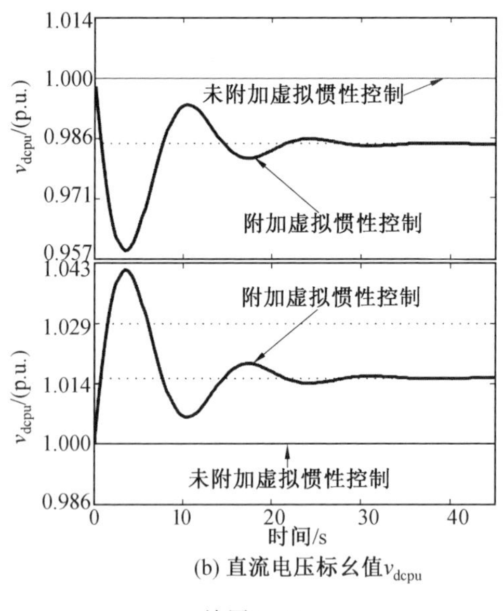

(b) 直流电压标幺值v_{dcpu}

续图 5.27

图 5.28 所示为突变负载时 C_{dcpu} 取值对虚拟惯性控制的影响。由图 5.28(a)可知,C_{dcpu} 取 0.5 p. u. 、1 p. u. 、1.5 p. u. 、2 p. u. 、2.5 p. u. 时,系统达到频率最大偏差的时间点分别近似为 3.5 s、3.8 s、4.05 s、4.4 s、4.8 s,对应的频率最大偏差分别近似为 0.188 Hz、0.179 Hz、0.170 5 Hz、0.165 Hz、0.159 Hz。由此可以计算出对应时间段的频率平均变化率分别为 0.053 7 Hz/s、0.047 1 Hz/s、0.042 1 Hz/s、0.037 5 Hz/s、0.033 Hz/s。因此,C_{dcpu} 取值每增加 0.5 p. u. ,系统达到频率最大偏差值的时间近似增加 0.3 s,此时段的最大频率偏差值及频率平均变化率也相应减小。类似地,图 5.28(b) 中,C_{dcpu} 取对应值时,系统达到电压最大偏差的时间点近似与频率最大偏差时间点相同。对应的电压最大偏差分别近似为 0.043 p. u. 、0.040 9 p. u. 、0.039 4 p. u. 、0.037 4 p. u. 、0.036 8 p. u. 。由此计算出对应时间段的电压平均变化率分别为 0.012 3 p. u. /s、0.010 8 p. u. /s、0.042 1 p. u. /s、0.037 5 p. u. /s、0.033 p. u. /s。因此,C_{dcpu} 取值越大,电网频率变化越慢,频率最大偏差越小,系统的惯性响应能力越强,v_{dcpu} 变化越慢。

图 5.29 所示为突变负载时 $V_{dc|rate}$ 标幺值 V_{rpu} 取值对虚拟惯性控制的影响。由图 5.29(a) 可知,V_{rpu} 取 1 p. u. 、1.1 p. u. 、1.2 p. u. 、1.3 p. u. 、1.4 p. u. 时,系统达到频率最大偏差的时间点分别近似为 3.8 s、3.95 s、4.05 s、4.1 s、4.5 s,对应的频率最大偏差分别近似为 0.178 5 Hz、0.175 5 Hz、0.172 Hz、0.168 Hz、0.165 5 Hz。由此计算出对应时间段的频率平均变化率分别为 0.047 0 Hz/s、

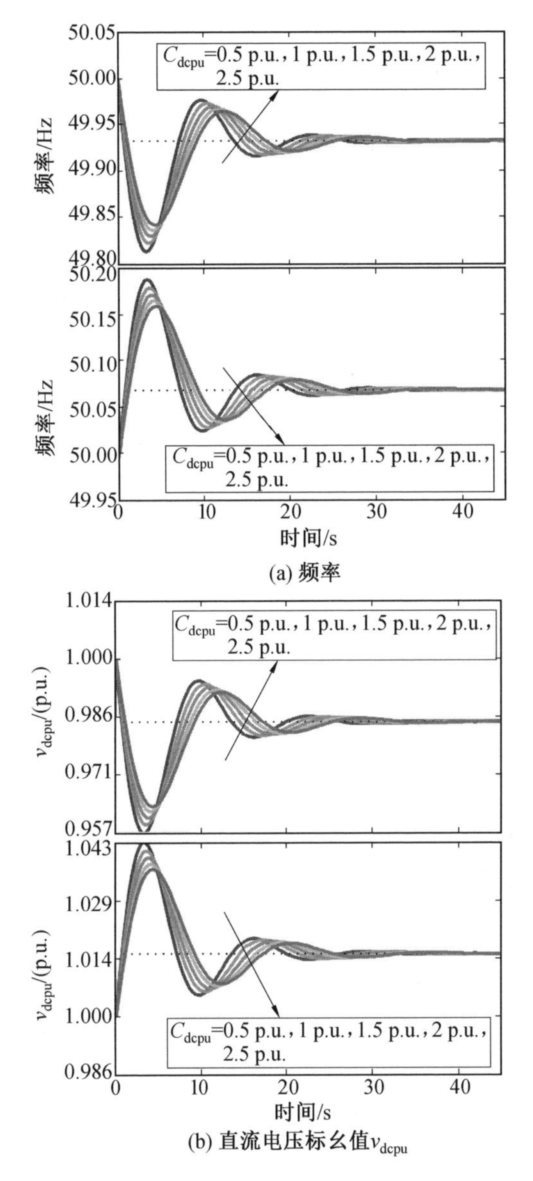

图 5.28　突变负载时 C_{dcpu} 取值对虚拟惯性控制的影响

0.044 4 Hz/s、0.042 4 Hz/s、0.040 9 Hz/s、0.036 8 Hz/s。V_{rpu} 变化对频率具有与 C_{dcpu} 相近的影响。V_{rpu} 越高，电网频率变化越慢，频率最大偏差越小，系统的惯性响应能力越强。另一方面，由图 5.29(b) 可知，V_{rpu} 越大，v_{dcpu} 稳态值越大，变化越慢。

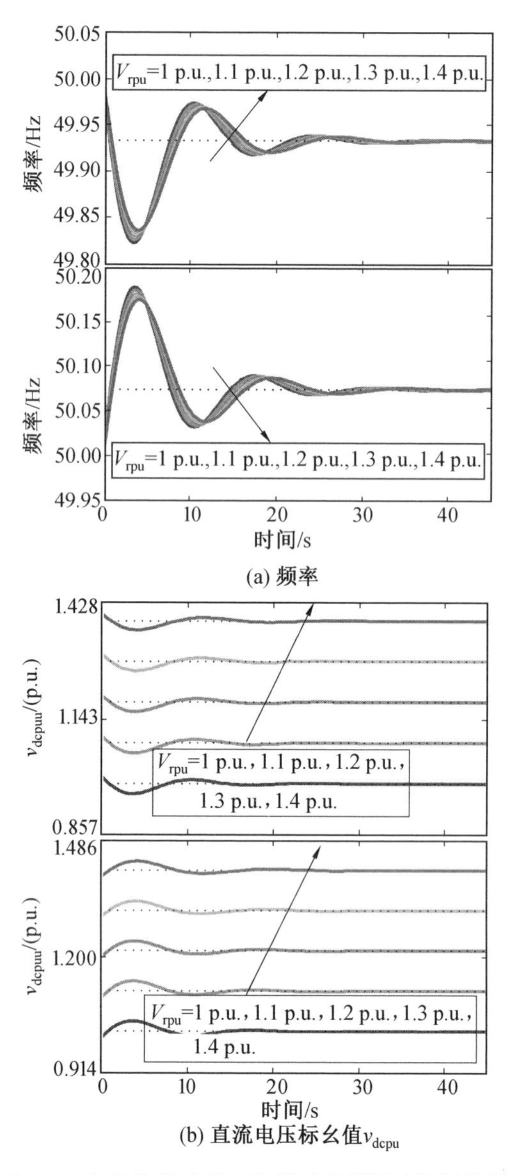

(a) 频率

(b) 直流电压标幺值v_{dcpu}

图 5.29　突变负载时 V_{rpu} 取值对虚拟惯性控制的影响

图 5.30 所示为突变负载时 $K_{\omega|v}^{*}$ 取值对虚拟惯性控制的影响。由图 5.30(a)可知，$K_{\omega|v}^{*}$ 取 0.8 p.u.、1 p.u.、1.2 p.u.、1.4 p.u.、1.6 p.u. 时，系统达到频率最大偏差的时间点分别近似为 3.6 s、3.8 s、3.95 s、4.05 s、4.15 s，对应的频率最大偏差分别近似为 0.182 Hz、0.179 Hz、0.176 Hz、0.172 Hz、0.170 Hz。由此可

以计算出对应时间段的频率平均变化率分别为 0.050 6 Hz/s、0.047 1 Hz/s、0.044 6 Hz/s、0.042 5 Hz/s、0.041 0 Hz/s。因此 $K^*_{\omega|\mathrm{v}}$ 变化对频率具有与 C_{dcpu} 相近的影响。$K^*_{\omega|\mathrm{v}}$ 越高，电网频率变化越慢，频率最大偏差越小，系统的惯性响应能力越强。另一方面，由图 5.30(b) 可知，$K^*_{\omega|\mathrm{v}}$ 取对应值时，系统达到电压最大偏差的时间点近似与频率最大偏差时间点相同。对应的电压最大偏差分别近似为 0.034 p.u.、0.040 8 p.u.、0.049 2 p.u.、0.055 9 p.u.、0.062 6 p.u.。由此计算出对应时间段的电压平均变化率分别为 0.009 4 p.u./s、0.010 7 p.u./s、0.012 5 p.u./s、0.013 8 p.u./s、0.015 p.u./s。因此，$K^*_{\omega|\mathrm{v}}$ 越大，v_{dcpu} 变化越快。

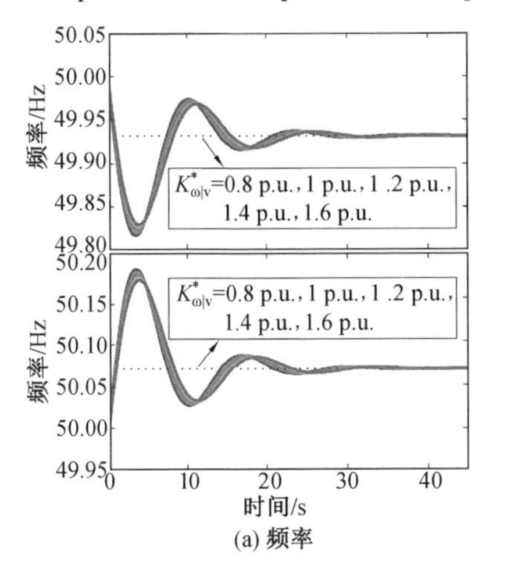

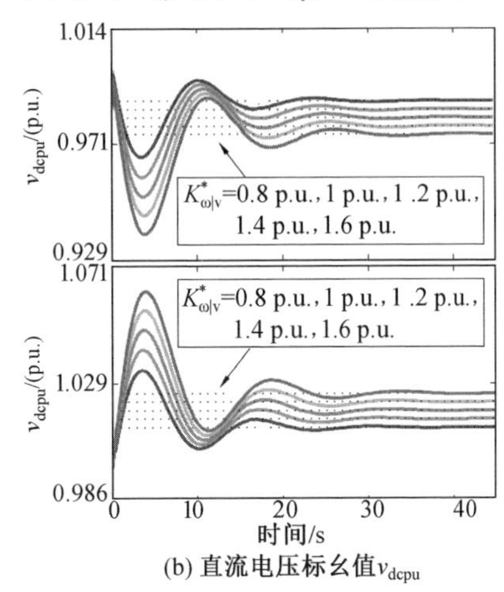

图 5.30　突变负载时 $K^*_{\omega|\mathrm{v}}$ 取值对虚拟惯性控制的影响

图 5.31 和图 5.32 分别给出了弱电网条件下附加改进型虚拟惯性控制后的电网电压、输出电流波形，以及突变负载时附加改进型虚拟惯性控制前后系统的响应。由图 5.31 和图 5.32 可知，附加改进型虚拟惯性控制后，系统在弱电网条件下稳定运行，惯性响应能力得到增强。

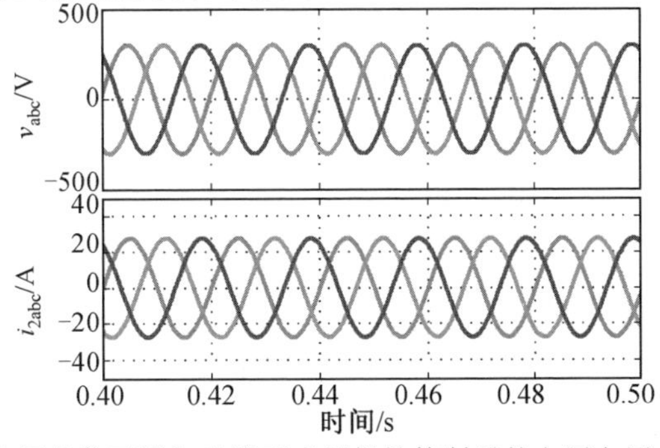

图 5.31　弱电网条件下附加改进型虚拟惯性控制后的电网电压、输出电流波形

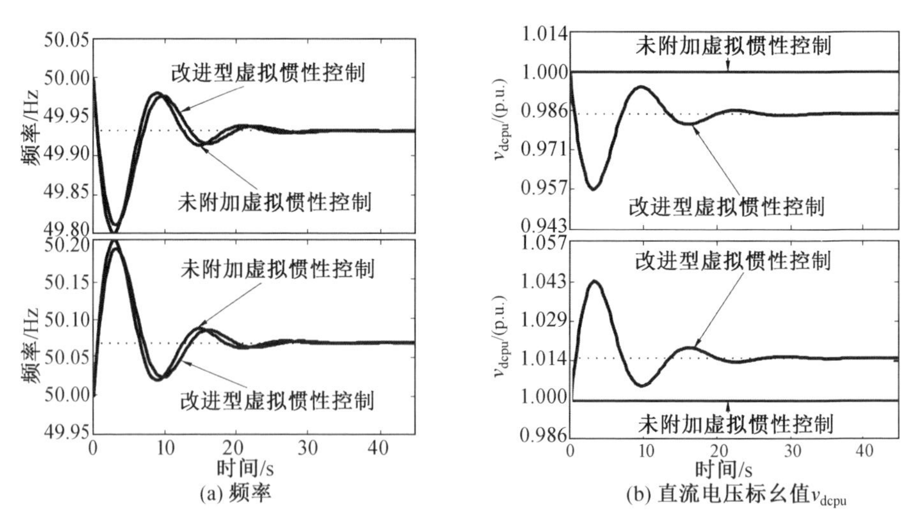

图 5.32　突变负载时附加改进型虚拟惯性控制前后系统的响应

图 5.33 给出了频率未突变时附加虚拟阻尼控制后电网电压和输出电流波形。由图 5.33 可知系统此时可以稳定输出与电网电压同频率且有效值为 20 A 的正弦电流。

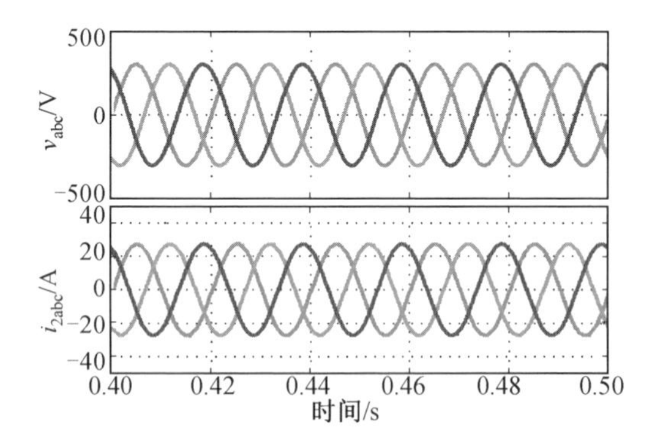

图 5.33　频率未突变时附加虚拟阻尼控制后电网电压和输出电流波形

图 5.34 给出了突变负载时附加虚拟阻尼控制前后系统的响应。由图 5.34(a) 可知，与未附加虚拟阻尼控制相比，附加虚拟阻尼控制后，系统的频率波动变小，而最终稳态频率偏差值从 0.068 Hz 减小到了 0.067 5 Hz，稳态偏差减小了 0.000 5 Hz。由图 5.34(b) 可知，未附加虚拟阻尼时，v_{dcpu} 恒定不变，引入虚拟阻尼控制后，v_{dcpu} 波动的趋势与频率变化趋势的积分成正比，最后稳定在规定限值0.942 p.u。因此，本书所研究的虚拟阻尼控制可以在有限时间内增强系统的阻尼特性，当 v_{dcpu} 达到限定值时，DD_PMSG 系统将不再具有阻尼能力。

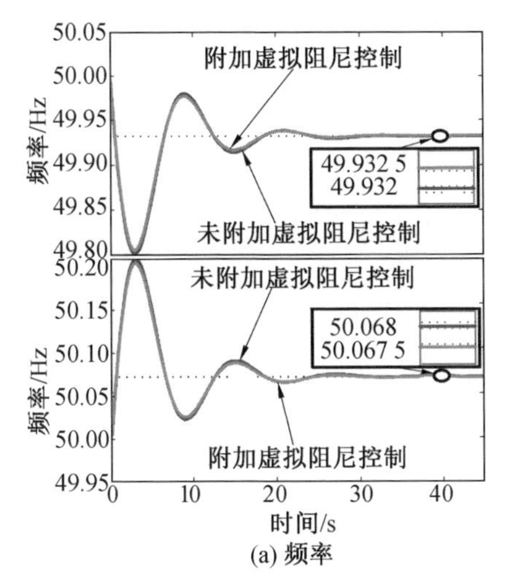

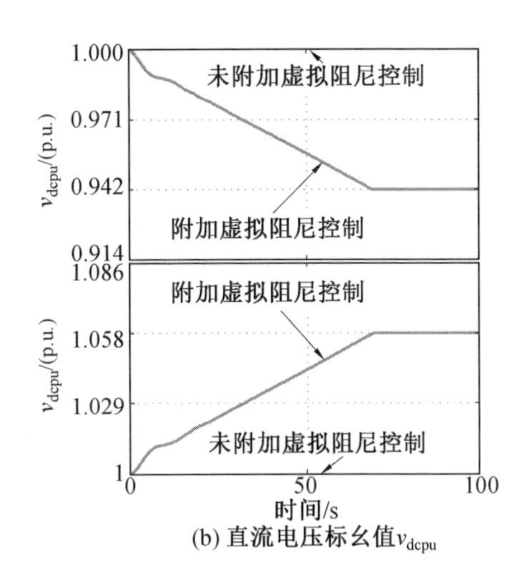

图 5.34　突变负载时附加虚拟阻尼控制前后系统的响应

图 5.35 所示为突变负载时 C_{dcpu} 取值对虚拟阻尼控制的影响。由图 5.35 可知，C_{dcpu} 越大，电网频率波动越小，调节时间越短，稳态频率越接近基频，系统阻尼特性越强；另一方面，C_{dcpu} 越大，v_{dcpu} 变化越慢，到达电压限值所需时间越长，系统提供阻尼越大、阻尼持续时间越长。

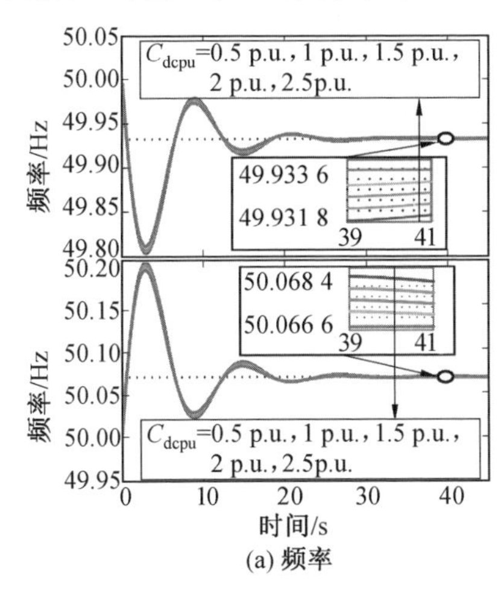

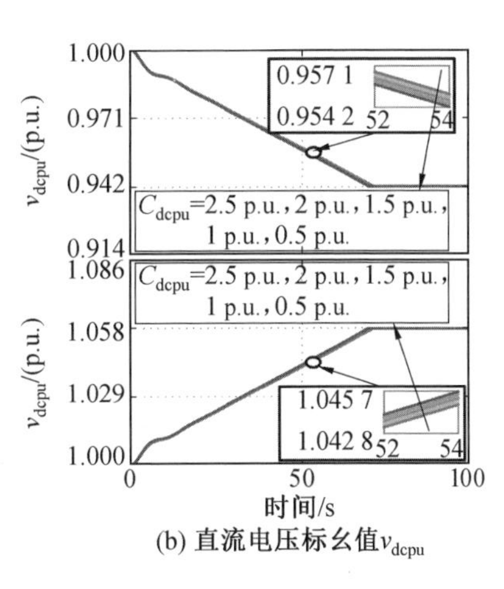

图 5.35　突变负载时 C_{dcpu} 取值对虚拟阻尼控制的影响

图 5.36 所示为突变负载时 K_s^* 取值对虚拟阻尼控制的影响。由图 5.36 可知，K_s^* 越大，系统的阻尼特性越强；另一方面，K_s^* 越大，v_{dcpu} 变化越快，到达电压限值所需时间越短，系统提供阻尼的时间也越短。

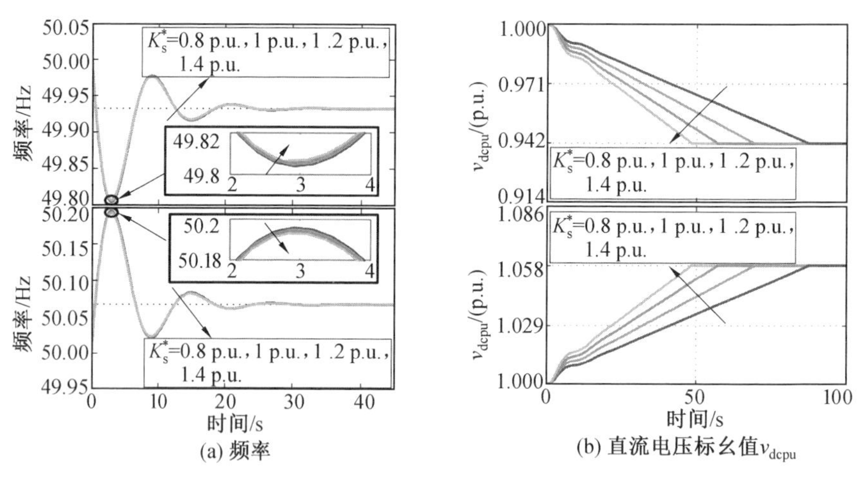

图 5.36　突加负载时 K_s^* 取值对虚拟阻尼控制的影响

5.7.2　实验验证

本节介绍并分析本章所论述的虚拟惯性及阻尼控制的实验结果。实验采用模拟实验平台，依据文献[121]构建 VSG 并将其接入弱电网。实验条件为：电网电压频率为 50 Hz，有效值为 110 V，网侧变流器输出额定电流为 5 A，采样频率 f_s=20 kHz，LCL 型滤波器谐振频率为 1.3 kHz。设置 $V_{dc|rate}$ 为 360 V，直流电压最高为 400 V，最低为 320 V。定义 v_{dc} 偏离 $V_{dc|rate}$ 的变化量为电压偏移值。通过在并网连接点处安装电感来模拟弱电网。通过突加 2% 额定负载来模拟电网频率突降条件。锁相环采用 SRF－PLL。同时给出未附加虚拟惯性控制的实验结果作为参照。

图 5.37 给出了强电网条件下未附加虚拟惯性控制时系统对突加负载的响应。由图 5.37 可知，在突加负载的动态过程中，电网频率在前 2 s 内逐步偏离标准值，并在约 2 s 达到最大偏差，约为 0.27 Hz。随后约 8 s 内频率从最大偏差值向稳态值变化，并在约 8 s 后趋于频率偏差稳态值，约为 0.135 Hz，在整个过程中电压偏移值始终接近 0 V，电容释放的能量也接近 0 J。

在强电网条件下且电网频率恒定时，图 5.38 给出了此时附加虚拟惯性控制后系统电网电压和输出电流波形，附加虚拟惯性控制后系统可以在强电网条件下稳定输出有效值为 5 A 且与电网电压同频率的正弦电流。

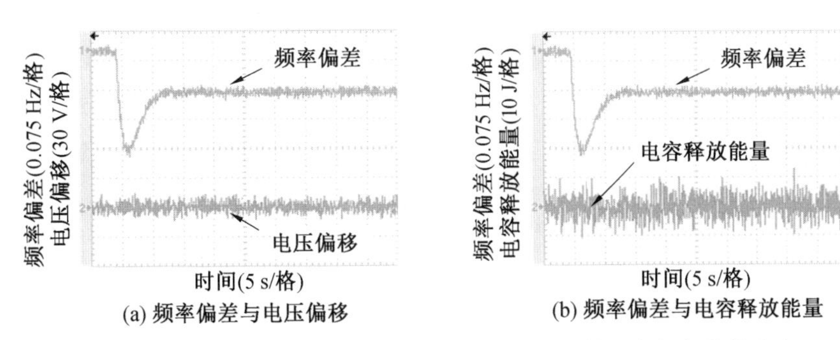

(a) 频率偏差与电压偏移　　(b) 频率偏差与电容释放能量

图 5.37　强电网条件下未附加虚拟惯性控制时系统对突加负载的响应

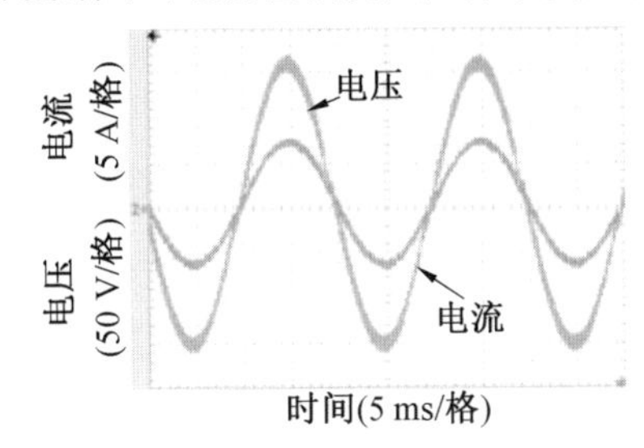

图 5.38　强电网条件下附加虚拟惯性控制后系统电网电压和输出电流波形

图 5.39 给出了强电网条件下且电网频率恒定时附加虚拟惯性控制后系统对突加负载的响应。由图 5.39 可知，在突加负载的动态过程中，电网频率在前 3 s 内逐步偏离标准值，并在约 3 s 达到最大偏差，约为 0.225 Hz。随后约 14 s 内频率从最大偏差值向稳态值变化，并在约 14 s 后趋于频率偏差稳态值，约为 0.135 Hz。在整个过程中电压偏移值随着频率的变化而变化，在约 3 s 处达到最大电压偏移，最大偏差约 30 V，随后约 14 s 内电压偏移值从最大值向稳态值变化，并在约 14 s 后趋于稳态值，约为 15 V，即稳态电压值 345 V。在整个过程中电容释放能量同样随着频率的变化而变化，在约 3 s 处释放能量达到最大值，约 30 J，随后约 14 s 内电容逐渐吸收能量，并在约 14 s 后趋于稳态值。与图 5.37 相比，附加虚拟惯性控制后系统可以随着频率变化调节 v_{dc}，从而使直流侧电容吸收或释放能量，在突加负载的动态过程中，频率到达最大偏差的时间增加了约 1 s，最大偏差减小了约 0.045 Hz，达到稳态值的时间增加了约 6 s。因此，虚拟惯性控制可以有效提高系统惯性响应能力。

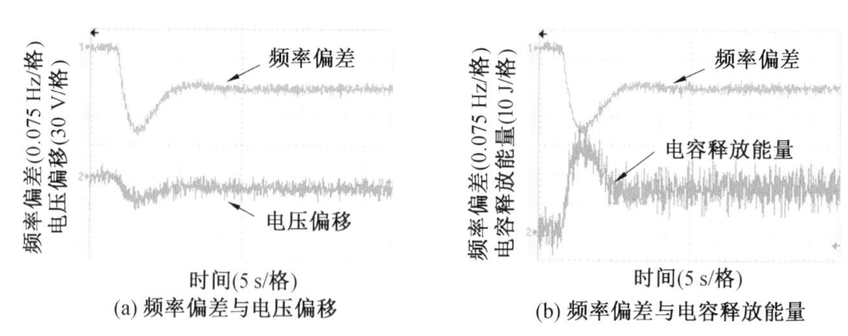

(a) 频率偏差与电压偏移　　(b) 频率偏差与电容释放能量

图 5.39　强电网条件下附加虚拟惯性控制后系统对突加负载的响应

当系统运行于弱电网条件下且电网频率恒定时，图 5.40 给出了此时附加改进型虚拟惯性控制后电网电压和输出电流波形，由图可知，系统在弱电网条件下稳定输出与电网电压同频率且有效值为 5 A 的正弦电流。

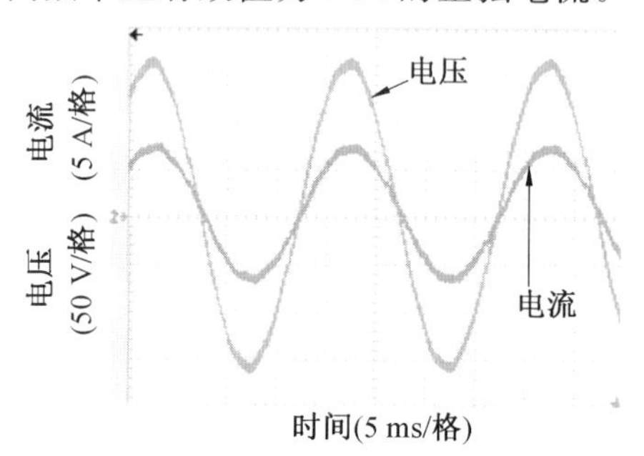

图 5.40　弱电网条件下附加改进型虚拟惯性控制后电网电压和输出电流波形

图 5.41 给出了弱电网条件下附加改进型虚拟惯性控制后系统对突加负载的响应。由图5.41可知，在突加负载的动态过程中，频率偏差、电压偏移、电容释放能量的变化趋势与图 5.39 相近。因此，引入改进型虚拟惯性控制后系统在弱电网条件下仍然保持稳定，同时惯性响应能力得到增强。

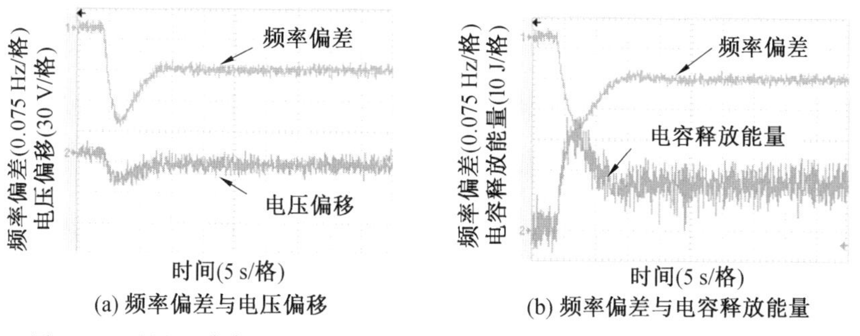

(a) 频率偏差与电压偏移　　(b) 频率偏差与电容释放能量

图 5.41　弱电网条件下附加改进型虚拟惯性控制后系统对突加负载的响应

第6章

DD_PMSG 系统电流源模式端口滤波网络谐振阻尼与低频谐波抑制

本章介绍电流源模式下 DD_PMSG 系统谐波问题的成因及抑制方法。首先，分析 CCFAD 方法在弱电网条件下不稳定的原因，并提出提升弱电网条件下有源谐振阻尼方法稳定性的 WMS VFAD 方法。其次，分析电流源模式下基于 QPR 控制的网侧变流器对电网电压谐波呈现的阻抗特征，进而提出具有更快的瞬态响应速度且占用存储空间少的 POHMR－type RC 控制策略，同时介绍基于系统稳定性要求的控制器设计方法。最后，给出对应方法的实验验证。

6.1 引　　言

本章介绍电流源模式下 DD_PMSG 系统谐波问题的成因及抑制方法。电流源模式下谐波的来源一般有两方面：一是通过输出端口滤波网络谐振放大的高次谐波，此谐波也可以称为谐振回路产生的电流谐波；二是电网中的电压谐波对网侧变流器输出电流产生的干扰，可以称之为电网电压谐波引起的低频电流谐波。本章介绍用谐振阻尼方法来抑制谐振回路产生的电流谐波，对于电网电压谐波引起的低频电流谐波介绍了一种低频电流谐波抑制技术。

6.2 适用于弱电网的高效率谐振阻尼方法研究

6.2.1 弱电网条件下 CCFAD 方法

通常增强系统无源阻尼的方法是采用电容串联电阻的形式，虽然这种方法具有实现简单的优点，但是其始终存在功率损耗较高的问题。因此，文献[109-111]提出了基于 CCFAD 的谐振阻尼方法消除无源阻尼引入的额外功率损耗，同时，为了减小体积、节约成本，LCL 型输出端口网络电感值被期望取较小的值。但在弱电网条件下，由于电网阻抗使 LCL 型输出端口网络的等效谐振频率出现偏移，该频率偏移与控制延时相互作用影响系统稳定性。本节针对这一问题进行详细分析，为后文提出拓宽谐振正阻尼区间的理论方法奠定重要基础。

图 6.1 为电流源模式下 LCL 型三相全桥式网侧变流器的单相 s 域模型。

对于采用 CCFAD 方法的网侧变流器而言，以单相全桥拓扑为例，其具体 s 域模型如图 6.1(b) 所示，得到系统开环增益表达式为

$$G_{\mathrm{ol}}(s)=\frac{G_{\mathrm{QPR}}(s)}{L_{\mathrm{sum}}C_{\mathrm{f}}s}\,\frac{G_{\mathrm{del}}(s)}{L_1 s^2+k_{\mathrm{ci}}G_{\mathrm{del}}(s)s+L_1\omega_{\mathrm{re}}^2}\tag{6.1}$$

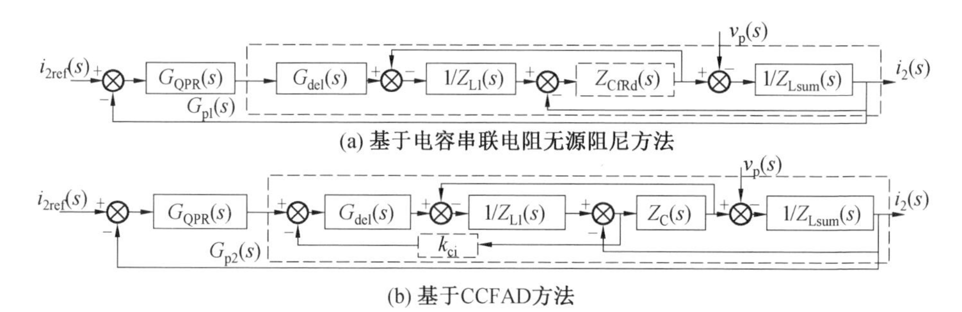

图 6.1　电流源模式下 LCL 型三相全桥式网侧变流器的单相 s 域模型

式中，ω_{re} 为 LCL 型滤波网络谐振频率；$G_{QPR}(s)$ 为 QPR 控制器的传函，表达式为

$$G_{QPR}(s)=k_{pr}+\frac{\omega_{cr}K_R s}{s^2+2\omega_{cr}s+\omega_1^2} \tag{6.2}$$

其中，k_{pr} 为比例系数；K_R 为增益系数；ω_{cr} 决定控制器的谐振带宽。

结合上述方程，进一步得到此时的闭环传函表达式为

$$G_{cl}(s)=\frac{G_{ol}(s)}{1+G_{ol}(s)} \tag{6.3}$$

当考虑电网阻抗时，图 6.1(a) 可以等效变换为图 6.2。由图 6.2 可知，CCFAD 谐振阻尼方法相当于在 C_f 两侧引入了一个与之并联的虚拟阻抗 Z_{vr}，其表达式为

$$Z_{vr}(s)=\frac{L_1 e^{T_{del}j\omega}}{C_f k_{ci}}=R_{vr}(s)//jX_{vr}(s) \tag{6.4}$$

式中，T_{del} 为延迟时间常数；Z_{vr} 不是一个纯阻性的虚拟阻抗，而是由虚拟电阻 R_{vr} 与虚拟电抗 X_{vr} 并联组成，二者表达式为

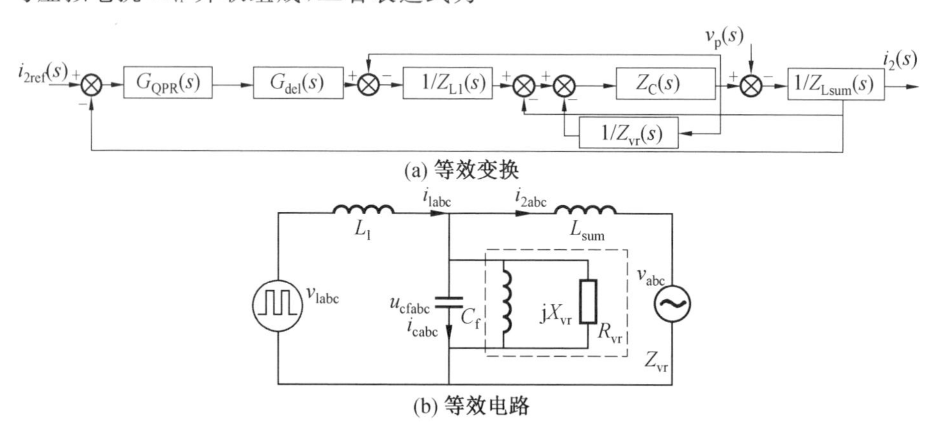

图 6.2　CCFAD 型网侧变流器 s 域模型等效形式

$$\begin{cases} R_{vr}(\omega)=\dfrac{A_{eq}}{\cos(T_{del}\omega)} \\ X_{vr}(\omega)=\dfrac{A_{eq}}{\sin(T_{del}\omega)} \end{cases} \tag{6.5}$$

其中

$$A_{eq}=\frac{L_1}{k_{ci}C_f} \tag{6.6}$$

由式(6.5)和式(6.6)可以得到虚拟电阻 R_{vr} 与虚拟电抗 X_{vr} 的频率特性，如图 6.3 所示，当 $k_{ci}>0$ 时，R_{vr} 在$(0,f_s/6)$和$(f_s/6,f_s/2)$处分别呈现正阻尼和负阻尼特性，X_{vr} 在$(0,f_s/3)$和$(f_s/3,f_s/2)$处分别呈现感抗和容抗特性；当 $k_{ci}<0$ 时，R_{vr} 在$(0,f_s/6)$和$(f_s/6,f_s/2)$处分别呈现负阻尼和正阻尼特性，X_{vr} 在$(0,f_s/3)$和$(f_s/3,f_s/2)$处分别呈现容抗和感抗特性。R_{vr} 提供阻尼削弱谐振峰值，X_{vr} 使谐振频率出现偏移，由 f_{re} 偏移到 f_{re}^*。

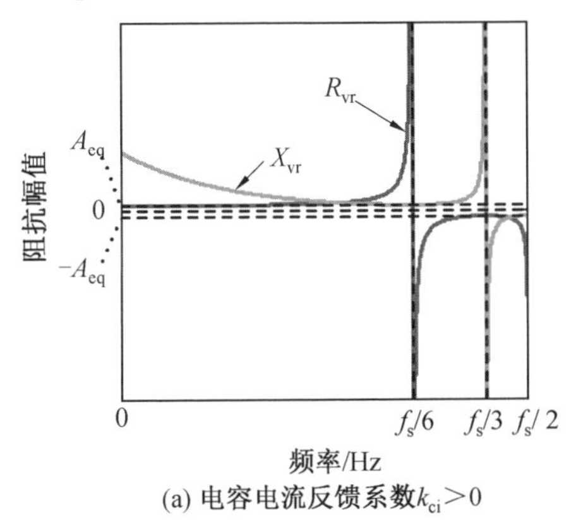

(a) 电容电流反馈系数$k_{ci}>0$

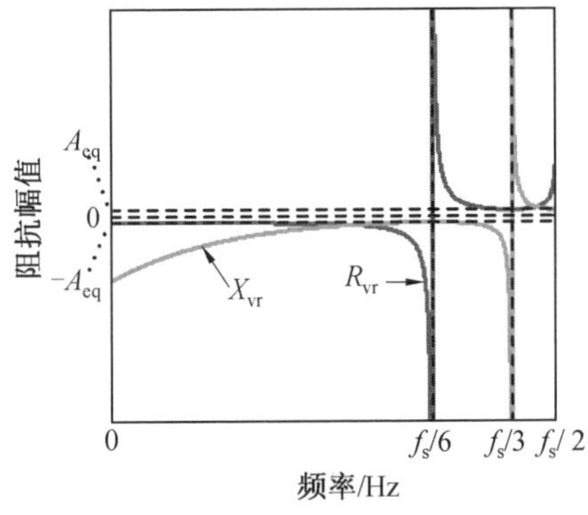

(b) 电容电流反馈系数$k_{ci}<0$

图 6.3　虚拟电阻 R_{vr} 与虚拟电抗 X_{vr} 的频率特性

图 6.4 和图 6.5 给出了电网阻抗使 LCL 型输出端口网络谐振频率偏移至不同频率区间时，不同的 k_{ci} 取值对系统开环增益 $G_{ol}(s)$ 的影响。

由图 6.4 可知，当 $k_{ci}>0$ 时，当 $f_{re}\in(0,f_s/3)$ 时，k_{ci} 越大，f_{re}^* 越大，越远离 $f_s/3$；当 $f_{re}\in(f_s/3,f_s/2)$ 时，k_{ci} 越大，f_{re}^* 越小，越远离 $f_s/3$。由图 6.5 可知，当 $k_{ci}<0$ 时，当 $f_{re}\in(0,f_s/3)$ 时，k_{ci} 越小，f_{re}^* 越小，越远离 $f_s/3$；当 $f_{re}\in(f_s/3,f_s/2)$ 时，k_{ci} 越小，f_{re}^* 越大，越远离 $f_s/3$。结合图 6.4 和图 6.5 可知，$G_{ol}(s)$ 的相频曲线一般在 f_{re}、$f_s/6$ 两处穿越 $-180°$，因此定义 f_{re}、$f_s/6$ 频率处的幅值裕度 β_{G1}、β_{G2}、相角裕度 β_P 分别满足式(6.7)～(6.9)。

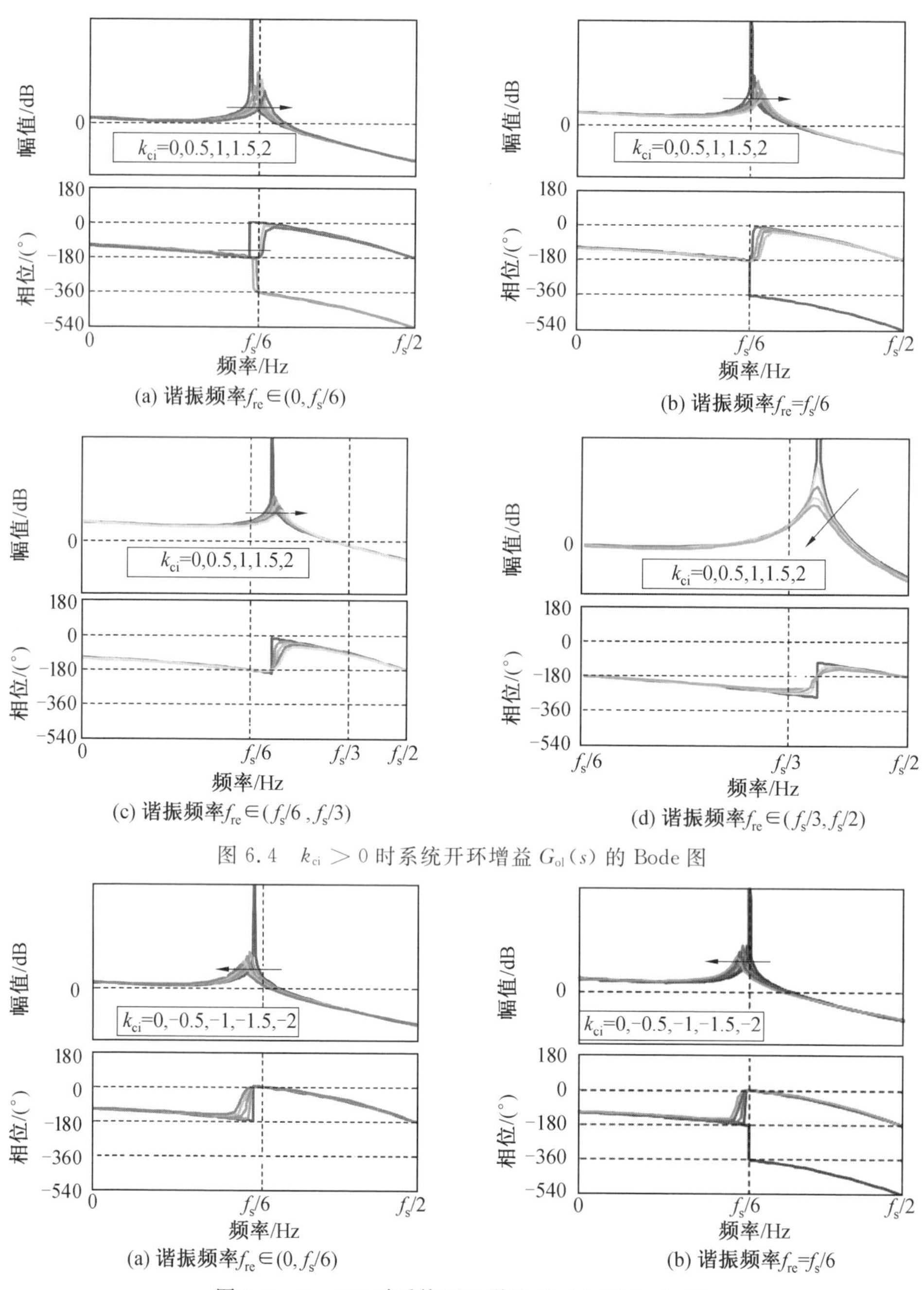

图 6.4　$k_{ci}>0$ 时系统开环增益 $G_{ol}(s)$ 的 Bode 图

图 6.5　$k_{ci}<0$ 时系统开环增益 $G_{ol}(s)$ 的 Bode 图

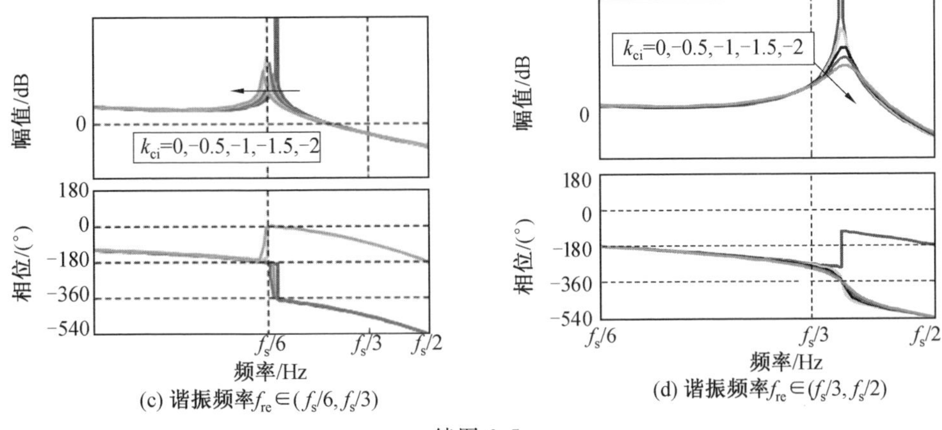

(c) 谐振频率$f_{re}\in(f_s/6, f_s/3)$　　(d) 谐振频率$f_{re}\in(f_s/3, f_s/2)$

续图 6.5

$$\beta_{G1}=-20\lg\left|G_{ol}(j2\pi f_{re})\right|\approx 20\lg\frac{k_{ci}(L_1+L_2)}{k_{pr}L_1} \tag{6.7}$$

$$\begin{aligned}\beta_{G2}&=-20\lg\left|G_{ol}(j\pi f_s/3)\right|\\&\approx 20\lg\left[\frac{L_1L_2C_f(\pi f_s/3)}{k_{pr}}\left(4\pi^2f_{re}^2-\frac{\pi^2f_s^2}{9}+\frac{k_{ci}(\pi f_s/3)}{L_1}\right)\right]\end{aligned} \tag{6.8}$$

$$\beta_P\approx\arctan\left[\frac{2\pi L_1(f_{re}^2-f_{cro}^2)}{k_{ci}f_{cro}\cos(3\pi f_{cro}T_s)}+\tan(3\pi f_{cro}T_s)\right]-3\pi f_{cro}T-\arctan\frac{K_R\omega_{cr}}{\pi f_{cro}k_{pr}} \tag{6.9}$$

式中，f_{cro} 为开环增益截止频率；T_s 为采样周期。

对式(6.1)进行离散化后使用Jury判据，可以得到当单位圆外不存在开环增益极点时，k_{ci} 取值范围为

$$0<k_{ci}<k_{pp}=\frac{\omega_{re}L_1[2\cos(\omega_{re}T_s)-1]}{\sin(\omega_{re}T_s)} \tag{6.10}$$

式中，k_{pp} 为 k_{ci} 取值的边界值。

结合图 6.3～6.5 可知，不同 L_g、k_{ci} 会导致 LCL 型滤波网络的频率特性发生改变，进而影响网侧变流器的稳定性，为了保证系统的稳定性，β_{G1}、β_{G2}、β_P 需满足特定的稳定条件。

表 6.1 进一步给出了谐振频率位于不同区间、选取不同 k_{ci} 时系统对应的稳定性条件。

表 6.1　谐振频率位于不同区间、选取不同 k_{ci} 时系统对应的稳定条件

f_{re}	k_{ci}	f_{re}^*	$R_{vr}(f_{re}^*)$	$X_{vr}(f_{re}^*)$	稳定条件
$(0, f_s/6)$	$(0, k_{pp})$	$(0, f_s/6)$	+	+	$\beta_{G1}>0$ dB, $\beta_P>0°$
	$(-\infty, 0)$	$(0, f_s/6)$	−	−	不稳定
	$(k_{pp}, +\infty)$	$(f_s/6, f_s/3)$	−	+	$\beta_{G1}>0$ dB, $\beta_{G2}<0$ dB, $\beta_P>0°$
$f_s/6$	$(-\infty, 0)$	$(0, f_s/6)$	−	−	不稳定
	$(0, +\infty)$	$(f_s/6, f_s/3)$	−	+	不稳定
$(f_s/6, f_s/3)$	$(-\infty, k_{pn})$	$(0, f_s/6)$	−	−	不稳定
	$(k_{pn}, 0)$	$(f_s/6, f_s/3)$	+	−	$\beta_{G2}>0$ dB, $\beta_P>0°$
	$(0, +\infty)$	$(f_s/6, f_s/3)$	−	+	$\beta_{G1}<0$ dB, $\beta_{G2}>0$ dB, $\beta_P>0°$
$(f_s/3, f_s/2)$	$(0, +\infty)$	$(f_s/3, f_s/2)$	−	−	$\beta_{G1}<0$ dB, $\beta_{G2}>0$ dB, $\beta_P>0°$
	$(-\infty, 0)$	$(f_s/3, f_s/2)$	+	+	$\beta_{G2}>0$ dB, $\beta_P>0°$

由表 6.1 可知，k_{ci} 无论是正或负，都可能导致 $R_{vr}(f_{re}^*)$ 在 $(0, f_s/2)$ 中出现负阻尼，从而威胁系统的稳定性，而且如果 L_g 的存在导致 $f_{re}=f_s/6$，无论 k_{ci} 如何取值，系统都将不稳定，因此 CCFAD 方法将给弱电网的稳定性带来挑战。为了解决这一问题，需要提出一种可以在宽频带范围内仍然具有正阻尼特性的改进型有源谐振阻尼方法，下一小节将介绍一种可以拓宽正阻尼区间的 WMS VFAD 方法。

6.2.2　弱电网条件下 WMS VFAD 方法

1. 保证弱电网条件下稳定性的状态反馈函数选取

本小节介绍一种适用于弱电网的 WMS VFAD 方法，其通过拓宽正阻尼区间来增强 DD_PMSG 系统在弱电网条件下的稳定性。该方法以图 6.6 所示的 MS VFAD 型网侧变流器 s 域模型为基础，若可以对其状态反馈函数进行适当选取，则最终可以使系统在较宽电网阻抗变化范围内仍然稳定。

通过对图 6.6 进行等效变换，可以得到图 6.7 所示的等效形式。

由图 6.7 可知，MS VFAD 方法与 CCFAD 方法类似，也可以等效为在 C_f 两侧引入了一个并联阻抗 Z_{pvr}。令 $F_{s1}=-F_{s3}=k_{ci}$，则对应 MS VFAD 方法生成的虚拟阻抗 Z_{pvr} 表达式为

$$Z_{pvr}(s)=\frac{L_1}{C_f[k_{ci}+F_{s2}/s]G_{del}(s)} \tag{6.11}$$

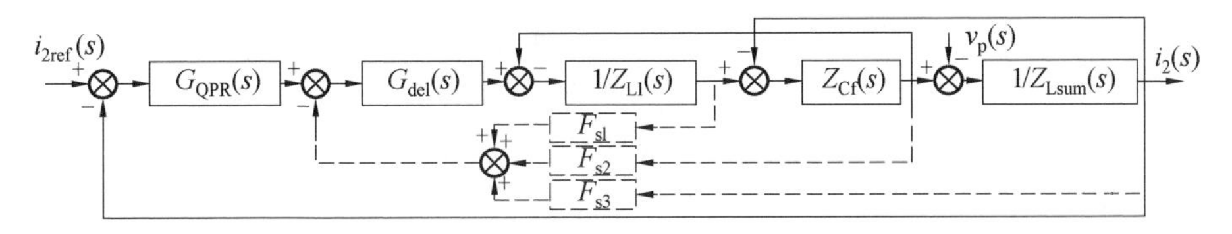

图 6.6　MS VFAD 型网侧变流器 s 域模型

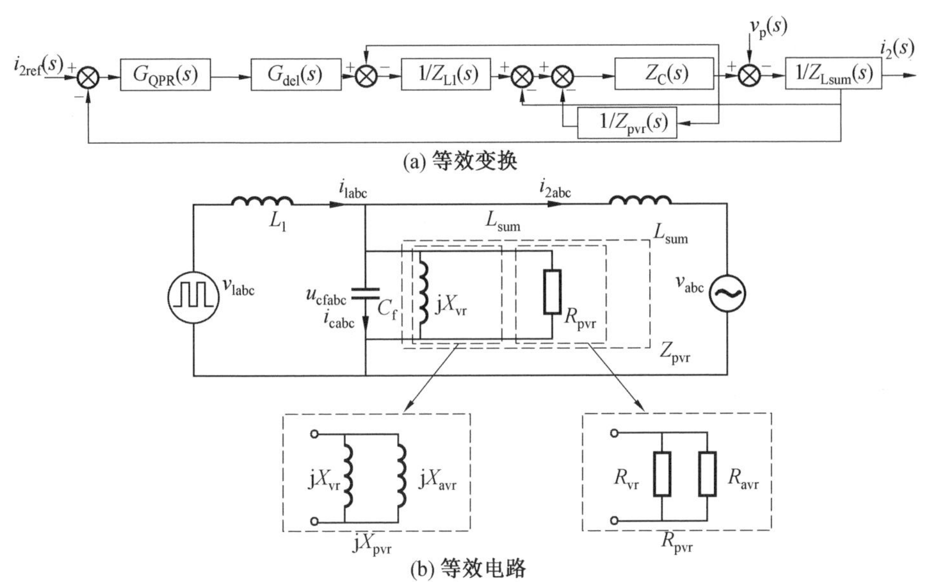

图 6.7　MS VFAD 型网侧变流器 s 域模型等效形式

代入控制延时表达式后，式(6.11) 可以变换为

$$Z_{pvr}(\omega)=\frac{L_1\mathrm{e}^{\mathrm{j}\omega T_{del}}}{C_f[k_{ci}+F_{s2}/(\mathrm{j}\omega)]}=Z_{vr}(\omega)//Z_{avr}(\omega)=R_{pvr}(\omega)//\mathrm{j}X_{pvr}(\omega) \tag{6.12}$$

式中，Z_{avr} 表达式为

$$Z_{avr}(\omega)=R_{avr}(\omega)//\mathrm{j}X_{avr}(\omega) \tag{6.13}$$

由式(6.12) 可知，与 CCFAD 方法相比，MS VFAD 方法相当于在电容电流反馈所构造的虚拟阻抗 Z_{vr} 的两端额外构造了一个与 Z_{vr} 并联的虚拟阻抗 Z_{avr}，使最终虚拟等效电阻 R_{pvr} 和虚拟等效电抗 X_{pvr} 成为 R_{vr}、X_{vr} 分别与 R_{avr}、X_{avr} 并联的形式，即二者表达式为

$$R_{pvr}(\omega)=R_{vr}(\omega)//R_{avr}(\omega)=\frac{R_{vr}(\omega)R_{avr}(\omega)}{R_{vr}(\omega)+R_{avr}(\omega)} \tag{6.14}$$

$$X_{pvr}(\omega)=X_{vr}(\omega)//X_{avr}(\omega)=\frac{X_{vr}(\omega)X_{avr}(\omega)}{X_{vr}(\omega)+X_{avr}(\omega)} \tag{6.15}$$

因此，电容电压反馈函数 F_{s2} 的选取将影响虚拟电阻 R_{avr}、电抗 X_{avr} 的值，最终影响虚拟等效电阻 R_{pvr} 的正阻尼区间和虚拟等效电抗 X_{pvr} 正负区间的大小，所以通过选取合适的 F_{s2} 可以有效拓宽正阻尼区间，增强系统在宽范围 L_g 变化下的稳定性。下面将分析不同 F_{s2} 的选取对 R_{pvr} 的正阻尼区间的影响。

图 6.8 分析了 $F_{s1}=-F_{s3}=k_{ci}$ 时不同 F_{s2} 选取对 R_{pvr} 的正阻尼区间的影响。图 6.8(a)、(c)、(d)、(e)、(f) 中均存在局部较宽区间，有 $R_{vr}<0$，$R_{avr}<0$，使在该区间内 $R_{pvr}<0$，即存在较宽范围的负阻尼特性，因此这五种 F_{s2} 的选取方式均不满足宽正阻尼区间的设计要求。而在图 6.8(b) 中，不存在使 $R_{vr}<0$ 和 $R_{avr}<0$ 同时成立的区间，在区间$(0,f_s/6)$ 中，有 $R_{vr}<0$、$R_{avr}>0$；在区间$(f_s/3,f_s/2)$ 中，有 $R_{vr}>0$、$R_{avr}<0$；在这两个区间中均可以通过调整电容电压反馈系数 k_{vf} 使 $R_{vr}+R_{avr}$ 恒小于 0 从而保证 R_{pvr} 在这两个区间中恒大于 0。而在区间$(f_s/6, f_s/3)$ 中，有 $R_{vr}>0$、$R_{avr}>0$。则由式(6.14) 有 R_{pvr} 在该区间中恒大于 0。对于图 6.8(g)、(h) 所示情形，尽管在$(0,f_s/2)$ 中 R_{vr}、R_{avr} 的符号始终相反，但在该区间中无法通过设计 k_{vf} 使 $R_{vr}+R_{avr}<0$ 恒成立。因此，图 6.8(b) 所示的设计方案可以有效拓宽正阻尼区间，提高系统在弱电网条件下的稳定性。根据以上分析，表 6.2 总结了不同 F_{s2} 选取对最宽正阻尼区间分布的影响，表中 B_{eq} 的表达式为

$$B_{eq}=\frac{L_1}{k_{vf}C_f^2} \tag{6.16}$$

图 6.9 进一步给出了当 $F_{s1}=-F_{s3}=k_{ci}$，$F_{s2}=C_f k_{vf}$，$k_{ci}<0$，$k_{vf}<0$ 时，正阻尼频率边界 f_{rr} 与 k_{vf}/k_{ci} 关系，由图 6.8 可知当 $k_{vf}/k_{ci}=2f_s/3$ 时，f_{rr} 约等于 $0.48f_s$，即正阻尼区间可以延伸到$(0,\ 0.48f_s)$。因此，$F_{s1}=-F_{s3}=k_{ci}$，$F_{s2}=C_f k_{vf}$，$k_{ci}<0$，$k_{vf}<0$ 是一种合适的 MS VFAD 方法，即 WMS VFAD 方法。

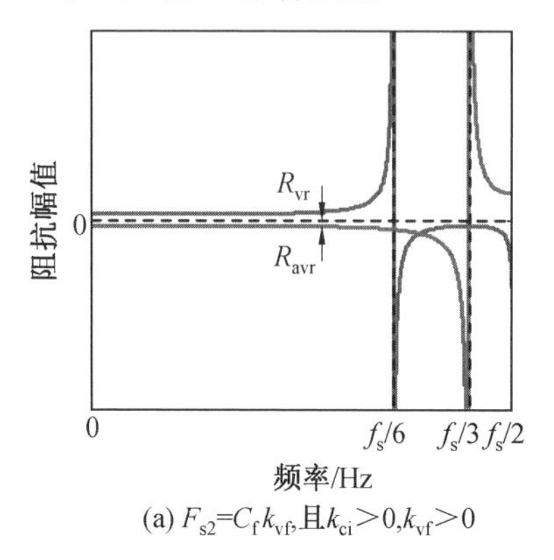

(a) $F_{s2}=C_f k_{vf}$，且$k_{ci}>0,k_{vf}>0$

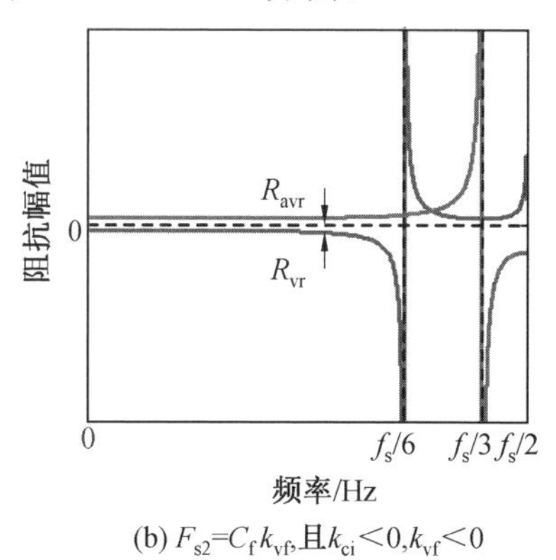

(b) $F_{s2}=C_f k_{vf}$，且$k_{ci}<0,k_{vf}<0$

图 6.8　不同 F_{s2} 选取对 R_{pvr} 的正阻尼区间的影响($F_{s1}=-F_{s3}=k_{ci}$)

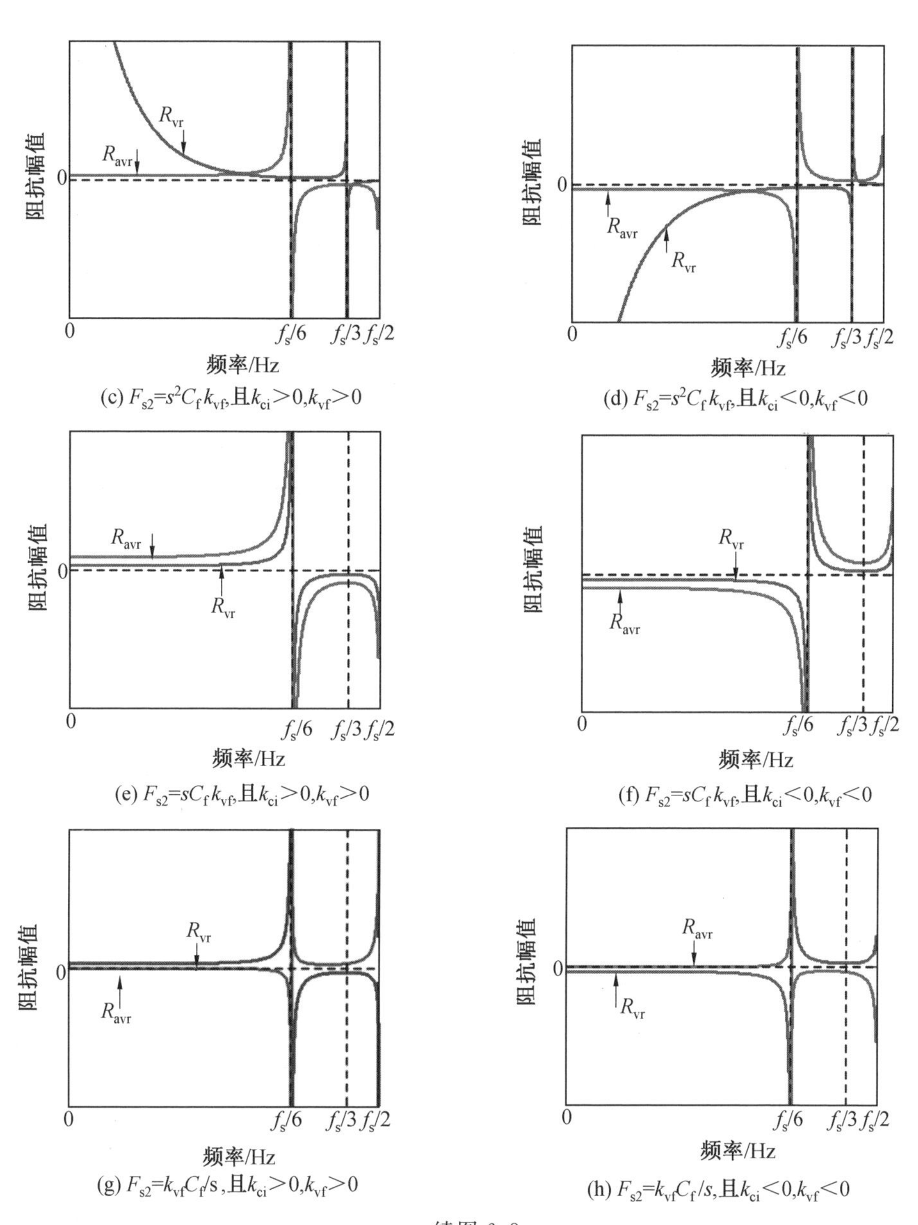

(c) $F_{s2}=s^2C_f k_{vf}$,且$k_{ci}>0,k_{vf}>0$

(d) $F_{s2}=s^2C_f k_{vf}$,且$k_{ci}<0,k_{vf}<0$

(e) $F_{s2}=sC_f k_{vf}$,且$k_{ci}>0,k_{vf}>0$

(f) $F_{s2}=sC_f k_{vf}$,且$k_{ci}<0,k_{vf}<0$

(g) $F_{s2}=k_{vf}C_f/s$,且$k_{ci}>0,k_{vf}>0$

(h) $F_{s2}=k_{vf}C_f/s$,且$k_{ci}<0,k_{vf}<0$

续图 6.8

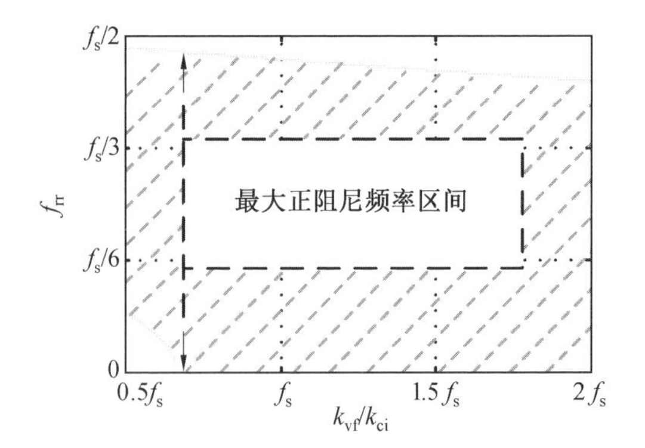

图 6.9　$F_{s2}=C_f k_{vf}$，$k_{ci}<0$，$k_{vf}<0$ 时 f_{rr} 与 k_{vf}/k_{ci} 关系($F_{s1}=-F_{s3}=k_{ci}$)

表 6.2　不同 F_{s2} 选取对最宽正阻尼区间分布的影响

	$F_{s1}=-F_{s3}=k_{ci}$ $F_{s2}=C_f k_{vf}$		$F_{s1}=-F_{s3}=k_{ci}$ $F_{s2}=s^2 k_{vf} C_f$		$F_{s1}=-F_{s3}=k_{ci}$ $F_{s2}=s k_{vf} C_f$		$F_{s1}=-F_{s3}=k_{ci}$ $F_{s2}=C_f k_{vf}/s$	
	$k_{ci}>0$ $k_{vf}>0$	$k_{ci}<0$ $k_{vf}<0$	$k_{ci}>0$ $k_{vf}>0$	$k_{ci}<0$ $k_{vf}<0$	$k_{ci}>0$ $k_{vf}>0$	$k_{ci}<0$ $k_{vf}<0$	$k_{ci}>0$ $k_{vf}>0$	$k_{ci}<0$ $k_{vf}<0$
R_{vr}	$\dfrac{A_{eq}}{\cos(T_{del}\omega)}$		$\dfrac{A_{eq}}{\cos(T_{del}\omega)}$		$\dfrac{A_{eq}}{\cos(T_{del}\omega)}$		$\dfrac{A_{eq}}{\cos(T_{del}\omega)}$	
X_{vr}	$\dfrac{A_{eq}}{\sin(T_{del}\omega)}$		$\dfrac{A_{eq}}{\sin(T_{del}\omega)}$		$\dfrac{A_{eq}}{\sin(T_{del}\omega)}$		$\dfrac{A_{eq}}{\sin(T_{del}\omega)}$	
R_{avr}	$-\dfrac{B_{eq}\omega}{\sin(T_{del}\omega)}$		$\dfrac{B_{eq}}{\omega\sin(T_{del}\omega)}$		$\dfrac{B_{eq}}{\cos(T_{del}\omega)}$		$-\dfrac{\omega^2 B_{eq}}{\cos(T_{del}\omega)}$	
X_{avr}	$\dfrac{B_{eq}\omega}{\cos(T_{del}\omega)}$		$-\dfrac{B_{eq}}{\omega\cos(T_{del}\omega)}$		$\dfrac{B_{eq}}{\sin(T_{del}\omega)}$		$-\dfrac{\omega^2 B_{eq}}{\sin(T_{del}\omega)}$	
R_{pvr}	$R_{vr}//R_{avr}$		$R_{vr}//R_{avr}$		$R_{vr}//R_{avr}$		$R_{vr}//R_{avr}$	
X_{pvr}	$X_{vr}//X_{avr}$		$X_{vr}//X_{avr}$		$X_{vr}//X_{avr}$		$X_{vr}//X_{avr}$	
最宽正阻尼区间	$(0,f_s/6)$ 或 $(f_s/3,f_s/2)$	$(0,f_s/2)$	$(0,f_s/3)$	$(f_s/6,f_s/2)$	$(0,f_s/6)$	$(f_s/6,f_s/2)$	$(0,f_s/6)$ 或 $(f_s/6,f_s/2)$	$(0,f_s/6)$ 或 $(f_s/6,f_s/2)$

图 6.10 给出了附加 WMS VFAD 方法后 R_{pvr}、X_{pvr} 的频率特性。由图 6.10 可知，在区间$(0,f_{rr})$中，$R_{pvr}>0$；在区间$(f_{rr},f_s/2)$中，$R_{pvr}<0$；在区间$(0,f_{xr})$

中，$X_{pvr}<0$，显容性；在区间$(f_{xr},f_s/2)$中，$X_{pvr}>0$，显感性；正阻尼频率分界点f_{rr}接近$f_s/2$，从而使系统在弱电网条件下仍然稳定。

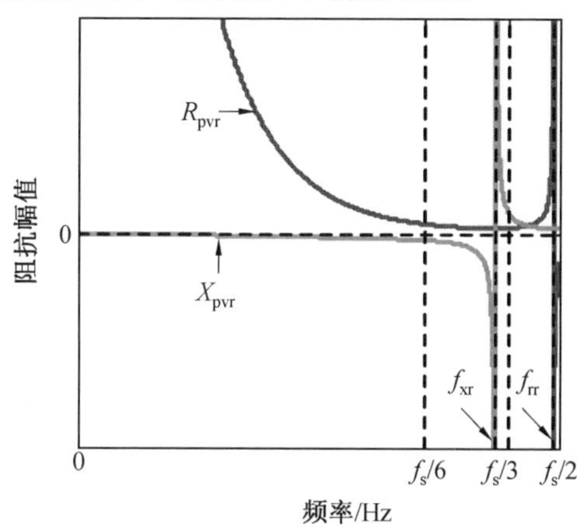

图 6.10　附加 WMS VFAD 方法后 R_{pvr}、X_{pvr} 的频率特性

2. 保证弱电网下稳定性的参数设计

附加 WMS VFAD 方法后，系统开环传函为

$$G_{ol}(s)=\frac{G_{QPR}(s)}{(L_2+L_g)C_f s}\frac{G_{BB}(s)Z_{Cf}(s)}{1+k_{ci}G_{BB}(s)+k_{vf}G_{BB}(s)Z_{Cf}(s)} \tag{6.17}$$

式中，$Z_{Cf}(s)$为电容C_f阻抗；$G_{BB}(s)$表达式为

$$G_{BB}(s)=\frac{G_{del}(s)s}{L_1(s^2+\omega_{re}^2)} \tag{6.18}$$

由于 QPR 控制器不存在右半平面极点，因此此时开环增益的极点数由表达式(6.19)决定。

$$G_{\Phi}(s)=\frac{G_{BB}(s)Z_{Cf}(s)}{1+k_{ci}G_{BB}(s)+k_{vf}G_{BB}(s)Z_{Cf}(s)} \tag{6.19}$$

由式(6.19)可知，$G_{\Phi}(s)$可等效为一个双闭环系统，图 6.11 进一步给出了此时网侧变流器 s 域模型的等效变换，如果内双环保持稳定，则外环的开环增益不存在右半平面极点，因此 WMS VFAD 方法的反馈系数可以单独设计以保证外环的开环增益不存在右半平面极点，而单独调节 QPR 控制器参数则可以保证系统的稳定性。

由图 6.11 和式(6.19)可知，内双环的等效开环增益表达式为

$$G_{ol\Phi}(s)=\frac{(k_{ci}s+k_{vf})}{L_1(s^2+\omega_{re}^2)}e^{-T_{del}s} \tag{6.20}$$

由式(6.20)可知，$G_{ol\Phi}(s)$没有右半平面极点，为了保证内双环稳定，其相频

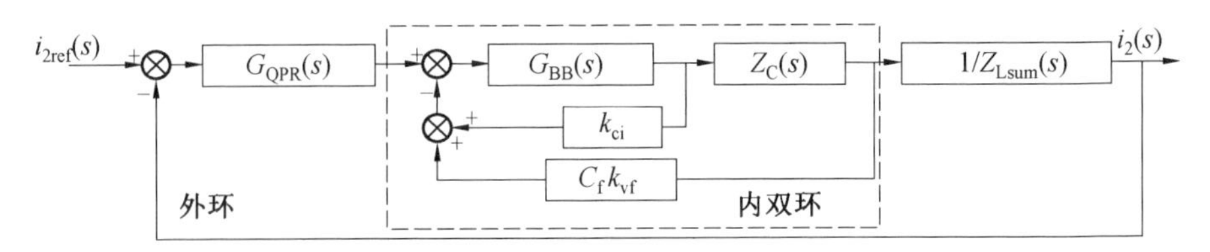

图 6.11　WMS VFAD 型网侧变流器 s 域模型等效变换

曲线正穿越次数应该等于负穿越次数。

图 6.12 给出了不同 L_g 下内双环等效开环增益 Bode 图。

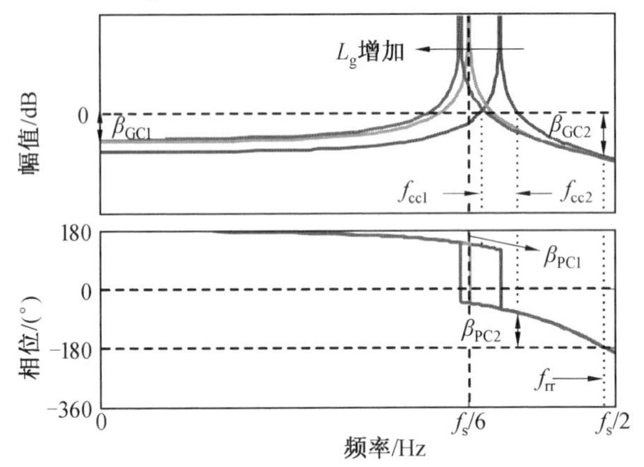

图 6.12　不同 L_g 下内双环等效开环增益 Bode 图

由图 6.12 可知，控制环设计需满足幅值裕度 β_{GC1}、β_{GC2} 和相角裕度 β_{PC1}、β_{PC2} 使 0 Hz、f_{rr} 和 f_{cc1}、f_{cc2} 处均不存在负穿越。由图 6.12 可知 β_{GC1} 表达式为

$$\beta_{GC1} = -20\lg\left|G_{ol\Phi}(\mathrm{j}\cdot 0)\right| \tag{6.21}$$

此时符合幅值裕度要求的 k_{vf} 边界值 k_{vfGC} 表达式为

$$k_{vfGC} = 10^{\frac{\beta_{GC1}}{20}} L_1 \omega_{re}^2 \tag{6.22}$$

定义 β_{PC1}、β_{PC2} 表达式为

$$\beta_{PC1} = \pi - \angle G_{ol\Phi}(\mathrm{j}\omega_{cc1}) \tag{6.23}$$

$$\beta_{PC2} = \pi + \angle G_{ol\Phi}(\mathrm{j}\omega_{cc2}) \tag{6.24}$$

此时符合相角裕度要求的 k_{vf} 边界值 k_{vfPC1}、k_{vfPC2} 表达式为

$$k_{vfPC1} = k_{ci}\omega_{cc1}\tan\left(\beta_{PC1} - \frac{\pi}{2} - T_{del}\omega_{cc1}\right) \tag{6.25}$$

$$k_{vfPC2} = k_{ci}\omega_{cc2}\tan\left(-\beta_{PC2} + \frac{\pi}{2} - T_{del}\omega_{cc2}\right) \tag{6.26}$$

式中，ω_{cc1}、ω_{cc2} 可通过令开环增益等于 0 dB 求得，其表达式为

$$\omega_{cc1}=\sqrt{\omega_{re}^2+\frac{k_{ci}^2-\sqrt{k_{ci}^4+(2L_1k_{ci}\omega_{re})^2+(2L_1k_{vf})^2}}{2L_1^2}} \tag{6.27}$$

$$\omega_{cc2}=\sqrt{\omega_{re}^2+\frac{k_{ci}^2+\sqrt{k_{ci}^4+(2L_1k_{ci}\omega_{re})^2+(2L_1k_{vf})^2}}{2L_1^2}} \tag{6.28}$$

由于 ω_{cc1}、ω_{cc2} 非常接近 ω_{re}，故考虑如下近似：

$$\tan(T_{del}\omega_{cc1})\approx\tan(T_{del}\omega_{cc2})\approx\tan(T_{del}\omega_{re}) \tag{6.29}$$

则将式(6.27)～(6.29)代入式(6.25)和式(6.26)可求得

$$k_{vfPCi}=-\sqrt{\frac{(\omega_{re}\varepsilon_ik_{ci})^2+\dfrac{\varepsilon_i^2(\varepsilon_i^2+1)(k_{ci}^2)^2}{2L_1^2}}{\left[(\omega_{re}\varepsilon_ik_{ci})^2+\dfrac{\varepsilon_i^2(\varepsilon_i^2+1)(k_{ci}^2)^2}{2L_1^2}\right]^2-(\omega_{re}^2L_1k_{ci})^2}} \tag{6.30}$$

式中，$i=1,2$；ε_i 表达式为

$$\varepsilon_1=\tan\left(\frac{\pi}{2}+T_{del}\omega_{re}-\beta_{PC1}\right) \tag{6.31}$$

$$\varepsilon_2=\tan\left(-\frac{\pi}{2}+T_{del}\omega_{re}+\beta_{PC2}\right) \tag{6.32}$$

由上述分析，若规定相角裕度与幅值裕度，则可由上述推导获得 k_{ci}、k_{vf} 的可行域，其中 β_{GC1}、β_{PC1} 需满足最大 L_g，β_{PC2} 需满足最小 L_g。

QPR 控制器需要设计的参数包括：ω_{cr}、k_{pr}、K_R。

当考虑 ±0.5 Hz 的电网频率波动范围时，ω_{cr} 表达式为

$$\omega_{cr}=\pi \tag{6.33}$$

根据文献[112-113]可得到 k_{pr}、K_R 的设计值表达式为

$$k_{pr}\approx(L_1+L_2)\omega_{cro} \tag{6.34}$$

$$K_R\approx\frac{k_{pr}\omega_{cro}}{20\omega_{cr}} \tag{6.35}$$

式中，ω_{cro} 为谐振频率。

根据以上分析可以得到合理的系统参数设计值，图 6.13 进一步给出了离散状态下附加 WMS VFAD 方法后不同 L_g 下系统闭环传函极点图。由图 6.13 可知，随着 L_g 从 0 mH 增加到 2 mH，系统极点始终在单位圆内，因此所研究的 WMS VFAD 方法可适应较宽范围的电网阻抗变化，使得 DD_PMSG 系统在弱电网条件下仍然保持稳定。

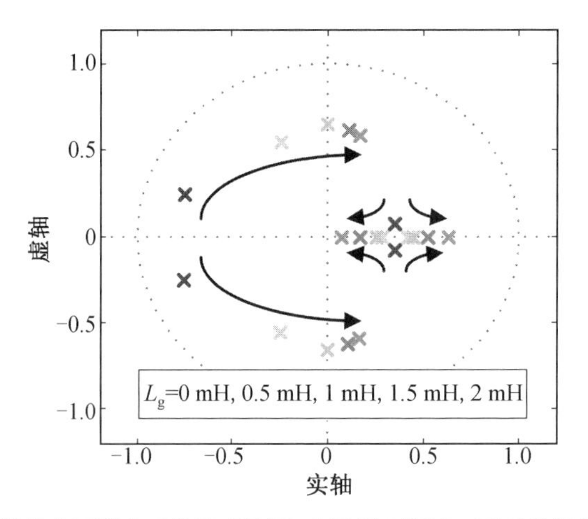

图 6.13　离散状态下附加 WMS VFAD 方法后不同 L_g 下系统闭环传函极点图

6.3　电流源模式下输出低频谐波抑制

6.3.1　QPR 控制下的谐波阻抗分析

图 6.1(a) 给出了三相全桥拓扑下附加 CCFAD 的 QPR 控制的网侧变流器 z 域模型。由图 6.1(a) 可知，当电网阻抗等于零时，其等效于图 6.14 所示的 z 域模型，其中 $G_{x1}(z)$、$G_{x2}(z)$ 表达式为

$$G_{x1}(z) = Z\left[\frac{G_{del}(s)}{s^2 L_1 C + sCk_{ci}G_{del}(s) + 1}G_{QPR}(s)\right] \tag{6.36}$$

$$G_{x2}(z) = Z\left[\frac{s^2 L_1 C + sCk_{ci}G_{del}(s) + 1}{s^3 L_1 L_2 C + s^2 L_2 Ck_{ci}G_{del}(s) + s(L_1 + L_2)}\right] \tag{6.37}$$

式中，Z 为 z 变换算子。

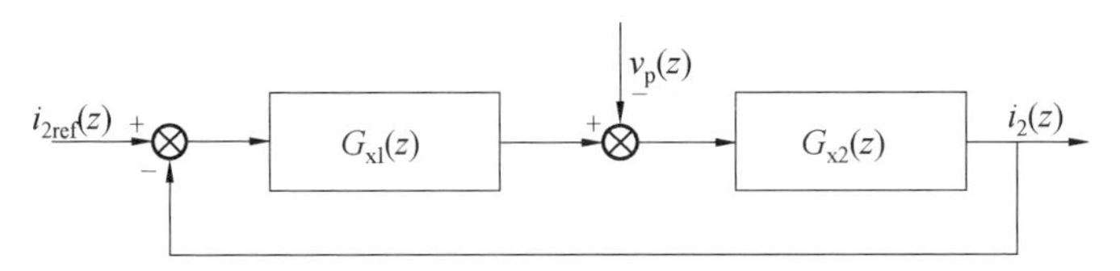

图 6.14　三相全桥拓扑下附加 CCFAD 的 QPR 控制的网侧变流器 z 域模型

图 6.14 中，QPR 控制器的开环传函为

$$G_{ol1}(z)=G_{x1}(z)G_{x2}(z)=Z\left[\frac{G_{QPR}(s)G_{del}(s)}{s^3L_1L_2C+s^2L_2Ck_{ci}G_{del}(s)+s(L_1+L_2)}\right] \tag{6.38}$$

通过将图 6.14 变换为图 6.15，得到 z 域谐波阻抗模型。

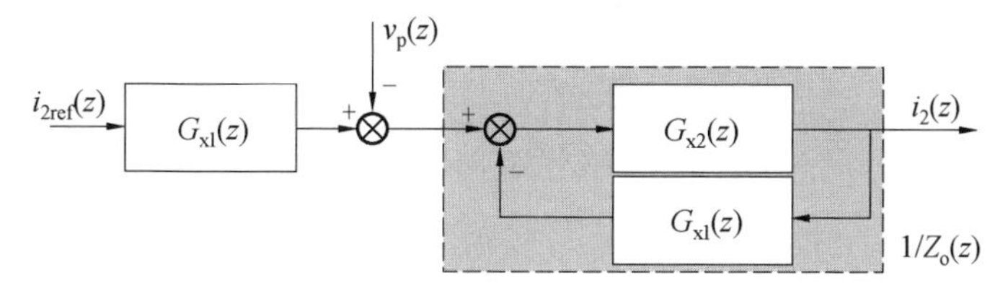

图 6.15　QPR 控制下网侧变流器的 z 域谐波阻抗模型

从图 6.15 中，可以得出从 $i_{2ref}(z)$ 和 $v_p(z)$ 到 $i_2(z)$ 的传函为

$$i_2(z)=\frac{G_{ol1}(z)}{1+G_{ol1}(z)}i_{2ref}(z)-\frac{G_{x2}(z)}{1+G_{ol1}(z)}v_p(z)=i_s(z)-\frac{v_p(z)}{Z_o(z)} \tag{6.39}$$

式中，$i_s(z)$ 和 $Z_o(z)$ 是等效电流源和谐波阻抗的传函。$i_s(z)$ 的表达式为

$$i_s(z)=\frac{G_{ol1}(z)}{1+G_{ol1}(z)}i_{2ref}(z) \tag{6.40}$$

根据图 6.15，谐波阻抗 $Z_o(z)$ 的表达式为

$$Z_o(z)=\frac{1+G_{ol1}(z)}{G_{x2}(z)} \tag{6.41}$$

图 6.16 为 QPR 控制下网侧变流器谐波阻抗的 Bode 图。由图 6.16 可知，网侧变流器仅对基频呈现较大阻抗，但在谐波处的谐波阻抗幅值较小。这种现象意味着输出电流极容易受到电网电压谐波的影响。因此为了降低网侧变流器输出电流对电网电压谐波的敏感性，需要对网侧变流器谐波阻抗进行补偿，本节后续内容将围绕适用于谐波阻抗补偿的控制方法进行介绍，并提出一种计算量少、瞬态响应速度快、占用存储空间少的谐波阻抗补偿方法。

6.3.2　基于 POHMR－type RC 的低频谐波阻抗补偿方法

1. POHMRC 方法的重复控制实现形式

文献[114] 中提出了一种基于比例与重复控制相结合的 PIMR－type RC 方法，该方法虽然可以有效提高网侧变流器的输出谐波阻抗，但是该方法也继承了传统重复控制瞬态响应速度慢的缺点。为了解决这一问题，将从奇次重复控制入手，试着提出一种具有更好动态性能的谐波阻抗补偿方法，奇次重复控制(OHRC) 在 s 域的表达式为

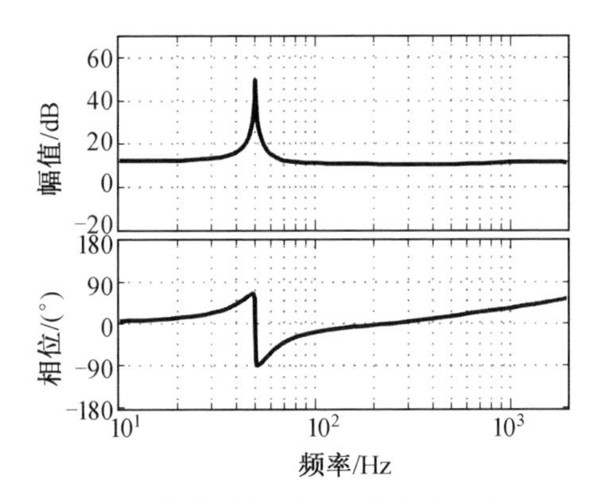

图 6.16　QPR 控制下网侧变流器谐波阻抗的 Bode 图

$$G_{\mathrm{OHRC}}(s) = -\frac{k_{\mathrm{rc}} \mathrm{e}^{-sT_0/2}}{1+\mathrm{e}^{-sT_0/2}} \tag{6.42}$$

式中，k_{rc} 为重复控制的增益系数。

通过平方差公式对式(6.42)进行展开得到

$$G_{\mathrm{OHRC}}(s) = \frac{2k_{\mathrm{rc}} \mathrm{e}^{-sT_0}}{1-\mathrm{e}^{-sT_0}} - \frac{k_{\mathrm{rc}} \mathrm{e}^{-sT_0/2}}{1-\mathrm{e}^{-sT_0/2}} \tag{6.43}$$

由式(6.43)可知，OHRC 可以等效为重复控制(RC)与偶次重复控制(EHRC)的差值，进一步将 RC 与 EHRC 展开，得到

$$\begin{aligned} G_{\mathrm{OHRC}}(s) &= 2k_{\mathrm{rc}}\left[-\frac{1}{2}+\frac{1}{T_0}\frac{1}{s}+\frac{2}{T_0}\sum_{n=1}^{\infty}\frac{s}{s^2+(n\omega_1)^2}\right]- \\ &\quad k_{\mathrm{rc}}\left[-\frac{1}{2}+\frac{1}{T_0/2}\frac{1}{s}+\frac{2}{T_0/2}\sum_{n=1}^{\infty}\frac{s}{s^2+(2n\omega_1)^2}\right] \\ &= k_{\mathrm{rc}}\left[-\frac{1}{2}+\frac{4}{T_0}\sum_{n=1,3,5,\cdots}^{\infty}\frac{s}{s^2+(n\omega_1)^2}\right] \end{aligned} \tag{6.44}$$

式中，$n\omega_1$ 为 OHRC 的谐振频率，该频率位于奇次谐波角频率处。由式(6.44)可知，OHRC 可以等效为一个负比例环节与无穷多个奇次谐波谐振控制器并联的形式，这表明与传统 PR 控制相比，OHRC 包含更多正弦信号的内模。

由式(6.44)同样可知，OHRC 在奇次谐波处的控制增益为无穷大，由此可以实现消除稳态误差的目的。但是在实际系统中，这样会大幅降低系统的稳定性，因此遗忘因子 $Q<1$ 被引入式(6.42)，使 OHRC 变为准奇次重复控制(QOHRC)，其表达式如式(6.45)所示，由式(6.43)、式(6.44)，可以将式(6.45)展开为式(6.46)。

$$G_{\mathrm{QOHRC}}(s) = -\frac{k_{\mathrm{rc}} Q\mathrm{e}^{-sT_0/2}}{1+Q\mathrm{e}^{-sT_0/2}} \tag{6.45}$$

$$G_{\mathrm{QOHRC}}(s)=\frac{2k_{\mathrm{rc}}Q^2\mathrm{e}^{-sT_0}}{1-Q^2\mathrm{e}^{-sT_0}}-\frac{k_{\mathrm{rc}}Q\mathrm{e}^{-sT_0/2}}{1-Q\mathrm{e}^{-sT_0/2}}$$

$$\approx k_{\mathrm{rc}}\left[-\frac{1}{2}+\frac{4}{T_0}\sum_{n=1,3,5,\cdots}^{\infty}\frac{s}{s^2+2\omega_{\mathrm{c}}s+(n\omega_1)^2}\right] \tag{6.46}$$

若 $\omega_{\mathrm{c}} \ll \omega_1$，则式(6.46) 成立，$\omega_{\mathrm{c}}$ 的表达式为

$$\omega_{\mathrm{c}}=-2\ln Q/T_0 \tag{6.47}$$

由式(6.47) 可知，当引入遗忘因子 Q，式(6.44) 中奇次谐波处的谐振控制器变为准谐振控制器，而且由式(6.46) 与文献[114] 可知，QOHRC 更新其控制输出的周期为 $0.5T_0$，而准重复控制(QRC) 更新其控制输出的周期为 T_0。因此，理论上当 k_{rc} 与 Q 相同时，QOHRC 的瞬态响应速度是 QRC 的两倍。

另一方面，QOHRC 也可以等效为一个负比例环节与无穷多个准谐振控制器并联的形式，此时负比例环节 $-k_{\mathrm{rc}}/2$ 将降低系统的稳定性与动态性能，因此额外引入一个大于 $-k_{\mathrm{rc}}/2$ 的正比例环节 k_{p} 可以有效消除负比例项的影响，即

$$k_{\mathrm{p}}+G_{\mathrm{QOHRC}}(s)=\left(k_{\mathrm{p}}-\frac{k_{\mathrm{rc}}}{2}\right)+\frac{4k_{\mathrm{rc}}}{T_0}\sum_{n=1,3,5,\cdots}^{\infty}\frac{s}{s^2+2\omega_{\mathrm{c}}s+(n\omega_1)^2} \tag{6.48}$$

由式(6.48) 可知，大于 $-k_{\mathrm{rc}}/2$ 的正比例环节 k_{p} 与 QOHRC 并联的形式可以等效为一个正比例环节 $k_{\mathrm{p}}-k_{\mathrm{rc}}/2$ 与无穷多个奇次谐波准谐振控制器并联的形式，相当于一种比例奇次多谐振控制(POHMRC)。基于以上分析，本书提出了一种基于 POHMR－type RC 的谐波阻抗补偿器(HIC)。

2. 基于 POHMR－type RC 的 HIC 结构

图 6.17、图 6.18 所示分别为附加 HIC 后网侧变流器 z 域模型及 HIC 的 z 域模型。由图 6.18 可知，所提出的 HIC 传函 $G_{\mathrm{HIC}}(z)$ 满足式(6.49)，由式(6.49) 可知，所提出的 HIC 由 $G_{\mathrm{QOHRC}}(z)$ 与一个比例环节 k_{p} 并联组成，其中 $G_{\mathrm{QOHRC}}(z)$ 用于补偿系统在奇次谐波处的谐波阻抗，k_{p} 用于提高系统的稳定性及动态性能。

$$G_{\mathrm{HIC}}(z)=G_{\mathrm{POHMR-type\ RC}}(z)=k_{\mathrm{p}}+G_{\mathrm{QOHRC}}(z)=k_{\mathrm{p}}-\frac{k_{\mathrm{rc}}z^{-N/2}Q(z)}{1+z^{-N/2}Q(z)}G_{\mathrm{f}}(z) \tag{6.49}$$

式中，N 为采样频率与基频的比值；遗忘因子 $Q(z)$ 为小于 1 的常数；$G_{\mathrm{f}}(z)$ 为稳定性滤波器，其表达式为

$$G_{\mathrm{f}}(z)=z^mS(z) \tag{6.50}$$

式中，z^m 为相位补偿器；$S(z)$ 为低通滤波器，主要功能是降低控制器在高频处的控制增益，从而改善系统的稳定性。

与前文分析类似，当系统附加 HIC 后，电流控制器变成 QPR 控制器和 HIC

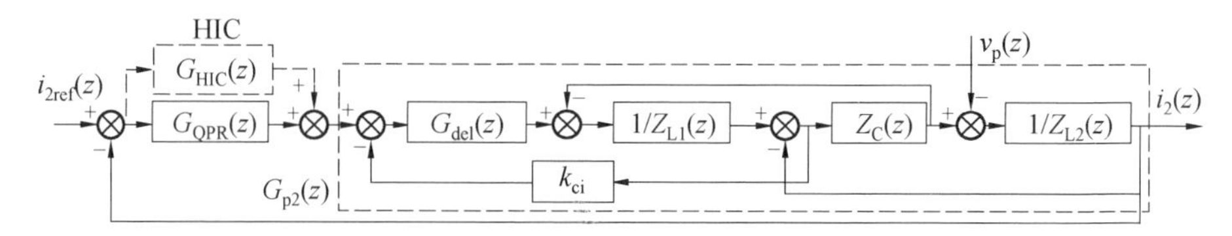

图 6.17 附加了 HIC 后网侧变流器 z 域模型

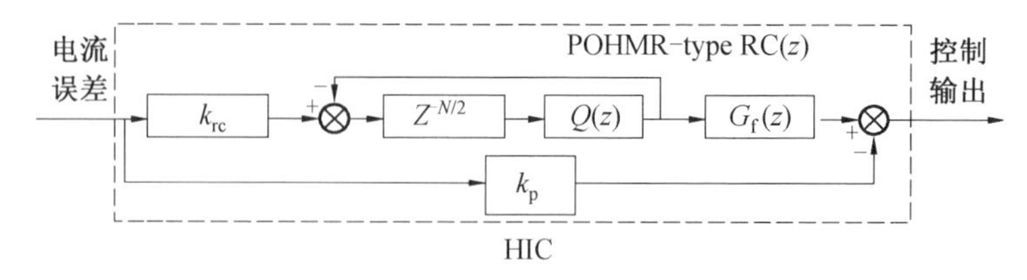

图 6.18 HIC 的 z 域模型

的并联组合，并且此时网侧变流器 z 域模型满足图 6.17。为了研究 HIC 对谐波阻抗的影响，建立附加补偿后的谐波阻抗模型，如图 6.19(a) 所示，为了获得补偿后的谐波阻抗，图 6.19(a) 可以变换成图 6.19(b)。

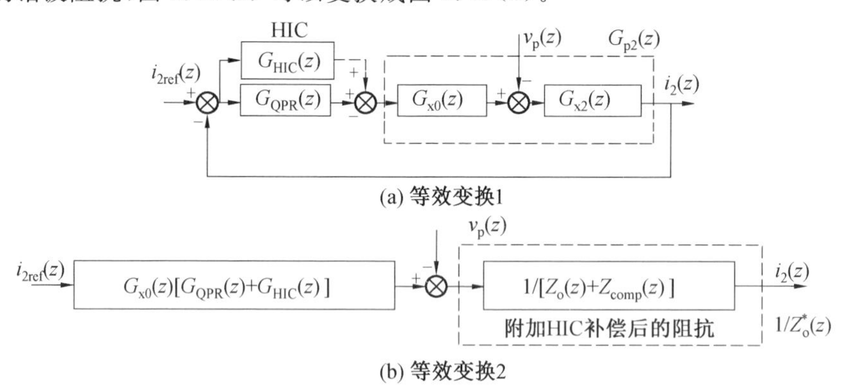

图 6.19 附加 HIC 后控制网侧变流器 z 域模型等效变换

由图 6.19(b) 可知，附加 HIC 后，谐波阻抗从 Z_o 变为 Z_o^*，其表达式为

$$
\begin{aligned}
Z_o^*(z) &= \frac{1 + G_{x2}(z)G_{x0}(z)[G_{QPR}(z) + G_{HIC}(z)]}{G_{x2}(z)} \\
&= Z_o(z) + \underbrace{G_{x0}(z)G_{HIC}(z)}_{Z_{comp}(z)}
\end{aligned} \tag{6.51}
$$

由式(6.51) 可知，与附加 PIMR－type RC 的方法类似，HIC 在 Z_o 的基础上提供了额外的谐波阻抗 Z_{comp}。因此，如果可以合理地设计 HIC，理论上就可以补偿所需的谐波阻抗，这也意味着电网电压几乎不会影响输出电流。下文将介绍 HIC 的可行性并给出 HIC 的详细设计过程，最后对其稳定性进行分析。

3. 附加 HIC 后系统稳定性分析

HIC 由 $G_{QOHRC}(z)$ 和比例增益 k_p 并联组成，因此通过设计 $G_{QOHRC}(z)$ 和 k_p 来设计 $G_{HIC}(z)$ 的参数。

由图 6.19 可知，附加 HIC 后，控制系统的开环增益从 $G_{ol1}(z)$ 变为 $G_{ol2}(z)$，其表达式为

$$G_{ol2}(z)=G_{x2}(z)G_{x0}(z)[G_{QPR}(z)+G_{HIC}(z)] \tag{6.52}$$

由式(6.52)，得到附加 HIC 后，系统从 $i_{2ref}(z)$ 和 $v_p(z)$ 到 $i_2(z)$ 的传函为

$$\begin{aligned} i_2(z)=&\frac{G_{p2}(z)[G_{QPR}(z)+G_{HIC}(z)]}{1+G_{p2}(z)[G_{QPR}(z)+G_{HIC}(z)]}i_{2ref}(z)-\\ &\frac{G_{x2}(z)}{1+G_{p2}(z)[G_{QPR}(z)+G_{HIC}(z)]}v_p(z) \end{aligned} \tag{6.53}$$

进一步得到系统的特征多项式为

$$\begin{aligned} &1+[G_{HIC}(z)+G_{QPR}(z)]G_{p2}(z)\\ =&1+[G_{QPR}(z)+k_p]G_{p2}(z)+G_{QOHRC}(z)G_{p2}(z)\\ =&\{1+[G_{QPR}(z)+k_p]G_{p2}(z)\}\left\{1+\frac{G_{QOHRC}(z)G_{p2}(z)}{1+[G_{QPR}(z)+k_p]G_{p2}(z)}\right\}\\ =&\{1+[G_{QPR}(z)+k_p]G_{p2}(z)\}[1+G_{QOHRC}(z)P_0(z)] \end{aligned} \tag{6.54}$$

式中，$P_0(z)$ 的表达式为

$$P_0(z)=\frac{G_{p2}(z)}{1+[G_{QPR}(z)+k_p]G_{p2}(z)} \tag{6.55}$$

当式(6.55)的极点在单位圆内并且满足 $1+G_{QOHRC}(z)P_0(z)\neq 0$ 时，附加 HIC 的系统保持稳定。可以通过设计 k_p 使式(6.55)的极点位于单位圆内。因此，为了保证系统的稳定性，要求以下不等式成立。

$$|1+G_{QOHRC}(z)P_0(z)|\neq 0 \tag{6.56}$$

将式(6.49)代入式(6.56)，得到

$$|1+Q(z)z^{-N/2}-k_{rc}Q(z)z^{-N/2+m}S(z)P_0(z)|\neq 0 \tag{6.57}$$

如果以下条件成立，则式(6.57)为真。

$$|Q(z)z^{-N/2}[k_{rc}z^m S(z)P_0(z)-1]|<1,\quad \forall z=e^{j\omega},0<\omega<\pi \tag{6.58}$$

由文献[115]，如果 $i_{2ref}(z)$ 和 $v_p(z)$ 的频率位于 $\omega_m=2\pi m/N$，则 $m=0,1,2,\cdots,M$(对于偶数 N 为 $M=N/2$，对于奇数 N 为 $M=(N-1)/2$)，则 $z^N=1$，可以将式(6.58)简化为

$$|Q(z)[k_{rc}z^m S(z)P_0(z)-1]|<1,\quad z=e^{j\omega} \tag{6.59}$$

假设 $P_0(z)$ 具有幅频特性 $N_{P0}(e^{j\omega})$ 和相频特性 $\theta_{P0}(e^{j\omega})$，$S(z)$ 具有幅频特性 $N_S(e^{j\omega})$ 和相频特性 $\theta_S(e^{j\omega})$，$P_0(z)$ 具有幅频特性 $N_{P0}(e^{j\omega})$ 和相频特性 $\theta_{P0}(e^{j\omega})$，$Q(z)$ 幅频特性小于 1，相频特性 0。因此，式(6.59) 可以改写为

$$|k_{rc}N_{P0}(e^{j\omega})N_S(e^{j\omega})e^{-j[\theta_S(e^{j\omega})+\theta_{P0}(e^{j\omega})+m\omega]}-1|<1 \tag{6.60}$$

根据欧拉公式，由于 $k_{rc}>0$，$N_S(e^{j\omega})>0$，并且 $N_{P0}(e^{j\omega})>0$，可得

$$0<k_{rc}N_{P0}(e^{j\omega})N_S(e^{j\omega})<2\cos[\theta_S(e^{j\omega})+\theta_{P0}(e^{j\omega})+m\omega] \tag{6.61}$$

为了保证式(6.61) 为真，必须满足以下不等式：

$$|\theta_{P0}(e^{j\omega})+\theta_S(e^{j\omega})+m\omega|<\frac{\pi}{2} \tag{6.62}$$

$$0<k_{rc}<\min\left\{\frac{2\cos[\theta_S(e^{j\omega})+\theta_{P0}(e^{j\omega})+m\omega]}{N_{P0}(e^{j\omega})N_S(e^{j\omega})}\right\} \tag{6.63}$$

并且式(6.63) 可以改写为

$$0<k_{rc}<\frac{2\min\{\cos[\theta_S(e^{j\omega})+\theta_{P0}(e^{j\omega})+m\omega]\}}{\max\{N_{P0}(e^{j\omega})N_S(e^{j\omega})\}} \tag{6.64}$$

由这些讨论可知，附加 HIC 的补偿后，在稳定的系统中，可以通过分析 $1+[G_{QPR}(z)+k_p]G_{p2}(z)=0$ 的根轨迹来设计比例增益 k_p。z^m 可由式(6.62) 设计。k_{rc} 可以通过式(6.64) 选择。

因此，如果满足以下条件，则系统稳定。

(1)$1+[G_{QPR}(z)+k_p]G_{p2}(z)=0$ 的极点都在单位圆内。

(2)$|\theta_S(e^{j\omega})+\theta_{P0}(e^{j\omega})+m\omega|<\frac{\pi}{2}$。

(3)$0<k_{rc}<\frac{2\min\{\cos[\theta_S(e^{j\omega})+\theta_{P0}(e^{j\omega})+m\omega]\}}{\max\{N_{P0}(e^{j\omega})N_S(e^{j\omega})\}}$。

4. 附加 HIC 的系统控制器设计

本节提出的 HIC 可以附加在现有的 QPR 控制器中，并且 QPR 控制器是根据工程经验设计的，本书在此省略其详细设计过程。HIC 有几个主要参数需要设计。这些参数总结如下。

(1) 比例环节 k_p。由式(6.46) 和式(6.48) 可知，k_p 可以消除 $-k_{rc}/2$ 的负面影响并改善动态性能，这也影响了 $1+[G_{QPR}(z)+k_p]G_{p2}(z)=0$ 的根轨迹，因此需要通过设计 k_p 来保证系统的稳定性和动态性能，这也有助于 QOHRC 的设计。图 6.20 所示为不同 k_p 下 $P_0(z)$ 的零极点图和 Bode 图。

由图 6.20(a) 可知，在区间[10,30] 中选择 k_p 时，所有 $P_0(z)$ 的极点都落在单位圆中；随着 k_p 的增加，一对极点靠近边界，一对极点远离边界。选择 k_p 应该

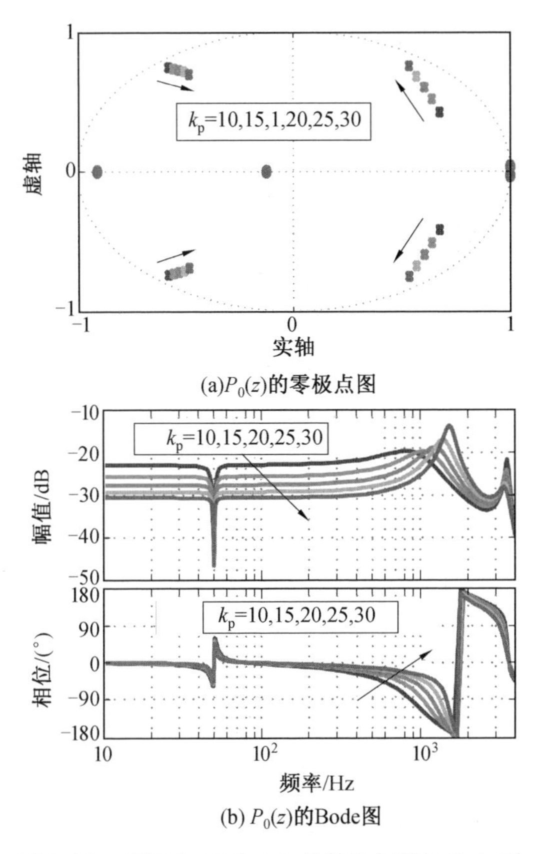

图 6.20　不同 k_p 下 $P_0(z)$ 的零极点图和 Bode 图

确保所有 $P_0(z)$ 的极点都远离边界，这代表系统有更大的稳定裕度。另一方面，由图 6.20(b) 可知，较大的 k_p 使 $\theta_{P0}(z)$ 在 1 kHz 附近滞后较小。这里综合考虑动态性能和稳定裕度，优先选择 $k_p=20$ 或 $k_p=25$。

(2) 遗忘因子 Q。Q 用于衰减 RC 的谐振增益，这虽然会降低跟踪精度，但会提高稳定裕度。因此，Q 的选取需要在跟踪精度和稳定裕度之间进行折中考虑。根据前文的分析，POHMR－type RC 等效于 POHMRC。图 6.21 为基频下不同 Q 对 $G_{\text{POHMR-type RC}}(z)$ 的影响，由图 6.21 可知，较小的 Q 具有较小的谐振增益。图 6.22 描述了 PIMR－type RC 和 POHMR－type RC 控制下 ω_c 和 Q 关系，其中 T_0 等于 0.02 s。由图 6.22 可知，在相同的 Q 值下，POHMR－type RC 的谐振带宽是 PIMR－type RC 的两倍，这与前文分析是一致的。另一方面，当 ω_c 设为 1 rad/s 时，Q 约为 0.99，这将实现较高的跟踪精度。综合考虑稳定性与跟踪精度，Q 需满足 $Q\leqslant 0.99$。

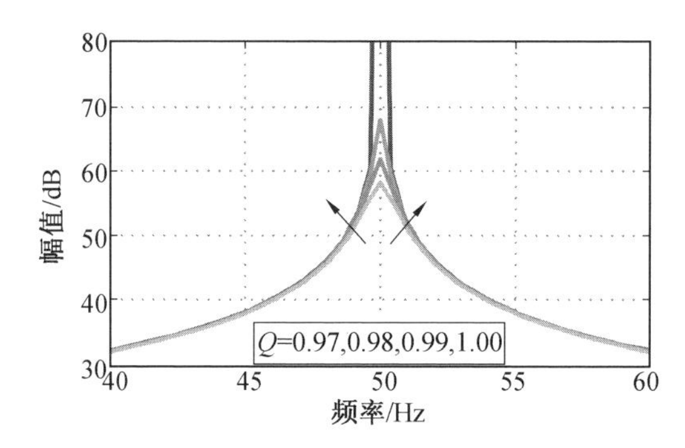

图 6.21　基频下不同 Q 对 $G_{\text{POHMR-type RC}}(z)$ 的影响

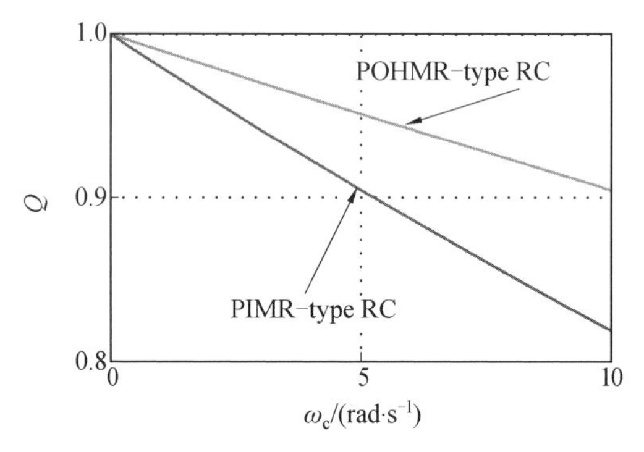

图 6.22　不同控制下 ω_c 和 Q 关系

(3) 低通滤波器 $S(z)$。$S(z)$ 用于抑制 POHMR－type RC 的高频控制增益，从而提高稳定裕度。这里采用一阶低通滤波器，其传递函数为

$$S(z)=Z\left(\frac{1}{0.000\ 2s+1}\right) \tag{6.65}$$

(4) 相位补偿器 z^m。z^m 用于补偿 $P_0(z)$ 和 $S(z)$ 的相位滞后。此外，z^m 还可以增强相位裕量并提高稳定性，从而保证较大的可用 k_{rc}，这将实现较大的谐波阻抗。当调节 m 使$[\theta_{P0}(e^{j\omega})+\theta_S(e^{j\omega})+m\omega]$接近 0 时，系统稳定性较好。图 6.23 描述了不同 m 对$[\theta_{P0}(e^{j\omega})+\theta_S(e^{j\omega})+m\omega]$的影响。

由图 6.23 可知，$m=3$ 实现了最小相移。因此，这里选择 $m=3$。

(5) 增益系数 k_{rc}。根据上述讨论，式(6.64) 给出了 k_{rc} 的设计标准。由于大多数谐波位于小于 1 kHz 的频率范围内，因此结合该频率范围设计 k_{rc}。根据图 6.24 可知，当 $m=3$ 时，从 10 Hz 到 1 kHz，$[\theta_{P0}(e^{j\omega})+\theta_S(e^{j\omega})+m\omega]$的最大值等于 50.1°，即 $\cos[\theta_{P0}(e^{j\omega})+\theta_S(e^{j\omega})+m\omega]$的最小值为 0.641 4。图 6.25 所示为 $N_S(z)N_{P0}(z)$ 的曲线图，其中 $N_S(z)N_{P0}(z)$ 在频率区间[10 Hz,1 kHz]内的最

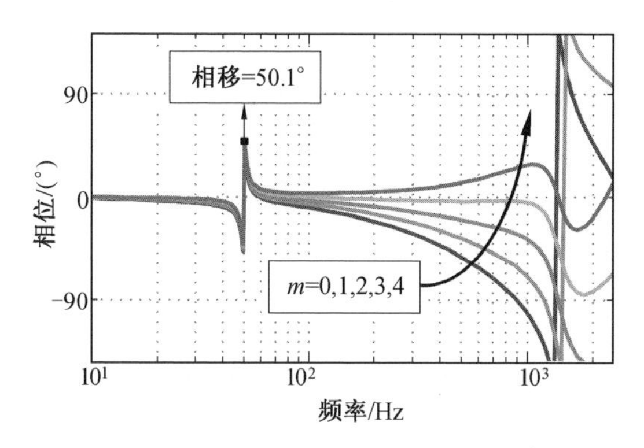

图 6.23　不同 m 下$[\theta_{P0}(e^{j\omega})+\theta_S(e^{j\omega})+m\omega]$的曲线

大值为 -27.1 dB。结合这些数据，可用的最大 k_{rc} 为 29.053 1。另一方面，考虑到 $P_0(z)$ 的模型不确定性，假设控制系统的模型不确定性为 15%，则最大可用 k_{rc} 为 24.695 1。由式(6.58)可知，若假设 $Y_1(e^{j\omega T_s})=Q(e^{j\omega T_s})[k_{rc}z^m S(e^{j\omega T_s})P_0(e^{j\omega T_s})-1]$，则 $Y_1(e^{j\omega T_s})$ 的轨迹必须位于单位圆内。$Y_1(e^{j\omega T_s})$ 的幅值越小，则系统稳定裕度越大，误差收敛越快，稳态谐波抑制性能越好。图 6.25 给出了不同 k_{rc} 下 $Y_1(e^{j\omega T_s})$ 的轨迹，其中 $\omega\in[0,\pi/T_s]$。由图 6.25 可知，当 k_{rc} 在区间[19,25]中选择时，$Y_1(e^{j\omega T_s})$ 的轨迹落在单位圆中。为保证系统具有更好的低频稳定裕度，本章选用 $k_{rc}=23$。

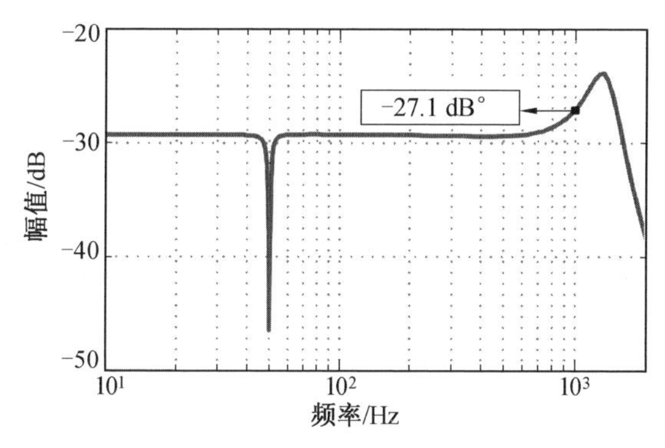

图 6.24　$N_S(z)N_{P0}(z)$ 的曲线图

通过以上分析，可以获得合适的 HIC 参数。为了研究 HIC 对谐波阻抗的补偿作用，图 6.26 给出了附加 HIC 前后谐波阻抗的 Bode 图。

由图 6.26 可知，HIC 可以充分补偿基频和奇次谐波处的谐波阻抗，这意味着输出电流几乎不受电网电压奇次谐波的影响。

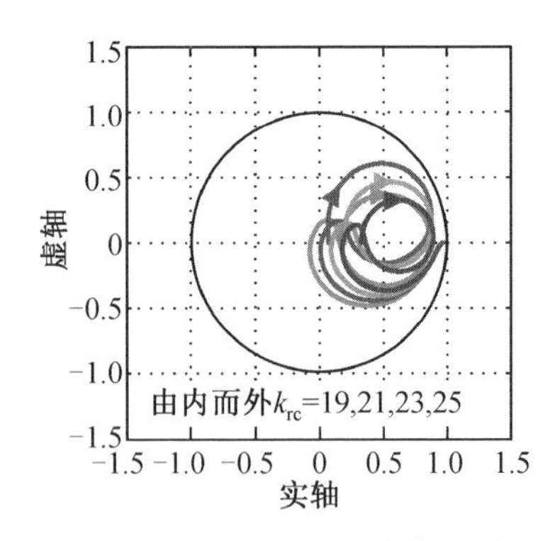

图 6.25 不同 k_{rc} 下 $Y_1(e^{j\omega T_s})$ 的轨迹

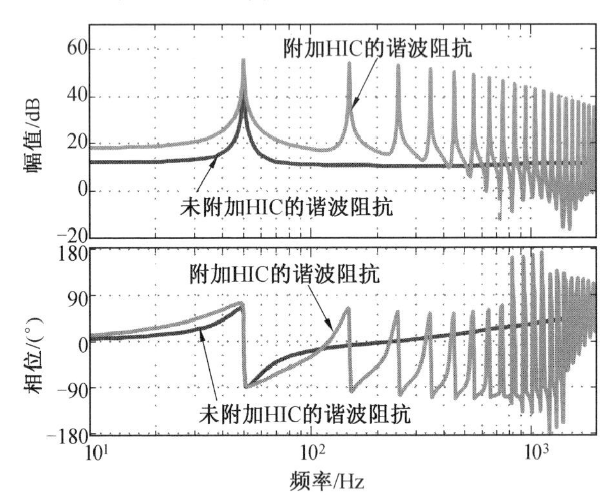

图 6.26 附加 HIC 前后谐波阻抗的 Bode 图

5. 附加 POHMR－type RC 的系统控制器计算量分析

本小节将介绍 POHMR－type RC 的计算量，为了方便进行比较，还将介绍 POHMRC 和 PIMR－type RC 的计算量。将设计参数代入式(6.49)，得到

$$G_{\mathrm{POHMR-type\ RC}}(z)=\frac{Y_{\mathrm{POHMR-type\ RC}}(z)}{U(z)}=k_{\mathrm{p}}+G_{\mathrm{QOHRC}}(z)$$
$$=25-\frac{22.77z^{3}}{(z^{100}+0.99)(2z-1)} \tag{6.66}$$

为了直观地分析计算量，将式(6.66) 改写为

$$y_{\mathrm{POHMR-type\ RC}}(k+98)=y_{\mathrm{p}}(k+98)+y_{\mathrm{QOHRC}}(k+98)$$
$$=25u(k+98)+0.5y_{\mathrm{QOHRC}}(k+97)-0.99\cdot$$

$$y_{\mathrm{QOHRC}}(k-2)+0.495y_{\mathrm{QOHRC}}(k-3)-11.385u(k) \tag{6.67}$$

由式(6.67)可知，POHMR－type RC 控制器每执行一次需要 4 次加法运算，5 次乘法运算和 103 个存储单元，其中加法运算和乘法运算的数量决定了计算量。POHMRC 和 PIMR－type RC 的表达式为

$$G_{\mathrm{POHMRC}}(z)=\frac{Y_{\mathrm{POHMR}}(z)}{U(z)}=k_{\mathrm{p}}+\sum_{i=1,3,5,\cdots}^{n}\frac{2\omega_{\mathrm{ci}}K_iT(z-1)}{z^2+(2T\omega_{\mathrm{ci}}-2)z+(i\omega_{\mathrm{o}}T)^2-2T\omega_{\mathrm{ci}}+1} \tag{6.68}$$

$$G_{\text{PIMR−type RC}}(z)=\frac{Y_{\text{PIMR−type RC}}(z)}{U(z)}=k_{\mathrm{p}}+G_{\mathrm{QCRC}}(z)=25+\frac{22.77z^3}{(z^{200}-0.99)(2z-1)} \tag{6.69}$$

式中，PIMR－type RC 的 $Q(z)$，N，$S(z)$，m，k_{rc} 和 k_{p} 与 POHMR－type RC 相同。

同样，为了分析这两种方法的计算量，将式(6.68)、式(6.69)改写为式(6.70)和式(6.72)。

$$\begin{aligned}y_{\mathrm{POHMRC}}(k+2)&=y_{\mathrm{p}}(k+2)+\sum_{i=1,3,5,\cdots}^{n}y_i(k+2)\\&=k_{\mathrm{p}}u(k+2)+\sum_{i=1,3,5,\cdots}^{n}\{a_iy_i(k+1)+b_iy_i(k)+c_i[u(k+1)-u(k)]\}\\&=k_{\mathrm{p}}u(k+2)+\sum_{i=1,3,5,\cdots}^{n}[a_iy_i(k+1)+b_iy_i(k)]+\\&\quad\left(\sum_{i=1,3,5,\cdots}^{n}c_i\right)[u(k+1)-u(k)]\end{aligned} \tag{6.70}$$

式中，a_i，b_i 和 c_i 满足以下表达式。

$$\begin{cases}a_i=-(2\omega_{\mathrm{ci}}T-2)\\b_i=-[(i\omega_{\mathrm{o}}T)^2-2\omega_{\mathrm{ci}}T+1]\\c_i=2\omega_{\mathrm{ci}}TK_i\end{cases} \tag{6.71}$$

$$\begin{aligned}y_{\text{PIMR−type RC}}(k+198)&=y_{\mathrm{p}}(k+198)+y_{\mathrm{QCRC}}(k+198)\\&=25u(k+198)+0.5y_{\mathrm{QCRC}}(k+197)+0.99\cdot\\&\quad y_{\mathrm{QCRC}}(k-2)-0.495y_{\mathrm{QCRC}}(k-3)+11.385u(k)\end{aligned} \tag{6.72}$$

由式(6.67)、式(6.70)和式(6.72)，得出 POHMRC、PIMR－type RC、POHMR－type RC 所需加法、乘法运算的次数及储存单元占用数。这些统计数据列在表 6.3 中。

表 6.3　不同控制方法的计算量统计

	加法次数	乘法次数	储存单元占用数
POHMRC	$(3n+5)/2$	$(3n+5)/2$	$(2n+3)$
PIMR－type RC	4	5	203
POHMR－type RC	4	5	103

与 PIMR－type RC 相比，POHMR－type RC 具有相同次数的加法运算和乘法运算，但仅需约一半的存储空间。对于 $n=3$ 的 POHMRC，需使用两个谐振控制器对基频和三次谐波进行控制，与 POHMR－type RC 相比，需要进行 7 次加法运算和 7 次乘法运算。这意味着 POHMR－type RC 可以实现无数个谐振控制器，其计算量比 POHMRC 小得多。因此，POHMR－type RC 仍然具有较小的计算量并占有较少的存储空间。

6.4　电流源模式下谐波抑制实验验证

6.4.1　谐振阻尼方法实验验证

为了验证 6.2 节所提出 WMS VFAD 方法的有效性，采用模拟实验平台进行验证，将模拟实验平台的并网连接点与用于模拟电网的 VSG 连接。实验条件：电网电压频率为 50 Hz，有效值为 110 V，网侧变流器输出额定电流为 5 A，直流电压额定值为 350 V，采样频率 f_s 为 10 kHz，电感 L_1 为 1.5 mH，电容 C_f 为 11 μF，L_2 为 0.5 mH，LCL 型滤波网络谐振频率 f_{re} 为 2.48 kHz，弱电网阻抗由 1.3 mH、2 mH 的电感模拟，对应等效谐振频率 f_{re} 分别为 1.67 kHz、1.57 kHz。电网电压突变条件由突然改变 VSG 各相电压参考值的幅值来模拟。输出电流参考值突变条件由突然改变网侧变流器的输出电流参考值来模拟。

图 6.27 给出了不同 L_g 下附加 WMS VFAD 后电网电压和输出电流波形，由图 6.27 可知，当 $f_{re}<f_s/6$，$f_{re}\approx f_s/6$，$f_{re}>f_s/6$ 时，系统输出电流均为稳定的基频正弦。这说明 DD_PMSG 系统可以在这三种电网阻抗下稳定运行。

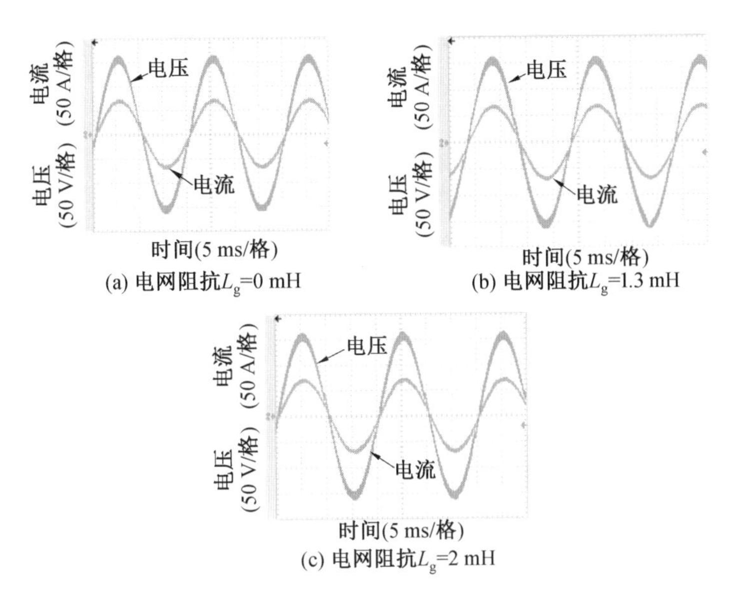

图 6.27　不同 L_g 下附加 WMS VFAD 后电网电压和输出电流波形

图 6.28 给出了不同 L_g 下输出电流参考值突变后的瞬态响应。由图 6.28 可知，在三种 L_g 下，输出电流参考值无论是从额定值突降至 3/4 额定值还是从 3/4 额定值突增至额定值，输出电流都保持稳定且其到达稳态所需的调节时间小于一个基频周期。

图 6.29 给出了不同 L_g 下电网电压突变后的瞬态响应。由图 6.29 可知，在三种电网阻抗下，当电网电压幅值从标准值突降至 4/5 标准值时，输出电流都保持稳定，其到达稳态所需的调节时间小于两个基频周期，且超调随着电网阻抗的增加而逐渐减小。

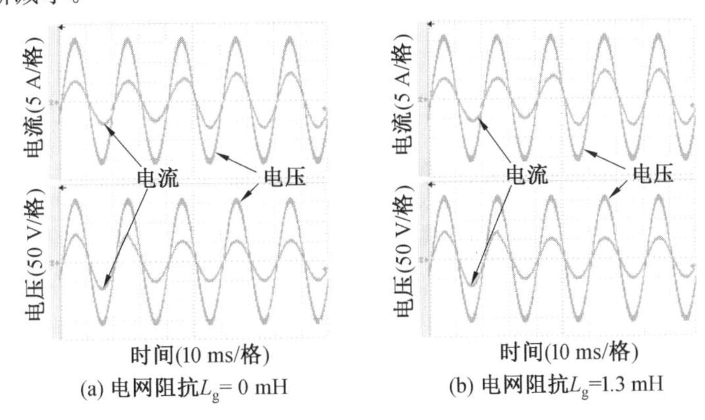

图 6.28　不同 L_g 下输出电流参考值突变后的瞬态响应

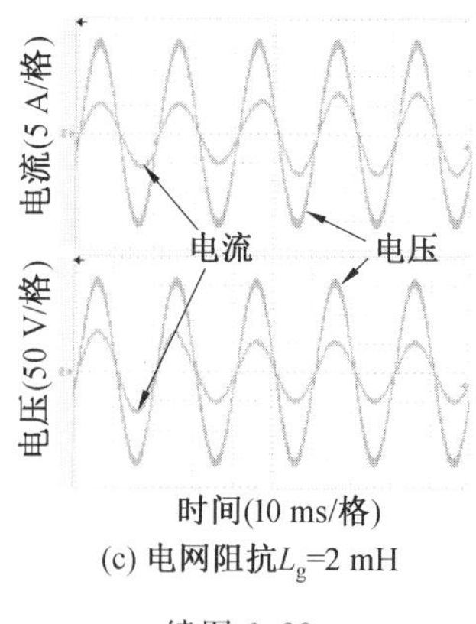

(c) 电网阻抗L_g=2 mH

续图 6.28

这些实验结果验证了 WMS VFAD 和其控制器设计方法的有效性。

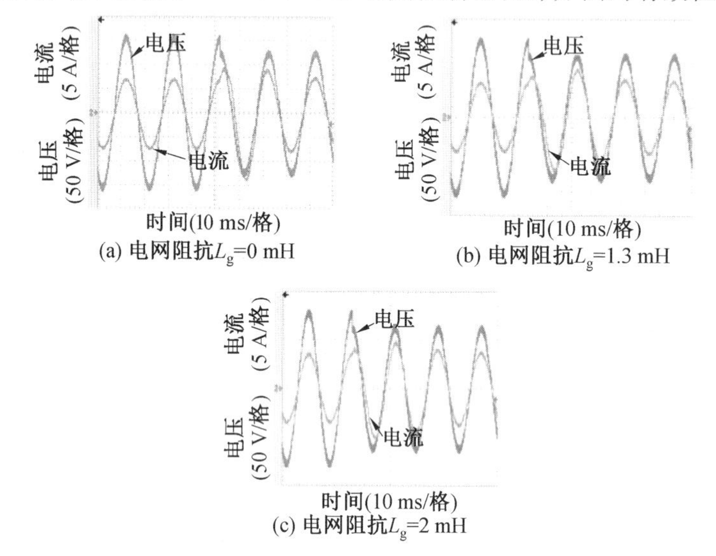

(c) 电网阻抗L_g=2 mH

图 6.29　不同 L_g 下电网电压突变后的瞬态响应

6.4.2　低频谐波阻抗补偿方法实验验证

为了验证 6.3 节所提出电流源模式下阻抗补偿方法的有效性，采用模拟实验平台进行验证，将模拟实验平台的并网连接点与用于模拟电网的 VSG 连接。实验条件：电网电压频率为 50 Hz，有效值为 110 V，网侧变流器输出额定电流为 5 A，直流电压额定值为 350 V，采样频率 f_s 为 10 kHz，LCL 型滤波网络谐振频率为 1.3 kHz。谐波电网条件由 VSG 模拟，在其输出电压参考值中附加幅值为

基频10%、5%、3%、3%、2%、2%的第3、5、7、9、11、13次谐波。电网电压突变条件由突然改变VSG输出电压参考值的幅值来模拟，输出电流参考值突变条件由突然改变网侧变流器的输出电流参考值来模拟，同时给出未附加阻抗补偿方法和附加PIMR－type RC方法的实验结果作为参照。

图6.30～6.32分别给出了未附加阻抗补偿方法、附加PIMR－type RC方法、附加POHMR－type RC方法电网电压和输出电流波形。

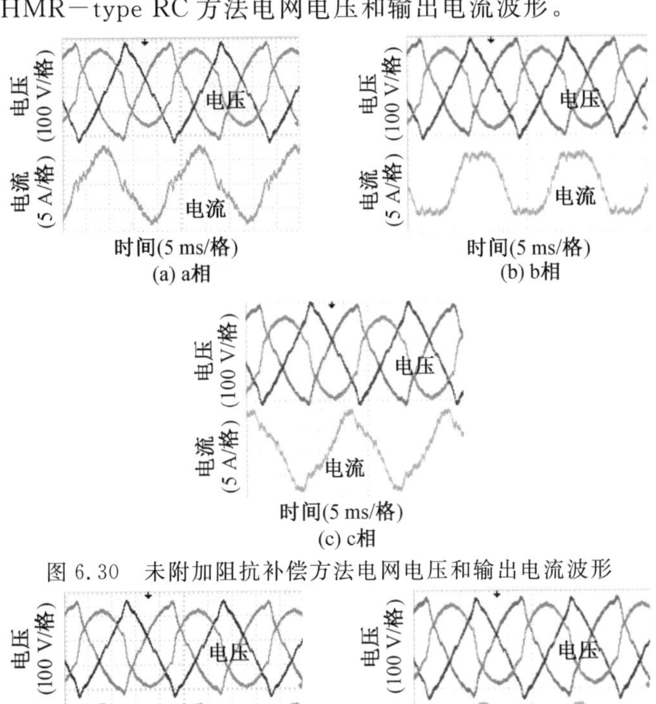

(a) a相

(b) b相

(c) c相

图6.30 未附加阻抗补偿方法电网电压和输出电流波形

(a) a相

(b) b相

(c) c相

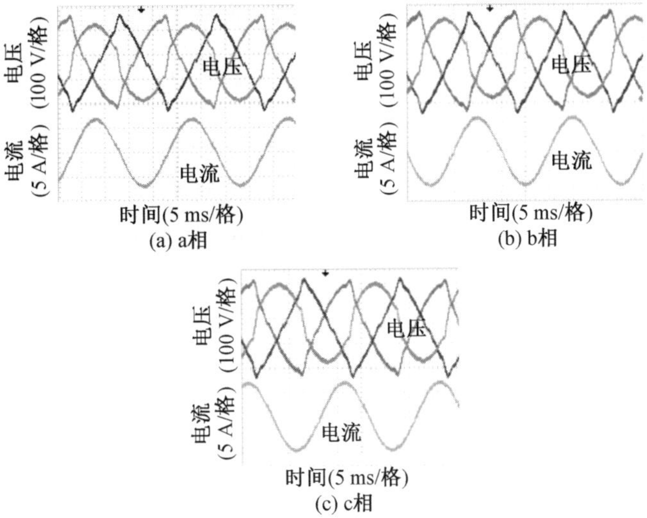

图6.31 附加PIMR－type RC方法电网电压和输出电流波形

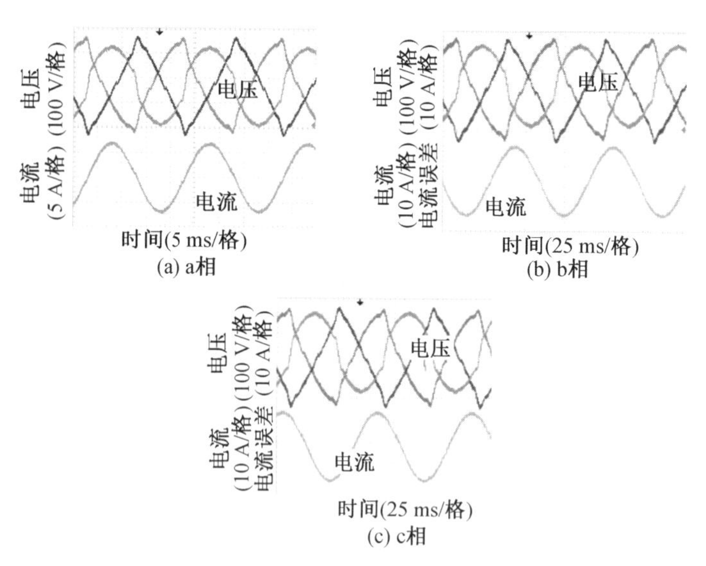

图 6.32　附加 POHMR－type RC 方法电网电压和输出电流波形

由图 6.30～6.32 可知，未附加阻抗补偿方法时，输出电流出现严重畸变。而附加 PIMR－type RC 方法和 POHMR－type RC 方法后输出电流波形正弦度较好，因此这两种方法能有效提升系统的输出低频谐波抑制能力。

图 6.33、图 6.34 分别给出了突然附加 PIMR－type RC 方法和 POHMR－type RC 方法后的瞬态响应。由图 6.33、图 6.34 可知，突然引入两种方法后，初始阶段输出电流误差出现超调，随后逐步收敛，但是二者收敛速度存在差异。突然附加 PIMR－type RC 方法后，输出电流误差收敛速度较慢，所需时间超过 0.22 s，而突然附加 POHMR－type RC 方法后，输出电流误差收敛速度更快，所需时间仅约为 0.12 s。因此，与 PIMR－type RC 方法相比，POHMR－type RC 方法具有更快的瞬态响应速度。

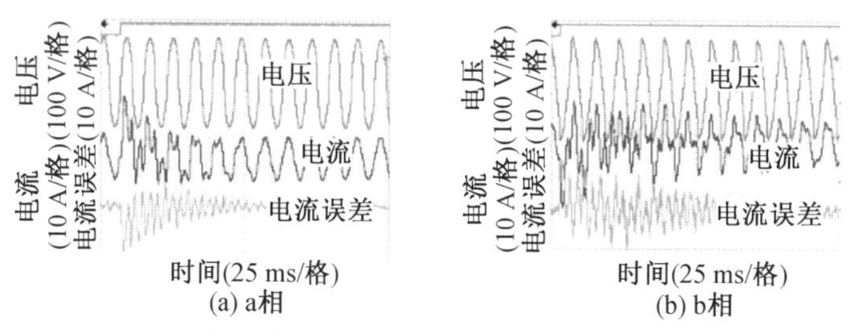

图 6.33　突然附加 PIMR－type RC 方法后的瞬态响应

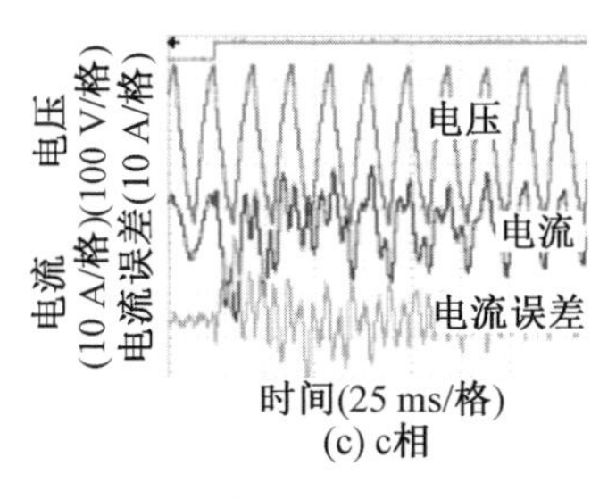

续图 6.33

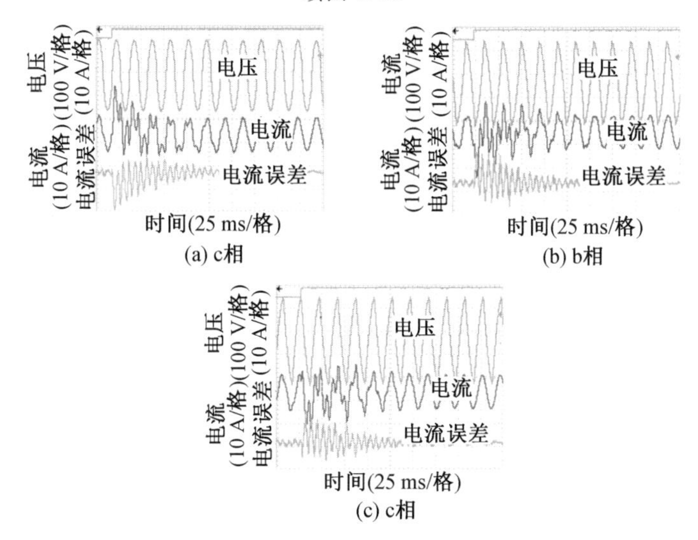

图 6.34　突然附加 POHMR－type RC 方法后的瞬态响应

图 6.35 给出了电网电压突变时 POHMR－type RC 系统瞬态响应。当电网电压幅值从标准值突降至 4/5 标准值时，输出电流调节时间约为 0.06 s，收敛速度仍然较快。

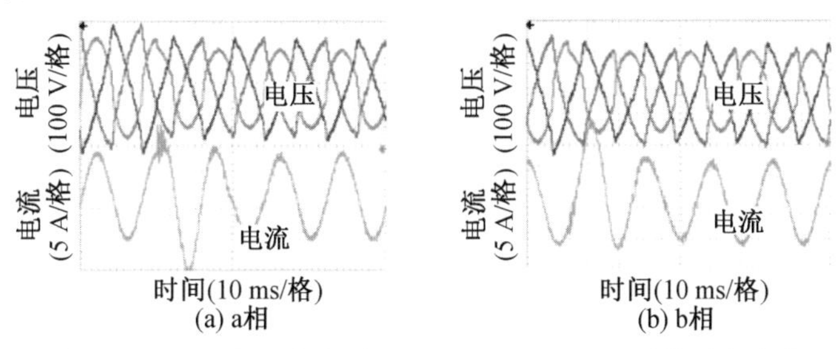

图 6.35　电网电压突变时 POHMR－type RC 系统瞬态响应

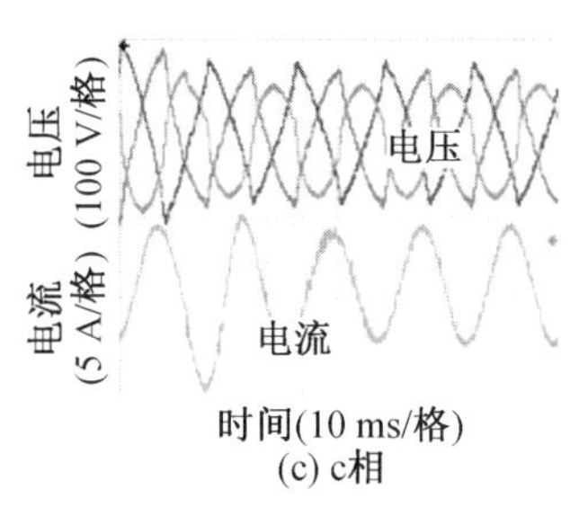

(c) c相

续图 6.35

图 6.36 给出了输出电流参考值突变后 POHMR－type RC 系统瞬态响应。由图 6.36 可知，输出电流参考值从额定值突降至 3/4 额定值时，输出电流调节时间约为 0.06 s，收敛速度仍然较快。

本节实验结果一方面说明在奇次谐波电网条件下，POHMR－type RC 具有和 PIMR－type RC 相近的低频谐波抑制能力和更快的瞬态响应速度，另一方面验证了前文所给出控制器设计方法的有效性。

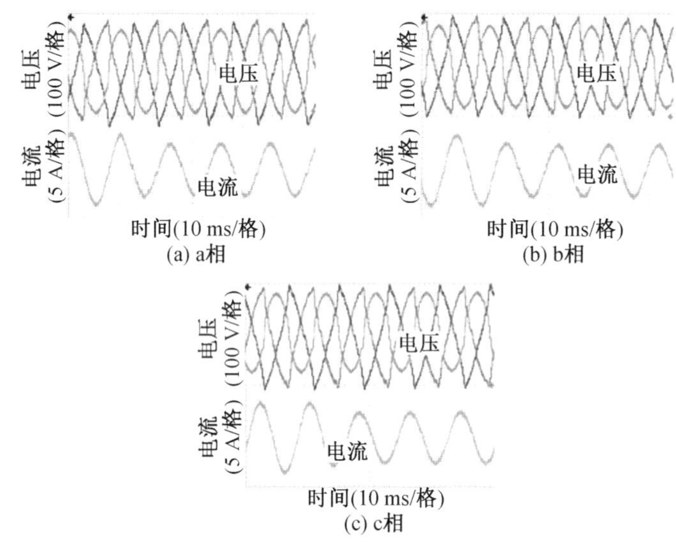

(c) c相

图 6.36　输出电流参考值突变后 POHMR－type RC 系统瞬态响应

第7章

DD_PMSG系统电压源模式强非线性负载条件下低频谐波抑制

本章介绍电压源模式强非线性负载条件下DD_PMSG系统的低频谐波问题的来源及解决方法。本章分析电压源模式下基于POHMR－type RC方法的网侧变流器对非线性负载电流谐波呈现的阻抗特性，提出附加SHGC的改进型POHMR－type RC方法。在此基础上，进一步提出适用于低采样频率的SFPC方法，同时给出基于系统稳定性要求的控制器设计方法。最后，介绍两种方法的实验结果及分析过程。

7.1 引 言

电压源模式强非线性负载条件下 DD_PMSG 系统的低频谐波的来源是本地强非线性负载引起的电流谐波对网侧变流器输出电压产生干扰，也可以称之为非线性负载电流谐波引起的低频电压谐波。本章提出的低频电压谐波抑制技术对消除非线性负载电流谐波引起的低频电压谐波起关键作用。

7.2 电压源模式强非线性负载条件下 POHMR－type RC 方法分析

DD_PMSG 系统工作在电压源模式下时需要为本地负载提供三相基频正弦交流电压，然而整流负载等非线性负载是系统的主要负载之一，这类负载会向发电端注入大量谐波电流，在网侧变流器的等效内阻上激励出谐波压降，最终使网侧变流器输出电压发生严重畸变，影响电力系统电压稳定性。

为了解决非线性负载引入的网侧变流器输出电压畸变问题，需要消除输出电压误差信号中的谐波成分。根据闭环控制理论，大的控制增益有利于减小误差，因此为了减小谐波误差，需要使电压控制器在谐波频率处也具有较高的增益，即减小系统的谐波阻抗。由上一章分析可知，当电流源模式下网侧变流器的控制系统中引入基于 POHMR－type RC 方法的 HIC 时，可以有效提高系统谐波阻抗，从而使输出电流几乎不受电网电压谐波的影响。为了分析电压源模式下附加 POHMR－type RC 方法的网侧变流器谐波阻抗特性，在图 7.1(b)所示的 s 域模型基础上附加 POHMR－type RC 方法并将其离散化，得到图 7.2 所示的 z 域模型。

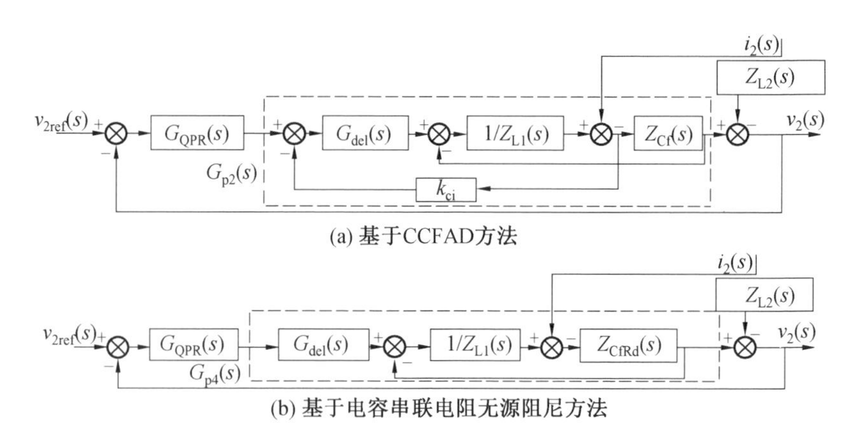

图 7.1　电压源模式下三相全桥式网侧变流器单相 s 域模型

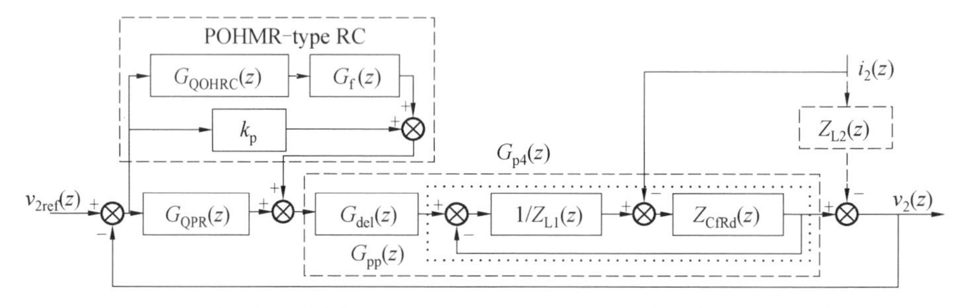

图 7.2　电压源模式下附加 POHMR－type RC 方法后的网侧变流器 z 域模型

当网侧电感 L_2 很小时，由图 7.2 可以得到系统的闭环传函和谐波阻抗传函近似为

$$\frac{v_2(z)}{v_{2ref}(z)}=\frac{[G_{POHMR-type\ RC}(z)+G_{QPR}(z)]G_{p4}(z)}{1+[G_{POHMR-type\ RC}(z)+G_{QPR}(z)]G_{p4}(z)} \tag{7.1}$$

$$\frac{v_2(z)}{i_2(z)}=\frac{G_{pp}(z)Z_{L1}(z)}{1+[G_{POHMR-type\ RC}(z)+G_{QPR}(z)]G_{p4}(z)} \tag{7.2}$$

式中，$G_{pp}(z)$ 为由 L_1、C_f、R_d 组成 LC 滤波器的传函；$G_{p4}(z)$ 表达式为

$$G_{p4}(z)=G_{del}(z)G_{pp}(z) \tag{7.3}$$

图 7.3 给出了附加 POHMR－type RC 方法前后系统的谐波阻抗 Bode 图。由图 7.3 可知，当系统附加 POHMR－type RC 方法后谐波阻抗可以得到有效减小，因此与 QPR 控制相比，POHMR－type RC 方法可以抑制输出电压对非线性负载电流的敏感性从而增强输出电压的正弦度。并且，随着 k_{rc} 的变化系统在所有奇次谐波处的阻抗会同时增大或减小，为了更直观地说明这一点，本节分析了 POHMR－type RC 控制器的频率特性。图 7.4 给出了 POHMR－type RC 控制器的 Bode 图，为了便于分析这里假设 $G_f(z)=1$，由图 7.4 可知随着 k_{rc} 的增大，

POHMR－type RC 控制器在奇次谐波处提供的控制增益也增大，即奇次谐波处的谐波阻抗随之减小，且 POHMR－type RC 控制器在所有奇次谐波处具有相等的控制增益，而且该相等关系不随着 k_{rc} 的调整而改变。由于整流负载等强非线性负载会引入大量的低次谐波，这些低次谐波往往需要比其他次谐波更高的控制增益，即这些谐波需要更小的谐波阻抗值。

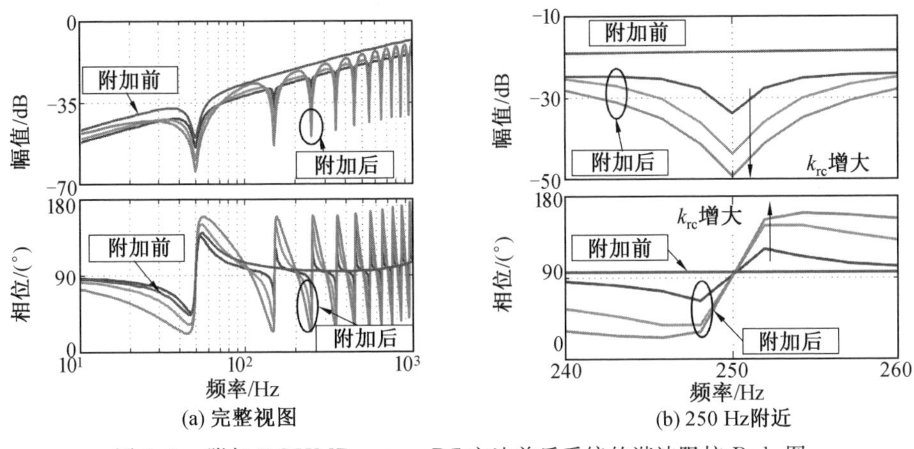

图 7.3　附加 POHMR－type RC 方法前后系统的谐波阻抗 Bode 图

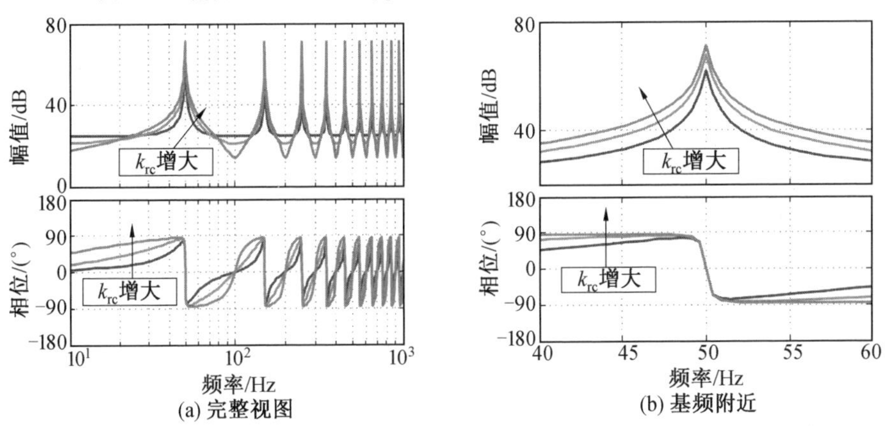

图 7.4　POHMR－type RC 控制器的 Bode 图

为了提高控制增益以减小谐波阻抗值需要增大 k_{rc} 的值，根据文献[117]，当 k_{rc} 增大时，会增加误差收敛速度，并减少稳态误差，但同样会降低系统稳定裕度。这表明若要 POHMR－type RC 控制器给低次谐波提供足够的控制增益，可能会导致系统因高次谐波处增益过高而不稳定。如果为了保证系统稳定性使 POHMR－type RC 控制器控制增益满足高次谐波需求，会导致低次谐波由于控制增益不足而仍然存在于输出电压中，进而直接影响电压 THD 值增高。因此，为了进一步抑制这些POHMR－type RC控制器无法消除的低次谐波，需要对这些低次谐波的控制增益进行单独补偿，并且不影响高次谐波的抑制，从而保证网侧变流器输出电压的正弦度要求。为了实现这一目的，本章提出了一种附加SHGC的改进型POHMR－type RC方法，下节给出了基于其稳定性分析的完整控制器参数设计方法。

7.3 附加SHGC的改进型POHMR－type RC方法

7.3.1 改进型POHMR－type RC方法的结构

本节将介绍一种附加SHGC的改进型POHMR－type RC方法，图7.5给出了其网侧变流器 z 域模型。

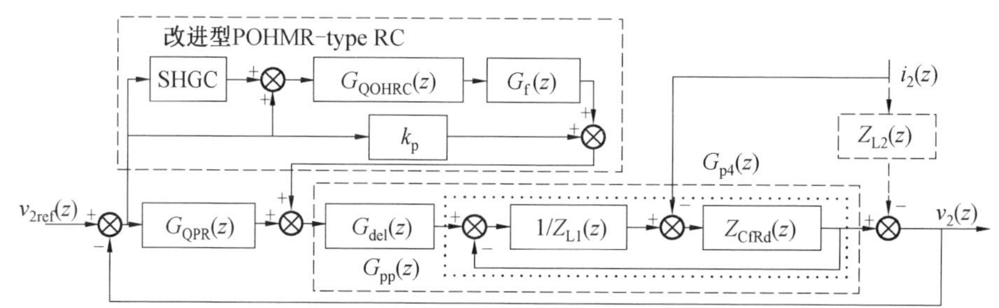

图7.5　附加SHGC的改进型POHMR－type RC方法的网侧变流器 z 域模型

由图7.5可知，改进型POHMR－type RC方法和POHMR－type RC方法之间的区别是引入了SHGC。SHGC的具体结构如图7.6所示，其在控制增益补偿中起关键作用，其由带通滤波器(BPF)和比例环节K串联组成。

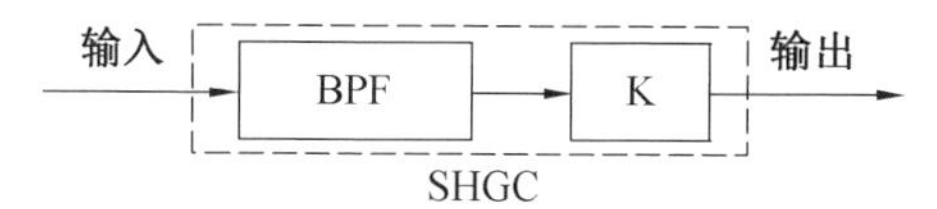

图7.6　SHGC的具体结构

SHGC的 s 域传函为

$$G_{SHGC}(s)=KG_{BPF}(s) \tag{7.4}$$

式中，K 为增益补偿因子；$G_{BPF}(s)$ 为BPF的传函，其 s 域表达式为

$$G_{BPF}(s)=\frac{2\omega_{fc}s}{s^2+2\omega_{fc}s+\omega_{fr}^2} \tag{7.5}$$

式中，截止频率 ω_{fc} 决定 BPF 的带宽；ω_{fr} 为中心频率，会影响各次谐波的控制增益补偿效果。

SHGC 的具体工作原理：为了增加特定低次谐波的控制增益，需单独放大这些谐波的误差。因此，第一步是从输入误差信号中提取这些低次谐波，需要引入 BPF 实现该目的。BPF 的中心频率 ω_{fr} 设置在 5 次谐波处。截止频率 ω_{fc} 的选取需保证 BPF 的带通区间可以覆盖期望的低次谐波。

第二步是对提取的低次谐波误差信号进行放大。这一步通过将增益补偿因子 K 与 BPF 提取的谐波误差相乘来实现，然后将这些误差叠加在初始误差上，从而放大输入信号中特定次谐波的误差。

最后，将该整合后的误差送入 POHMR－type RC 控制器中，增加特定低次谐波的控制增益。值得注意的是，高次谐波的抑制性能并不会受到影响。根据闭环控制理论，较大的控制增益始终有助于减小误差，这表明引入 SHGC 可以进一步抑制特定低次谐波。

根据图 7.5，可以得出改进型 POHMR－type RC 方法的闭环传函和谐波阻抗传函为

$$\frac{v_2(z)}{v_{2\mathrm{ref}}(z)}=\frac{\{[1+G_{\mathrm{SHGC}}(z)]G_{\mathrm{QOHRC}}(z)+k_{\mathrm{p}}+G_{\mathrm{QPR}}(z)\}G_{\mathrm{p4}}(z)}{1+\{[1+G_{\mathrm{SHGC}}(z)]G_{\mathrm{QOHRC}}(z)+k_{\mathrm{p}}+G_{\mathrm{QPR}}(z)\}G_{\mathrm{p4}}(z)} \tag{7.6}$$

$$\frac{v_2(z)}{i_2(z)}=\frac{G_{\mathrm{pp}}(z)Z_{\mathrm{L1}}(z)}{1+\{[1+G_{\mathrm{SHGC}}(z)]G_{\mathrm{QOHRC}}(z)+k_{\mathrm{p}}+G_{\mathrm{QPR}}(z)\}G_{\mathrm{p4}}(z)} \tag{7.7}$$

本小节重点阐述了附加 SHGC 的改进型 POHMR－type RC 方法。SHGC 是能实现 POHMR－type RC 方法无法实现的特定低次谐波增益补偿。若不附加 SHGC，特定低次谐波增益无法得到补偿，输出电压中仍将存在较大的特定低次谐波分量。强非线性负载引起的谐波污染主要位于低次谐波处，这些谐波直接决定了电压品质。因此，低次谐波增益补偿不足将导致网侧变流器输出电压正弦度较差。

7.3.2　改进型 POHMR－type RC 方法的系统稳定性分析

根据式(7.6)、式(7.7)可知，系统的特征多项式为

$$\begin{aligned}&1+\{[1+G_{\mathrm{SHGC}}(z)]G_{\mathrm{QOHRC}}(z)+[G_{\mathrm{QPR}}(z)+k_{\mathrm{p}}]\}G_{\mathrm{p4}}(z)\\&=1+[1+G_{\mathrm{SHGC}}(z)]G_{\mathrm{QOHRC}}(z)G_{\mathrm{p4}}(z)+[G_{\mathrm{QPR}}(z)+k_{\mathrm{p}}]G_{\mathrm{p4}}(z)\\&=\{1+G_{\mathrm{p4}}(z)[G_{\mathrm{QPR}}(z)+k_{\mathrm{p}}]\}\left\{1+\frac{[1+G_{\mathrm{SHGC}}(z)]G_{\mathrm{QOHRC}}(z)G_{\mathrm{p4}}(z)}{1+G_{\mathrm{p4}}(z)[G_{\mathrm{QPR}}(z)+k_{\mathrm{p}}]}\right\}\\&=\{1+G_{\mathrm{p4}}(z)[G_{\mathrm{QPR}}(z)+k_{\mathrm{p}}]\}\{1+[1+G_{\mathrm{SHGC}}(z)]G_{\mathrm{QOHRC}}(z)P_1(z)\}\end{aligned} \tag{7.8}$$

式中，$P_1(z)$ 为

$$P_1(z)=\frac{G_{p4}(z)}{1+[G_{QPR}(z)+k_p]G_{p4}(z)} \tag{7.9}$$

当式(7.9)的极点均位于单位圆内且$1+[1+G_{SHGC}(z)]G_{QOHRC}(z)P_1(z)\neq 0$恒成立时,采用改进型 POHMR－type RC 方法的系统保持稳定。通过设计$G_{QPR}(z)$及k_p可以使式(7.9)的极点位于单位圆内。因此,为了保证系统的稳定,要求以下不等式成立:

$$|1+[1+G_{SHGC}(z)]G_{QOHRC}(z)P_1(z)|\neq 0 \tag{7.10}$$

将式(6.49)代入式(7.10),得到

$$|1+Q(z)z^{-N/2}-k_{rc}Q(z)z^{-N/2+m}S(z)[1+G_{SHGC}(z)]P_1(z)|\neq 0 \tag{7.11}$$

如果满足以下条件,则式(7.11)为真。

$$|Q(z)z^{-N/2}\{k_{rc}z^m[1+G_{SHGC}(z)]S(z)P_1(z)-1\}|<1,\forall z=e^{j\omega},0<\omega<\pi \tag{7.12}$$

由前文分析,进一步得到

$$|Q(z)\{k_{rc}z^m[1+G_{SHGC}(z)]S(z)P_1(z)-1\}|<1,\quad z=e^{j\omega} \tag{7.13}$$

为了便于分析,将式(7.13)改写为

$$|Q(z)[k_{rc}z^mH(z)S(z)P_1(z)-1]|<1,\quad z=e^{j\omega} \tag{7.14}$$

式中,$H(z)=1+G_{SHGC}(z)$。

假设$H(z)$、$S(z)$、$P_1(z)$的幅频特性和相频特性分别为$N_H(e^{j\omega})$和$\theta_H(e^{j\omega})$、$N_S(e^{j\omega})$和$\theta_S(e^{j\omega})$、$N_{P1}(e^{j\omega})$和$\theta_{P1}(e^{j\omega})$,$Q(z)$为小于1的常数和0。则式(7.14)可以改写为

$$|k_{rc}N_{P1}(e^{j\omega})N_H(e^{j\omega})N_S(e^{j\omega})e^{-j[\theta_S(e^{j\omega})+\theta_{P1}(e^{j\omega})+\theta_H(e^{j\omega})+m\omega]}-1|<1 \tag{7.15}$$

根据欧拉公式,考虑到$k_{rc}>0$,$N_H(e^{j\omega})>0$,$N_S(e^{j\omega})>0$,$N_{P1}(e^{j\omega})>0$,则有

$$0<k_{rc}N_{P1}(e^{j\omega})N_H(e^{j\omega})N_S(e^{j\omega})<2\cos[\theta_{P1}(e^{j\omega})+\theta_S(e^{j\omega})+\theta_H(e^{j\omega})+m\omega] \tag{7.16}$$

为了满足式(7.16),要求下列不等式成立:

$$|\theta_{P1}(e^{j\omega})+\theta_S(e^{j\omega})+\theta_H(e^{j\omega})+m\omega|<\frac{\pi}{2} \tag{7.17}$$

$$0<k_{rc}<\min\left\{\frac{2\cos[\theta_{P1}(e^{j\omega})+\theta_S(e^{j\omega})+\theta_H(e^{j\omega})+m\omega]}{N_{P1}(e^{j\omega})N_H(e^{j\omega})N_S(e^{j\omega})}\right\} \tag{7.18}$$

根据上述分析,可以通过式(7.17)设计z^m。QOHRC 和 SHGC 的增益补偿因子可以通过式(7.18)选择。因此,如果满足以下条件,则采用改进的 POHMR－type RC 的系统是稳定的。

(1)$1+[G_{QPR}(z)+k_p]G_{p4}(z)=0$的极点都在单位圆内。

(2) $\left|\theta_{P1}(e^{j\omega})+\theta_S(e^{j\omega})+\theta_H(e^{j\omega})+m\omega\right|<\dfrac{\pi}{2}$。

(3) $0<k_{rc}<\min\left\{\dfrac{2\cos\left[\theta_{P1}(e^{j\omega})+\theta_S(e^{j\omega})+\theta_H(e^{j\omega})+m\omega\right]}{N_{P1}(e^{j\omega})N_H(e^{j\omega})N_S(e^{j\omega})}\right\}$。

7.3.3　改进型 POHMR－type RC 方法的控制器设计

改进型 POHMR－type RC 控制器的主要参数设计过程如下。

(1)QPR 控制器 k_p、Q 和 N。根据前文分析，当闭环系统未附加改进型 POHMR－type RC 方法时，应将 QPR 控制器设计为稳定控制系统。可以根据工程经验设计 QPR 控制器。比例系数 k_p 可以消除 $-k_{rc}/2$ 的负面影响并改善系统稳定性与动态性能，通过选取合适的 Q 值可降低 RC 的峰值增益来保证稳定性。k_p、Q 的设计可以参照 6.3.2 小节中提供的方法进行。

(2) 带通滤波器 $G_{BPF}(z)$。BPF 用于从输入误差信号中提取特定低次谐波，ω_{fr} 的选择决定了要抑制的谐波次数。假设 k_{rc} 恒定，当 ω_{fr} 设置为基频的 5 倍时，可以提高 5 次谐波的控制增益。类似地，当 ω_{fr} 设置为基频的 7 倍时，会提高 7 次谐波的控制增益，这里将 ω_{fr} 设置在 5 次谐波处。ω_{fc} 是 BPF 的截止频率，决定被补偿增益谐波的范围。图 7.7 分析了不同 ω_{fc} 对 $G_{BPF}(z)$ 的影响。如图 7.7 所示，SHGC 可以随着 ω_{fc} 的增加覆盖更多的谐波分量。在大死区强非线性负载条件下，当未附加 SHGC 时，输出电压中 5 次和 7 次谐波的含量较大。因此，BPF 的带宽应较大，以便于同时补偿 5 次和 7 次谐波的控制增益。如果 BPF 的带宽太窄，则仅可以有效地补偿 5 次谐波的控制增益，而 7 次谐波的控制增益补偿不足。解决该问题的一种方法是在 SHGC 中包含另一个用于提取并放大 7 次谐波误差的 BPF 和增益补偿因子。尽管额外的 BPF 和增益补偿因子可以最终放大 7 次谐波的控制增益，但是这将进一步增加 SHGC 的复杂度。实际的解决方案是将 BPF 的带宽设置为较大的值，直到它满足 7 次谐波的控制增益要求为止。应该注意，BPF 的带宽需避免过大，否则将影响高次谐波的抑制。在本章的研究中，综合考虑上述因素后选择了 $\omega_{fc}=785$ rad/s。

(3) 低通滤波器 $S(z)$。$S(z)$ 是用于抑制高频信号以保持稳定性的低通滤波器。考虑选择 Butterworth 低通滤波器，因为它具有截止频率后的快速衰减特性，可以增强系统稳定性。因此，本章研究中使用了截止频率为 1 kHz 的 Butterworth 低通滤波器。$S(z)$ 表达式为

$$S(z)=\frac{0.004\ 824z^4+0.116\ 6z^3+0.276\ 5z^2+0.127\ 2z+0.009\ 61}{z^4-0.988\ 9z^3+0.728\ 7z^2-0.245\ 7z+0.035\ 12} \tag{7.19}$$

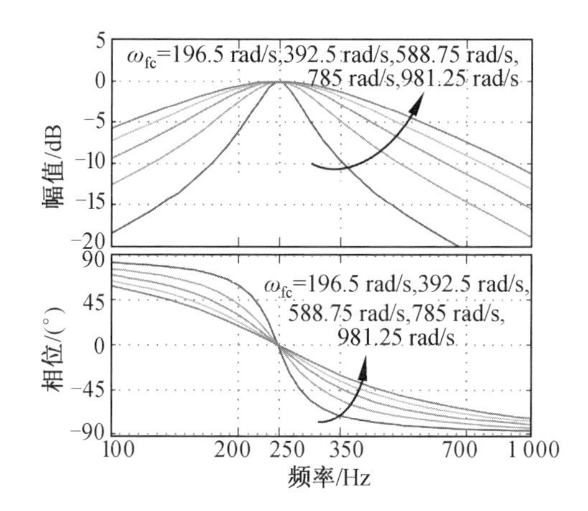

图 7.7　不同 ω_{fc} 对 $G_{BPF}(z)$ 的影响

(4) 相位补偿器 z^m。z^m 是用于补偿 $G_{SHGC}(z)$、$P_1(z)$ 及 $S(z)$ 引入的相位滞后的相位补偿器。此外，z^m 可以增加相位裕量以实现改善系统稳定性，并且可以选择较大的 k_{rc} 来增加谐波的控制增益。这里需要选择合适的 m，使得$[\theta_S(e^{j\omega})+\theta_H(e^{j\omega})+\theta_{P1}(e^{j\omega})+m\omega]$ 接近 0，以实现理想的系统稳定性。从式(7.4)和式(7.17)中可知，K 也将影响$[\theta_S(e^{j\omega})+\theta_H(e^{j\omega})+\theta_{P1}(e^{j\omega})+m\omega]$的值，因此 K 应避免过大，否则对 5 次和 7 次谐波的过度补偿将导致系统不稳定。图 7.8 分析了不同 m 和 K 对$[\theta_S(e^{j\omega})+\theta_H(e^{j\omega})+\theta_{P1}(e^{j\omega})+m\omega]$ 的影响。

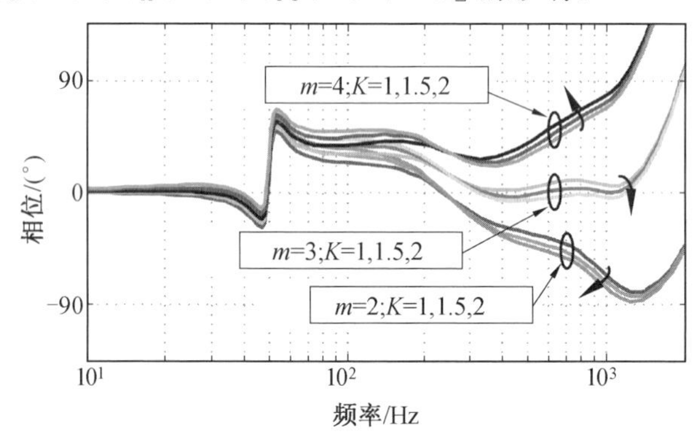

图 7.8　不同 m 和 K 对$[\theta_S(e^{j\omega})+\theta_H(e^{j\omega})+\theta_{P1}(e^{j\omega})+m\omega]$ 的影响

由图 7.8 可知，在高于 200 Hz 小于 1 kHz 的频率范围内，m 相比 K 对$[\theta_S(e^{j\omega})+\theta_H(e^{j\omega})+\theta_{P1}(e^{j\omega})+m\omega]$ 的影响更大。在本章研究中，为了实现最小相移，选取了 $m=3$。

(5) 增益系数 k_{rc} 和增益补偿因子 K。根据式(7.18)，可依据下式选择 k_{rc}：

$$k_{rc} < \min\left\{\frac{2\cos[\theta_S(e^{j\omega})+\theta_H(e^{j\omega})+\theta_{P1}(e^{j\omega})+m\omega]}{N_S(e^{j\omega})N_H(e^{j\omega})N_{P1}(e^{j\omega})}\right\}$$
$$< \frac{2\min\{\cos[|\theta_S(e^{j\omega})+\theta_H(e^{j\omega})+\theta_{P1}(e^{j\omega})+m\omega|]\}}{\max[N_S(e^{j\omega})N_H(e^{j\omega})N_{P1}(e^{j\omega})]} \tag{7.20}$$

根据上述分析，图 7.9 描述了 $m=3$ 时不同 K 下 $[\theta_S(e^{j\omega})+\theta_H(e^{j\omega})+\theta_{P1}(e^{j\omega})+m\omega]$ 的曲线，用于分析 K 对相移的影响。由图 7.9 可知，基频附近 $|\theta_S(e^{j\omega})+\theta_H(e^{j\omega})+\theta_{P1}(e^{j\omega})+m\omega|$ 随 K 的增加而变大。为了避免增益过补偿，K 的取值应该小于或等于 2。因此，当 $m=3$ 且 $K=2$ 时，存在最大相移，即式(7.21) 成立。

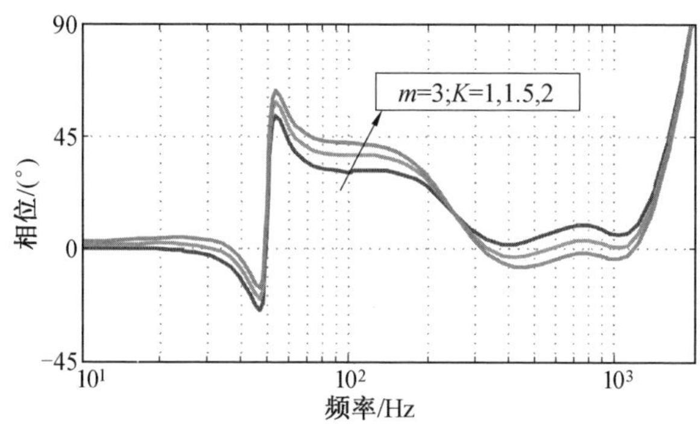

图 7.9　$m=3$ 时不同 K 下 $[\theta_S(e^{j\omega})+\theta_H(e^{j\omega})+\theta_{P1}(e^{j\omega})+m\omega]$ 的曲线

$$\max\{|\theta_S(e^{j\omega})+\theta_H(e^{j\omega})+\theta_{P1}(e^{j\omega})+m\omega|_{m=3}\}$$
$$=\max\{|\theta_S(e^{j\omega})+\theta_H(e^{j\omega})+\theta_{P1}(e^{j\omega})+m\omega|_{m=3,K=2}\} \tag{7.21}$$

由图 7.9 可以推知，当 $K=2$，在低于 1 kHz 的频段中 $2\min\{\cos|\theta_S(e^{j\omega})+\theta_H(e^{j\omega})+\theta_{P1}(e^{j\omega})+m\omega|\}$ 为 0.908。如果 $K<2$，则式(7.20) 的分子必然大于 0.908。

根据式(7.3)、式(7.4) 和式(7.16)，$N_H(e^{j\omega})$ 受 K 影响，$[N_S(e^{j\omega})N_{P1}(e^{j\omega})]$ 与 K 不相关，则有

$$\max\{N_S(e^{j\omega})N_H(e^{j\omega})N_{P1}(e^{j\omega})\} \leqslant \max\{N_H(e^{j\omega})\}\max\{N_S(e^{j\omega})N_{P1}(e^{j\omega})\} \tag{7.22}$$

因此 k_{rc} 可取的最大值 k_{rcmax} 表达式为

$$k_{rcmax} = \frac{2\min\{\cos[|\theta_S(e^{j\omega})+\theta_H(e^{j\omega})+\theta_{P1}(e^{j\omega})+m\omega|]\}}{\max\{N_S(e^{j\omega})N_{P1}(e^{j\omega})\}\max\{N_H(e^{j\omega})\}}$$
$$= \frac{0.908}{\max\{N_S(e^{j\omega})N_{P1}(e^{j\omega})\}\max\{N_H(e^{j\omega})\}} \tag{7.23}$$

根据式(7.23)，$\max\{N_S(e^{j\omega})N_{P1}(e^{j\omega})\}$ 与 $\max\{N_H(e^{j\omega})\}$ 可以分别进行分析，图 7.10 描述了 $N_S(e^{j\omega})N_{P1}(e^{j\omega})$ 的函数曲线。由图 7.10 可知 $\max\{N_S(e^{j\omega})N_{P1}(e^{j\omega})\}$ 为 −30 dB，将该值代入式(7.23)，得到

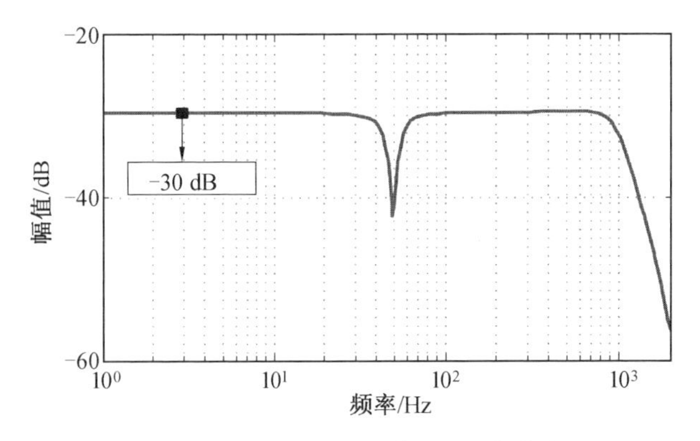

图 7.10　$N_{S}(e^{j\omega})N_{P1}(e^{j\omega})$ 的函数曲线

$$k_{rcmax}=\frac{28.7}{\max\{N_{H}(e^{j\omega})\}} \tag{7.24}$$

根据 $H(z)$ 的表达式，其可以等效于SHGC和单位比例环节的并联。单位比例环节的幅频特性始终为0 dB，因此 $\max\{N_{H}(e^{j\omega})\}$ 由 $G_{SHGC}(z)$ 决定。根据上述分析，SHGC由BPF和K组成，并且BPF在 ω_{fr} 处具有最大的控制增益。因此，$H(z)$ 在 ω_{fr} 处也具有最大的控制增益。将 $\omega=\omega_{fr}$ 代入 $H(z)$ 表达式得到

$$\max\{N_{H}(e^{j\omega})\}=1+K \tag{7.25}$$

另外，$P_{1}(z)$ 的建模不确定性也需要纳入考虑，k_{rc} 和 K 应该小于理论值。在本节研究中，假设控制系统具有10%的模型不确定性。则 k_{rc} 和 K 由以下不等式确定。

$$k_{rcmax}\leqslant\frac{28.7\times0.9}{1+K}\approx\frac{26}{1+K} \tag{7.26}$$

由式(7.26)进一步得到如图7.11所示的 k_{rc} 和 K 的可行域。

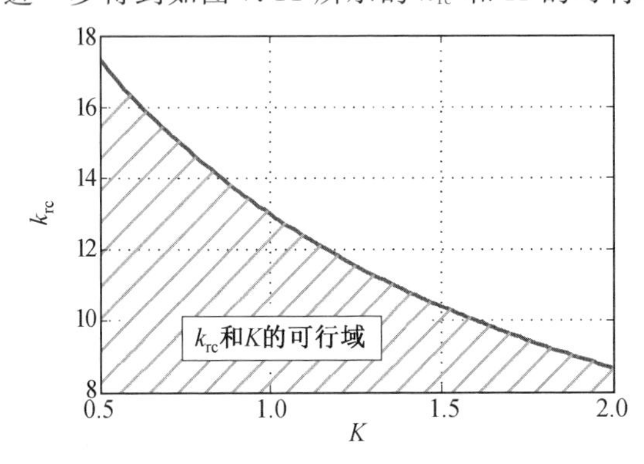

图 7.11　k_{rc} 和 K 的可行域

此外，由式(7.14)，假设 $Y_2(e^{j\omega T_s})=Q(e^{j\omega T_s})[1-k_{rc}z^m H(e^{j\omega T_s})S(e^{j\omega T_s})P_1(e^{j\omega T_s})]$，则 $Y_2(e^{j\omega T_s})$ 的曲线必须位于单位圆内。若 $Y_2(e^{j\omega T_s})$ 的值较小，则表明稳定裕度大，误差收敛快并且具有较好的稳态谐波抑制效果。图 7.12 给出了采用 k_{rc} 和 K 不同组合的 $Y_2(e^{j\omega T_s})$ 的轨迹。由图 7.12 可知三种方案均可以保证系统的稳定，因此实际运用时可以根据谐波分布酌情调整 k_{rc} 和 K。由以上分析可以得到合适的控制器参数。

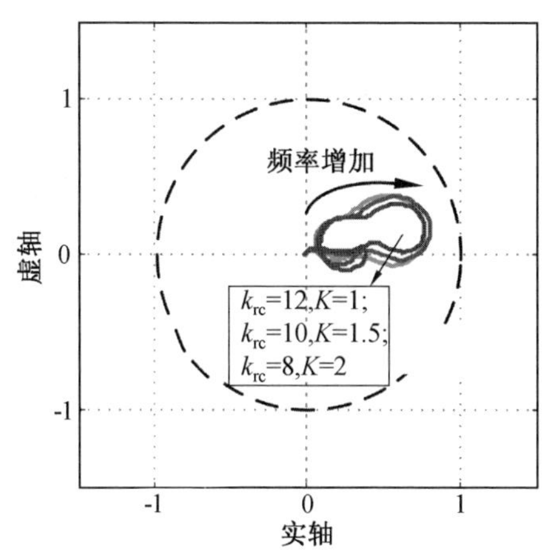

图 7.12　采用 k_{rc} 和 K 的不同组合的 $Y_2(e^{j\omega T_s})$ 轨迹

图 7.13 给出了附加 SHGC 前后控制器的 Bode 图。由图 7.13 可知，附加 SHGC 后，控制器仅在 5 次、7 次谐波频率处增益显著增大，其他谐波频率处控制增益受影响较小。图 7.14 给出了附加 SHGC 前后谐波阻抗的 Bode 图，由图 7.14 可知，附加 SHGC 后，谐波阻抗仅在 5 次、7 次谐波频率处显著减小，其他谐波频

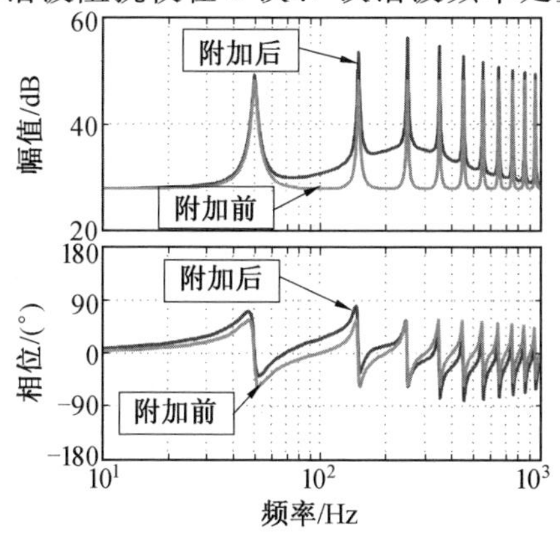

图 7.13　附加 SHGC 前后控制器的 Bode 图

率处谐波阻抗受影响较小。

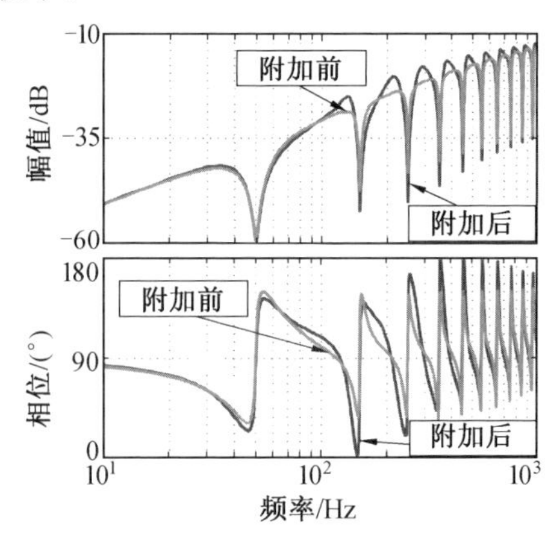

图 7.14　附加 SHGC 前后谐波阻抗的 Bode 图

因此，本节所提出方法可以有效提高 5、7 次谐波的控制增益，即减小 5、7 次谐波的谐波阻抗。同时几乎不影响其他次谐波的抑制，使网侧变流器输出电压可以在强非线性负载下保持较高的正弦度。

7.4　适用于低采样频率的 SFPC 方法

7.4.1　低采样频率对相位补偿器的影响

根据上节分析，相位补偿器 z^m 的主要功能是补偿控制对象等引入的滞后，其值的选取对系统稳定性有至关重要的作用。合理的 z^m 值可以增加相位裕量并提高稳定性，从而保证较大的可用 k_{rc}，这将使控制器在谐波频率处具有较大的控制增益，然而较好的相位补偿效果通常需要较高的系统采样频率。

对于大功率场合，开关损耗远高于小功率场合，其占系统总功率损耗的比例也更大，因此在大功率条件下，变换器被要求使用低开关频率，如可再生能源并网逆变器开关频率需要在5 kHz以下。而系统的采样频率一般与开关频率相同，因此在大功率场合下，系统需要以低采样频率运行。另一方面，对于重复控制而言，其 z^m 的拍数 m 受采样频率影响必须为整数。然而在低采样频率下，若采用常规的相位补偿器 z^m 容易引起相位的欠补偿或过补偿，最终威胁系统稳定。前文所提出的 POHMR－type RC 方法及附加 SHGC 的改进型 POHMR－type RC 方法均采用传统的相位补偿器 z^m，因此两种方法在低采样频率下的谐波抑制性

能和稳定性仍有待提高。

图 7.15 给出了CPC的相频特性。图 7.15(a) 给出了不同采样频率下 z^1 的相频特性，可知在 600 Hz处，当 f_s 分别为 2.5 kHz、5 kHz 和 10 kHz时补偿相位分别约为 90°、45° 和 22.5°，f_s 越小，每一拍补偿的相位值越大。图 7.15(b) 给出了 f_s 为 2.5 kHz 时不同 m 下的相频特性。由图 7.15(b) 可知，当 f_s 等于 2.5 kHz时，不同的 m 会导致补偿器的相频特性存在较大差别，特别是在中频带和高频带。因此，在低采样频率下，CPC 可能无法准确补偿系统滞后，从而影响谐波抑制性能和稳定性。为了提高相位补偿精度，在低采样频率下实现分数阶相位补偿已成为迫切需要，这也意味着系统可以具有更好的谐波抑制性能和稳定性。

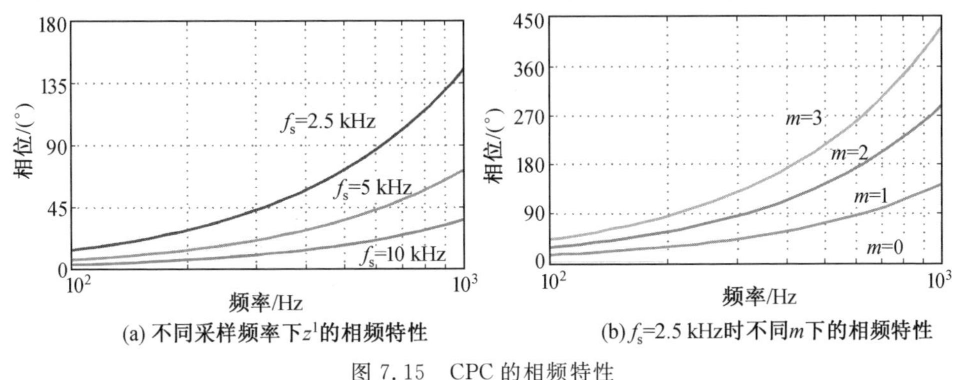

(a) 不同采样频率下 z^1 的相频特性　　(b) f_s=2.5 kHz时不同 m 下的相频特性

图 7.15　CPC 的相频特性

7.4.2　SFPC 方法的原理及结构

为了满足低采样频率下系统对谐波抑制性能和稳定性的要求，本节将介绍一种 SFPC方法，该方法可以使附加 SHGC 的改进型 POHMR－type RC方法在低采样频率强非线性负载下仍具有较好的谐波抑制性能和稳定性，同时该方法也适用于其他类型的重复控制。附加该方法的网侧变流器 z 域模型如图 7.16 所示。图 7.16 中 SFPC 方法的思路来源于泰勒公式一阶展开：

$$y(n+\alpha)=y(n)+\alpha\dot{y}(n)+\alpha^2\frac{\ddot{y}(n)}{2!}+\alpha^3\frac{\dddot{y}(n)}{3!}+\cdots\approx y(n)+\alpha\dot{y}(n) \tag{7.27}$$

从而有

$$y(n-a)=(1-a)y(n)+ay(n-1) \tag{7.28}$$

式中，a 为小于 1 的正数，其决定分数阶相位补偿的具体数值。

由式(7.27) 和式(7.28) 进一步简化 SFPC 方法的表达式即式(7.29)，SFPC 方法的 z 域模型如图 7.17 所示。

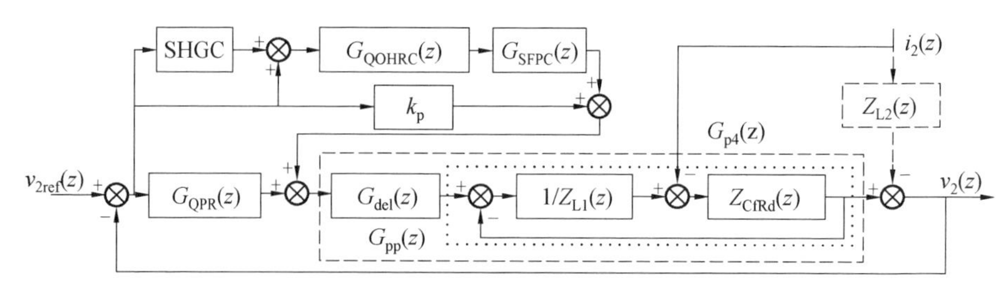

图 7.16　附加 SFPC 方法的网侧变流器 z 域模型

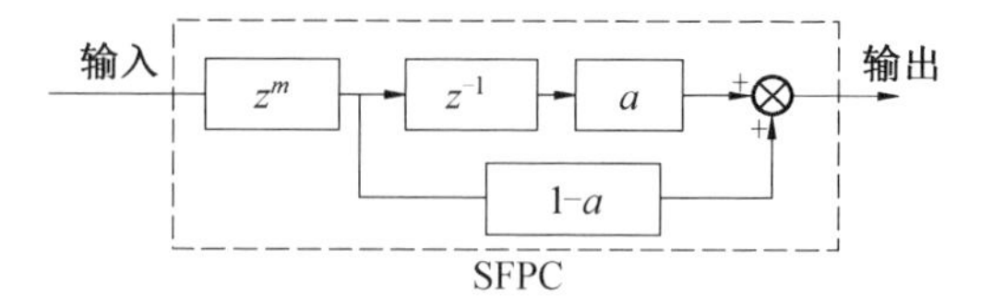

图 7.17　SFPC 方法的 z 域模型

$$G_{SFPC}(z) = z^m(1 - a + az^{-1}) \tag{7.29}$$

由式(7.29)可知，提出的 SFPC 方法与 CPC 方法相比精度更高，比如当 $m = 4$，$a = 0.5$ 时，SFPC 方法可以近似实现 $z^{3.5}$。虽然该方法的精度低于文献[100]提出的基于 Lagrange 插值的相位补偿方法，但是 SFPC 方法具有更简单的结构。

7.4.3　附加 SFPC 方法的系统稳定性分析

由图 7.16 可得系统的闭环传函和谐波阻抗传函为

$$\frac{v_2(z)}{v_{2ref}(z)} = \frac{[H(z)G_{QOHRC}(z)G_{SFPC}(z) + k_p + G_{QPR}(z)]G_{p4}(z)}{1 + [H(z)G_{QOHRC}(z)G_{SFPC}(z) + k_p + G_{QPR}(z)]G_{p4}(z)} \tag{7.30}$$

$$\frac{v_2(z)}{i_2(z)} = \frac{G_{pp}(z)Z_{L1}(z)}{1 + [H(z)G_{QOHRC}(z)G_{SFPC}(z) + k_p + G_{QPR}(z)]G_{p4}(z)} \tag{7.31}$$

进一步得到系统的特征多项式为

$$\begin{aligned} & 1 + [H(z)G_{QOHRC}(z)G_{SFPC}(z) + k_p + G_{QPR}(z)]G_{p4}(z) \\ & = \{1 + G_{p4}(z)[G_{QPR}(z) + k_p]\}[1 + H(z)G_{QOHRC}(z)G_{SFPC}(z)P_1(z)] \end{aligned} \tag{7.32}$$

由式(7.32)可知，若要系统稳定，则要求式(7.9)的极点均位于单位圆内且 $1 + H(z)G_{OHRC}(z)G_{SFPC}(z)P_1(z) \neq 0$ 恒成立，通过设计 $G_{QPR}(z)$ 及 k_p 可以使式(7.9)的极点位于单位圆内。因此，为了保证系统的稳定，要求以下不等式成立：

$$|1 + H(z)G_{QOHRC}G_{SFPC}(z)P_1(z)| \neq 0 \tag{7.33}$$

根据上述分析，可以将式(7.33)改写为

$$|1 + z^{-N/2}Q(z) - H(z)S(z)G_{SFPC}(z)k_{rc}z^{-N/2}Q(z)P_1(z)| \neq 0 \tag{7.34}$$

若满足下式，式(7.34)为真。

$$\left|z^{-N/2}Q(z)[H(z)S(z)G_{\mathrm{SFPC}}(z)k_{\mathrm{rc}}P_1(z)-1]\right|<1,\quad \forall z=\mathrm{e}^{\mathrm{j}\omega},0<\omega<\pi \tag{7.35}$$

进一步得到

$$\left|Q(z)[H(z)S(z)G_{\mathrm{SFPC}}(z)k_{\mathrm{rc}}P_1(z)-1]\right|<1,\quad z=\mathrm{e}^{\mathrm{j}\omega} \tag{7.36}$$

定义 $G_{\mathrm{SFPC}}(z)$ 的幅频特性为 $N_{\mathrm{SFPC}}(\mathrm{e}^{\mathrm{j}\omega})$，相频特性为 $\theta_{\mathrm{SFPC}}(\mathrm{e}^{\mathrm{j}\omega})$。因此，式(7.36)可以改写为

$$\left|N_{\mathrm{S}}(\mathrm{e}^{\mathrm{j}\omega})N_{\mathrm{H}}(\mathrm{e}^{\mathrm{j}\omega})N_{\mathrm{P1}}(\mathrm{e}^{\mathrm{j}\omega})N_{\mathrm{SFPC}}(\mathrm{e}^{\mathrm{j}\omega})k_{\mathrm{rc}}\mathrm{e}^{-\mathrm{j}[\theta_{\mathrm{S}}(\mathrm{e}^{\mathrm{j}\omega})+\theta_{\mathrm{H}}(\mathrm{e}^{\mathrm{j}\omega})+\theta_{\mathrm{P1}}(\mathrm{e}^{\mathrm{j}\omega})+\theta_{\mathrm{SFPC}}(\mathrm{e}^{\mathrm{j}\omega})+m\omega]}-1\right|<1 \tag{7.37}$$

根据欧拉公式，有

$$\begin{aligned}0&<N_{\mathrm{S}}(\mathrm{e}^{\mathrm{j}\omega})N_{\mathrm{H}}(\mathrm{e}^{\mathrm{j}\omega})N_{\mathrm{P1}}(\mathrm{e}^{\mathrm{j}\omega})N_{\mathrm{SFPC}}(\mathrm{e}^{\mathrm{j}\omega})k_{\mathrm{rc}}<\\&2\cos[\theta_{\mathrm{S}}(\mathrm{e}^{\mathrm{j}\omega})+\theta_{\mathrm{H}}(\mathrm{e}^{\mathrm{j}\omega})+\theta_{\mathrm{P1}}(\mathrm{e}^{\mathrm{j}\omega})+\theta_{\mathrm{SFPC}}(\mathrm{e}^{\mathrm{j}\omega})+m\omega]\end{aligned} \tag{7.38}$$

若要式(7.38)成立，则要求

$$\left|\theta_{\mathrm{S}}(\mathrm{e}^{\mathrm{j}\omega})+\theta_{\mathrm{H}}(\mathrm{e}^{\mathrm{j}\omega})+\theta_{\mathrm{P1}}(\mathrm{e}^{\mathrm{j}\omega})+\theta_{\mathrm{SFPC}}(\mathrm{e}^{\mathrm{j}\omega})+m\omega\right|<\frac{\pi}{2} \tag{7.39}$$

$$0<k_{\mathrm{rc}}<\min\left\{\frac{2\cos[\theta_{\mathrm{S}}(\mathrm{e}^{\mathrm{j}\omega})+\theta_{\mathrm{H}}(\mathrm{e}^{\mathrm{j}\omega})+\theta_{\mathrm{P1}}(\mathrm{e}^{\mathrm{j}\omega})+\theta_{\mathrm{SFPC}}(\mathrm{e}^{\mathrm{j}\omega})+m\omega]}{N_{\mathrm{S}}(\mathrm{e}^{\mathrm{j}\omega})N_{\mathrm{H}}(\mathrm{e}^{\mathrm{j}\omega})N_{\mathrm{P1}}(\mathrm{e}^{\mathrm{j}\omega})N_{\mathrm{SFPC}}(\mathrm{e}^{\mathrm{j}\omega})}\right\} \tag{7.40}$$

由式(7.39)和式(7.40)可得到控制器参数的设计原则。为了让系统保持稳定，下列条件需要成立：

(1)$1+[G_{\mathrm{QPR}}(z)+k_{\mathrm{p}}]G_{\mathrm{p4}}(z)=0$ 的极点都在单位圆内。

(2)$\left|\theta_{\mathrm{S}}(\mathrm{e}^{\mathrm{j}\omega})+\theta_{\mathrm{H}}(\mathrm{e}^{\mathrm{j}\omega})+\theta_{\mathrm{P1}}(\mathrm{e}^{\mathrm{j}\omega})+\theta_{\mathrm{SFPC}}(\mathrm{e}^{\mathrm{j}\omega})+m\omega\right|<\frac{\pi}{2}$。

(3)$0<k_{\mathrm{rc}}<\min\left\{\frac{2\cos[\theta_{\mathrm{S}}(\mathrm{e}^{\mathrm{j}\omega})+\theta_{\mathrm{H}}(\mathrm{e}^{\mathrm{j}\omega})+\theta_{\mathrm{P1}}(\mathrm{e}^{\mathrm{j}\omega})+\theta_{\mathrm{SFPC}}(\mathrm{e}^{\mathrm{j}\omega})+m\omega]}{N_{\mathrm{S}}(\mathrm{e}^{\mathrm{j}\omega})N_{\mathrm{H}}(\mathrm{e}^{\mathrm{j}\omega})N_{\mathrm{P1}}(\mathrm{e}^{\mathrm{j}\omega})N_{\mathrm{SFPC}}(\mathrm{e}^{\mathrm{j}\omega})}\right\}$。

7.4.4　SFPC 方法的控制器设计

附加 SFPC 方法后系统需设计的控制器主要参数包括以下几个。

(1)QPR 控制器 k_{p}、Q 和 N。这些参数均可按照上节提供的方法进行设计。

(2)特定谐波增益补偿器 $G_{\mathrm{SHGC}}(z)$，低通滤波器 $S(z)$。这里针对 SHGC 的频率范围首先确定 ω_{fr}、ω_{fc}。为了简化设计过程，鉴于前文介绍中给出了 K 与 k_{rc} 的关系，此处可以首先规定 K 的值，并在后边的设计中选择可以与该 K 值相适应的 k_{rc} 值，这里 $G_{\mathrm{SHGC}}(z)$ 继承了上节的参数。低通滤波器 $S(z)$ 同样设计为截止频率是 1 kHz 的 Butterworth 滤波器。

(3) 分数阶相位补偿器 $G_{SFPC}(z)$。其主要作用是提供更精确的相位补偿，从而提高系统的稳定性，并使 k_{rc} 的取值可以尽可能大以保证更高的跟踪精度与误差收敛速度。$G_{SFPC}(z)$ 主要有 m 和 a 两个参数需要设计，其中 m 决定补偿器提供的整数拍相位超前的值，a 决定分数拍相位超前的值。图 7.18 描述了 $a=0$ 时不同 m 对$[\theta_S(e^{j\omega})+\theta_H(e^{j\omega})+\theta_{P1}(e^{j\omega})+\theta_{SFPC}(e^{j\omega})+m\omega]$的影响，由图 7.18 可知，在频率区间[200 Hz, 1 kHz] 中，$m=3$ 可以使$[\theta_S(e^{j\omega})+\theta_H(e^{j\omega})+\theta_{P1}(e^{j\omega})+\theta_{SFPC}(e^{j\omega})+m\omega]$的值更加接近 0，因此这里选择 $m=3$。为了让$[\theta_S(e^{j\omega})+\theta_H(e^{j\omega})+\theta_{P1}(e^{j\omega})+\theta_{SFPC}(e^{j\omega})+m\omega]$更加接近 0，需要进一步设计 a 的值。图 7.19 描述了 $m=3$ 时不同 a 对$[\theta_S(e^{j\omega})+\theta_H(e^{j\omega})+\theta_{P1}(e^{j\omega})+\theta_{SFPC}(e^{j\omega})+m\omega]$ 的影响。

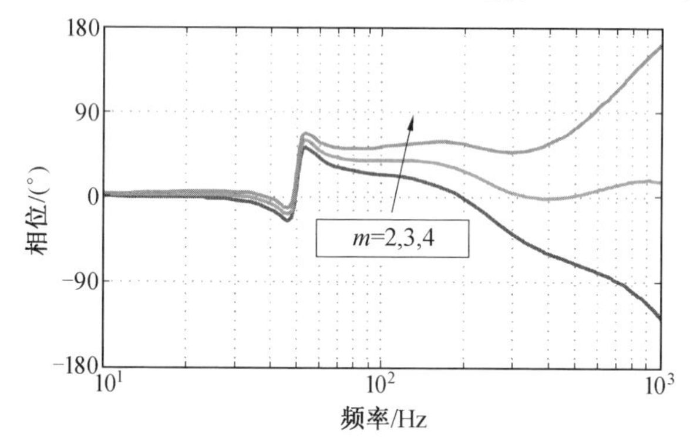

图 7.18　$a=0$ 时不同 m 对$[\theta_S(e^{j\omega})+\theta_H(e^{j\omega})+\theta_{P1}(e^{j\omega})+\theta_{SFPC}(e^{j\omega})+m\omega]$的影响

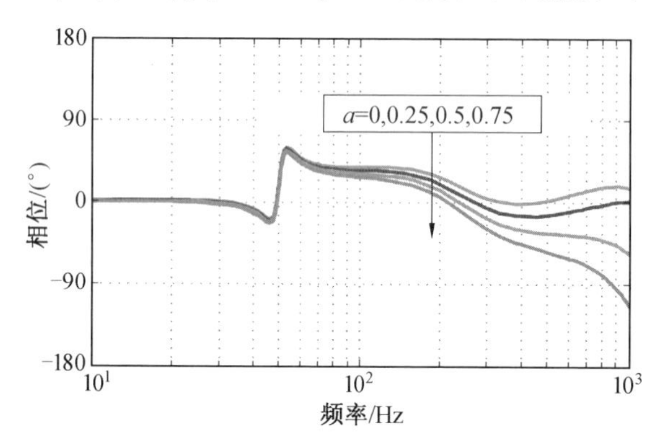

图 7.19　$m=3$ 时不同 a 对$[\theta_S(e^{j\omega})+\theta_H(e^{j\omega})+\theta_{P1}(e^{j\omega})+\theta_{SFPC}(e^{j\omega})+m\omega]$的影响

由图 7.19 可知，通过调节 a，可以以更高的精度调整$[\theta_S(e^{j\omega})+\theta_H(e^{j\omega})+\theta_{P1}(e^{j\omega})+\theta_{SFPC}(e^{j\omega})+m\omega]$，并使$[\theta_S(e^{j\omega})+\theta_H(e^{j\omega})+\theta_{P1}(e^{j\omega})+\theta_{SFPC}(e^{j\omega})+m\omega]$的值更接近于 0，这代表更好的稳定性和跟踪精度。本节中选择 $a=0.25$，此时 SFPC 近似为 $z^{2.75}$。

(4) 增益系数 k_{rc}。根据前文分析，k_{rc} 的取值可以按照

$$0 < k_{rc} < \frac{2\cos(\max\{\theta_S(e^{j\omega}) + \theta_H(e^{j\omega}) + \theta_{P1}(e^{j\omega}) + \theta_{SFPC}(e^{j\omega}) + m\omega\})}{\max\{N_S(e^{j\omega})N_H(e^{j\omega})N_{P1}(e^{j\omega})N_{SFPC}(e^{j\omega})\}} \tag{7.41}$$

来计算。

由图 7.19 可知，$[\theta_S(e^{j\omega}) + \theta_H(e^{j\omega}) + \theta_{P1}(e^{j\omega}) + \theta_{SFPC}(e^{j\omega}) + m\omega]$ 的最大值近似为 60°，图 7.20 给出了 $[N_S(e^{j\omega})N_H(e^{j\omega})N_{P1}(e^{j\omega})N_{SFPC}(e^{j\omega})]$ 的幅值曲线。

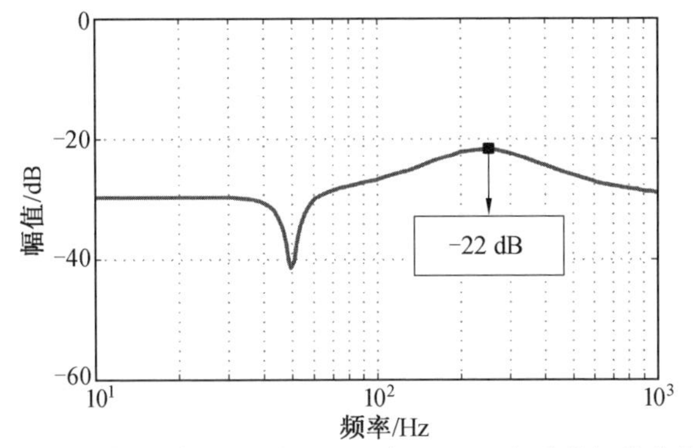

图 7.20 $[N_S(e^{j\omega})N_H(e^{j\omega})N_{P1}(e^{j\omega})N_{SFPC}(e^{j\omega})]$ 的幅值曲线

由图 7.20 可知，$\max\{N_S(e^{j\omega})N_H(e^{j\omega})N_{P1}(e^{j\omega})N_{SFPC}(e^{j\omega})\}$ 为 −22 dB，将这些数据代入式(7.41) 得到 k_{rc} 的最大值为 12.60，考虑 10% 的模型不确定性，则 k_{rc} 的最大值为 11.33。在此基础上，定义 $Y_3(e^{j\omega T_s}) = Q(e^{j\omega T_s})[1 - k_{rc}z^m H(e^{j\omega T_s})G_{SFPC}(e^{j\omega T_s})S(e^{j\omega T_s})P_0(e^{j\omega T_s})]$，则 $Y_3(e^{j\omega T_s})$ 的值应尽量小以保证较好的谐波抑制性能和稳定性。图 7.21 给出了 $a = 0.25$、$a = 0$ 分别代表采用 SFPC、CPC 时 $Y_3(e^{j\omega T_s})$ 的曲线，由图 7.21 可知，采用 SFPC 时 $Y_3(e^{j\omega T_s})$ 值更小，轨迹更加远离单位圆边界，表明所设计的 SFPC 能在低采样频率下改善系统的谐波抑制性能和稳定性。

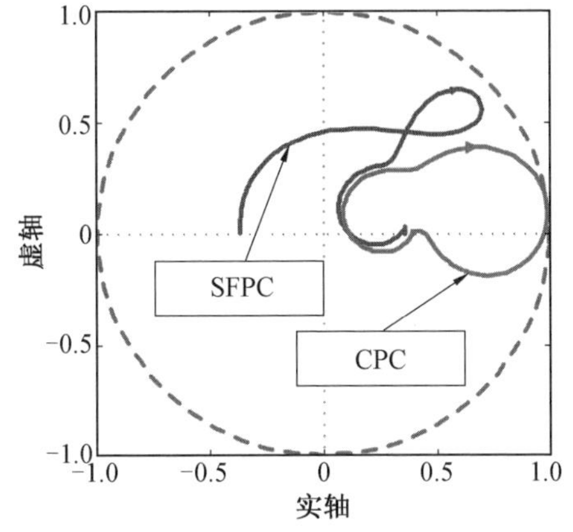

图 7.21 采用 SFPC、CPC 时 $Y_3(e^{j\omega T_s})$ 的曲线

7.5　电压源模式下谐波抑制实验验证

7.5.1　附加 SHGC 的改进型 POHMR－type RC 方法实验验证

为了验证 7.3 节所提出电压源模式下附加 SHGC 的改进型 POHMR－type RC 方法的有效性，采用模拟实验平台进行验证，将模拟实验平台的输出端与整流负载连接。实验条件：网侧变流器输出电压频率为 50 Hz，有效值为 110 V，采样频率为 5 kHz，死区时间为 8.2 μs，无源滤波器谐振频率为 460 Hz。强非线性负载条件设置为阻容整流负载，其中负载电容容值为 1 900 μF。同时给出未附加 SHGC 的 POHMR－type RC 方法实验结果作为参照。

图 7.22 给出了附加 SHGC 前后输出电压波形。由图 7.22 可知，在整流负载条件下，当未附加 SHGC 时，输出电压存在畸变。而附加 SHGC 后的输出电压正弦度较好。同时，SHGC 的引入不会降低系统在空载条件下的稳定性及输出电压品质，如图 7.22(c)所示。

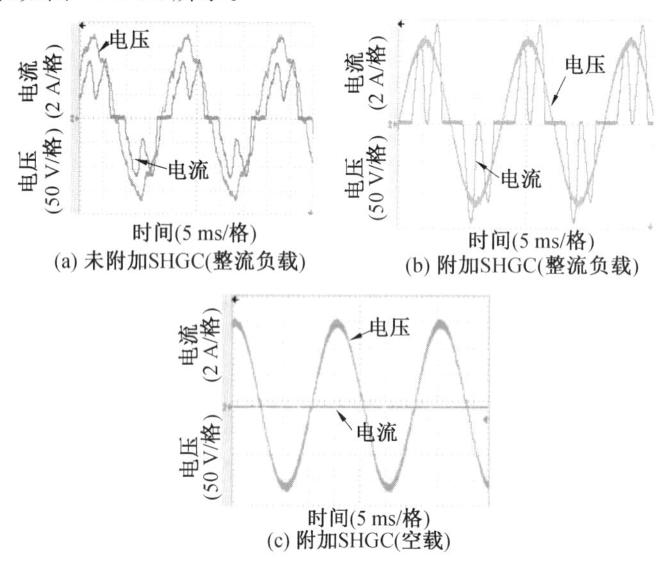

图 7.22　附加 SHGC 前后输出电压波形

图 7.23 给出了不同增益补偿因子 K 下输出电压稳态波形。由图 7.23 可知，当 K 为 0.12、6、12 时输出电压波形存在严重畸变，尤其图 7.23(d)所示 $K=12$ 时，输出电压已经失稳。只有如图 7.23(b)所示 $K=1.2$ 时，输出电压正弦度

较好，表明 SHGC 提供了较好的补偿效果。因此，增益补偿因子 K 的选取需在一定范围，该值过大或过小都会恶化输出电压品质，造成增益欠补偿或者过补偿，甚至过大的 K 值可能导致系统失稳。

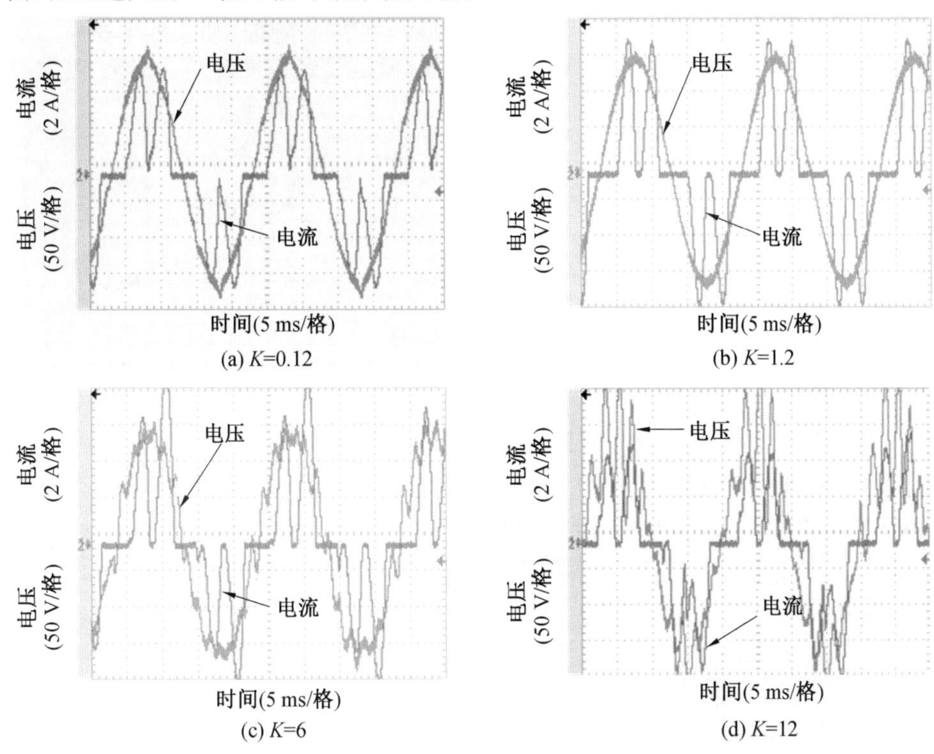

(a) K=0.12　(b) K=1.2　(c) K=6　(d) K=12

图 7.23　不同 K 下输出电压稳态波形

图 7.24 给出了不同 ω_{fc} 下输出电压稳态波形。由图 7.24 可知，当 $\omega_{fc}=250\pi$ 时 SHGC 具有比其他两种情况更好的增益补偿效果，且输出电压正弦度较好。因此，ω_{fc} 的选取需要结合谐波分量的主要分布频段进行选取，SHGC 补偿范围过大或过小都会削弱增益补偿效果，降低输出电压品质。

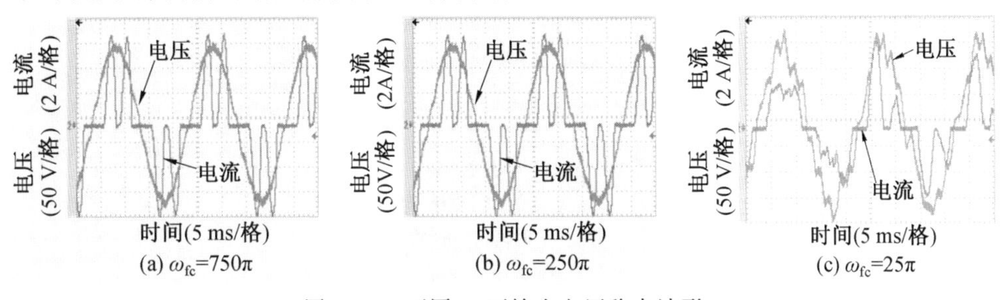

(a) $\omega_{fc}=750\pi$　(b) $\omega_{fc}=250\pi$　(c) $\omega_{fc}=25\pi$

图 7.24　不同 ω_{fc} 下输出电压稳态波形

图 7.25 给出了不同增益系数 k_{rc} 下输出电压稳态波形。由图 7.25 可知 k_{rc} 的不同取值会影响系统的低频谐波抑制能力及稳定性。在图 7.25(a)中，当 $k_{rc}=20$时，输出电压出现振荡，系统不稳定；在图 7.25(c)中，当 $k_{rc}=3$ 时，输出电压仍然存在畸变；在图 7.25(b)中，当 $k_{rc}=8$ 时，系统的输出电压正弦度较好。因此，k_{rc} 越大，系统对低频谐波的抑制能力越强，但是稳定裕度越小。当 k_{rc} 过大时系统将失稳。

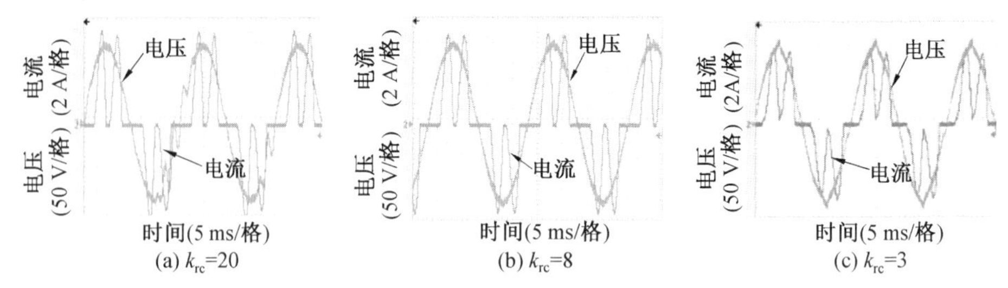

图 7.25　不同 k_{rc} 下输出电压稳态波形

图 7.26 给出了系统从空载到突加整流负载时不同 k_{rc} 下输出电压和其误差的瞬态响应波形。由图 7.26 可知，三种 k_{rc} 取值均可以使电压误差信号逐步收敛，在突加负载 0.125 s 后，三种 k_{rc} 下的电压误差分别收敛到约－15 V～＋20 V、－11 V～＋10 V，－10 V～＋8 V。因此，k_{rc} 越大系统误差收敛速度越快，达到稳态所需的时间越短。

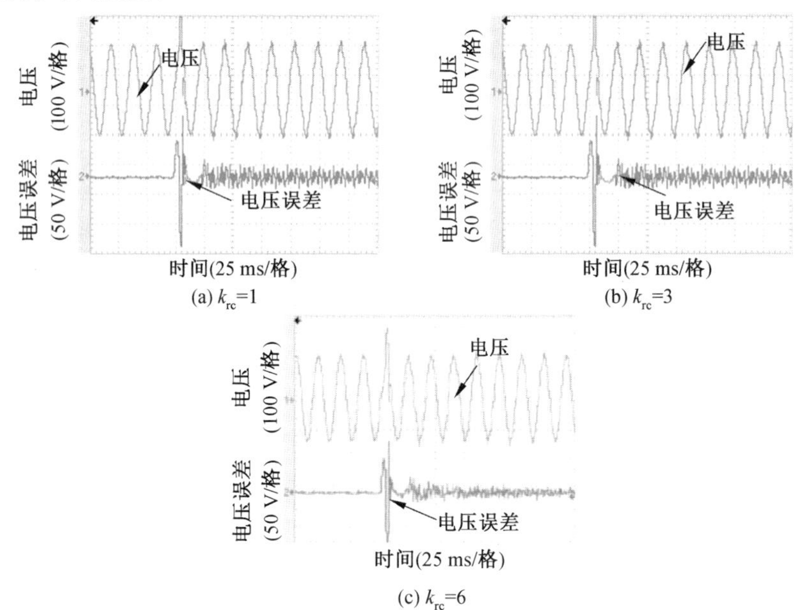

图 7.26　系统从空载到突加整流负载时不同 k_{rc} 下输出电压和其误差的瞬态响应波形

图 7.27、图 7.28 给出了系统从空载到突加整流负载且 $k_{rc}=5,9$ 时不同 K 下输出电压和其误差的瞬态响应波形。

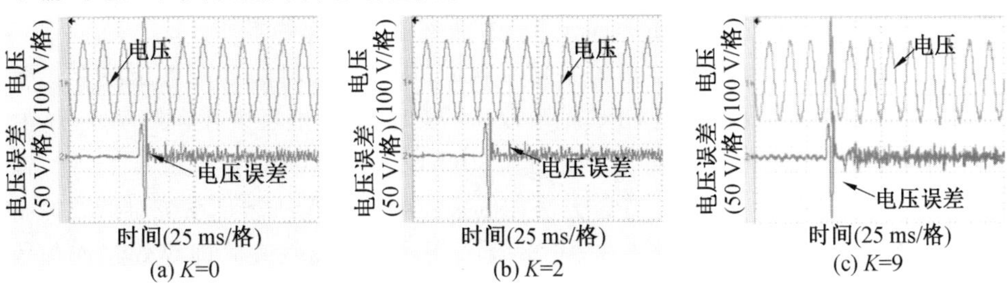

图 7.27　系统从空载到突加整流负载且 $k_{rc}=5$ 时不同 K 下输出电压和其误差的瞬态响应波形

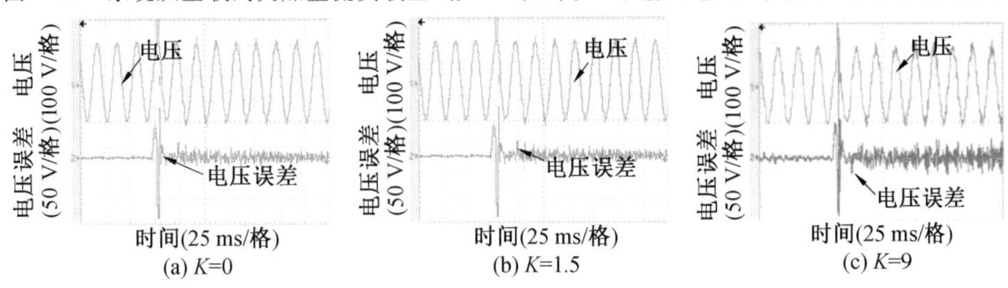

图 7.28　系统从空载到突加整流负载且 $k_{rc}=9$ 时不同 K 下输出电压和其误差的瞬态响应波形

比较图 7.27(a)和(b)可知，$k_{rc}=5$ 时在突加负载 0.1 s 后，$K=0$ 对应电压误差收敛至约－10 V～＋20 V，$K=2$ 对应电压误差收敛至约－15 V～＋12 V。由图 7.27(c)可知，$K=9$ 时，在空载条件下电压稳态误差约为±5 V，高于图 7.27(a)和(b)所示情况。而且，突加整流负载后，电压误差始终在约－25 V～＋20 V的范围内波动无法收敛。另一方面，当 $k_{rc}=9$ 时，比较图 7.28(a)和(b)可知，$k_{rc}=9$ 时在突加负载 0.125 s 后，$K=0$ 对应电压误差收敛至约－10 V～＋10 V，$K=1.5$ 对应电压误差收敛至约－5 V～＋10 V。由图 7.27(c)可知，$K=9$ 时，在空载条件下电压稳态误差约为±10 V，高于图 7.28(a)和(b)所示情况，且突加整流负载 0.12 s 后电压误差在－38 V～＋21 V 范围内波动，随后电压误差波动范围逐步扩大，在 0.055 s 后，电压误差波动范围增大至－36 V～＋35 V，电压出现发散。因此，适当的 K 值可以提升系统的瞬态响应速度，但过大的 K 值反而会大幅增加稳态误差。而且比较图 7.27、图 7.28 可知，增益系数 k_{rc} 越大，K 的值就越需要适当减小，否则将导致系统失稳。另外，图 7.27、图 7.28 还验证了前文所给出控制器设计方法的有效性。

7.5.2　SFPC 方法实验验证

为了验证 7.4 节所提出 SFPC 方法的有效性，采用模拟实验平台进行验证，将模拟实验平台的输出端与负载连接。这里限制采样频率为 2.5 kHz，并针对该采样频率对死区时间进行修正，其他实验条件与本节前文所述一致。同时给出采用 CPC 的改进型 POHMR－type RC 方法实验结果作为参照。

图 7.29、图 7.30 分别给出了采用 CPC、SFPC 方法时的输出电压波形实验结果。由图 7.29(a)可知，当 CPC 拍数取 $m=3$ 时，输出电压中存在约 600 Hz 的振荡分量，输出电压已经不稳定。由图 7.30(b)可知，当 CPC 拍数取 $m=4$ 时，输出电压同样存在畸变。因此 CPC 方法在低采样频率下无法满足系统对谐波抑制性能和稳定性的要求。由图 7.30 可知，当采用 $m=4$、a＝0.5，即等效超前拍数近似为 3.5 时，输出电压波形正弦度较好，因此与 CPC 相比，所提出的 SFPC 方法能在低采样频率下仍然保证系统具有较好的谐波抑制性能及稳定性。

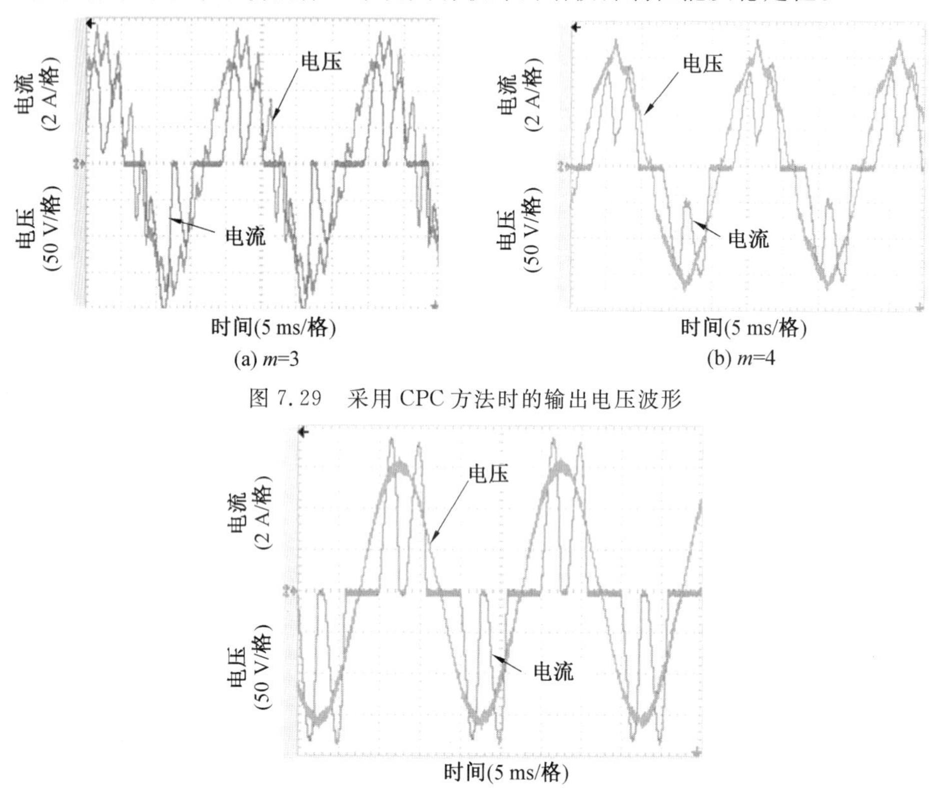

图 7.29　采用 CPC 方法时的输出电压波形

图 7.30　采用 SFPC 方法时的输出电压波形($m=4$，$a=0.5$)

当系统采用 CPC 方法且 $m=3$ 时，图 7.31 给出了系统从空载到突加整流负载时不同 k_{rc} 下输出电压和其误差的瞬态响应波形。由图 7.31(a)可知，当 $k_{rc}=2$ 时，突加负载后电压误差收敛至约－20 V～＋21 V，稳态误差较大，由图 7.31(b)

可知，当 $k_{rc}=4$ 时，在突加整流负载 0.1 s 时电压误差约在 -20 V～$+20$ V 范围内波动，随后电压误差波动范围逐步扩大，在 0.07 s 后，电压误差波动范围扩大为约 -27 V～$+27$ V，输出电压已经发散，系统不稳定。因此，当 $m=3$ 时，为了保证稳定，k_{rc}的取值需小于 4，但这将使稳态误差增大。

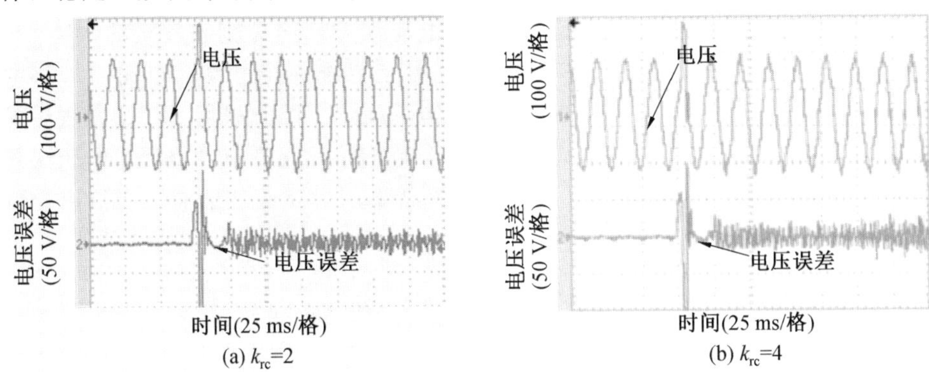

(a) $k_{rc}=2$　　(b) $k_{rc}=4$

图 7.31　当系统采用 CPC 方法且 $m=3$ 时不同 k_{rc}对突加整流负载瞬态响应的影响

当系统采用 CPC 方法且 $m=4$ 时，图 7.32 给出了系统从空载突加整流负载时，不同 k_{rc}下输出电压和其误差的瞬态响应波形。与图 7.31 相比，$m=4$ 时系统可以在更大的 k_{rc}下保持稳定。在图 7.32(a)中，当 $k_{rc}=5$ 时，突加负载0.175 s 后，电压误差收敛至约 -15 V～$+15$ V。但在图 7.32(b)中，当 $k_{rc}=7$ 时，电压误差逐步发散，但是发散趋势较图 7.31(b)更为平缓，在突加整流负载0.08 s时电压误差在约 -10 V～$+10$ V 范围内波动，随后电压误差波动范围逐步扩大，在约 0.112 5 s 后，电压误差波动范围扩大为约 -20 V～$+22$ V，输出电压已经发散，系统不稳定。当 k_{rc}增大至 9 时，如图 7.32(c)所示，输出电压已经无法收敛，误差波动范围达到约 -30 V～$+30$ V，系统不稳定。因此，与 $m=3$ 时相比，尽管 $m=4$ 时系统可以稳定运行且具有较大的 k_{rc}，但是电压稳态误差仍然较大，而且无法通过增大 k_{rc}减小该误差，因为这种情况可以认为是系统仍然没有稳定。

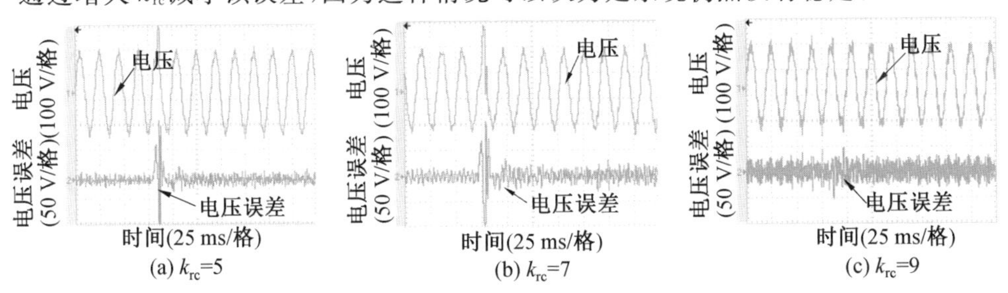

(a) $k_{rc}=5$　　(b) $k_{rc}=7$　　(c) $k_{rc}=9$

图 7.32　当系统采用 CPC 方法且 $m=4$ 时不同 k_{rc}对突加整流负载瞬态响应的影响

当系统采用 SFPC 方法时，图 7.33 给出了系统从空载到突加整流负载时，不

同 k_{rc} 下输出电压和其误差的瞬态响应波形。与图 7.31 相比，采用 SFPC 方法后电压误差收敛速度更快，稳态误差更小，而且可以在更大的 k_{rc} 下稳定运行。如在图7.33中，当 $k_{rc}=5$ 时，突加负载 0.175 s 后，电压误差收敛至约 −8 V～+9 V，小于图 7.32 中对应值。而且在图 7.32(b)和(c)中，收敛到相近误差区间仅需约 0.155 s、0.13 s。当突加负载 0.175 s 时，电压误差已经分别收敛至约 −8 V～+8 V，−5 V～+5 V。而对于采用 CPC 方法的系统，由图 7.31(b)、图 7.32(b)和(c)可知，当 k_{rc} 分别取 4、7、9 时，系统已经不稳定。因此采用 SFPC 方法后输出电压可以在选取较大 k_{rc} 时稳定运行，并且在三种 k_{rc} 取值中，k_{rc} 越大，电压误差收敛速度越快，稳态误差越小。本小节实验结果同时还验证了前文所给出控制器设计方法的有效性。

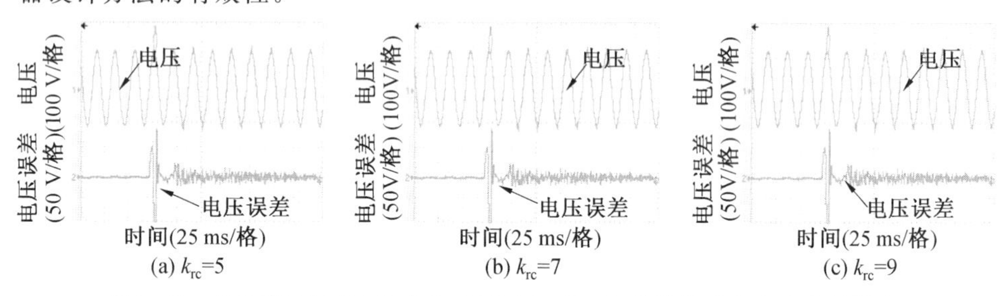

图 7.33　当系统采用 SFPC 方法时不同 k_{rc} 对突加整流负载瞬态响应的影响

参考文献

[1] 卞松江. 变速恒频风力发电关键技术研究[D]. 杭州:浙江大学,2003.

[2] 叶杭冶. 大型并网风力发电机组控制算法研究[D]. 杭州:浙江大学,2008.

[3] 程鹏. 双馈风电机组直接谐振与无锁相环运行控制研究[D]. 杭州:浙江大学,2016.

[4] 郭力,王守相,许东,等. 冷电联供分布式供能系统的经济运行分析[J]. 电力系统及其自动化学报,2009,21(5):8-12.

[5] 柴建云,赵杨阳,孙旭东,等. 虚拟同步发电机技术在风力发电系统中的应用与展望[J]. 电力系统自动化,2018,42(9):17-25,68.

[6] 赵贺,钱峰,汤广福. 电力系统谐波不稳定及相应对策的研究[J]. 中国电机工程学报,2009,29(13):29-34.

[7] 刘巨,姚伟,文劲宇,等. 大规模风电参与系统频率调整的技术展望[J]. 电网技术,2014, 38(3):638-646.

[8] 唐西胜,苗福丰,齐智平,等. 风力发电的调频技术研究综述[J]. 中国电机工程学报,2014,34(25):4304-4314.

[9] 李军徽,冯喜超,严干贵,等. 高风电渗透率下的电力系统调频研究综述[J]. 电力系统保护与控制,2018,46(2):163-170.

[10] 谢门喜,朱灿焰,杨勇,等. 实时电压空间矢量傅里叶变换同步方法[J]. 电气应用, 2016, 35(14):53-55.

[11] 吉正华,韦芬卿,杨海英. 基于 dq 变换的三相软件锁相环设计[J]. 电力自动化设备, 2011, 31(4): 104-107.

[12] RODRIGUEZ P, POU J, BERGAS J, et al. Decoupled double synchronous reference frame PLL for power converters control[J]. IEEE Transactions on Power Electronics, 2007, 22(2): 584-592.

[13] GUO X, WU W, CHEN Z. Multiple-complex coefficient-filter-based phase-locked loop and synchronization technique for three-phase grid-interfaced converters in distributed utility networks [J]. IEEE Transactions on Industrial Electronics, 2011, 58(4): 1194-1204.

[14] LI W, RUAN X, BAO C, et al. Grid synchronization systems of three-phase grid-connected power converters: A complex-vector-filter perspective[J]. IEEE Transactions on Industrial Electronics, 2014, 61(4): 1855-1870.

[15] FREIJEDO F D, DOVAL-GANDOY J, LOPEZ O, et al. Tuning of phase-locked loops for power converters under distorted utility conditions [J]. IEEE Transactions on Industry Applications, 2009, 45(6): 2039-2047.

[16] CARUGATI I, DONATO P, MAESTRI S, et al. Frequency adaptive PLL for polluted single-phase grids [J]. IEEE Transactions on Power Electronics, 2012, 27(5): 2396-2404.

[17] KARIMI-GHARTEMANI M, KHAJEHODDIN S A, JAIN P K, et al. Derivation and design of in-loop filters in phase-locked loop systems[J]. IEEE Transactions on Instrumentation and Measurement, 2012, 61(4): 930-940.

[18] WANG L, JIANG Q, HONG L, et al. A novel phase-locked loop based on frequency detector and initial phase angle detector[J]. IEEE Transactions on Power Electronics, 2013, 28(10): 4538-4549.

[19] RASHED M, KLUMPNER C, ASHER G. Repetitive and resonant control for a single-phase grid-connected hybrid cascaded multilevel converter[J]. IEEE Transactions on Power Electronics, 2013, 28(5): 2224-2234.

[20] FREIJEDO F D, YEPES A G, LÓ, et al. Three-phase PLLs with fast postfault retracking and steady-state rejection of voltage unbalance and harmonics by means of lead compensation[J]. IEEE Transactions on Power Electronics, 2011, 26(1): 85-97.

[21] WU F J, ZHANG L J, DUAN J D. A new two-phase stationary-frame-based enhanced PLL for three-phase grid synchronization[J]. IEEE Transactions on Circuits and Systems II: Express Briefs, 2015, 62(3): 251-255.

[22] KARIMI-GHARTEMANI M, KHAJEHODDIN S A, JAIN P K, et al. Addressing DC component in PLL and notch filter algorithms[J]. IEEE Transactions on Power Electronics, 2012, 27(1): 78-86.

[23] MORREN J, HAAN S, KLING W, et al. Wind turbines emulating inertia and supporting primary frequency control[J]. IEEE Transactions on Power Systems, 2006, 21(1): 433-434.

[24] YANG P, DONG X, LI Y A, et al. Research on primary frequency regulation control strategy of wind-thermal power coordination[J]. IEEE Access, 2019, 7: 144766-144776.

[25] 周天沛,孙伟.高渗透率下变速风力机组虚拟惯性控制的研究[J].中国电机工程学报,2017,37(2):486-496.

[26] 付媛,王毅,张祥宇,等.变速风电机组的惯性与一次调频特性分析及综合控制[J].中国电机工程学报,2014,34(27):4706-4716.

[27] 王爽,王毅,张祥宇.高风电渗透互联系统的功角暂态稳定分析与惯性综合控制[J].电测与仪表,2018,55(12):74-81.

[28] 程雪坤,刘辉,田云峰,等.基于虚拟同步控制的双馈风电并网系统暂态功角稳定研究综述与展望[J].电网技术,2021,45(2):518-525.

[29] 赵嘉兴,高伟,上官明霞,等.风电参与电力系统调频综述[J].电力系统保护与控制,2017,45(21):157-169.

[30] VIDYANANDAN K V, SENROY N. Primary frequency regulation by deloaded wind turbines using variable droop[J]. IEEE Transactions on Power Systems, 2013, 28(2): 837-846.

[31] 潘文霞,全锐,王飞.基于双馈风电机组的变下垂系数控制策略[J].电力系统自动化,2015,39(11):126-131,186.

[32] 修连成,刘娣,康志亮,等.基于功频下垂控制的并网型储能系统惯量与阻尼特性分析[J].电源学报,2018,16(4):35-42,86.

[33] 王清,薛安成,张晓佳,等.双馈风机下垂控制对系统小扰动功角稳定的影响机理分析[J].电网技术,2017,41(4):1091-1099.

[34] 张旭,陈云龙,岳帅,等.风电参与电力系统调频技术研究的回顾与展望[J].电网技术,2018,42(6):1793-1803.

[35] WANG Y,DELILLE G,BAYEM H,et al. High wind power penetration in isolated power systems—Assessment of wind inertial and primary frequency responses[J]. IEEE Transactions on Power Systems,2013,28(3):2412-2420.

[36] YE H,PEI W,QI Z. Analytical modeling of inertial and droop responses from a wind farm for short-term frequency regulation in power systems [J]. IEEE Transactions on Power Systems,2015,31(5):1-10.

[37] 张冠锋,杨俊友,孙峰,等.基于虚拟惯性和频率下垂控制的双馈风电机组一次调频策略[J].电工技术学报,2017,32(22):225-232.

[38] DE A R G,PEAS L J A. Participation of doubly fed induction wind generators in system frequency regulation[J]. IEEE Transactions on Power Systems,2007,22(3):44-950.

[39] 王济菘,陈明亮.虚拟惯性配合变桨控制的风机一次调频实验研究[J].电测与仪表,2019,56(23):18-23.

[40] 胡家欣,胥国毅,毕天姝,等.减载风电机组变速变桨协调频率控制方法[J].电网技术,2019,43(10):3656-3663.

[41] 李生虎,朱国伟.基于有功备用的风电机组一次调频能力及调频效果分析[J].电工电能新技术,2015,34(10):28-33,50.

[42] 丁磊,尹善耀,王同晓,等.结合超速备用和模拟惯性的双馈风机频率控制策略[J].电网技术,2015,39(9):2385-2391.

[43] 张昭遂,孙元章,李国杰,等.超速与变桨协调的双馈风电机组频率控制[J].电力系统自动化,2011,35(17):20-25.

[44] SEBASTIÁN R. Application of a battery energy storage for frequency regulation and peak shaving in a wind diesel power system[J]. IET Generation, Transmission & Distribution, 2016,10(3):764-770.

[45] TAN J,ZHANG Y. Coordinated control strategy of a battery energy storage system to support a wind power plant providing multi-timescale frequency ancillary services [J]. IEEE Transactions on Sustainable Energy,2017,8(3):1140-1153.

[46] MIAO L,WEN J,XIE H, et al. Coordinated control strategy of wind

turbine generator and energy storage equipment for frequency support[J]. IEEE Transactions on Industry Applications,2015,51(4):2732-2742.

[47] BAONE C A, DEMARCO C L. From each according to its ability: Distributed grid regulation with bandwidth and saturation limits in wind generation and battery storage[J]. IEEE Transactions on Control Systems Technology,2013,21(2):384-394.

[48] ZHANG S, MISHRA Y, SHAHIDEHPOUR M. Fuzzylogic based frequency controller for wind farms augmented with energy storage systems [J]. IEEE Transactions on Power Systems, 2016, 31 (2): 1595-1603.

[49] 王帅,段建东,孙力,等.基于超级电容储能的微型燃气轮机发电系统功率平衡控制[J].电力自动化设备,2017,37(2):126-133.

[50] 段建东. 基于超级电容储能的微燃机发电系统瞬时功率控制策略[D].哈尔滨:哈尔滨工业大学,2013.

[51] 孙东阳. SCESS-DFIG 系统及其参与电网频率惯性响应关键技术的研究[D].哈尔滨:哈尔滨工业大学,2019.

[52] XU J,YANG J,YE J,et al. An LTCL filter for three-phase grid-connected converters[J]. IEEE Transactions on Power Electronics, 2014, 29(8): 4322-4338.

[53] LISERRE M,BLAABJERG F,HANSEN S. Design and control of an LCL-filter based active rectifier[J]. IEEE Transactions on Industry Applications, 2005, 41(5): 1281-1291.

[54] 阮新波. LCL 型并网逆变器的控制技术[M]. 北京:科学出版社, 2015.

[55] LISERRE M,BLAABJERG F,HANSEN S. Design and control of an LCL-filter-based three-phase active rectifier[J]. IEEE Transactions on Industry Applications, 2005, 41(5): 1281-1291.

[56] ROCKHILL A A,LISERRE M,TEODORESCU R,et al. Grid-filter design for a multimegawatt medium-voltage voltage-source inverter[J]. IEEE Transactions on Industrial Electronics, 2011,58(4):1205-1217.

[57] PEÑA-ALZOLA R,LISERRE M,BLAABJERG F,et al. Analysis of the passive damping losses in LCL-filter-based grid converters[J]. IEEE Transactions on Power Electronics,2013,28(6):2642-2646.

[58] MUHLETHALER J,SCHWEIZER M,BLATTMANN R,et al. Optimal design of LCL harmonic filters for three-phase PFC rectifiers[J]. IEEE Transactions on Power Electronics, 2013, 28(7): 3114-3125.

[59] DANNEHL J,LISERRE M,FUCHS F W. Filter-based active damping of voltage source converters with LCL filter[J]. IEEE Transactions on Industrial Electronics, 2011, 58(8): 3623-3633.

[60] PEÑA-ALZOLA R, LISERRE M, BLAABJERG F, et al. Self-commissioning notch filter for active damping in three phase LCL-filter based grid-tied converter[J]. IEEE Transactions on Power Electronics, 2014, 29(12): 6754-6761.

[61] RODRIGUEZ-DIAZ E, FREIJEDO F D, VASQUEZ J C, et al. Analysis and comparison of notch filter and capacitor voltage feedforward active damping techniques for LCL grid-connected converters[J]. IEEE Transactions on Power Electronics, 2019, 34(4): 3958-3972.

[62] YAO W, YANG Y, ZHANG X, et al. Design and analysis of robust active damping for LCL filters using digital notch filters[J]. IEEE Transactions on Power Electronics, 2017, 32(3): 2360-2375.

[63] SHUAI Z, CHENG H, XU J, et al. A notch filter-based active damping control method for low-frequency oscillation suppression in train-network interaction systems[J]. IEEE Journal of Emerging and Selected Topics in Power Electronics, 2019, 7(4): 2417-2427.

[64] TWINING E, HOLMES D. Grid current regulation of a three-phase voltage source inverter with an LCL input filter[J]. IEEE Transactions on Power Electronics, 2003, 18(3): 888-895.

[65] TANG Y, LOH P C, WANG P, et al. Exploring inherent damping characteristic of LCL-filters for three- phase grid-connected voltage source inverters[J]. IEEE Transactions on Power Electronics, 2012, 27(3): 1433-1442.

[66] HE Y, WANG X, RUAN X, et al. Hybrid active damping combining capacitor current feedback and point of common coupling voltage feedforward for LCL-type grid-connected inverter[J]. IEEE Transactions on Power Electronics, 2021, 36(2): 2373-2383.

[67] AAPRO A, MESSO T, ROINILA T, et al. Effect of active damping on output impedance of three-phase grid-connected converter [J]. IEEE Transactions on Industrial Electronics, 2017, 64(9): 7532-7541.

[68] MIAO Z, YAO W, LU Z. Single-cycle-lag compensator-based active damping for digitally controlled LCL/LLCL-type grid-connected inverters [J]. IEEE Transactions on Industrial Electronics, 2020, 67 (3): 1980-1990.

[69] SAÏD-ROMDHANE M B, NAOUAR M W, SLAMA-BELKHODJA I, et al. Robust active damping methods for LCL filter-based grid-connected converters[J]. IEEE Transactions on Power Electronics, 2017, 32(9): 6739-6750.

[70] LIU T, LIU J, LIU Z, et al. A study of virtual resistor-based active damping alternatives for LCL resonance in grid-connected voltage source inverters[J]. IEEE Transactions on Power Electronics, 2020, 35(1): 247-262.

[71] XIA W, KANG J. Stability of LCL-filtered grid-connected inverters with capacitor current feedback active damping considering controller time delays[J]. Journal of Modern Power Systems and Clean Energy, 2017, 5 (4): 584-598.

[72] ZHAO N, WANG G, ZHANG R, et al. Inductor current feedback active damping method for reduced DC-link capacitance IPMSM drives[J]. IEEE Transactions on Power Electronics, 2019, 34(5): 4558-4568.

[73] XIN Z, LOH P C, WANG X, et al. Highly accurate derivatives for LCL-filtered grid converter with capacitor voltage active damping[J]. IEEE Transactions on Power Electronics, 2016, 31(5): 3612-3625.

[74] YANG L, YANG J. A robust dual-loop current control method with a delay-compensation control link for LCL-type shunt active power filters [J]. IEEE Transactions on Power Electronics, 2019, 34(7): 6183-6199.

[75] WANG X, BLAABJERG F, LOH P C. Grid-current-feedback active damping for LCL resonance in grid-connected voltage-source converters [J]. IEEE Transactions on Power Electronics, 2016, 31(1): 213-223.

[76] MACCARI L A, MASSING J R, SCHUCH L, et al. LMI-based control

for grid-connected converters with LCL filters under uncertain parameters [J]. IEEE Transactions on Power Electronics, 2014, 29(7): 3776-3785.

[77] GAO N, LIN X, WU W M, et al. Grid current feedback active damping control based on disturbance observer for battery energy storage power conversion system with LCL filter[J]. Energies, 2021, 14(5): 1482.

[78] CASTILLA M, MIRET J, MATAS J, et al. Control design guidelines for single-phase grid-connected photovoltaic inverters with damped resonant harmonic compensators[J]. IEEE Transactions on industrial electronics, 2009, 56(11): 4492-4501.

[79] WANG D, YE Y Q. Design and experiments of anticipatory learning control: Frequency-domain approach[J]. IEEE/ASME Transactions on Mechatronics, 2005, 10(3): 305-313.

[80] ZENG Q, CHANG L. An advanced SVPWM-based predictive current controller for three-phase inverters in distributed generation systems[J]. IEEE Transactions on Industrial Electronics, 2008, 55(3): 1235-1246.

[81] WANG X, RUAN X, LIU S, et al. Full feedforward of grid voltage for grid-connected inverter with LCL filter to suppress current distortion due to grid voltage harmonics[J]. IEEE Transactions on Power Electronics, 2010, 25(12): 3119-3127.

[82] XUE M, ZHANG Y, KANG Y, et al. Full feedforward of grid voltage for discrete state feedback controlled grid-connected inverter with LCL filter [J]. IEEE Transactions on Power Electronics, 2012, 27(10): 4234-4247.

[83] SREEKUMAR P, KHADKIKAR V. A new virtual harmonic impedance scheme for harmonic power sharing in an islanded microgrid[J]. IEEE Transactions on Power Delivery, 2016, 31(3): 936-945.

[84] 薛明雨. LCL 型并网逆变器的解耦控制与优化设计[D]. 武汉:华中科技大学,2012.

[85] 高军,黎辉,杨旭,等. 基于 PID 控制和重复控制的正弦波逆变电源研究[J]. 电工电能新技术,2002,21(1):1-4.

[86] LIDOZZI A, JI C, SOLERO L, et al. Digital deadbeat and repetitive combined control for a stand-alone four-leg VSI[J]. IEEE Transactions on Industry Applications, 2017, 53(6): 5624-5633.

[87] LIU Y,CHENG S,NING B,et al. Robust model predictive control with simplified repetitive control for electrical machine drives[J]. IEEE Transactions on Power Electronics, 2019, 34(5): 4524-4535.

[88] ZHENG L,JIANG F,SONG J, et al. A discrete-time repetitive sliding mode control for voltage source inverters[J]. IEEE Journal of Emerging and Selected Topics in Power Electronics, 2018, 6(3): 1553-1566.

[89] 李练兵,赵治国,赵昭,等.基于复合控制算法的三相光伏并网逆变系统的研究[J].电力系统保护与控制,2010,38(21):44-47.

[90] 胡雪峰,谭国俊.SPWM 逆变器复合控制策略[J].电工技术学报,2008,23(4):87-92.

[91] 李剑,康勇,陈坚.400 Hz 恒压恒频逆变器的一种模糊—重复混合控制方案(英文)[J].中国电机工程学报,2005,25(9):54-61.

[92] CASTELLO R,GRINO R,FOSSAS E. Odd-harmonic digital repetitive control of a single-phase current active filter[J]. IEEE Transactions on Power Electronics,2004,19(4):1060-1068.

[93] ESCOBAR G,VALDEZ A A,LEYVA-RAMOS J,et al. Repetitive-based controller for a UPS inverter to compensate unbalance and harmonic distortion[J]. IEEE Transactions on Power Electronics, 2007, 54(1): 504-510.

[94] ESCOBAR G,HERNANDEZ-BRIONES P G,MARTINEZ P R,et al. A repetitive-based controller for the compensation of 6l ± 1 harmonic components[J]. IEEE Transactions on Industrial Electronics,2008,55(8): 3150-3158.

[95] HORNIK T,ZHONG Q. A current-control strategy for voltage-source inverter in microgrids based on H^∞ and repetitive control[J]. IEEE Transactions on Power Electronics,2011,26(3):943-952.

[96] HORNIK T,ZHONG Q. H^∞ repetitive voltage control of grid-connected inverters with a frequency adaptive mechanism[J]. IET Power Electronics,2010,3(6):925-935.

[97] KIMURA Y,MUKAI R,KOBAYASHI F,et al. Interpolative variable-speed repetitive control and its application to a deburring robot with cutting load control[J]. Robot,1993,7(1):25-39.

[98] BODSON M, DOUGLAS S. Adaptive algorithm for the rejection of sinusoidal disturbances with unknown frequency[J]. Automatica,1997,33(12):2213-2221.

[99] ZOU Z,ZHOU K,WANG Z,et al. Frequency-adaptive fractional-order repetitive control of shunt active power filters[J]. IEEE Transactions on Industrial Electronics,2015,62(3): 1659-1668.

[100] ZHAO Q,YE Y. Fractional phase lead compensation RC for an inverter: Analysis, design, and verification[J]. IEEE Transactions on Industrial Electronics,2017,64(4):3127-3136.

[101] YE Y,XU G,WU Y,et al. Optimized switching repetitive control of CVCF PWM inverters[J]. IEEE Transactions on Power Electronics, 2018, 33(7): 6238-6247.

[102] 魏林君. 变速风电机组低电压穿越能力研究[D]. 济南:山东大学,2009.

[103] WU F,LI X. Multiple DSC filter-based three-phase EPLL for nonideal grid synchronization[J]. IEEE Journal of Emerging and Selected Topics in Power Electronics, 2017, 5(3): 1396-1403.

[104] 吕昊,叶志浩,郭灯华,等. 汽轮机自动调节传递函数与动态特性研究[J]. 船电技术,2008(1):26-29.

[105] LIU J, MIURA Y, ISE T. Comparison of dynamic characteristics between virtual synchronous generator and droop control in inverter-based distributed generators [J]. IEEE Transactions on Power Electronics, 2016, 31(5): 3600-3611.

[106] HOU X, SUN Y, ZHANG X, et al. Improvement of frequency regulation in VSG-based AC microgrid via virtual inertial control[J]. IEEE Transactions on Power Electronics, 2020, 35(2): 1589-1602.

[107] FANG J,LI H,TANG Y,et al. Distributed power system virtual inertia implemented by grid-connected power converters[J]. IEEE Transactions on Power Electronics, 2018, 33(10): 8488-8499.

[108] FANG J,LI X,LI H,et al. Stability improvement for three-phase grid-connected converters through impedance reshaping in quadrature-axis [J]. IEEE Transactions on Power Electronics,2018,33(10):8365-8375.

[109] 鲍陈磊,阮新波,王学华,等. 基于 PI 调节器和电容电流反馈有源阻尼的

LCL 型并网逆变器闭环参数设计[J]. 中国电机工程学报，2012，32(25)：133-142,19.

[110] 许爱国,谢少军. 电容电流瞬时值反馈控制逆变器的数字控制技术研究[J]. 中国电机工程学报,2005(1)：52-56.

[111] 许津铭,谢少军,肖华锋. LCL 滤波器有源阻尼控制机制研究[J]. 中国电机工程学报，2012,32(9)：27-33,6.

[112] BAO C, RUAN X, WANG X, et al. Step-by-step controller design for LCL-type grid-connected inverter with capacitor-current-feedback active-damping[J]. IEEE Transactions on Power Electronics, 2014, 29(3): 1239-1253.

[113] HOLMES D G, LIPO T A, MCGRATH B P, et al. Optimized design of stationary frame three phase AC current regulators [J]. IEEE Transactions on Power Electronics, 2009, 24(11): 2417-2426.

[114] ZHAO Q, YE Y. A PIMR-type repetitive control for a grid-tied inverter: Structure, analysis, and design [J]. IEEE Transactions on Power Electronics, 2018, 33(3): 2730-2739.

[115] ZHANG B, WANG D, ZHOU K, et al. Linear phase lead compensation repetitive control of a CVCF PWM inverter[J]. IEEE Transactions on Industrial Electronics, 2008, 55(4): 1595-1602.

[116] LIDOZZI A, JI C, SOLERO L, et al. Load-adaptive zero-phase-shift direct repetitive control for stand-alone four-leg VSI [J]. IEEE Transactions on Industry Applications, 2016, 52(6): 4899-4908.

[117] KAI Z, YONG K, JIAN X, et al. Direct repetitive control of SPWM inverter for UPS purpose[J]. IEEE Transactions on Power Electronics, 2003, 18(3): 784-792.

[118] DANNEHL J, WESSELS C, FUCHS F W. Limitations of voltage-oriented PI current control of grid-connected PWM rectifiers with LCL filters[J]. IEEE Transactions on Industrial Electronics, 2009, 56(2): 380-388.

[119] ZHAO Q, YE Y. Fractional phase lead compensation RC for an inverter: Analysis, design, and verification[J]. IEEE Transactions on Industrial Electronics, 2017, 64(4): 3127-3136.

[120] HE L, ZHANG K, XIONG J, et al. A repetitive control scheme for harmonic suppression of circulating current in modular multilevel converters[J]. IEEE Transactions on Power Electronics, 2015, 30(1): 471-481.

[121] SUUL J A, ARCO S D, GUIDI G. Virtual synchronous machine-based control of a single-phase bi-directional battery charger for providing vehicle-to-grid services[J]. IEEE Transactions on Industry Applications, 2016, 52(4): 3234-3244.

名词索引

B

C

D

F

G

H

J

K

L

P

Q

R

S

T

W

X

Y

Z

附录　部分彩图

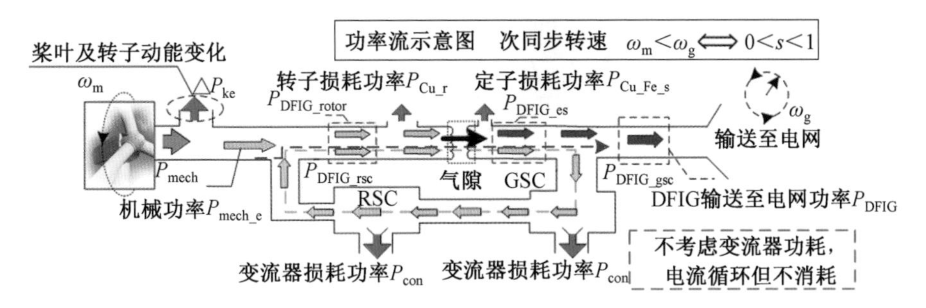

图 2.22

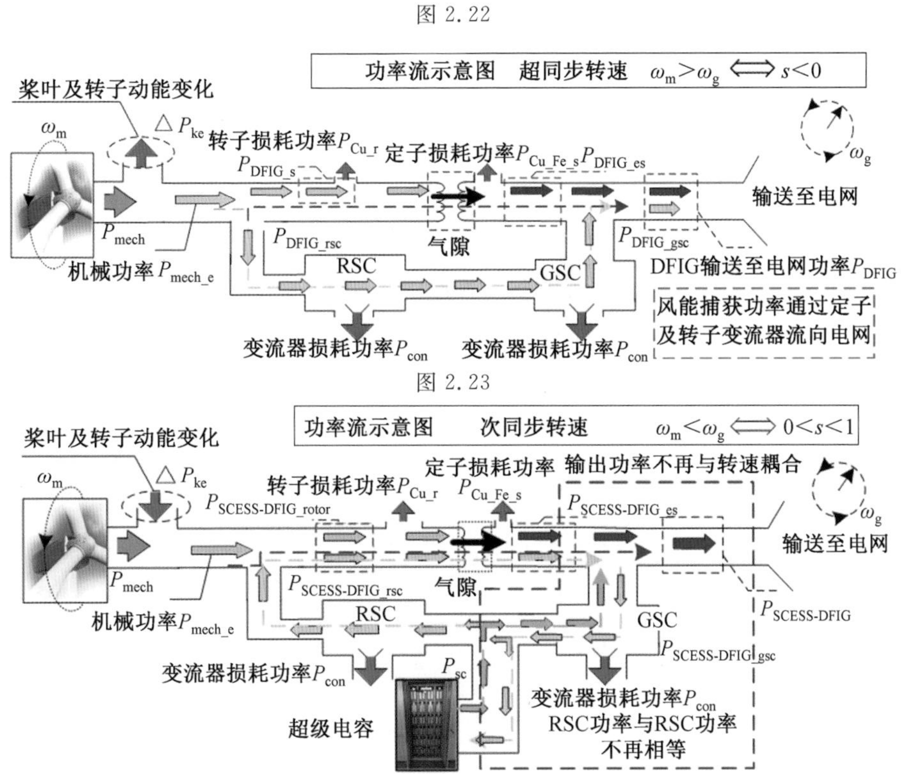

图 2.23

图 2.24

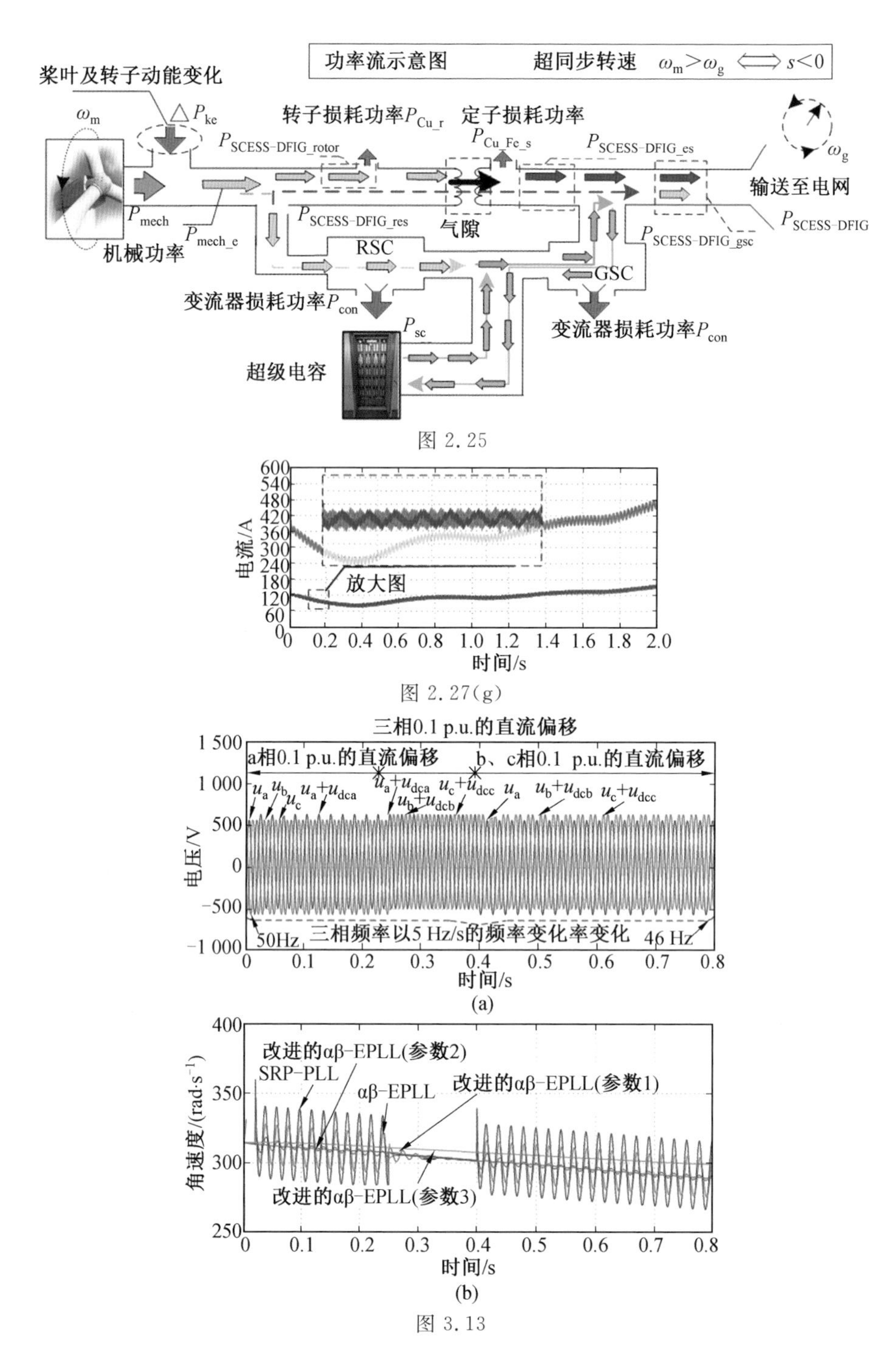

图 2.25

图 2.27(g)

(a)

(b)

图 3.13

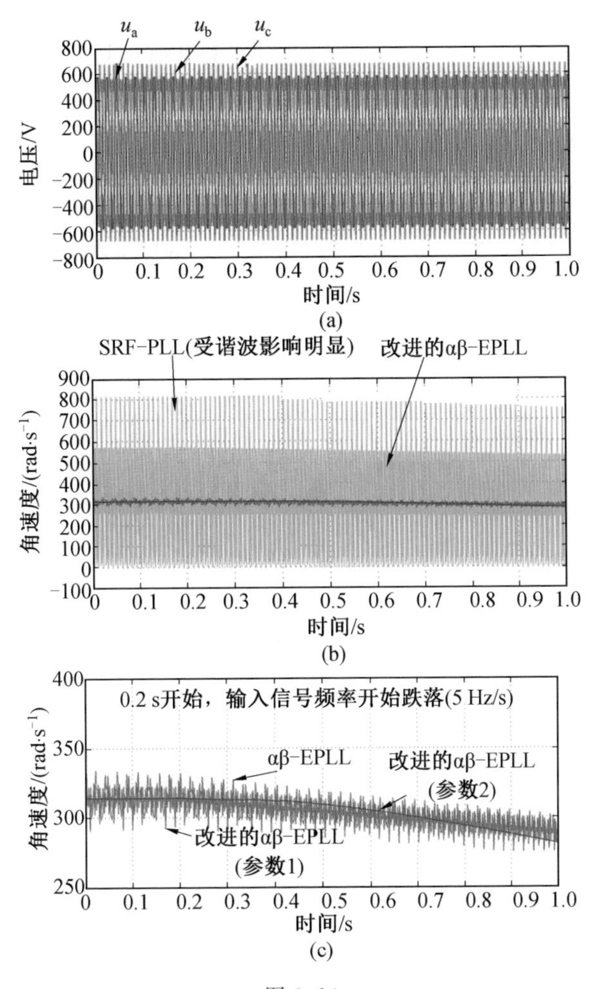
u_a
u_b
u_c
电压/V
时间/s
(a)
SRF-PLL(受谐波影响明显)
改进的αβ-EPLL
角速度/(rad·s-1)
时间/s
(b)
0.2 s开始，输入信号频率开始跌落(5 Hz/s)
αβ-EPLL
改进的αβ-EPLL
(参数2)
改进的αβ-EPLL
(参数1)
角速度/(rad·s-1)
时间/s
(c)

图 3.14

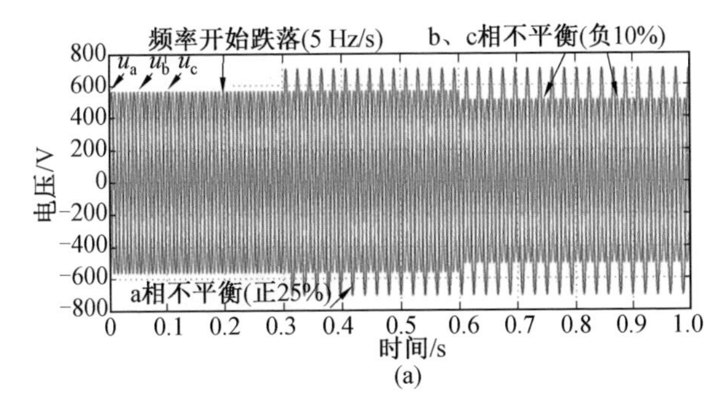
频率开始跌落(5 Hz/s)
b、c相不平衡(负10%)
u_a u_b u_c
电压/V
a相不平衡(正25%)
时间/s
(a)

图 3.15

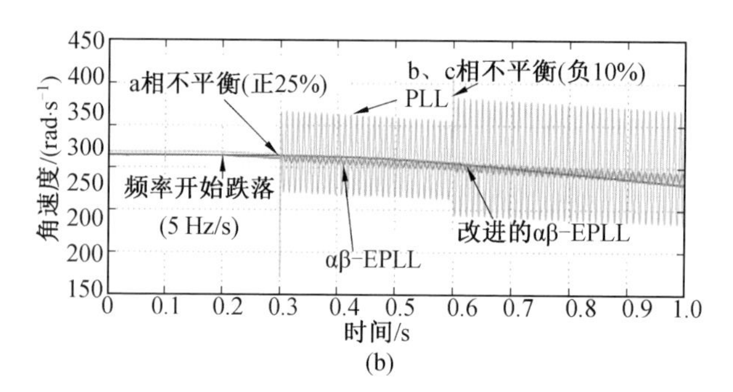

(b)

续图 3.15

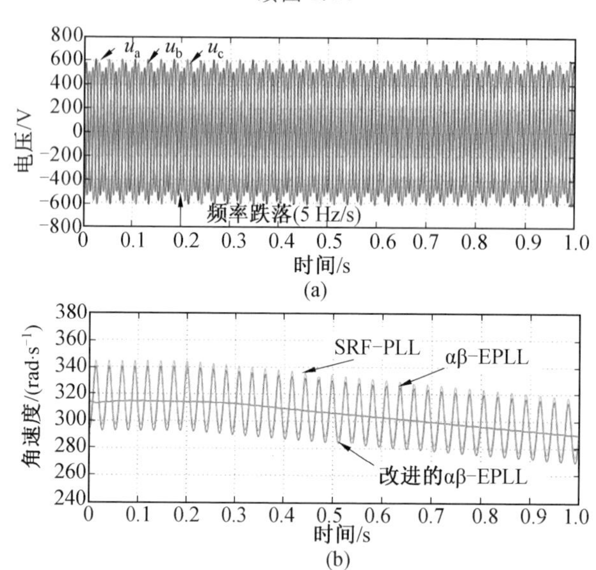

(b)

图 3.16

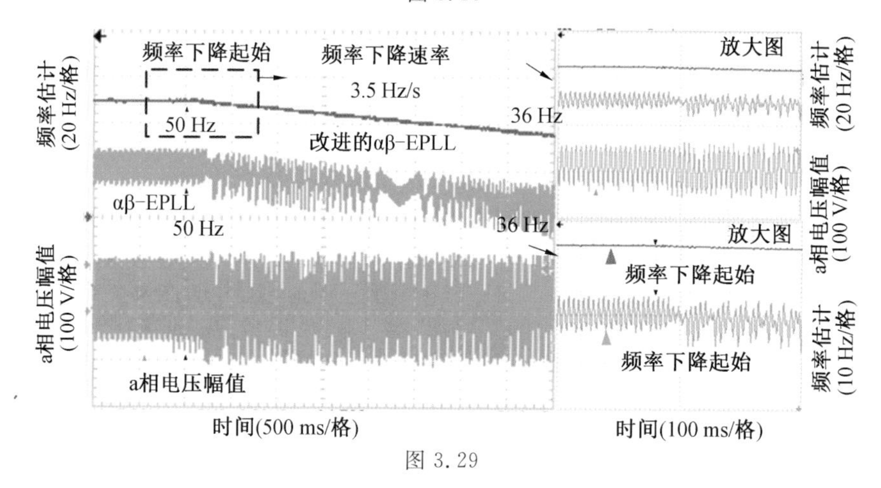

图 3.29